机电系统自动控制

——欠驱动吊运系统的控制方法设计、分析及应用

方勇纯　孙宁　卢彪　陈鹤　梁潇　著

科学出版社

北　京

内 容 简 介

本书系统地介绍了欠驱动吊运系统的动力学建模与分析、运动规划、智能控制方面最前沿的进展与研究成果，研究对象涵盖陆地吊运系统、海上船用吊运系统、空中无人机吊运系统。实际吊运系统的工作环境非常复杂，未知因素繁多，工作任务多样，目前仍存在许多亟待解决的瓶颈问题，包括：如何兼顾效率与物理约束进行最优运动规划、如何提高消摆定位的暂态控制性能、如何实现双桥式吊车的协调控制、如何解决复杂海洋环境下波浪影响时的船用吊车控制、如何实现空中无人机吊运系统的高性能控制等；针对这些实际问题，本书逐一进行了回答与讨论，提出了行之有效的控制策略，进行了实验验证，并在实际工业吊运系统上进行了典型应用。

本书内容新颖，实用性强，层层递进，理论与实际结合紧密，可为从事欠驱动机电系统控制研究的相关科研工作者、工程技术人员提供较为全面的参考，也可作为高年级本科生、研究生的专业教材。

图书在版编目（CIP）数据

机电系统自动控制：欠驱动吊运系统的控制方法设计、分析及应用/方勇纯等著. —北京：科学出版社，2022.3

ISBN 978-7-03-071917-1

Ⅰ. ①机… Ⅱ. ①方… Ⅲ. ①起重机械—自动控制系统 Ⅳ. ①TH2

中国版本图书馆 CIP 数据核字（2022）第 045177 号

责任编辑：赵艳春　高慧元 / 责任校对：严　娜
责任印制：吴兆东 / 封面设计：蓝正设计

科 学 出 版 社 出版
北京东黄城根北街 16 号
邮政编码：100717
http://www.sciencep.com

北京中石油彩色印刷有限责任公司印刷
科学出版社发行　各地新华书店经销
*
2022 年 3 月第　一　版　开本：720×1000　1/16
2022 年 3 月第一次印刷　印张：23 1/2
字数：458 000
定价：168.00 元
（如有印装质量问题，我社负责调换）

前　　言

　　吊运系统（又称吊车、起重机）作为重要的大型工业机电系统，被广泛应用于港口、工厂、建筑工地、救援救灾、海上补给等各种各样的场合下，在国民经济建设中发挥着极为重要的作用。传统的吊运系统主要依赖人工操作，容易受到操作员经验、身体及精神状态等主客观因素的影响，整体效率相对低下，安全事故时有发生。随着信息技术、人工智能等高新科技的快速发展，市场对传统吊运行业高效性、安全性的要求在不断提升，吊车正在向着准确化、智能化、高效化等方向发展。在"中国制造 2025"科技强国战略的大背景下，"智能港口"、"智能生产车间"等的建设如火如荼。然而，由于吊运系统的欠驱动特性和复杂的工作环境，负载的摆动无法直接施加控制，且容易受到风力等强外界干扰的影响，其防摇、快速运输、最优路径/轨迹规划等一直是关键的技术难点问题，亟待研究人员提出行之有效的解决方案。

　　目前来看，尽管各类吊运系统的研究已经得到了国内外学者的广泛关注，也提出了一些有效的控制方法，但由于吊运系统的欠驱动特性与复杂的工作环境，仍存在大量亟待解决的控制难题。例如，大部分现有方法在设计与分析的过程中，为降低难度，大多对吊运系统的动力学模型进行一定程度的简化，例如，基于小角近似的线性化处理，等等，而当简化所需条件不成立时，此类方法的控制性能将无法保证，甚至可能出现闭环不稳定等情况，导致控制任务失败，影响系统的正常工作。同时，大部分现有方法均针对单摆吊车系统设计，并未考虑大尺寸货物运输过程中可能出现的双摆特性，因而无法应用于此类工作场景。此外，一些特殊工作环境下的吊运系统，如船用吊车系统、无人机吊运系统，其控制问题的研究尚处于初级阶段，针对此类系统仅提出了少量有效控制策略。上述问题仍需要吊运控制领域的研究人员进行长期且艰苦的深入探索，而撰写一本覆盖范围较为广泛的吊运系统控制相关书籍，将对此类问题的研究起到一定的指导意义。

　　针对上述难题，本书作者 20 年来始终致力于分析欠驱动吊运系统的复杂非线性动力学特性，为其智能运动控制提出了行之有效的解决方案。本书内容覆盖陆地吊运系统、海上船用吊运系统和空中无人机吊运系统，并对亟待解决的关键问题及相应的解决方案开展了较为系统的论述。

　　依托于南开大学人工智能学院机器人与信息自动化研究所暨天津市智能机器人技术重点实验室，本书作者及其研究团队对工作环境复杂、未知因素多、任务多样化的吊运系统控制方法进行了探索，是国内较早面向该系统开展研究的课题组。本书在内容编排上，结合作者及其团队在本领域研究的积累和成果，第 1 章对欠驱动系统以及典型吊运系统进行介绍。第 2～5 章对陆地单摆吊运系统的轨迹规划与非线性控制等研究内容进行了介绍，并对吊绳长度变化的工况进行了分析。第 6 章从双摆吊车系统的动力学特性与运动学特性出发，给出了其轨迹规划与调节控制问题设计方法。第 7 章在对多绳吊车和双吊车协作系统完成建模后，对前者设计了非线性反馈控制器，对后者分别提出了协调控制方案及自适应输出反馈控制器的设计方法。为提高吊运系统应对突发情况的能力，第 8 章分别研究了基于能量分析的紧急制动控制方法与利用模糊逻辑的紧急制动控制策略。第 9 章面向船用吊运系统的鲁棒控制问题，分别提出了输出反馈控制器以及饱和控制器。第 10 章围绕空中无人机吊运系统，研究了其轨迹规划与非线性控制问题的解决办法。第 11 章以在天津起重设备有限公司的桥式吊车、天津港的轮胎式集装箱门式吊车上的工作为例，给出了所提控制方法在实际应用中的具体表现。

　　本书的出版离不开多方面部门和同行专家的大力支持。感谢作者所在的南开大学机器人与信息自动化研究所的各位同事，本书的完成离不开大家的关怀与帮助。在本书内容涉及的项目研究过程中，国内外诸多的专家学者对作者的工作提出了非常宝贵的建议，在此表示诚挚的谢意。作者所在团队与多家企业开展了长期而深入的合作研究，不仅为作者提供了优质的实验环境，在此过程中也让作者能够提炼出和实际更密切相关、"更接地气"的关键科学问题。另外，感谢研究团队已经毕业的何博、刘海亮、赵振杰等同学为自动化工业吊运系统集成测试付出的大量心血；感谢刘卓清、杨桐、吴易鸣、王岳等研究生参与了本书的排版、校对等工作。本书的研究内容得到了国家自然科学基金项目（编号：61873132、U20A20198、61873134、61903120、61903200）、天津市自然科学基金项目（编号：20JCYBJC01360、19JCQNJC03500）、"十二五"国家科技支撑计划课题项目（编号：2013BAF07B03）的全力资助。作者希望本书中提供的学术观点和研究方法，可起到抛砖引玉的作用，在经过拓展和改进之后，能为应用越来越广泛的复杂欠驱动机电/机器人系统的控制问题提供可行的解决思路。

　　由于作者水平有限，书中难免存在一些疏漏之处，敬请广大读者给予批评指正，提出宝贵的意见。

作　者

2021 年 4 月

目　　录

第1章 绪　　论

1.1　欠驱动系统介绍

欠驱动系统[1]是一类常见的机电系统，在生产生活中均有着广泛的应用。和全驱动（fully-actuated）系统相比，欠驱动系统一般具有结构简单、成本低廉、自由度高等优势，但同时，由于系统的欠驱动特性，其控制难度一般远高于全驱动系统，是当前控制领域研究的主要热点之一。简单来说，如果一个系统的控制输入维度少于其系统自由度维数，则该系统即为欠驱动系统。在实际工程中广泛应用的许多机电系统都是标准的欠驱动系统，除人造机器外，大自然中绝大多数生物在运动时也是欠驱动的，如在空中飞的鸟，在水中游的鱼。一个更加直观的例子是人的手指，通过一根筋来控制三个关节的运动。以下，我们给出欠驱动系统的严格数学定义。

定义 1.1　（欠驱动系统）[1]考虑如下系统：

$$\ddot{q} = f(q, \dot{q}) + G(q)u \tag{1.1}$$

式中，q 表示相互独立的广义坐标状态向量；$f(q, \dot{q})$ 为表征系统动态的向量场（vector field）；$\dot{q}$ 表示广义速度向量；$G(q)$ 为输入矩阵；u 则代表广义力向量。q 的维数定义为系统（1.1）的自由度。若 $\text{rank}(G(q)) < \dim(q)$，则称系统（1.1）为欠驱动系统。

总体来说，导致系统欠驱动的原因主要有以下几点：①系统受制于非完整约束，本质为欠驱动[2]，如移动机器人[3]、非完整移动操作臂[4, 5]、船舶等[6]；②全驱动系统的部分执行器出现故障，退化为欠驱动系统[7]；③为节约成本、降低结构复杂度或减轻重量，而省去部分执行机构[8]，如各类吊车系统[9]；④为研究现实中一些复杂的运动，如人的直立行走、体操运动员的动作等，同时也为了测试并验证先进的非线性控制理论，而开发的基准（benchmark）系统，如各种倒立摆[10-12]、球杆系统[13-15]、平面机械臂与无驱动弹簧-振子碰撞系统[16, 17]等；⑤根据仿生学，模拟动物运动而开发的智能机器人，如双足机器人[18]、四足机器人[19]、机器鱼[20]、机器鸟[21]等。

相比全驱动系统，欠驱动系统具有机械结构简单、成本低、能耗小、重量轻等诸多优点。简单的结构节省了部分执行器，可降低系统受损的可能性，且易于维护；低能耗则可节约资源，缓解能源问题；重量轻则便于运输，灵活性高，该优势在航空航天领域尤为突出。因此，这些优点在工程领域有着非常重要的意义，使得欠驱动系统的控制问题成为当前机器人与自动控制领域的热点研究方向之一。接下来，将对几种常见的欠驱动机电系统进行简要的介绍。

1.1.1　欠驱动机器人系统

非完整约束、执行器失灵是导致机器人欠驱动的主要原因。常见的欠驱动机器人有多关节欠驱动连杆机器人[22, 23]、移动机器人[3]、无人机[24-27]等。

欠驱动连杆机器人是指一类部分关节不可驱动的特殊机械臂，其典型代表是Acrobot 与 Pendubot，它们均是由一个有驱（actuated）转动关节和一个无驱（unactuated）转动关节构成的二自由度平面连杆机器人[22, 23]。两者的主要区别在于，前者的肩关节（即第一个关节）不可驱动，肘关节（即第二个关节）可驱动，而后者则正好相反。它们的控制目标均为将两个连杆从任意初始位姿镇定到竖直向上的状态。从结构上看，Pendubot与二级倒立摆[28]之间具有一定的相似性：两者均须利用两个关节间的耦合关系来实现整个系统的镇定控制；但它们又有着本质区别：前者依赖第一关节的旋转运动实现控制目标，而后者的摇起与平衡控制则通过调节小车的水平运动来完成。

移动机器人是一种极为常见且应用比较广泛的欠驱动机器人系统，目前已有许多移动机器人系统应用到工厂物料运输、灾后救援、家庭服务等场合。例如，市面上常见的扫地机器人即为一种简单的移动机器人系统；主流的家庭服务机器人也是基于移动机器人进行设计的；甚至是现阶段发展迅速的无人车系统，也可以看作移动机器人系统的扩展。对于此类系统而言，其控制目标包括两部分，即机器人系统的精确定位，以及调节机器人姿态至其目标状态。对于在同一平面（水平面）内运动的移动机器人而言，它具有一个转动自由度与两个平动自由度，而控制量则仅为两维，即机器人的线速度与角速度，因此它是典型的欠驱动系统。该类系统存在速度层面上不可积分的运动学约束，即非完整约束[29]，其物理含义为移动机器人无法直接侧向运动，而仅能通过自身的转动及前后平动移至侧向的指定位置。

上述两种机器人均受制于非完整约束，现实中也有一些具有完整约束的欠驱动机器人，如胶囊机器人（Capsubot）[30, 31]。Capsubot 是一种新型的自主移动机器人，由于无须安装额外的移动装置（如轮子），其体积可做得非常小，能够进入人类无法到达的区域进行探索并返回相关信息，在医疗诊断、管道检测、灾难救援等领域有着非常广阔的应用前景。一般而言，该系统由一个"胶囊壳"、一个可在"胶囊壳"内前后运动的柱状滑块及驱动装置组成。滑块可在驱动装置（如电磁线圈[30]或压电陶瓷[31]）的作用下在"胶囊壳"内运动，从而带动整个系统运行至期望地点，完成特定的任务，与此同时，滑块返回初始位置。由于系统受到非光滑动态的影响，其控制问题极具挑战性，近几年得到了相关研究人员的大量关注。

随着科技水平的发展与进步，无人机系统也在工业生产及日常生活中起到越来越大的作用。举例而言，很大一部分的农田农药喷洒已经由人工完成改为无人机空中完成，这也会提高农药喷洒的效率且喷洒效果更好；航拍领域对无人机的使用也已经习以为常，通过无人机携带合适的传感器以及相机可实现对未知场景的快速探测及建模；而在国防科技中，无人机可以部分代替常规的军用战机，实现侦察和简单的打击作用，并能有效地避免己方人员伤亡。对无人机系统而言，其待控的状态量一般包括六个，即空间下的三维坐标以及相应的三个姿态角。而就最常用的四旋翼直升机而言，其控制输入仅为四个旋翼的输入电压，显而易见，此类系统为典型的欠驱动系统。

1.1.2 基准系统

许多实际物理系统的主要运动特性都可由基准系统表征，如运动员的单杠体操动作，可近似看作 Acrobot 的摇起与平衡运动。对基准系统进行研究，不仅能帮助人们把握现实系统复杂运动的主要特性，还可验证新型的非线性控制方法。常见的欠驱动基准系统包括倒立摆[10-12]、球杆/板系统[13-15, 32, 33]、旋转激励的平移振荡器（translational oscillations with a rotational actuator，TORA）系统[34]、惯性轮摆系统[35]等。

倒立摆是一种最常见的基准系统，其结构多种多样，主要包括平面倒立摆[10]、三维倒立摆[11]、旋转倒立摆（Furuta 摆）[12]、轮式倒立摆[36, 37]等。对于系统包含不止一个摆的情形，当 n 个摆以串联的形式连于同一个枢轴上时，称为 n 级倒立摆[28, 38]；当它们通过多个枢轴平行连接时，则称为平行倒立摆[39]。就目前而言，倒立摆的控制问题研究可大致分为两类。第一类问题是将摆由初始竖直向下的位置摇起到竖直向上的位置，随后使之保持平衡。该任务通常通过两步完成，即首先设计一个合适的控制器将摆摇起至平衡点附近较小的邻域内，然后切换至线性控制器将系统状态镇定至平衡点[40]。第二类则考虑当摆的初始位置处于上半平面时，如何直接设计有效的非线性控制策略使闭环系统的平衡点渐近稳定，同时使吸引域尽可能大。

球杆系统由一根绕固定支点转动的连杆与一个在连杆上滑/滚动的小球组成。常见的球杆系统可大致分为两类。第一类的支点处有电机驱动连杆转动，而小球则沿着连杆自由地运动，其控制目标是通过控制连杆转动，将小球从初始位置移动至目标点处[13-15]。第二类则与第一类相反，借助有驱的小球运动来调节无驱的连杆转动，以达到期望的姿态[32]。除此之外，研究人员还开发了结构更复杂的球板（ball and plate）系统[33]，用平板替代连杆控制小球在二维平面内的运动。

TORA 系统最早由密歇根大学安娜堡分校（University of Michigan，Ann Arbor）的 Bupp 等提出，作为双自旋航天器（dual spin spacecraft）的简化模型用于控制研究[35]。该系统由一个有驱的偏心轮和一个无驱的平移振荡器两部分组成，通过偏心轮的旋转来控制振荡器的平动。一般而言，其控制目标是构造合适的控制律，在系统遭受外界干扰的情况下，使振荡器运动至期望位置处。

惯性轮摆系统由一个可驱动惯性轮和一个不可驱动的摆组成，与 Acrobot 类似，其任务是通过调整惯性轮的转动，将摆摇至竖直向上的状态[34, 41]。有意思的是，有异于前面提及的几种欠驱动系统，惯性轮摆系统的惯量矩阵为常数矩阵。

1.1.3　其他欠驱动系统

除上述应用实例之外，欠驱动系统在航空、航天、航海、仿生学等领域也发挥着重大的作用，如水面船舶[6, 42]、水下航行器（如潜艇）[43]、双足机器人[18]、四足机器人[19]、机器鱼[20]、机器鸟[21]等，它们在军事和民用领域扮演着越来越重要的角色。

1.2　典型吊运系统

随着经济的进步，运输业、制造业等行业飞速发展。为提高工业产品的生产以及运输效率，获得更好的经济效益，各行各业对运输工具的精度与效率要求越来越高。作为典型的欠驱动系统，各类吊运（吊车）系统作为常用的运输工具，在国民经济发展中起到越来越重要的作用。接下来，根据吊运系统的不同工作场合及用途，将其划分为陆地吊运系统、海上船用吊运系统、空中无人机吊运系统三类，并进行简要介绍。

1.2.1　陆地吊运系统

1. 单摆吊车系统

对于陆地吊车系统而言，按照机械结构的不同，常见的吊车系统主要有三大类，即桥式吊车（overhead crane）系统、塔式吊车（tower crane）系统以及回转悬臂式吊车（rotary crane）系统，如图1.1所示。这三种系统的工作特性各有千秋，适用的场景也不尽相同。分析其具体的机械结构，可以看出这些吊车系统有着如下的共性，即所运送货物均通过吊钩和吊绳等结构，与各自系统中的台车或者悬臂进行连接。这种设计可以简化系统的机械结构，同时节省成本，增大系统工作空间。但与此同时，由于缺乏对所运送货物的直接控制，此类结构也提高了运送过程中精确控制货物运动的难度，并导致吊车系统均具有欠驱动特性，是典型的欠驱动系统，极大地提高了系统的控制难度。

(a) 桥式吊车系统

(b) 塔式吊车系统

(c) 回转悬臂式吊车系统

图 1.1 桥式吊车系统、塔式吊车系统和回转悬臂式吊车系统

常见的吊车系统中，桥式吊车系统是最常见也是应用最广泛的，物流仓库、港口码头、建筑工地、工业生产线等各种场景都可以见到桥式吊车的身影，具体如图 1.2 所示。对于吊车系统而言，其控制目标可以表述如下：通过向台车/桅杆驱动电机输入合适的控制信号，驱动台车/桅杆运动，带动所运送负载由初始位置至其目标位置；同时在运送的过程中和运送结束后，对负载摆动进行有效抑制，以方便进一步的工业操作，同时降低安全风险。然而，由于吊车系统的机械结构导致欠驱动特性，无法直接控制负载的运动，同时负载摆动与台车/桅杆运动之间存在着较强的耦合关系，且系统工作过程中易受到未知的外界干扰影响，这均导致该系统的控制难度极大，较好的负载运送效果难以实现。因此，深入研究吊车系统的运动特性，为其设计合适的自动控制策略，具有十分重要的意义。

(a) 物流仓库　　　　　　　　　　　　(b) 港口码头

(c) 建筑工地　　　　　　　　　　　　(d) 工业生产线

图 1.2　常见的桥式吊车应用场景

2. 双摆吊车系统

　　桥式吊车作为欠驱动系统的典型代表，在过去数十年中被国内外大量学者广泛研究，并且已经取得了丰硕的研究成果。在大多数情况下，为了便于分析，桥式吊车被建模为通过吊绳悬挂在移动台车上的质点（类似于单摆）。然而，在实际应用中，负载一般直接连接到吊钩上，吊钩则由起重缆绳悬挂。因此，当吊钩的质量不可忽略或负载的体积太大以致其与吊钩的距离不可忽略时（图 1.3），吊车系统将呈现双级摆效应，即吊钩相对于台车的摆动和负载相对于吊钩的摆动。在这种情况下，现有的简化模型将无法反映出真实的负载摆动特性。相应地，基于

图 1.3　双摆吊车系统

简化模型所设计的控制器也就变得不再适用。为了进一步解决上述问题，许多学者致力于双摆桥式吊车的自动化研究。

相对于普通的单摆吊车而言，双摆桥式吊车的控制问题要复杂得多。具体来说，在控制输入数量不变的情况下，两级摆动的产生增加了系统的欠驱动程度，这使得相应的控制问题变得更加困难。尤其是环境中存在外界干扰等因素时，闭环系统必须做出更加快速有效的反应才能够消除其影响。另外，由于系统自由度数的增加，双摆桥式吊车的动力学特性和内部耦合关系更加复杂，这也使得相应的控制器设计和稳定性分析更具挑战性。最后，由于负载的体积会随着任务的进行不断发生变化，二级摆动的自然周期很难准确获得，这使得双摆桥式吊车容易受到参数不确定性等因素的影响。因此，对控制设计的鲁棒性要求自然也就变得更高。

3. 多吊绳及多吊车系统

一般而言，普通的单绳吊车可以独立完成大多数货物的运送任务。对于这类吊运任务，经过几十年的努力，其自动控制问题的研究取得了很大的进展。相关文献中已经发表了大量的成果，并且证明了它们在吊车控制方面的有效性。但仍有许多问题有待进一步研究。具体来说，随着生产力的发展，货物的尺寸和体积等不断增大，这就对吊车的负载能力提出了更高的要求。很多时候，我们不得不使用多组吊绳共同悬挂负载，甚至用多台吊车来共同完成同一个大型/重型货物的运送（图 1.4）。

(a) 多吊绳吊车系统　　　　　　　　　　　　(b) 双吊车协作系统

图 1.4　多吊绳吊车系统与双吊车协作系统

对于这种多吊绳吊车系统或者多吊车协作系统，尽管其使用已经相当频繁，相关研究却仍然处于起步阶段。相对于普通的单吊绳吊车系统，多吊绳吊车系统或者多吊车协作系统在建模和控制等方面有着更多的挑战性课题。具体来说：①由于不同吊绳在负载上的吊点不同，此时无法再将负载简化为一个质点，而必须要考虑其几何尺寸和姿态,这使得负载摆动的运动学描述更加困难;②吊绳在负载和台车上的连接点不同,从而形成了特定的几何结构,这给系统带来了完整约束,为此,需要用更多的变量(包括非独立的变量)来进行系统的动力学特性描述,如何妥善处理这些非独立变量,是模型建立和系统分析的一大难点;③多吊绳吊车系统或者多吊车协作系统的动力学特性更加复杂,非线性特性和状态耦合也更强,这些都给控制器的设计工作带来了极大挑战。

特别地,对于多吊车系统,其典型作业场景需要更多人参与,除了每个人负责操作一台吊车之外,还需要人专门负责协调以避免可能的风险,这造成了人力资源的极大浪费。此外,由于工业现场的噪声等诸多实际原因,操作者之间往往难以进行交流。因此,多吊车的工作效率通常远低于预期。在某些极端情况下,甚至可能因协调失误而发生致命事故。因此,对多吊车协作系统进行自动化研究具有重大的现实意义。此外,多吊绳悬挂的方式也在港口集装箱吊车上广泛应用。随着近年来我国大力发展智能港口,对其自动化相关研究也越来越重视。

1.2.2 海上船用吊运系统

近些年,伴随着人类社会的高速繁荣,加大资源开采、扩张活动领域是必然的发展趋势。作为覆盖地球 71%表面积的重要战略资源,海洋逐渐受到人们的关注,海上作业活动也日益频繁,如货物的吊运输送、设备的投放回收、船只间的补给等。其中,船用吊车(图 1.5)由于其强大的运输能力,在海洋开发中扮演着不可或缺的角色。因此,对其展开研究具有非常重要的实际意义和广阔的应用前景,受到了各国学者的广泛关注。

图 1.5 船用吊车系统

与陆地吊车类似，船用吊车也是一种典型的欠驱动系统，即其控制输入的个数少于待控自由度的个数，因而其控制问题本身就具有一定的难度。目前，对陆上吊车系统的研究已取得较大的进展。国内外学者基于输入整形、滑模控制、自适应控制、预测控制等理论提出了多种控制器设计思路。然而，对船用吊车控制的研究还未成熟，仍面临着许多开放难题。具体地说，对于陆地吊车，由于外界的干扰源较少，对系统耦合进行适当分析一般就可以比较成功地设计控制器并抑制负载的摆动运动。因此，相当一部分的精力被放在能量节约、时间节约等性能指标上（特别是在室内环境中）。相对应地，船用吊车经常在恶劣的海况下工作，不可避免地会受到海浪、大风这类强外部干扰的影响。因此，为了充分提升吊车的运输效率以及安全性，将货物稳定准确地运送到期望位置，所设计的控制器必须具有非常良好的摆动抑制能力和鲁棒性能。然而，船用吊车系统的动力学特性极为复杂，对其进行理论分析非常困难。此外，船舶运动引起的扰动不仅影响有驱动状态，而且在无驱动的负载摆动动力学中也会出现（即非匹配干扰），这进一步给控制器的设计带来了极大挑战。

1.2.3　空中无人机吊运系统

近年，由于机械和电子技术的进步，无人机在保留其机动性、灵活性和精确悬停能力的基础上，结构变得更加紧凑，本体性能得到进一步提升，其面向的任务也由早期的军事领域，扩展至商业、农业、科学研究、影视娱乐等民用领域。据预测，无人机除在石油化工、天然气及农业等传统领域发挥作用外，未来极可能成为家庭生活中不可或缺的一部分，它们不仅能够拍摄家庭活动影像，还可以提供家庭安全保障。常见无人机包括固定翼和旋翼两类，与前者相比，以直升机、四旋翼、六旋翼和八旋翼为代表的旋翼无人机，具备垂直起降能力，因此可在有限的空间内起飞、着陆。在旋翼无人机的诸多应用场景中，货物和装备的运输是一个重要领域，通过吊绳悬挂的方式可以执行人员救助、林火扑灭、装备运输、物资补给等各类任务，如图 1.6 所示。特别地，在面临山路或崎岖地面等陆上机器人难以完成运送任务的场景，或利用飞行器运送大型物体受限于机舱容量时，空中吊运的运送方式可有效解决此类问题。与吊车类似，执行空中吊运任务时要求负载快速、准确且无残摆地实现点对点运送，因此，这类系统可以看作空中吊车。

然而，空中四旋翼无人机吊运系统的负载是通过吊绳悬挂于飞行器下方，无法直接对其施加控制，因此需要对飞行器进行合理的控制以实现上述目标。考虑到旋翼无人机自身是典型的非线性系统，而且是欠驱动的，在负载无法直接被控的情况下，这进一步增加了系统的欠驱动程度；除此之外，负载的运动与飞行器

(a) 人员救助　　　　　　　　　　(b) 林火扑灭

(c) 装备运输　　　　　　　　　　(d) 物资补给

图 1.6　空中无人机吊运任务应用场景

的平移运动相互耦合，飞行器平移运动与自身旋转运动之间同时存在强耦合，这一特性极大地增加了控制器设计与稳定性分析的难度。

1.3　本书主要内容

近些年，针对欠驱动吊运系统的控制问题，国内外大量专家学者耗费了许多的时间与精力进行研究，也提出了一系列行之有效的控制策略，取得了良好的控制效果。然而，由于工业吊车系统的工作环境非常复杂，未知因素繁多，加上工作任务多样化，目前仍存在许多需要解决的吊车系统控制难题，例如，如何在兼顾效率与物理约束的同时实现最优的防摆轨迹规划，如何提高消摆定位的暂态控制性能，如何实现双吊车的协调控制，如何解决复杂海洋环境下波浪影响时的船用吊车控制，如何实现空中无人机吊运系统的高性能控制等。

　　针对上述问题，本书给出了一些相应的解决思路。本书章节的具体安排包括以下几个部分，各章节之间的关系如图 1.7 所示。

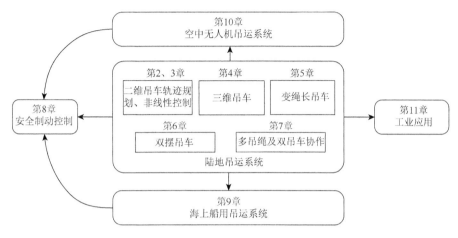

图 1.7　各章节关系示意图

　　第 2～5 章讨论了陆地单摆吊车系统的轨迹规划与非线性控制问题。具体而言，第 2 章针对二维桥式吊车系统的轨迹规划问题进行了深入研究，并提出了三种有效的轨迹规划方法，分别为基于相平面分析的轨迹规划方法、基于非线性耦合分析的在线轨迹规划方法以及基于 B 样条曲线的时间最优轨迹规划方法，可以实现桥式吊车系统台车快速精确定位与负载摆动抑制的控制目标。第 3 章基于能量分析、滑模控制等思路，分别提出了负载广义运动调节控制方法、增强耦合非线性控制方法、滑模控制方法、输出反馈控制方法等，实现了系统的有效调节。第 4 章针对动力学特性更为复杂的三维桥式吊车系统，在充分考虑执行器饱和约束的基础上，给出了一种基于虚拟负载的输出反馈饱和控制策略。第 5 章针对吊绳长度变化的工况，分别给出了一种有界跟踪消摆控制方法与一种自适应非线性耦合控制方法。

　　第 6 章讨论了双摆吊车系统的轨迹规划问题与调节控制问题。具体而言，第 6 章从双摆吊车系统的动力学特性与运动学特性出发，共提出了三种控制策略，分别为基于多项式曲线的时间最优轨迹规划方法、基于高斯伪谱法的全局最优轨迹规划方法以及考虑负载升降的自适应控制方法。其中，基于多项式曲线的时间最优轨迹规划方法与基于高斯伪谱法的全局最优轨迹规划方法，均从系统运动学特性出发，考虑一系列物理约束，选择合适的优化算法，求解得到时间最优的参考轨迹；考虑负载升降的自适应控制方法则通过分析系统动力学特性，设计合适的自适应更新率，对位置负载质量进行精确估计，最终完成调节控制的目标。

第 7 章针对多吊绳吊车和双吊车协作系统的建模和控制问题展开了研究。具体来说，首先利用拉格朗日方法建立了多吊绳吊车系统的精确动力学模型。在此基础上，设计了一种非线性反馈控制器。通过李雅普诺夫（Lyapunov）方法和拉塞尔（LaSalle）不变性原理可以严格证明，该控制器能保证系统在期望平衡点处的渐近稳定性。最后，通过在自行搭建的实验台上进行大量的硬件实验，验证了该方法的有效性。而对于欠驱动双吊车协作系统，该章分别设计了协调控制器以及自适应输出反馈控制器。通过这两个例子，详细阐述了此类系统的稳定性分析方法。最后，通过大量的实验验证了所提出方法可以在实现双吊车协调运动的同时，充分抑制负载的摆动。

第 8 章讨论了吊车系统的紧急制动控制问题。具体而言，为提高吊车系统应对突发情况的能力，第 8 章给出了两种紧急制动控制策略，分别为基于能量分析的紧急制动控制策略以及利用模糊逻辑的紧急制动控制策略。从系统的机械能特性出发，首先设计了一种基于能量分析的紧急制动控制策略，可加快吊车系统的能量消耗，进而完成紧急制动的控制目标，并在控制器设计过程中考虑了安全约束条件，并从理论上满足了安全约束条件。进一步，为改善紧急制动过程中的摆动抑制效果，对所设计基于能量分析的紧急制动控制策略进行了改进，并引入了模糊逻辑实现参数自整定，得到了更好的紧急制动效果。

第 9 章针对船用吊车系统的鲁棒控制问题给出了有效的解决思路。具体而言，首先通过模型变换和新状态变量的引入，成功地将吊车动力学与船体运动干扰进行有机结合，从而简化了相关问题的分析。在此基础上，根据不同的实际需求，分别提出了输出反馈控制器、饱和控制器等，并通过严格的理论分析证明了期望平衡点的渐近稳定性。最后，通过大量的实验结果验证所提出控制器的可行性和有效性。

第 10 章讨论了空中无人机吊运系统的轨迹规划与非线性控制问题。其中，通过对系统动态方程的分析，首先利用基于相平面几何分析的轨迹规划方法，分别针对飞行器两个轴向的运动各自构造分段式加速度轨迹，在无人机到达目标位置的同时，满足关于其速度、加速度以及负载摆动幅度的各项约束条件。面向空中无人机吊运系统调节控制问题，将系统动力学模型表示成内外环级联的形式，对系统内外环分别设计控制输入，其中内环采用反步法对期望姿态进行跟踪，外环则基于能量进行分析，确保飞行器的准确定位和负载的摆动抑制。

第 11 章阐述了所提出控制方法在实际应用中的具体表现。首先在天津起重公司的桥式吊车上进行了方法验证。结果表明，所提出方法可极大地简化桥式吊车的操作，避免事故的发生。以上测试均经国家起重运输机械质量监督检验中心的专业人员检测，得到了吊车领域行业专家的认可。此外，还在天津港的轮胎式集装箱门式吊车（rubber tyre gantry，RTG）上进行了算法测试，所设计算法实现了集装箱搬运流程运动控制的自动化，并且效率相对熟练人工有了很大的提升，项目成果同样得到了港口技术人员和评审专家的高度认可。

参 考 文 献

[1] Fantoni I, Lozano R. Non-Linear Control for Underactuated Mechanical Systems. London: Springer-Verlag, 2002.

[2] 孙宁, 方勇纯. 一类欠驱动系统的控制方法综述. 智能系统学报, 2011, 6 (3): 200-207.

[3] Jiang Z P, Lefeber E, Nijmeijer H. Saturated stabilization and tracking of a nonholonomic mobile robot. Systems and Control Letters, 2001, 42 (5): 327-332.

[4] Liu Y, Li Y. Dynamic modeling and adaptive neural-fuzzy control for nonholonomic mobile manipulators moving on a slope. International Journal of Control, Automation, and Systems, 2006, 4 (2): 197-203.

[5] Li Y, Liu Y. Real-time tip-over prevention and path following control for redundant nonholonomic mobile modular manipulators via fuzzy and neuralfuzzy approaches. ASME Journal of Dynamic Systems, Measurement, and Control, 2006, 128 (4): 753-764.

[6] Behal A, Dawson D M, Dixon W E, et al. Tracking and regulation control of an underactuated surface vessel with nonintegrable dynamics. IEEE Transactions on Automatic Control, 2002, 47 (3): 495-500.

[7] Liu Y, Yu H. A survey of underactuated mechanical systems. IET Control Theory and Applications, 2013, 7 (7): 921-935.

[8] Olfati-Saber R. Nonlinear control of underactuated mechanical systems with application to robotics and aerospace vehicles. Cambridge: Massachusetts Institute of Technology, 2001.

[9] Abdel-Rahman E M, Nayfeh A H, Masoud Z N. Dynamics and control of cranes: A review. Journal of Vibration and Control, 2003, 9 (7): 863-908.

[10] Angeli D. Almost global stabilization of the inverted pendulum via continuous state feedback. Automatica, 2001, 37 (7): 1103-1108.

[11] Gutiérrez O O, Ibáñez C A, Sossa H. Stabilization of the inverted spherical pendulum via Lyapunov approach. Asian Journal of Control, 2009, 11 (6): 587-594.

[12] La Hera P X, Freidovich L B, Shiriaev A S, et al. New approach for swinging up the Furuta pendulum: Theory and experiments. Mechatronics, 2009, 19 (8): 1240-1250.

[13] 占探, 桂卫华, 阳春华, 等. 基于网络控制的球杆系统模糊控制器设计. 控制工程, 2011, 18 (1): 78-82.

[14] Ye H, Gui W, Yang C. Novel stabilization designs for the ball-and-beam system. Proceedings of the World Congress of the International Federation of Automatic Control, Milano, 2011: 8468-8472.

[15] Aguilar-Ibáñez C. The Lyapunov direct method for the stabilisation of the ball on the actuated beam. International Journal of Control, 2009, 82 (12): 2169-2178.

[16] Hu G, Makkar C, Dixon W E. Energy-based nonlinear control of underactuated Euler-Lagrange systems subject to impacts. IEEE Transactions on Automatic Control, 2007, 52 (9): 1742-1748.

[17] Dupree K, Liang C H, Hu G, et al. Adaptive Lyapunov-based control of a robot and mass-spring system undergoing an impact collision. IEEE Transactions on Systems, Man, and Cybernetics, Part B: Cybernetics, 2008, 38 (4): 1050-1061.

[18] Aoyama T, Hasegawa Y, Sekiyama K, et al. Stabilizing and direction control of efficient 3-D biped walking based on PDAC. IEEE/ASME Transactions on Mechatronics, 2009, 14 (6): 712-718.

[19] Rong X, Li Y, Ruan J, et al. Design and simulation for a hydraulic actuated quadruped robot. Journal of

Mechanical Science and Technology，2012，24（6）：1171-1177.

[20]　Yu J，Wang M，Tan M，et al. Three-dimensional swimming. IEEE Robotics and Automation Magazine，2011，18（4）：47-58.

[21]　Mackenzie D. A flapping of wings. Science，2012，335（6075）：1430-1433.

[22]　Xin X，Kaneda M. Analysis of the energy-based swing-up control of the Acrobot. International Journal of Robust and Nonlinear Control，2007，17（16）：1503-1524.

[23]　She J，Zhang A，Lai X，et al. Global stabilization of 2-DOF underactuated mechanical systems-an equivalent-input-disturbance approach. Nonlinear Dynamics，2012，69（1/2）：495-509.

[24]　孙秀云，方勇纯，孙宁. 小型无人直升机的姿态与高度自适应反步控制. 控制理论与应用，2012，29（3）：381-388.

[25]　Song D，Han J，Liu G. Active model-based predictive control and experimental investigation on unmanned helicopters in full flight envelope. IEEE Transactions on Control Systems Technology，2013，21（4）：1502-1509.

[26]　Huang M，Xian B，Diao C，et al. Adaptive tracking control of underactuated quadrotor unmanned aerial vehicles via backstepping. Proceedings of the American Control Conference，Baltimore，2010：2076-2081.

[27]　Beard R，Kingston D，Quigley M，et al. Autonomous vehicle technologies for small fixedwing UAVs. Journal of Aerospace Computing，Information，and Communication，2005，2（1）：92-108.

[28]　Xin X. Analysis of the energy-based swing-up control for the double pendulum on a cart. International Journal of Robust and Nonlinear Control，2011，21（4）：387-403.

[29]　周衍柏. 理论力学教程. 2 版. 北京：高等教育出版社，1985.

[30]　Li H，Furuta K，Chernousko F L. Motion generation of the Capsubot using internal force and static friction. Proceedings of the IEEE Conference on Decision and Control，San Diego，2006：6575-6580.

[31]　Liu Y，Yu H，Yang T C. Analysis and control of a Capsubot. Proceedings of the World Congress of the International Federation of Automatic Control，Seoul，2008：756-761.

[32]　Li E，Liang Z Z，Hou Z G，et al. Energy-based balance control approach to the ball and beam system. International Journal of Control，2009，82（6）：981-992.

[33]　Awtar S，Bernard C，Boklund N，et al. Mechatronic design of a ball-on-plate balancing system. Mechatronics，2002，12（2）：217-228.

[34]　Ye H，Liu G P，Yang C，et al. Stabilisation designs for the inertia wheel pendulum using saturation techniques. International Journal of Systems Science，2008，39（12）：1203-1214.

[35]　Bupp R T，Bernstein D S，Coppola V T. A benchmark problem for nonlinear control design: Problem statement，experimental testbed，and passive nonlinear compensation. Proceedings of the American Control Conference，Seattle，1995：4363-4367.

[36]　Xu J X，Guo Z Q，Lee T H. Design and implementation of integral sliding mode control on an underactuated two-wheeled mobile robot. IEEE Transactions on Industrial Electronics，2014，61（7）：3671-3681.

[37]　Guo Z Q，Xu J X，Lee T H. Design and implementation of a new sliding mode controller on an underactuated wheeled inverted pendulum. Journal of the Franklin Institute，2014，351（4）：2261-2282.

[38]　Glück T，Eder A，Kugi A. Swing-up control of a triple pendulum on a cart with experimental validation. Automatica，2013，49（3）：801-808.

[39]　Xin X，Kaneda M. Analysis of the energy-based control for swinging up two pendulums. IEEE Transactions on Automatic Control，2005，50（5）：679-684.

[40]　Lozano R，Fantoni I，Block D J.Stabilization of the inverted pendulum around its homoclinic orbit. Systems and

Control Letters，2000，40（3）：197-204.

[41]　Ye H，Wang H，Wang H. Stabilization of a PVTOL aircraft and an inertia wheel pendulum using saturation technique. IEEE Transactions on Control Systems Technology，2007，15（6）：1143-1150.

[42]　郭晨，汪洋，孙富春，等. 欠驱动水面船舶运动控制研究综述. 控制与决策，2009，24（3）：321-329.

[43]　Astolfi A，Chhabra D，Ortega R. Asymptotic stabilization of some equilibria of an underactuated underwater vehicle. Systems and Control Letters，2002，45（3）：193-206.

第2章 二维桥式吊车轨迹规划方法

2.1 引 言

一般而言，根据行业规范，一次完整的吊车操作流程主要包括如下三个步骤[1]：

（1）将负载竖直提升到一定（安全）高度，即负载升吊过程；

（2）通过台车拖动负载移动至目标位置上方，即负载的水平运送过程；

（3）将负载竖直落放至目标位置处，即负载落吊过程。

在一般情况下，上述各步骤依次进行，即上一步结束后方进入下一步操作。在不考虑外界干扰的情况下，负载摆动主要是由台车的加减速运动所引发的。由于第（1）、（3）步操作过程中不涉及台车运动，因此负载在这两个阶段一般不会出现明显的摆动。故对于吊车系统而言，主要考虑负载在水平运送过程中的消摆定位控制问题[2-14]。由于系统的欠驱动特性，人们无法直接对负载摆动加以控制，而只能通过合理地控制台车运动，在不影响其快速准确定位的同时，间接地抑制并消除负载摆动。负载水平运送阶段的防摆定位控制效果直接影响着整体的工作效率，因此，其控制问题得到了机器人与自动控制领域相关研究人员的广泛关注[2-14]。

就目前而言，相关文献中的绝大多数方法都是调节控制（即定点控制），而轨迹规划环节则往往被忽视[7, 8, 10, 12, 14-27]。这类方法的主要限制在于一些核心的性能指标/约束，包括台车最大速度/加速度、负载摆幅、台车运行效率等，无法在理论上得到保证。由机器人控制的经验知，通过合理的轨迹规划可充分地考虑这些约束与指标，且能保证系统的平滑运行。遗憾的是，不同于全驱动机电系统，桥式吊车系统的欠驱动特性使得研究人员只能对有驱的台车运动进行轨迹规划，而无法为无驱的负载摆动加以规划。因此在规划台车运动时，必须充分考虑相应的负载摆动。

台车与负载之间的复杂非线性耦合关系使得吊车轨迹规划问题极具挑战性，目前该方向上报道的工作仍比较少[2, 28, 29]。具体而言，文献[28]提出了一种具有对称结构的轨迹规划方法，然而一些重要指标（如工作过程中负载最大摆幅等）无法得以保证，并且得到的轨迹不具有解析表达式。Fang 等[29]设计了一种基于轨迹规划的自适应控制方法，其核心思想是构造一条 S 形轨迹并设计控制器对其进行跟踪控制；然而该方法在轨迹规划时仅考虑了台车的定位性能，即该 S 形轨迹无任何消摆功能，整个控制系统的负载摆动抑制性能完全依赖于跟踪控制器。在文献[2]中，孙宁等充分分析台车与负载之间的耦合关系，提出了一种基于迭代学习的离线轨迹规划方法，可实现台车定位与负载消摆的双重目标；但该方法在应用前须进行离线迭代优化，且无法保证上述提及的核心性能指标/约束。

考虑到已有方法存在的不足，为充分考虑吊车系统的核心控制指标/约束，包括最大摆幅、残余摆角、运送效率、台车速度/加速度上限等，2.2 节将提出一种新颖的基于相平面几何分析的吊车轨迹规划方法，所规划的轨迹具有解析形式，非常便于实际吊车系统应用。具体而言，通过分析系统的运动学方程，将台车运动所引起的负载摆动映射到相平面中；根据相轨迹的变化规律并结合性能指标/约束，将首先构造一条具有解析表达式的三段式加速度消摆轨迹。然而，不连续的加速度轨迹对应的加加速度（jerk，加速度的导数）曲线上存在无穷大的取值点，不仅使轨迹难以跟踪，还易激发系统振荡，为此本章将通过引入过渡环节再提出两种改进型加速度轨迹。数值仿真与实际实验结果均表明所提方法具有良好的控制性能。相比已有方法，所提控制策略的主要优点/贡献如下：①对于任意运送过程，所有轨迹参数均可方便地通过相平面分析获得；②可保证负载最大摆角、台车速度/加速度等始终保持在设定范围内，且负载无残余摆动；③能提前算出整个过程中台车的运行时间，为吊车操作提供了重要参考；④所规划的轨迹均具有简单且解析的表达式，非常便于实际应用。

除此之外，现有文献中轨迹规划方法[2, 28, 29]存在的另外一点主要不足在于，必须提前在计算机或数字信号处理器（digital signal processor，DSP）中进行离线规划后，方能将优化得到的轨迹参数用于吊车实时控制系统，开始消摆定位控制。此外，当台车目标位置发生变化时，必须再次进行离线优化，重新调试轨迹参数。而实际应用时，相比离线轨迹规划，使用人员更希望台车轨迹能够在线生成。为解决该问题，在 2.3 节中，将提出一种基于非线性耦合分析的在线轨迹规划方法[①]。具体而言，该方法由两部分组成：定位参考轨迹与消摆环节，前者的目的是实现台车的精确定位，后者的作用则是抑制并消除负载摆动，而不影响前者的定位性能。将利用 Lyapunov 方法及（扩展）Barbalat 引理对其性能进行严格分析，还将通过仿真与实验对该方法的有效性进行验证，并与已有轨迹规划方法进行对比，证明其在摆动消除与台车定位方面具有良好的控制性能。这种在线轨迹规划方法具有如下贡献与优点：①无须离线迭代优化，参数调节方便，可在线应用；②当台车目标位置发生变化时，无须对轨迹参数进行再整定。

另外，针对二维桥式吊车的时间最优运送问题，2.4 节将提出一种 B 样条时间最优轨迹规划方法，可以有效提高系统的工作效率。具体而言，首先将分析系

---

① 在此，在线是指无须离线计算轨迹参数，而是在应用时实时地生成轨迹。

统的动力学模型与运动学模型，验证二维桥式吊车系统满足微分平坦特性，给出系统的平坦输出，将台车位移轨迹规划问题转化为负载水平位置轨迹规划问题；接着，考虑包括负载最大摆角、台车最大加速度等物理约束，构造含有约束的时间最优问题；随后，将轨迹规划问题转化为 B 样条曲线控制点序列的求解问题，提出一种基于多项式的优化算法进行求解，并得到了期望的最优时间轨迹。利用仿真与实验，充分验证了其有效性与时间最优特性。本章所提方法具有如下贡献与优点：①提出了运输效率足够高的时间最优的台车轨迹，具有良好的解析性、连续性及平滑性，便于跟踪控制器设计；②在构建期望轨迹时，充分考虑了实际物理约束，如最大允许摆角、驱动器限制等。

本章的主要内容组织如下：2.2 节将进行相平面几何分析，提出三种解析形式的加速度轨迹，并给出相应的仿真与实验结果；2.3 节将详细讨论基于台车/负载运动耦合分析的在线轨迹规划过程，并给出相应的收敛性分析，最后利用仿真与实验验证其控制性能；2.4 节将提出一种 B 样条时间最优轨迹，并利用仿真和实验结果验证其有效性；2.5 节将对全章工作进行简要的分析及总结。

2.2　基于相平面几何分析的解析轨迹规划方法

本节将详细讨论基于相平面几何分析轨迹规划方法的设计与分析过程，并给出仿真与实验验证结果。

2.2.1　问题描述

二维桥式吊车的示意图如图 2.1 所示。通过使用 Euler-Lagrange 方法对欠驱动桥式吊车系统进行建模，可以得到如式（2.1）和式（2.2）所示的其动力学模型[2]：

$$(M+m)\ddot{x} + ml\ddot{\theta}\cos\theta - ml\dot{\theta}^2\sin\theta = F \tag{2.1}$$

$$ml^2\ddot{\theta} + ml\ddot{x}\cos\theta + mgl\sin\theta = 0 \tag{2.2}$$

式中，x 与 θ 分别表示台车位移与负载关于竖直方向的摆角；M 与 m 分别表示台车与负载质量；l 为吊绳长度；g 表示重力加速度；F 为作用于台车的合力，由如下两部分组成：

$$F = F_a - F_{rx} \tag{2.3}$$

其中，F_a 表示电机提供的驱动力；F_{rx} 为台车与桥架间的摩擦力。受文献[30]、[31]中摩擦力模型的启发，在对吊车平台进行了一系列实验测试后，本节选用如下模型近似表示摩擦力特性：

$$F_{rx}(\dot{x}) = F_{r0x}\tanh\left(\frac{\dot{x}}{\epsilon_x}\right) - k_{rx}\mid\dot{x}\mid\dot{x} \tag{2.4}$$

式中，F_{r0x}、ϵ_x、$k_{rx}\in\mathbb{R}$ 为相应的摩擦参数。

考虑到吊车的实际工作情况，负载不会到达台车上方。因此如无特殊说明，后面将与已有文献一样作如下合理假设[2-29, 32-51]。

假设 2.1　在吊车工作过程中，负载始终处于台车下方，即[①]

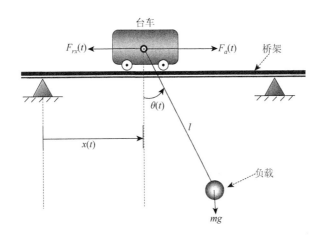

图 2.1　二维桥式吊车系统示意图

（1）对于二维（平面）吊车系统，负载摆角 $\theta(t)$ 满足

$$-\frac{\pi}{2} < \theta(t) < \frac{\pi}{2}$$

（2）对于三维吊车系统，负载空间摆角 $\theta_x(t)$、$\theta_y(t)$ 满足

$$-\frac{\pi}{2} < \theta_x(t) < \frac{\pi}{2}, \quad -\frac{\pi}{2} < \theta_y(t) < \frac{\pi}{2}$$

吊车系统的动力学由有驱部分（2.1）与无驱部分（2.2）组成，后者描述了台车加速度 $\ddot{x}(t)$ 与负载摆动 $\theta(t)$ 之间的动态耦合关系。对式（2.2）两边同除以 ml，可得如下非线性微分方程：

$$l\ddot{\theta} + \cos\theta\ddot{x} + g\sin\theta = 0 \tag{2.5}$$

实际吊车系统一般满足 $\sin\theta \approx \theta, \cos\theta \approx 1$[3-6, 14-18, 34-41, 44, 46-48]（本节轨迹规划方法能保证该近似关系成立）。基于此，式（2.5）可表示为

$$\ddot{\theta} + \omega_n^2\theta = -\frac{\omega_n^2}{g}\ddot{x} \tag{2.6}$$

---

① $\theta_x(t)$ 与 $\theta_y(t)$ 的详细定义参见 4.2.1 节。

式中，$\omega_n = \sqrt{g/l}$ 表示系统自然频率。显然，台车运动能够直接影响负载摆动，因此，对台车运动进行合理规划具有重要意义。根据系统的性能指标及物理约束，在随后的轨迹规划中，将考虑如下原则。

原则 2.1　台车在有限时间 t_f 内到达目标位置 $p_{dx} \in \mathbb{R}$，即

$$x(t) = p_{dx}, \quad \forall t \geqslant t_f \tag{2.7}$$

原则 2.2　在整个运送过程中，台车速度与加速度应满足

$$|\dot{x}(t)| \leqslant v_{ub}, \quad |\ddot{x}(t)| \leqslant a_{ub} \tag{2.8}$$

式中，$v_{ub}, a_{ub} \in \mathbb{R}^+$ 分别表示允许的速度与加速度的上限。

原则 2.3　负载最大摆幅应保持在合理的范围内，即

$$|\theta(t)| \leqslant \theta_{ub} \tag{2.9}$$

式中，$\theta_{ub} \in \mathbb{R}^+$ 为允许的最大摆幅上限值。

原则 2.4　在台车运行的匀速阶段及台车到达目标位置停止运动后，应无负载残余摆动，即[①]

$$\theta(t) = 0, \quad \text{当} \ddot{x}(t) = 0 \text{时} \tag{2.10}$$

就全驱动机器人（转动或平动）关节而言，可方便地通过对关节运动进行轨迹规划来实现控制目标并考虑各种物理约束，具有结构简单、易于实现等优点。从结构上看，吊车可看作一种特殊的机器人，台车运动与负载（吊绳）摆动分别为平动关节与转动关节的运动。遗憾的是，由于欠驱动特性，只能对有驱的台车运动进行规划，故无法将适用于全驱动机器人关节的轨迹规划方法直接用于吊车系统。因此，在为台车进行轨迹规划时，必须充分考虑约束（2.9）与（2.10）。接下来，本章将提出一种新颖的基于相平面几何分析的吊车轨迹规划方法。

当台车以恒定加速度 a 运行时，方程（2.6）可求解如下：

$$\theta(t) = \theta(0)\cos(\omega_n t) + \frac{\dot{\theta}(0)}{\omega_n}\sin(\omega_n t) - \frac{a}{g}(1 - \cos(\omega_n t)) \tag{2.11}$$

进一步地，对式（2.11）两边关于时间求导，有

$$\dot{\theta}(t) = -\theta(0)\omega_n\sin(\omega_n t) + \dot{\theta}(0)\cos(\omega_n t) - \frac{a\omega_n}{g}\sin(\omega_n t) \tag{2.12}$$

式中，$\theta(0)$ 与 $\dot{\theta}(0)$ 分别表示负载的初始摆角与初始角速度。为方便接下来的分析，引入如下尺度化的（scaled）角速度信号：

$$\dot{\Theta}(t) = \frac{\dot{\theta}(t)}{\omega_n} \tag{2.13}$$

---

① 需要强调的是，现有轨迹规划方法[28, 29]仅能保证原则 2.1 与原则 2.2，而不能保证原则 2.3 与原则 2.4，即这些方法只能保证台车的物理约束。实际上，原则 2.3 与原则 2.4 对于吊车系统的效率及安全而言具有重大意义。因此，本方法更具实用性。

那么，结合式（2.11）~式（2.13）可以得到

$$\left(\theta(t)+\frac{a}{g}\right)^2+\dot{\Theta}^2(t)=\left(\theta(0)+\frac{a}{g}\right)^2+\dot{\Theta}^2(0) \tag{2.14}$$

因此，在以 $\theta(t)$ 为横坐标、$\dot{\Theta}(t)$ 为纵坐标的相平面中，方程（2.14）描述了一系列以 $[-a/g,0]$ 为圆心，以

$$R=\sqrt{\left(\theta(0)+\frac{a}{g}\right)^2+\dot{\Theta}^2(0)}$$

为半径的圆。不失一般性，考虑摆角/角速度的初始条件为

$$\dot{\theta}(0)=0, \qquad \theta(0)=0 \tag{2.15}$$

那么，方程（2.14）可进一步表示如下：

$$\left(\theta(t)+\frac{a}{g}\right)^2+\dot{\Theta}^2(t)=\frac{a^2}{g^2} \tag{2.16}$$

为更直观地了解负载摆动与台车恒定加速度 a 不同取值之间的关系，在此分三种情形进行讨论，相应的相平面图如图 2.2 所示。

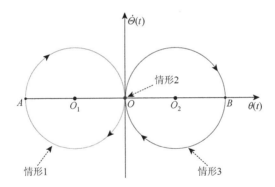

图 2.2　相平面示意图

情形 1：$a>0$。不可驱动系统状态 $[\theta(t)\ \dot{\Theta}(t)]$ 的轨迹沿顺时针方向，以恒定角速度 ω_n 在圆 O_1 上运动（见图 2.2）。

情形 2：$a=0$。此时，式（2.16）退化为 $\theta^2(t)+\dot{\Theta}^2(t)=0$，表明 $[\theta(t)\ \dot{\Theta}(t)]$ 停留在坐标原点，即此时台车与负载之间相对静止。

情形 3：$a<0$。类似于情形 1，$[\theta(t)\ \dot{\Theta}(t)]$ 的轨迹绕着圆 O_2 做周期运动。

注记 2.1　为使描述更加简洁、清晰，本节仅考虑初始负载摆角/角速度为零的情形。实际上，该方法同样适用于非零的情形，其处理方法类似于下面对改进型轨迹规划方法所作的分析，在此不再赘述。

2.2.2 基于相平面几何分析的轨迹规划

在本小节中，将详细阐述基于相平面几何分析的轨迹规划方法。具体而言，首先将根据 2.2.1 节分析所得到的相轨迹变化规律，构造一种三段式加速度轨迹。考虑到三段式加速度轨迹需要在特定时刻切换加速度，导致加加速度在切换点处无穷大，易给执行器带来较大冲击，随后将引入过渡环节来对其作平滑处理，设计两种改进型轨迹。通过合理选取轨迹参数，该系列轨迹能很好地满足上述提及的四条原则。

1. 三段式加速度轨迹

基于 2.2.1 节得到的相轨迹变化规律，首先规划如图 2.3 所示的三段式加速度轨迹，其表达式如下：

$$\ddot{x}(t) = \begin{cases} a_{\max}, & 0 \leqslant t \leqslant t_a \\ -a_{\max}, & t_a + t_c \leqslant t \leqslant 2t_a + t_c \\ 0, & \text{其他} \end{cases} \tag{2.17}$$

式中，t_a、t_c 分别表示加（减）速段及匀速段持续时间；$a_{\max}$ 为加（减）速段的加速度幅值。

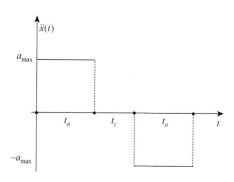

图 2.3　三段式加速度轨迹（2.17）示意图

这里需解决的问题是给定台车运送距离 p_{dx}，如何选取 t_a、t_c 及 $a_{\max}$ 的值，使轨迹（2.17）满足原则 2.1～原则 2.4。在加速段，$[\theta(t)\ \dot{\theta}(t)]$ 从原点出发，以角速度 ω_n 沿圆 O_1 顺时针运动，对应图 2.2 中情形 1。经过半个周期后，它们到达图 2.2 中点 A，由式（2.14）知，此时摆角达到其最大幅值：

$$\theta_{\max} = | OA |= 2 | OO_1 |= \frac{2a_{\max}}{g} \quad (2.18)$$

当加速过程持续一个周期 $T = 2\pi / \omega_n$ 后，$[\theta(t)\ \dot{\theta}(t)]$ 返回原点。如果此时（$t = T$）台车停止加速，并在 $t_a < t < t_a + t_c$ 时间段内匀速运行，则 $[\theta(t)\ \dot{\theta}(t)]$ 将停留在原点，表明此时台车与负载间无相对运动，对应图 2.2 中情形 2。对于匀减速阶段，可进行类似分析；值得说明的是，减速段也应是一个完整的周期 T，以使 $[\theta(t)\ \dot{\theta}(t)]$ 穿过图 2.2 中点 B 后返回原点，负载无残余摆动。

注记 2.2　需要说明的是，对于长距离运送，可方便地将加/减速段持续时间扩展至 jT（$j = 2,3,4,\cdots,n$）的情形，为方便描述，对这些情形不再赘述。

基于上述分析，将加（减）速段的持续时间 t_a（t_c）（见式（2.17））设置为一个摆动周期 T，然后根据总的运送距离 p_{dx} 决定匀速段时间 t_c。为此，对式（2.17）关于时间进行积分，并整理可得

$$\dot{x}(t) = \begin{cases} a_{\max}t, & 0 \leqslant t \leqslant t_a \\ a_{\max}t_a, & t_a < t \leqslant t_a + t_c \\ -a_{\max}(t - T_{\text{total}}), & t_a + t_c < t \leqslant T_{\text{total}} \\ 0, & \text{其他} \end{cases} \quad (2.19)$$

$$p_{dx} = \int_0^{T_{\text{total}}} \dot{x}(t)\mathrm{d}t = a_{\max}t_a(t_a + t_c) \quad (2.20)$$

式中，$T_{\text{total}} = 2t_a + t_c$ 表示总的运送时间。根据 $t_a = T$，可进一步求得

$$p_{dx} = v_{\max}(T + t_c) \quad (2.21)$$

式中，$v_{\max} = a_{\max}T$ 为台车的最大运行速度，即台车在匀速段的速度。那么，匀速段的持续时间 t_c 可求解如下：

$$t_c = \frac{p_{dx}}{v_{\max}} - T \quad (2.22)$$

由于 $t_c \geqslant 0$，根据式（2.22）知，$v_{\max}$ 须满足

$$v_{\max} \leqslant \frac{p_{dx}}{T} \quad (2.23)$$

再由式（2.9）可知，式（2.18）中 $\theta_{\max}$ 应满足

$$\theta_{\max} = \frac{2a_{\max}}{g} \leqslant \theta_{ub}$$

结合式（2.8）可知，$a_{\max} \leqslant a_{ub}$。因此，台车的最大加速度应满足

$$a_{\max} \leqslant a_{mub} = \min\left\{a_{ub}, \frac{g\theta_{ub}}{2}\right\} \tag{2.24}$$

式中，$a_{mub} \in \mathbb{R}^+$ 表示改进的加速度上限，因此，$v_{\max} \leqslant a_{mub}T$。再次联立式（2.8）及式（2.23），$v_{\max}$ 的选取需满足如下约束：

$$v_{\max} \leqslant \min\left\{v_{ub}, \frac{p_{dx}}{T}, a_{mub}T\right\} \tag{2.25}$$

为提高系统的运送效率，在此选取

$$v_{\max} = \min\left\{v_{ub}, \frac{p_{dx}}{T}, a_{mub}T\right\} \tag{2.26}$$

相应地，$a_{\max}$ 的取值由式（2.27）确定：

$$a_{\max} = \frac{v_{\max}}{T} \tag{2.27}$$

进一步地，t_c 的值可由式（2.22）算得。

此外，由式（2.17）知三段式加速度轨迹不连续，其对应的加加速度轨迹表达式为

$$j = a_{\max}\big(\delta(t) - \delta(t-T) - \delta(t-T-t_c) + \delta(t-2T-t_c)\big) \tag{2.28}$$

其在切换处的取值为无穷大。在式（2.28）中，$\delta(t)$ 表示狄拉克（Dirac）函数：

$$\delta(t) = \begin{cases} +\infty, & t = 0 \\ 0, & t \neq 0 \end{cases}$$

至此，所有的轨迹参数均已确定，作为总结，给出下面的定理。

定理 2.1　当轨迹参数 $t_a = T$，且 t_c，$a_{\max}$ 按照式（2.22）和式（2.27）确定时，三段式加速度轨迹（2.17）有如下性质：

（1）轨迹具有解析表达式；

（2）满足原则 2.1～原则 2.4；

（3）总的运送时间事先已知，为 $T_{\text{total}} = 2t_a + t_c$；

（4）式（2.28）所示的加加速度轨迹 $j(t)$ 上存在一些无穷大的取值点。

证明　参见上述分析过程，此处不再赘述。

如上所述，三段式加速度轨迹具有诸多优点，如有着解析表达式、满足速度/加速度/摆角约束等，但同时也存在潜在的缺陷，其加加速度轨迹在切换处的无穷大取值暗含了相应控制信号的不连续性，给实际执行带来了不利因素，可能无法使台车完全按照规划的轨迹运行。那么，台车的实际运行轨迹与规划轨迹之间的差异将导致 $[\theta(t)\ \dot{\theta}(t)]$ 无法回到原点（如 2.2.1 节中相平面分析所述），从而引起残余摆动，降低系统的工作效率。

针对上述缺陷，接下来将基于相轨迹的变化规律，在三段式加速度轨迹的不光滑处引入过渡环节（其持续时间已知），在平滑轨迹的同时，保持良好的性能。在此，首要目标是计算出恒加速段的持续时间（对应图 2.4 中弧 $\overset{\frown}{A_iC_i}$ 部分），其中，下标 i $(i=1,2)$ 表示后面要设计的第 i 种改进型轨迹；为此需要计算点 A_i 的坐标。过渡阶段结束后，加速度将变为 a_{imax}，台车进入匀加速阶段，其持续时间可通过对图 2.4 中的相轨迹进行几何分析得到。由于过渡阶段持续时间已知，在分析时无须细究其对应的状态轨迹在相平面中的具体形状；因此，不失一般性，在图 2.4 中将该部分用虚线表示。需要指出的是，不同类型的过渡环节将导致点 A_i 的坐标有所差异，使 $|O_iO_{i1}|=|O_{i1}B_i|$（或 $|O_{i1}A_i|$）的关系不再恒成立。接下来，将设计两种改进型轨迹。

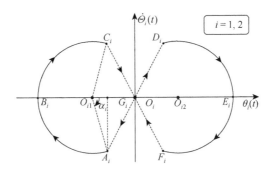

图 2.4　改进型轨迹的相平面示意图

2. 第一种改进型轨迹——嵌入斜坡的加速度轨迹

对于该类改进型加速度轨迹，在三段式加速度轨迹中嵌入了斜坡函数作为过渡环节，如图 2.5 所示，其表达式如下：

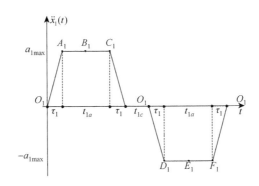

图 2.5　嵌入斜坡的加速度轨迹（2.29）示意图

$$\ddot{x}_1(t) = \begin{cases} \dfrac{a_{1\max}}{\tau_1}t, & 0 \leqslant t \leqslant \tau_1 \\[2mm] a_{1\max}, & \tau_1 < t \leqslant T_{aux1} - \tau_1 \\[2mm] \dfrac{a_{1\max}}{\tau_1}(-t + T_{aux1}), & T_{aux1} - \tau_1 < t \leqslant T_{aux1} \\[2mm] -\dfrac{a_{1\max}}{\tau_1}(t - T_{aux2}), & T_{aux2} \leqslant t \leqslant T_{aux2} + \tau_1 \\[2mm] -a_{1\max}, & T_{aux2} + \tau_1 < t \leqslant T_{aux3} \\[2mm] -\dfrac{a_{1\max}}{\tau_1}(-t + T_{aux4}), & T_{aux3} < t \leqslant T_{aux4} \\[2mm] 0, & 其他 \end{cases} \tag{2.29}$$

式中

$$\tau_1 \in \left(0, \frac{\pi}{2\omega_n}\right), \quad 即 \tau_1 \in \left(0, \frac{T}{4}\right) \tag{2.30}$$

为过渡阶段的持续时间，T_{aux1}、T_{aux2}、T_{aux3}、T_{aux4} 分别为

$$\begin{cases} T_{aux1} = 2\tau_1 + t_{1a}, & T_{aux2} = 2\tau_1 + t_{1a} + t_{1c} \\ T_{aux3} = 3\tau_1 + 2t_{1a} + t_{1c}, & T_{aux4} = 4\tau_1 + 2t_{1a} + t_{1c} \end{cases} \tag{2.31}$$

接下来，由于相轨迹关于横、纵轴对称（见图 2.4），本章仅给出针对加速及匀速过程的分析。当 $0 \leqslant t \leqslant \tau_1$ 时，将式（2.29）中 $\ddot{x}_1(t)$ 代入式（2.6）得

$$\ddot{\theta}_1 + \omega_n^2 \theta_1 = -\frac{\omega_n^2}{g} \cdot \left(\frac{a_{1\max}}{\tau_1}t\right) \tag{2.32}$$

那么，该非齐次微分方程的解可表示如下：

$$\theta_1(t) = \underbrace{C_1\cos(\omega_n t) + C_2\sin(\omega_n t)}_{\theta_{1g}(t)} - \underbrace{\frac{\omega_n^2}{g}(C_3 t + C_4)}_{\theta_{1p}(t)} \tag{2.33}$$

其中，$\theta_{1g}(t)$ 表示方程（2.32）对应齐次微分方程部分的通解；$\theta_{1p}(t)$ 则为方程（2.32）的一个特解；C_1、C_2、C_3、$C_4 \in \mathbb{R}$ 为待定常数。将 $\theta_{1p}(t)$ 代入式（2.32）并整理，有如下结果：

$$\omega_n^2 \cdot \left(-\frac{\omega_n^2}{g}\right) \cdot (C_3 t + C_4) = -\frac{\omega_n^2}{g} \cdot \left(\frac{a_{1\max}}{\tau_1}t\right)$$

因此

$$C_3 = \frac{a_{1\max}}{\omega_n^2 \tau_1}, \quad C_4 = 0$$

进一步，从式（2.33）可知

$$\theta_1(t) = C_1 \cos(\omega_n t) + C_2 \sin(\omega_n t) - \frac{a_{1\max}}{g\tau_1} t$$

$$\dot{\theta}_1(t) = -C_1 \omega_n \sin(\omega_n t) + \omega_n C_2 \cos(\omega_n t) - \frac{a_{1\max}}{g\tau_1}$$

根据式（2.15），可得

$$C_1 = 0, \quad C_2 = \frac{a_{1\max}}{\omega_n g \tau_1}$$

故式（2.33）中 $\theta_1(t)$ 可表示为

$$\theta_1(t) = \frac{a_{1\max}}{\omega_n g \tau_1} \sin(\omega_n t) - \frac{a_{1\max}}{g\tau_1} t \tag{2.34}$$

对式（2.34）两边关于时间求导，并利用式（2.13），可得

$$\dot{\Theta}_1(t) = \frac{a_{1\max}}{\omega_n g \tau_1} \cos(\omega_n t) - \frac{a_{1\max}}{\omega_n g \tau_1} \tag{2.35}$$

进一步地，把 τ_1 代入式（2.34）与式（2.35），可求得图 2.4 中点 A_1 的坐标如下：

$$\left(\frac{a_{1\max}}{\omega_n g \tau_1} \sin(\omega_n \tau_1) - \frac{a_{1\max}}{g}, \frac{a_{1\max}}{\omega_n g \tau_1} \cos(\omega_n \tau_1) - \frac{a_{1\max}}{\omega_n g \tau_1} \right) \tag{2.36}$$

根据式（2.30），易得

$$0 < \sin(\omega_n \tau_1) < 1, \quad 0 < \cos(\omega_n \tau_1) < 1 \tag{2.37}$$

因此，由式（2.36）可知，点 A_1 的横、纵坐标均为负，说明其位于图 2.4 所示坐标系中的第三象限。此外，式（2.36）表明

$$|A_1 G_1| = \frac{a_{1\max}}{\omega_n g \tau_1} - \frac{a_{1\max}}{\omega_n g \tau_1} \cos(\omega_n \tau_1) \tag{2.38}$$

$$|G_1 O_{11}| = \frac{a_{1\max}}{\omega_n g \tau_1} \sin(\omega_n \tau_1) \tag{2.39}$$

在过渡环节结束后，台车加速度达到 $a_{1\max}$，相平面中 $[\theta(t)\ \dot{\Theta}(t)]$ 开始绕着以 $[-a_{1\max}/g\ 0]$ 为圆心，以

$$|O_{11} B_1| = |O_{11} A_1| = \sqrt{|A_1 G_1|^2 + |G_1 O_{11}|^2} = \frac{2 a_{1\max}}{\omega_n g \tau_1} \sin\left(\frac{\omega_n \tau_1}{2} \right) \tag{2.40}$$

为半径的圆做顺时针方向运动。

　　接下来讨论 t_{1a} 的选取。为此，需要确定图 2.4 中角 α_1（对应第一个过渡环节）。对于 $\forall \tau_1 \in (0, \pi/2\omega_n)$，有如下关系：

$$|O_1 O_{11}| - |O_1 G_1| = |G_1 O_{11}| = \frac{a_{1\max}}{\omega_n g \tau_1} \sin(\omega_n \tau_1) > 0$$

且点 A_1 的纵坐标恒满足

$$\frac{a_{1\max}}{\omega_n g \tau_1}\cos(\omega_n \tau_1) - \frac{a_{1\max}}{\omega_n g \tau_1} < 0$$

因此，角 α_1 为锐角。那么，通过几何分析，可利用式（2.38）及式（2.39）得到如下正切关系：

$$\tan\alpha_1 = \frac{|A_1 G_1|}{|O_{11} G_1|} = \csc(\omega_n \tau_1) - \cot(\omega_n \tau_1) \tag{2.41}$$

进一步，可推知 $\alpha_1 = \arctan\left(\csc(\omega_n \tau_1) - \cot(\omega_n \tau_1)\right)$。那么，图 2.4 中弧 $\widehat{A_1 C_1}$ 所对应的恒加速时间可计算如下：

$$t_{1a} = T \cdot \frac{2\pi - 2\alpha_1}{2\pi} = \frac{2\pi - 2\alpha_1}{\omega_n} = \frac{2\pi - 2\arctan\left(\csc(\omega_n \tau_1) - \cot(\omega_n \tau_1)\right)}{\omega_n} \tag{2.42}$$

为完成轨迹规划，须进一步求得 $a_{1\max}$ 和 t_{1c} 的值。类似于式（2.19）及式（2.21），对式（2.29）中 $\ddot{x}_1(t)$ 关于时间积分两次，可得

$$p_{dx} = a_{1\max}(\tau_1 + t_{1a})(2\tau_1 + t_{1a} + t_{1c}) \triangleq v_{1\max}(2\tau_1 + t_{1a} + t_{1c}) \tag{2.43}$$

式中，$v_{1\max}$ 表示台车最大速度。图 2.4 中点 B_1 对应的最大摆幅可表示为

$$\theta_{1\max} = |O_{11} B_1| + |O_1 O_{11}| = |O_{11} B_1| + \frac{a_{1\max}}{g} \leqslant \theta_{ub}$$

结合式（2.40），可得如下不等式：

$$a_{1\max} \leqslant \frac{g\theta_{ub}\omega_n \tau_1}{2\sin\left(\frac{\omega_n \tau_1}{2}\right) + \omega_n \tau_1}$$

类似于式（2.24），将台车的加速度上限设为

$$a_{1\max} \leqslant a_{1mub} = \min\left\{a_{ub}, \frac{g\theta_{ub}\omega_n \tau_1}{2\sin\left(\frac{\omega_n \tau_1}{2}\right) + \omega_n \tau_1}\right\}$$

此外，对任意 p_{dx}，台车匀速段的持续时间应该为非负，即

$$t_{1c} = \frac{p_{dx}}{v_{1\max}} - 2\tau_1 - t_{1a} \geqslant 0 \tag{2.44}$$

相应地，可得 $v_{1\max} \leqslant p_{dx}/(2\tau_1 + t_{1a})$；当 $v_{1\max}$ 确定后，可方便地得到 t_{1c}。通过与前面类似的分析，有如下结论：

$$v_{1\max} = \min\left\{v_{ub}, \frac{p_{dx}}{2\tau_1 + t_{1a}}, a_{1mub}(\tau_1 + t_{1a})\right\}, \quad a_{1\max} = \frac{v_{1\max}}{\tau_1 + t_{1a}} \tag{2.45}$$

那么，对于给定的 p_{dx}，根据相轨迹的对称性可方便地得到其他轨迹参数。作为总结，给出下面的定理。

定理 2.2　当参数按照式（2.30）、式（2.42）、式（2.44）及式（2.45）确定时，嵌入斜坡的加速度轨迹（2.29）有如下性质：

（1）轨迹具有解析表达式；

（2）满足原则 2.1～原则 2.4；

（3）总的运送时间事先已知，为 $T_{1total} = 4\tau_1 + 2t_{1a} + t_{1c}$；

（4）加加速度有界，满足 $|j_1(t)| \leqslant a_{1\max} / \tau_1$。

证明　性质（1）～（3）可直接由轨迹规划与分析过程（2.29）～（2.45）推知。此外，易求得式（2.29）对应的加加速度为

$$j_1(t) = \begin{cases} \dfrac{a_{1\max}}{\tau_1}, & 0 \leqslant t \leqslant \tau_1 \\[2mm] -\dfrac{a_{1\max}}{\tau_1}, & T_{aux1} - \tau_1 < t \leqslant T_{aux1} \\[2mm] -\dfrac{a_{1\max}}{\tau_1}, & T_{aux2} \leqslant t \leqslant T_{aux2} + \tau_1 \\[2mm] \dfrac{a_{1\max}}{\tau_1}, & T_{aux3} < t \leqslant T_{aux4} \\[2mm] 0, & \text{其他} \end{cases} \tag{2.46}$$

式中，$T_{aux1} \sim T_{aux4}$ 的定义参见式（2.31）。由式（2.46）可知性质（4）成立。

3. 第二种改进型轨迹——嵌入三角函数的加速度轨迹

为证明所提方法的灵活性，在此给出第二种改进型加速度轨迹，其以三角函数作为过渡环节。该轨迹的示意图如图 2.6 所示，表达式如式（2.47）所示。

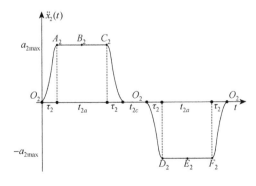

图 2.6　嵌入三角函数（2.47）的加速度轨迹示意图

$$\ddot{x}_2(t) = \begin{cases} a_{2\max}S(t), & 0 \leqslant t \leqslant \tau_2 \\ a_{2\max}, & \tau_2 < t \leqslant T_{aux5} \\ a_{2\max}C(t - T_{aux5}), & T_{aux5} < t \leqslant T_{aux6} \\ -a_{2\max}S(t - T_{aux7}), & T_{aux7} \leqslant t \leqslant T_{aux7} + \tau_2 \\ -a_{2\max}, & T_{aux7} + \tau_2 < t \leqslant T_{aux8} \\ -a_{2\max}C(t - T_{aux8}), & T_{aux8} < t \leqslant T_{aux9} \\ 0, & \text{其他} \end{cases} \tag{2.47}$$

式中，$S(*)$ 和 $C(*)$ 分别表示 $\sin(\omega*)$ 和 $\cos(\omega*)$；

$$\omega = \frac{\pi}{2\tau_2} \tag{2.48}$$

T_{aux5}、T_{aux6}、T_{aux7}、T_{aux8}、T_{aux9} 是为方便描述而引入的参数，定义如下：

$$\begin{cases} T_{aux5} = \tau_2 + t_{2a}, & T_{aux6} = 2\tau_2 + t_{2a}, & T_{aux7} = T_{aux6} + t_{2c} \\ T_{aux8} = T_{aux7} + t_{2a} + \tau_2, & T_{aux9} = T_{aux8} + \tau_2 \end{cases} \tag{2.49}$$

τ_2 为过渡环节的持续时间，满足如下条件：

$$\tau_2 \in \left(0, \frac{\pi}{2\omega_n}\right) \tag{2.50}$$

类似地，在 $t \in [0, \tau_2]$ 时，将 $\ddot{x}_2(t)$ 代入式（2.6）可得

$$\ddot{\theta}_2 + \omega_n^2\theta_2 = -\frac{\omega_n^2}{g} \cdot \left(a_{2\max} \cdot \sin(\omega t)\right) \tag{2.51}$$

求解该二阶非齐次微分方程可得

$$\theta_2(t) = \beta a_{2\max}\left(\sin(\omega t) - \frac{\omega}{\omega_n}\sin(\omega_n t)\right) \tag{2.52}$$

进一步，由式（2.13）与式（2.52）可知

$$\dot{\Theta}_2(t) = \frac{\beta\omega a_{2\max}}{\omega_n}\left(\cos(\omega t) - \cos(\omega_n t)\right) \tag{2.53}$$

式中

$$\beta = \frac{\omega_n^2}{g(\omega^2 - \omega_n^2)} \tag{2.54}$$

将式（2.52）及式（2.53）中的 t 替换为 τ_2，可得点 A_2 在相平面（图 2.4）中的坐标为

$$\left[\beta a_{2\max}\left(1 - \frac{\omega}{\omega_n}\sin(\omega_n\tau_2)\right), -\frac{\beta\omega a_{2\max}}{\omega_n}\cos(\omega_n\tau_2)\right] \tag{2.55}$$

类似于嵌入斜坡的加速度轨迹，为求解 t_{2a}，首先需判断 α_2 是否为锐角。联立式（2.48）与式（2.50），可得如下关系：

$$\omega_n < \omega \tag{2.56}$$

因此，对于 $\forall t \in (0, \tau_2]$，如下关系式成立：

$$0 < \omega_n t < \omega t < \frac{\pi}{2} \tag{2.57}$$

进一步，根据式（2.52）、式（2.54）、式（2.56）及式（2.57），可得

$$\dot{\theta}_2(t) = \beta \omega a_{2\max} \left(\cos(\omega t) - \cos(\omega_n t) \right) < 0 \tag{2.58}$$

这表明 $\theta_2(t)$ 在 $t \in (0, \tau_2]$ 上单调递减。由于 $\theta_2(0) = 0$，因此

$$\theta_2(\tau_2) < \theta_2(0) = 0 \tag{2.59}$$

进一步，由式（2.55）可知点 A_2 的横坐标为负，即

$$\beta a_{2\max} \left(1 - \frac{\omega}{\omega_n} \sin(\omega_n \tau_2) \right) < 0 \tag{2.60}$$

同时，易知其纵坐标满足

$$-\frac{\beta \omega a_{2\max}}{\omega_n} \cos(\omega_n \tau_2) < 0 \tag{2.61}$$

基于上述分析，可知点 A_2 位于图 2.4 所示相平面的第三象限。此外，点 A_2 在水平轴上的投影满足如下约束：

$$
\begin{aligned}
\left| O_2 O_{21} \right| - \left| O_2 G_2 \right| &= \frac{a_{2\max}}{g} + \frac{\omega_n^2 \cdot a_{2\max}}{g(\omega^2 - \omega_n^2)} \cdot \left(1 - \frac{\omega}{\omega_n} \sin(\omega_n \tau_2) \right) \\
&= \frac{a_{2\max}}{g} \cdot \left(\frac{\omega^2}{\omega^2 - \omega_n^2} - \frac{\omega_n \omega}{\omega^2 - \omega_n^2} \sin(\omega_n \tau_2) \right) \\
&> \frac{a_{2\max}}{g} \cdot \frac{\omega}{\omega + \omega_n} > 0
\end{aligned}
$$

再结合式（2.60）与式（2.61），可知角 α_2 为锐角。那么，类似于式（2.41），有

$$\tan \alpha_2 = \frac{\omega_n \cos(\omega_n \tau_2)}{\omega - \omega_n \sin(\omega_n \tau_2)} \Rightarrow \alpha_2 = \arctan \left(\frac{\omega_n \cos(\omega_n \tau_2)}{\omega - \omega_n \sin(\omega_n \tau_2)} \right) \tag{2.62}$$

那么，t_{2a} 可求解如下：

$$t_{2a} = \frac{2\pi - 2\alpha_2}{\omega_n} = \frac{2\pi - 2\arctan \left(\dfrac{\omega_n \cos(\omega_n \tau_2)}{\omega - \omega_n \sin(\omega_n \tau_2)} \right)}{\omega_n} \tag{2.63}$$

通过对式（2.47）中 $\ddot{x}_2(t)$ 进行分析，有

$$p_{dx} = v_{2\max}(2\tau_2 + t_{2a} + t_{2c}) \tag{2.64}$$

$$v_{2\max} = a_{2\max} \left(\frac{2}{\omega} + t_{2a} \right) \tag{2.65}$$

$$\theta_{2\max} = |\,O_{21}B_2\,| + \frac{a_{2\max}}{g} \leqslant \theta_{ub} \qquad (2.66)$$

此外，弧 $\overset{\frown}{A_2C_2}$（对应 t_{2a}）的半径为

$$|O_{21}B_2| = a_{2\max}\Delta$$

$$= a_{2\max}\sqrt{\frac{\omega_n^2 + \omega^2}{\omega_n^2}\beta^2 - \frac{2\beta(\beta g + 1)\omega}{g\omega_n}\sin(\omega_n\tau_2) + \frac{2\beta g + 1}{g^2}}$$

因此

$$a_{2\max} \leqslant a_{2mub} = \min\left\{a_{ub}, \frac{g\theta_{ub}}{g\Delta + 1}\right\}$$

那么，台车的最大速度与加速度可计算如下：

$$v_{2\max} = \min\left\{v_{ub}, \frac{p_{dx}}{2\tau_2 + t_{2a}}, a_{2mub}\left(\frac{2}{\omega} + t_{2a}\right)\right\}, \quad a_{2\max} = \frac{v_{2\max}\omega}{\omega t_{2a} + 2} \qquad (2.67)$$

由式（2.64）可直接求得

$$t_{2c} = \frac{p_{dx}}{v_{2\max}} - 2\tau_2 - t_{2a} \qquad (2.68)$$

剩余的轨迹参数可直接根据相轨迹的对称性得到，至此轨迹规划完成。在此，给出如下定理作为对该部分的总结。

定理 2.3　当参数按照式（2.48）、式（2.50）、式（2.63）、式（2.67）及式（2.68）确定时，嵌入三角函数的加速度轨迹（2.47）满足定理 2.2 中的四条性质，区别在于该轨迹的总运送时间为 $T_{2\mathrm{total}} = 4\tau_2 + 2t_{2a} + t_{2c}$，加加速度的上界满足 $|j_2(t)| \leqslant \omega a_{2\max}$。

证明　类似地，由轨迹的分析过程（2.47）～（2.68），结合类似于式（2.46）的分析，可直接证明该定理内容，不再赘述。

注记 2.3　为方便描述，本章分别使用斜坡函数与三角函数作为过渡环节对三段式加速度轨迹进行了平滑处理。事实上，可根据实际需要选择其他类型的光滑函数作为过渡环节，如多项式曲线等，同样能够取得良好的控制效果。限于篇幅，在此不再给出具体的分析过程。

2.2.3　仿真、实验及分析

为验证基于相平面几何分析轨迹规划方法的有效性，接下来将给出一系列仿真及实验结果。

1. 仿真结果及分析

在本小节中，将利用数值仿真从运动学（轨迹规划）的角度测试所提方法的正确性及有效性[2]，也就是说，把规划的加速度轨迹作为吊车系统运动学模型（2.5）的输入，观察相应的负载摆角 $\theta(t)$ 及台车运动 $x(t)$。此外，还将通过仿真结果说明两种改进型轨迹相比原三段式加速度轨迹在平滑性方面的优势。

在仿真中，系统模型参数设置为 $l=1.2\mathrm{m}$，$g=9.8\mathrm{m/s^2}$，台车目标位置取为 $p_{dx}=4\mathrm{m}$，各性能指标及约束设定为 $v_{ub}=1.0\mathrm{m/s}$，$a_{ub}=0.5\mathrm{m/s^2}$，$\theta_{ub}=5°$，可推知系统的自然频率及周期分别为 $\omega_n=2.8577\mathrm{rad/s}$，$T=2.1987\mathrm{s}$。那么，基于 2.2.2 节中给出的轨迹规划算法，可求得三种轨迹的参数如表 2.1 所示。得到的仿真结果如图 2.7～图 2.9 所示。虚线表示台车目标位置 $p_{dx}=4\mathrm{m}$。

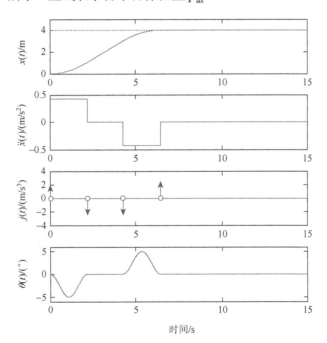

图 2.7 仿真结果：三段式加速度轨迹（2.17）

箭头：加加速度为无穷大的点

表 2.1 仿真中的轨迹参数

轨迹	t_a/s	t_c/s	$a_{max}/(\mathrm{m/s^2})$	τ/s	$\omega/(\mathrm{rad/s})$
轨迹（2.17）	2.1987	2.0567	0.4275	N/A	N/A
轨迹（2.29）	1.9238	1.7277	0.4330	0.2748	N/A
轨迹（2.47）	1.8484	1.8206	0.4313	0.2748	5.7155

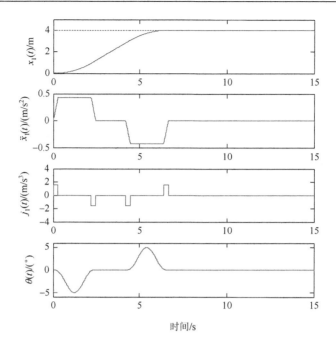

图 2.8 仿真结果：嵌入斜坡的加速度轨迹（2.29）

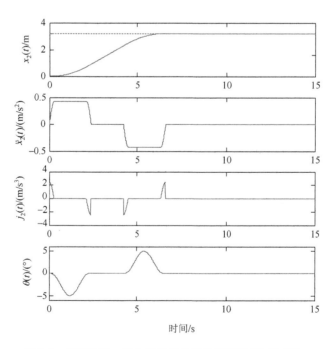

图 2.9 仿真结果：嵌入三角函数的加速度轨迹（2.47）

　　三种规划轨迹均能快速准确地将台车运送至目标位置 p_{dx}，与此同时，在整个运送过程中，台车的最大速度与加速度均保持在设定的约束条件范围内（在图中未给出速度曲线）。负载摆角始终在 5° 的范围内变化，且当台车到达目标位置后，负载无任何残余摆动。

　　此外，由图 2.7 可看出，三段式加速度轨迹对应的加加速度曲线上有一些无穷大的取值点（对应图中箭头），与式（2.28）的分析结果一致。相比较之下，如图 2.8 与图 2.9 所示，改进型轨迹则通过嵌入过渡环节成功地解决了这一问题，更为光滑，易于跟踪。

　　2. 实验结果及分析

　　接下来，将进一步通过实验对所提方法的有效性加以验证。此外还将验证合理选取轨迹参数的重要性，并把所提方法与文献[2]中轨迹规划方法进行实验对比。

　　为了叙述的完整性，在给出实验结果与分析之前，在此首先对本章使用的桥式吊车实验平台进行简要介绍，更多信息参见文献[51]。实验平台如图 2.10 所示，它由机械主体、实时控制系统以及驱动装置三部分组成。

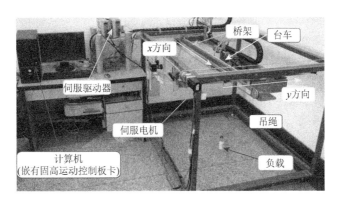

图 2.10　桥式吊车实验平台

　　在机械主体与驱动装置部分，台车可沿桥架在 x 方向上运动，而桥架与台车则可一起沿着轨道在 y 方向上运行，两个方向上均使用森创（SYNTRON）交流伺服电机提供所需的驱动力，台车的位移则由嵌入在伺服电机内部的同轴码盘直接测得。在竖直方向上，负载通过钢丝吊绳与台车连接在一起，其升降运动由一个固定于台车上的松下（Panasonic）交流伺服电机实现，电机内部同样嵌有同轴码盘以实时读取吊绳长度，负载摆动则可通过装配在台车下方的角度编码器获取。此外，台车与负载质量均可进行调整。

对于实时控制系统部分，为与仿真平台进行无缝连接，以方便将仿真程序直接移植于实验，采用运行在 Windows XP 操作系统下的 MATLAB/Simulink Real-Time Windows Target（RTWT）实时操作环境，控制周期设定为 5ms。除此之外，通过固高（Googol）GT-400-SV 运动控制板卡采集码盘信号，经处理后传送至计算机，同时将计算机实时计算得到的控制量经 D/A 转换后发给伺服驱动器，控制电机完成相应的运动。

在本实验中，吊车平台的物理参数设置如下：

$$m = 1.025\text{kg}, \quad M = 7\text{kg}, \quad l = 0.75\text{m}, \quad g = 9.8\text{m/s}^2 \tag{2.69}$$

那么，系统的自然频率与周期分别为

$$\omega_n = 3.6148\text{rad/s}, \quad T = 1.7382\text{s} \tag{2.70}$$

台车期望位置设定为

$$p_{dx} = 0.6\text{m} \tag{2.71}$$

实际物理约束条件及性能指标设置如下：

$$v_{ub} = 0.4\text{m/s}, \quad a_{ub} = 0.2\text{m/s}^2, \quad \theta_{ub} = 2° \tag{2.72}$$

由于实验平台上所使用的交流伺服电机工作于力（矩）模式，在将轨迹规划方法用于吊车系统控制时，需借助如下带摩擦力前馈补偿的 PD 跟踪控制器使台车跟踪规划的轨迹：

$$F_a(t) = -k_p e_t(t) - k_d \dot{e}_t(t) + F_{r0x} \tanh\left(\frac{\dot{x}}{\epsilon_x}\right) - k_{rx} |\dot{x}| \dot{x} \tag{2.73}$$

式中，$k_p, k_d \in \mathbb{R}^+$ 为正的控制增益；$\dot{x}$ 表示台车速度；摩擦参数 $F_{r0x}, \epsilon_x, k_{rx} \in \mathbb{R}$ 的数值经标定如下：

$$F_{r0x} = 4.4, \quad \epsilon_x = 0.01, \quad k_{rx} = -0.5 \tag{2.74}$$

$e_t(t) = x(t) - x_d(t)$ 在此表示跟踪误差，$x(t)$ 与 $x_d(t)$ 分别表示台车位移与规划轨迹。在随后的实验中，控制增益取为 $k_p = 150, k_d = 50$。

1）第一组实验

本组实验的目的是验证规划轨迹的实际性能。在此选取 $\tau_1 = \tau_2 = T/8$，那么结合式（2.69）～式（2.72），依据 2.2.2 节中提供的轨迹规划步骤，易算得三种轨迹的参数如表 2.2 所示，对应的实验结果见图 2.11～图 2.13 及表 2.3。在表 2.3 中，$\theta_{\max}$ 与 θ_{res} 分别表征负载最大摆幅与残摆，t_{tr} 则表示总运送时间。

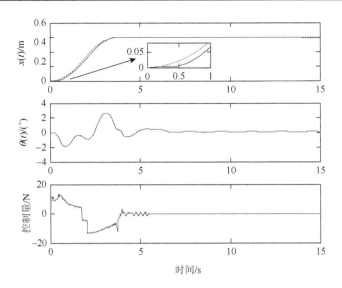

图 2.11　第一组实验：三段式加速度轨迹（2.17）

实线：实验结果；虚线：规划轨迹（2.17）

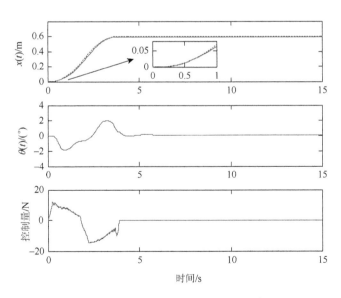

图 2.12　第一组实验：第一种改进型轨迹-嵌入斜坡的加速度轨迹（2.29）

实线：实验结果；虚线：规划轨迹（2.29）

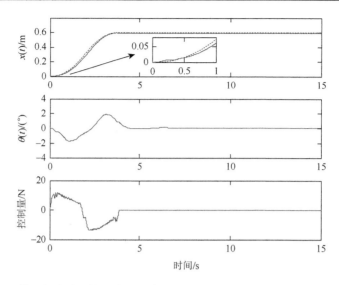

图 2.13　第一组实验：第二种改进型轨迹-嵌入三角函数的加速度轨迹（2.47）

实线：实验结果；虚线：规划轨迹（2.47）

表 2.2　第一、二组实验中的轨迹参数

控制方法	t_a / s	t_c / s	a_{max} / (m/s^2)	τ / s	ω / (rad/s)
轨迹（2.17）	1.7832	0.2803	0.1710	N/A	N/A
轨迹（2.29）	1.5209	0.0373	0.1732	0.2173	N/A
轨迹（2.47）	1.4613	0.1052	0.1725	0.2173	7.2296
对比轨迹（2.17）	1.3906	1.1326	0.1710	N/A	N/A
对比轨迹（2.29）	1.2167	0.7642	0.1732	0.2173	N/A
对比轨迹（2.47）	1.1690	0.8020	0.1725	0.2173	7.2296

2）第二组实验

在本组实验中将进一步验证轨迹参数选取的重要性。为此，按照式（2.17）、式（2.29）及式（2.47）给出的表达式构造三条对比轨迹，在确定其轨迹参数时未遵循 2.2.2 节中给出的参数选取原则，即在计算轨迹参数时仅考虑式（2.20）、式（2.43）与式（2.64），而不考虑相应的负载摆动（见原则 2.3 与原则 2.4）。对比轨迹参数见表 2.2，其相应的实验结果如图 2.14～图 2.16 以及表 2.3 所示。

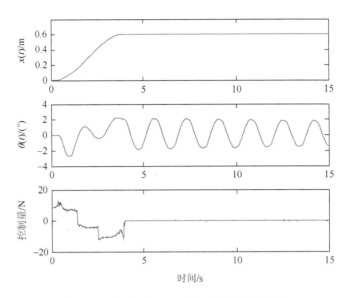

图 2.14 第二组实验：对比三段式加速度轨迹

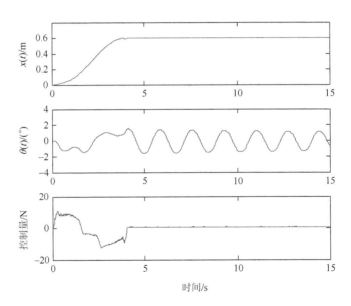

图 2.15 第二组实验：对比嵌入斜坡的加速度轨迹

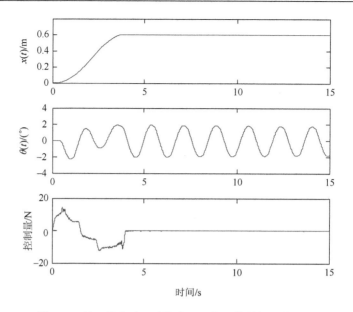

图 2.16　第二组实验：对比嵌入三角函数的加速度轨迹

表 2.3　量化的实验结果（A/E：实际值/估计值）

控制方法	θ_{max} / (°)	θ_{res} / (°)	t_{tr}/s
轨迹（2.17）	2.68/2	0.16/0	3.68/3.76
轨迹（2.29）	2.01/2	<0.10/0	3.92/3.95
轨迹（2.47）	1.89/2	<0.10/0	3.94/3.90
对比轨迹（2.17）	2.73/N/A	1.78/N/A	3.96/3.91
对比轨迹（2.29）	1.60/N/A	1.12/N/A	4.12/4.07
对比轨迹（2.47）	2.29/N/A	1.82/N/A	4.16/4.33
文献[2]中轨迹	2.22/N/A	0.11/N/A	5.20/N/A

3）第三组实验

为验证本节所提方法的良好控制性能，在此与文献[2]中基于迭代学习的离线轨迹规划方法进行实验对比，其参数的选取与文献[2]中保持一致，区别在于绳长变为 $l = 0.75\,\mathrm{m}$，并经过 10 次迭代获得最终的规划轨迹，更多内容参见文献[2]。相应的实验结果如图 2.17 与表 2.3 所示。为使比较更明显，在图 2.17 中用虚线再次绘出了第一组实验中第二种改进型轨迹对应的实验曲线。

由图 2.11～图 2.13 可知，本节设计的三种轨迹都能使台车快速准确地到达目标位置，且负载摆动较小。通过比较台车实际位移与规划轨迹可发现，图 2.12 与图 2.13 中台车的位移更接近于规划轨迹，尤其在台车运行的初始与结束时刻，如图中局部放大图所示；改进型轨迹对应的控制量较三段式加速度轨迹的控制量更加光滑。此外，轨迹（2.17）的加加速度存在无穷大取值点，导致台车实际位移曲线与规划轨迹之间存在一定差异，其所对应的负载最大摆幅超出了设定（估计）值 2°。这些事实表明改进型轨迹更易于跟踪，在整个运送过程中，相应的负载摆幅始终保持在设定范围内，且当台车到达目标位置后几乎无残余摆动，与理论分析保持一致。

　　图 2.14～图 2.16 记录了第二组实验中对比轨迹对应的实验结果。通过对比图 2.11～图 2.16 中结果及表 2.3 中数据不难看出，无论在运送效率方面还是在负载摆动抑制方面，由相平面几何分析方法得到的轨迹性能要远优于对比轨迹的性能。尽管对比轨迹也能将台车运送到目标位置，但负载在台车停止运行后呈现出类似于单摆的等幅摆动，严重影响了整个系统的工作效率，说明了轨迹参数合理选取的重要性。

　　文献[2]中轨迹规划方法的实验结果如图 2.17 所示，可见台车能够准确地到达目标位置，负载残余摆动较小。然而，系统的性能指标却无法事先获得。通过对比图 2.13 及图 2.17，就工作效率与摆角消除能力而言，本节方法要优于文献[2]中方法；除此之外，本节方法的其他优势在于具有便于实际应用的解析表达式，无须离线迭代优化运算且能事先考虑系统物理约束及性能指标，如运行时间、负载最大摆角等（见表 2.3）。上述结果表明本节所提出的轨迹规划方法具有良好的控制性能。

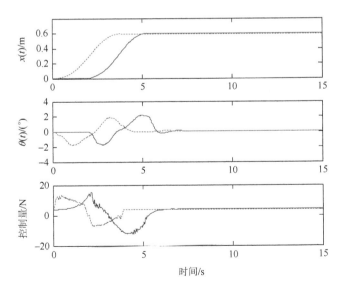

图 2.17　第三组实验：文献[2]中方法规划的轨迹

实线：文献[2]中方法规划的轨迹；虚线：第一组实验中第二种改进型轨迹-嵌入三角函数的加速度轨迹

2.3 基于非线性耦合分析的在线轨迹规划方法

如前所述，吊车轨迹规划的目标是将负载快速、精确地运送至目标位置。考虑到系统的欠驱动特性，在此将该控制目标分解为两部分：①使台车与负载运动至目标位置上方；②充分利用台车运动与负载摆动间的动态耦合关系（2.5），通过控制台车运动来消除负载摆角。对于①，可为台车选择一条光滑的定位参考轨迹；而针对②，则需要在轨迹中引入不影响定位的消摆环节。基于这一思想，本节将设计一种简单易行的在线轨迹规划方法，无须离线优化，具有良好的控制性能。

2.3.1 在线轨迹规划框架

常规适用于机器人关节的 S 形轨迹，仅能保证台车的精确定位而无法实现对负载摆动的有效抑制。基于前面的分析可知，对于吊车系统而言，必须充分利用非线性耦合关系（2.5）给出的台车轨迹，在保证精确定位控制的同时，消除负载摆动。为此，本节要规划的轨迹包含两部分：①定位参考轨迹 $\ddot{x}_r(t)$，用于引导台车到达目标位置；②消摆环节 $\rho(\theta, \dot{\theta})$，用以衰减负载摆角而不影响台车定位。因此，待规划的加速度轨迹 $\ddot{x}_c(t)$ 可表示为如下形式：

$$\ddot{x}_c(t) = \ddot{x}_r(t) + \rho(\theta, \dot{\theta}) \tag{2.75}$$

接下来，将首先从摆角抑制的角度出发构造 $\rho(\theta, \dot{\theta})$，然后选取合适的定位参考轨迹 $\ddot{x}_r(t)$，最后将两者结合在一起得到最终的规划轨迹。

本章提出的在线轨迹规划示意图如图 2.18 所示，其原理如下：由前面分析知，台车定位参考轨迹 $\ddot{x}_r(t)$ 可提前选定，消摆环节 $\rho(\theta, \dot{\theta})$ 的结构则通过消摆分析获取。将式（2.75）代入式（2.5），可得

$$l\ddot{\theta} + \cos\theta \cdot \rho(\theta, \dot{\theta}) + g\sin\theta = -\cos\theta\ddot{x}_r \tag{2.76}$$

可使用 MATLAB 等仿真/实验软件在线求解该微分方程得到 $\theta(t)$ 与 $\dot{\theta}(t)$，进而根据式（2.75）获得规划轨迹 $\ddot{x}_c(t)$。

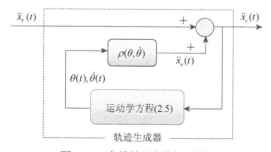

图 2.18 在线轨迹规划示意图

2.3.2　轨迹规划及性能分析

在进行轨迹规划之前，首先考虑消摆环节 $\rho(\theta,\dot{\theta})$ 。为此，暂时令 $\ddot{x}_r(t)=0$ ，并考虑如下非负标量函数：

$$V(t)=\frac{1}{2}l\dot{\theta}^2+g(1-\cos\theta)\geqslant 0 \qquad (2.77)$$

对式（2.77）关于时间求导，并代入式（2.5）可得如下结果：

$$\dot{V}(t)=\dot{\theta}(l\ddot{\theta}+g\sin\theta)=-\dot{\theta}\cos\theta\ddot{x} \qquad (2.78)$$

为使 $\dot{V}(t)\leqslant 0$ 并保证 $\rho(\theta,\dot{\theta})$ 不会影响 $\ddot{x}_r(t)$ 的定位性能，在此将 $\rho(\theta,\dot{\theta})$ 设计为

$$\rho(\theta,\dot{\theta})\triangleq\ddot{x}_e(t)=\kappa\dot{\theta} \qquad (2.79)$$

式中， $\kappa\in\mathbb{R}^+$ 为正的增益。将式（2.79）代入式（2.78）知 $\dot{V}(t)=-\kappa\dot{\theta}^2\cos\theta\leqslant 0$ 。进一步，由 LaSalle 不变性原理[52]可知， $\ddot{x}_e(t)$ 能使得 $\theta(t),\dot{\theta}(t),\ddot{\theta}(t)\to 0$ 。然而，消摆环节 $\ddot{x}_e(t)$ 并不能保证台车的定位控制性能。因此需要进一步选择合适的定位参考轨迹 $\ddot{x}_r(t)$ ，将其与 $\ddot{x}_e(t)$ 结合在一起，得到最终的轨迹。

考虑到平滑性，定位参考轨迹 $x_r(t)$ 应满足如下约束[2, 29, 45]：

（1） $x_r(t)$ 在有限时间内无超调地收敛到 p_{dx} ，即 $x_r(t)\to p_{dx}$ 。

（2） $\dot{x}_r(t),\ \ddot{x}_r(t)$ 与 $x_r^{(3)}(t)$ 需满足

$$0\leqslant\dot{x}_r(t)\leqslant k_v,\quad |\ddot{x}_r(t)|\leqslant k_a,\quad |x_r^{(3)}(t)|\leqslant k_j \qquad (2.80)$$

$$\lim_{t\to\infty}\dot{x}_r(t)=0,\quad \lim_{t\to\infty}\ddot{x}_r(t)=0 \qquad (2.81)$$

式中， $k_v,k_a,k_j\in\mathbb{R}^+$ 分别表示相应的上界。

（3）初始条件为

$$x_r(0)=0,\quad \dot{x}_r(0)=0 \qquad (2.82)$$

许多轨迹，如文献[29]中构造的 S 形轨迹，均满足条件（2.80）～（2.82）。通过将 $\ddot{x}_r(t)$ 与 $\ddot{x}_e(t)$ 按式（2.75）结合在一起，可得最终的规划轨迹如下：

$$\ddot{x}_c(t)=\ddot{x}_r(t)+\ddot{x}_e(t)=\ddot{x}_r(t)+\kappa\dot{\theta}(t) \qquad (2.83)$$

其中，式（2.79）中 κ 需满足

$$\kappa>\frac{1}{\cos(\theta_{max})}\Rightarrow\kappa\cos(\theta_{max})-1>0 \qquad (2.84)$$

式中， θ_{max} 表示摆角的最大幅值。因为 $\cos\theta\geqslant\cos(\theta_{max})>0$ ，可由式（2.84）得到如下结论：

$$\kappa\cos\theta-1\geqslant\kappa\cos(\theta_{max})-1>0 \qquad (2.85)$$

进一步，由式（2.79）与式（2.82），可得最终的台车速度及位移轨迹分别为[①]

$$\dot{x}_c(t) = \dot{x}_r(t) + \dot{x}_e(t) = \dot{x}_r(t) + \kappa\theta(t) \tag{2.86}$$

$$x_c(t) = x_r(t) + x_e(t) = x_r(t) + \kappa\int_0^t \theta(\tau)\mathrm{d}\tau \tag{2.87}$$

接下来，将通过定理来说明规划轨迹（2.83）在负载摆动抑制及台车定位控制方面的性能。在此之前，首先给出扩展 Barbalat 引理[53, 54]的内容，以方便接下来定理的证明。该引理的详细证明参见文献[53]中第 156～157 页，此处不再赘述。

引理 2.1（扩展 Barbalat 引理） [53, 54]　如果函数 $f(t): \mathbb{R}_{\geqslant 0} \to \mathbb{R}$ 存在极限

$$\lim_{t\to\infty} f(t) = c$$

式中，$c \in \mathbb{R}$ 表示常数。$f(t)$ 关于时间的导数可表示为如下形式：

$$\dot{f}(t) = g_1(t) + g_2(t)$$

式中，$g_1(t)$ 一致连续[或 $\dot{g}_1(t) \in \mathcal{L}_\infty$]，$\lim\limits_{t\to\infty} g_2(t) = 0$。则有

$$\lim_{t\to\infty} g_1(t) = 0, \quad \lim_{t\to\infty} \dot{f}(t) = 0$$

注记 2.4　在实际吊车应用中，台车定位参考加速度轨迹一般满足 $|\ddot{x}_r(t)| \leqslant k_a \ll g$ [48]，以保证运送过程的平稳性及安全性。在这种情况下，负载摆角一般保持在 $\theta_{max} \leqslant 10°$ 的范围内。因此，可方便地选取

$$\kappa > 1.0154 = \frac{1}{\cos(10°)} \geqslant \frac{1}{\cos(\theta_{max})} \tag{2.88}$$

以保证式（2.84）成立。此时，如下近似关系成立[3-6, 14-18, 34-41, 44, 46-48]：

$$\sin\theta \approx \theta, \quad \cos\theta \approx 1 \tag{2.89}$$

定理 2.4　规划的台车轨迹 $x_c(t)$ 及其前两阶导数 $\dot{x}_c(t), \ddot{x}_c(t)$ 光滑、一致连续，且有如下特点：

（1）能使得负载摆角、角速度及角加速度收敛至零，即

$$\lim_{t\to\infty}[\theta(t) \quad \dot{\theta}(t) \quad \ddot{\theta}(t)]^{\mathrm{T}} = [0 \quad 0 \quad 0]^{\mathrm{T}} \tag{2.90}$$

（2）能保证台车准确到达目标位置 p_{dx}，其速度与加速度收敛为零，即

$$\lim_{t\to\infty}[x_c(t) \quad \dot{x}_c(t) \quad \ddot{x}_c(t)]^{\mathrm{T}} = [p_{dx} \quad 0 \quad 0]^{\mathrm{T}} \tag{2.91}$$

证明　首先证明定理的第一部分。再次考虑式（2.77）中 $V(t)$，对其两边关于时间求导，可得式（2.78）所示结论。将式（2.83）代入式（2.78），并进行整理可以得到

$$\dot{V}(t) = -\dot{\theta}\ddot{x}_r \cos\theta - \kappa\dot{\theta}^2 \cos\theta \tag{2.92}$$

借助代数-几何不等式性质与式（2.85）的结论，对式（2.92）进行缩放后，有

---

① 在此，考虑零初始条件的情形[2]，即 $x(0) = 0, \dot{x}(0) = 0, \theta(0) = 0, \dot{\theta}(0) = 0$。值得说明的是，该方法可方便地扩展至非零初始条件的情形。

$$\dot{V}(t) \leqslant \frac{1}{4}\ddot{x}_r^2 \cos^2\theta + \dot{\theta}^2 - \kappa\dot{\theta}^2\cos\theta = \frac{1}{4}\ddot{x}_r^2\cos^2\theta - (\kappa\cos\theta - 1)\dot{\theta}^2$$

$$\leqslant \frac{1}{4}\ddot{x}_r^2\cos^2\theta - (\kappa\cos(\theta_{\max}) - 1)\dot{\theta}^2 \qquad (2.93)$$

对其两边关于时间求积分，可进一步得到

$$V(t) \leqslant \frac{1}{4}\int_0^t \ddot{x}_r^2\cos^2\theta\mathrm{d}\tau - (\kappa\cos(\theta_{\max}) - 1)\int_0^t \dot{\theta}^2\mathrm{d}\tau + V(0) \qquad (2.94)$$

对于式（2.94）中第一项进行分部积分，并结合约束条件（2.80）与（2.82），可以得到如下结论：

$$\frac{1}{4}\int_0^t \ddot{x}_r^2\cos^2\theta\mathrm{d}\tau \leqslant \int_0^t \ddot{x}_r^2\mathrm{d}\tau = \left[\ddot{x}_r\dot{x}_r\right]_0^t - \int_0^t \dot{x}_r x_r^{(3)}\mathrm{d}\tau \leqslant \ddot{x}_r(t)\dot{x}_r(t) + k_j\int_0^t \dot{x}_r\mathrm{d}\tau \qquad (2.95)$$

$$= \ddot{x}_r(t)\dot{x}_r(t) + k_j x_r(t) \in \mathcal{L}_\infty$$

此外，由式（2.85）知

$$-\left(\kappa\cos(\theta_{\max}) - 1\right)\int_0^t \dot{\theta}^2\mathrm{d}\tau \leqslant 0 \qquad (2.96)$$

因此，联立式（2.94）～式（2.96），并进一步由式（2.77）与式（2.92）可得

$$V(t) \in \mathcal{L}_\infty \Rightarrow \dot{\theta}(t) \in \mathcal{L}_\infty \Rightarrow \dot{V}(t) \in \mathcal{L}_\infty \qquad (2.97)$$

根据式（2.94）、式（2.95）与式（2.97），有如下结论：

$$(\kappa\cos(\theta_{\max}) - 1)\int_0^t \dot{\theta}^2\mathrm{d}\tau \leqslant \frac{1}{4}\int_0^t \ddot{x}_r^2\cos^2\theta\mathrm{d}\tau + V(0) - V(t) \in \mathcal{L}_\infty \qquad (2.98)$$

$$\Rightarrow \dot{\theta}(t) \in \mathcal{L}_2$$

此外，将式（2.83）代入式（2.5）并进行整理，可以得到

$$\ddot{\theta}(t) = -\frac{1}{l}g\sin\theta - \frac{1}{l}\cos\theta\ddot{x}_r - \frac{\kappa}{l}\cos\theta\dot{\theta} \qquad (2.99)$$

那么，由 $\dot{\theta}(t) \in \mathcal{L}_\infty$ 及 $\ddot{x}_r(t) \in \mathcal{L}_\infty$（见式（2.80）），易得

$$\ddot{\theta}(t) \in \mathcal{L}_\infty \qquad (2.100)$$

因此，由式（2.97）、式（2.98）和式（2.100）知 $\dot{\theta}(t) \in \mathcal{L}_2 \bigcap \mathcal{L}_\infty$ 且 $\ddot{\theta}(t) \in \mathcal{L}_\infty$。进一步，应用 Barbalat 引理[52]可得如下结果：

$$\lim_{t\to\infty} \dot{\theta}(t) = 0 \qquad (2.101)$$

接下来，将进一步分析 $\theta(t)$ 与 $\ddot{\theta}(t)$ 的收敛性。具体而言，式（2.99）可分解为如下两部分：

$$\ddot{\theta}(t) = \underbrace{-\frac{1}{l}g\sin\theta}_{\varphi_1(t)} - \underbrace{\left(\frac{1}{l}\cos\theta\ddot{x}_r + \frac{\kappa}{l}\cos\theta\dot{\theta}\right)}_{\varphi_2(t)} \qquad (2.102)$$

结合式（2.81）、式（2.97）及式（2.101），显然有

$$\dot{\varphi}_1(t) = -\frac{1}{l}g\cos\theta\dot{\theta} \in \mathcal{L}_\infty, \quad \lim_{t\to\infty}\varphi_2(t) = 0 \tag{2.103}$$

根据式（2.101），并应用扩展 Barbalat 引理（参见引理 2.1），得如下结论：

$$\lim_{t\to\infty}\varphi_1(t) = -\lim_{t\to\infty}\frac{1}{l}g\sin\theta = 0, \quad \lim_{t\to\infty}\ddot{\theta}(t) = 0 \tag{2.104}$$

由假设 2.1 知 $\sin\theta(t) = 0 \Rightarrow \theta(t) = 0$。从式（2.104）可得出

$$\lim_{t\to\infty}\theta(t) = 0 \tag{2.105}$$

至此，式（2.101）、式（2.104）与式（2.105）证明了该定理第一部分的结论。

随后，证明 $x_c(t), \dot{x}_c(t), \ddot{x}_c(t)$ 的光滑性及一致连续性。对式（2.83）关于时间求导有

$$x_c^{(3)}(t) = x_r^{(3)}(t) + \kappa\ddot{\theta}(t) \tag{2.106}$$

联立式（2.83）与式（2.86）可知 $x_c(t), \dot{x}_c(t), \ddot{x}_c(t)$ 光滑可导。此外，式（2.80）表明 $\dot{x}_r(t), \ddot{x}_r(t), x_r^{(3)}(t) \in \mathcal{L}_\infty$，且从假设 2.1、式（2.97）及式（2.100）可得 $\theta(t), \dot{\theta}(t), \ddot{\theta}(t) \in \mathcal{L}_\infty$。进一步，根据式（2.83）、式（2.86）与式（2.106），有如下结论：

$$\dot{x}_c(t), \ddot{x}_c(t), x_c^{(3)}(t) \in \mathcal{L}_\infty \tag{2.107}$$

所以，$x_c(t), \dot{x}_c(t), \ddot{x}_c(t)$ 一致连续。

最后，证明定理中关于台车定位性能的结论（第二部分）。基于式（2.89），式（2.5）可近似如下[3-6, 14-18, 34-41, 44, 46-48]：

$$l\ddot{\theta} + \ddot{x} + g\theta = 0 \tag{2.108}$$

将式（2.83）代入式（2.108）得

$$l\ddot{\theta} + \ddot{x}_c + g\theta = 0 \tag{2.109}$$

利用式（2.104）与式（2.105）的结论，求式（2.109）关于时间的极限，可得

$$\lim_{t\to\infty}\ddot{x}_c(t) = -\lim_{t\to\infty}l\ddot{\theta}(t) - \lim_{t\to\infty}g\theta(t) = 0 \tag{2.110}$$

类似地，将式（2.81）及式（2.105）代入式（2.86），有

$$\lim_{t\to\infty}\dot{x}_c(t) = \lim_{t\to\infty}(\dot{x}_r(t) + \kappa\theta(t)) = 0 \tag{2.111}$$

为进一步分析 $x_c(t)$ 的收敛性，对式（2.109）关于时间求积分，代入式（2.86），并进行整理可以得到

$$\int_0^t \theta\mathrm{d}\tau = -\frac{1}{g}\Big(l(\dot{\theta}(t) - \dot{\theta}(0)) + (\dot{x}_c(t) - \dot{x}_c(0))\Big)$$
$$= -\frac{1}{g}(l\dot{\theta}(t) + \dot{x}_r(t) + \kappa\theta(t)) \tag{2.112}$$

那么，对式（2.112）两边取极限，并借助式（2.101）和式（2.111）的结论，可知

$$\lim_{t\to\infty}\int_0^t \theta \mathrm{d}\tau = \int_0^\infty \theta \mathrm{d}\tau = -\frac{1}{g}\lim_{t\to\infty}(l\dot\theta(t) + \dot x_r(t) + \kappa\theta(t)) = 0 \qquad (2.113)$$

这表明本方法引入的消摆环节 $\ddot x_e(t)$ 不会影响台车定位性能。根据式（2.113），对式（2.87）求极限运算可得

$$\lim_{t\to\infty}x_c(t) = \lim_{t\to\infty}x_r(t) + \kappa\int_0^\infty \theta \mathrm{d}\tau = p_{dx} \qquad (2.114)$$

至此，定理的结论得证。

注记 2.5　文献[2]规划的轨迹中有四个待调参数，而本章提出的在线轨迹规划方法仅有一个须调节的参数 κ。此外，文献[2]需要离线迭代优化来保证台车的定位性能，当目标位置改变时，全部轨迹参数须重新计算，而本章方法则只需要相应修改定位参考轨迹中的 p_{dx} 即可，无须额外调整轨迹参数。

注记 2.6　本节提出的在线轨迹规划方法可方便地扩展至三维桥式吊车的情形。为说明这一点，下面进行一些简要分析。三维吊车的运动学方程可表示为

$$C_xC_y\ddot x + lC_y^2\ddot\theta_x - 2lS_yC_y\dot\theta_x\dot\theta_y + gS_xC_y = 0$$
$$S_xS_y\ddot x - C_y\ddot y - l\ddot\theta_y - lS_yC_y\dot\theta_x^2 - gC_xS_y = 0$$

式中，$x(t), y(t)$ 分别表示台车沿 X, Y 方向的位移；$\theta_x(t), \theta_y(t)$ 用以描述负载的空间摆动；$S_x \triangleq \sin\theta_x, S_y \triangleq \sin\theta_y, C_x \triangleq \cos\theta_x, C_y \triangleq \cos\theta_y$。为清晰起见，在此仅讨论扩展的消摆环节部分，其表达式为

$$\ddot x_e(t) = -\kappa_x(S_xS_y\dot\theta_y - C_xC_y\dot\theta_x), \quad \ddot y_e(t) = \kappa_y\dot\theta_y \qquad (2.115)$$

式中，$\kappa_x, \kappa_y \in \mathbb{R}^+$ 为正的增益，相应的规划轨迹可类似于式（2.83）得到。在此，考虑如下非负标量函数：

$$V_{3d}(t) = \frac{1}{2}lC_y^2\dot\theta_x^2 + \frac{1}{2}l\dot\theta_y^2 + g(1 - C_xC_y)$$

对其关于时间求导，代入式（2.115），并结合 $\theta_x(t), \theta_y(t) \in (-\pi/2, \pi/2) \Rightarrow C_y > 0$（参见假设 2.1），可求得如下结果：

$$\dot V_{3d}(t) = -\kappa_x(S_xS_y\dot\theta_y - C_xC_y\dot\theta_x)^2 - \kappa_yC_y\dot\theta_y^2 \leqslant 0$$

进一步利用 LaSalle 不变性原理[52]可证明 $\theta_x(t), \theta_y(t), \dot\theta_x(t), \dot\theta_y(t), \ddot\theta_x(t), \ddot\theta_y(t) \to 0$。相应的轨迹定位性能可由与定理 2.4 类似的分析得出，限于篇幅，在此不再赘述。

注记 2.7　由式（2.5）可见吊车的运动学特性与负载质量 m 无关。因此，无论 2.2 节中基于相平面几何分析的轨迹规划方法，还是本节的在线轨迹规划方法，均不受负载质量的影响，在搬运不同重量的货物时，无须再次规划。

2.3.3　仿真、实验及分析

接下来，将利用仿真与实验验证本节在线轨迹规划方法的性能。

1. 仿真结果及分析

通过数值仿真，将从运动学（轨迹规划）的角度验证所提方法的有效性，即把规划轨迹（2.83）代入运动学方程（2.5），而不考虑相应的驱动力[2]。为更好地体现该方法的性能，在此选用文献[2]中的方法进行对比。

仿真环境为 MATLAB/Simulink，台车与负载质量、吊绳长度及重力加速度分别设置如下：

$$M = 7\text{kg}, \quad m = 1.025\text{kg}, \quad l = 0.75\text{m}, \quad g = 9.8\text{m/s}^2 \qquad (2.116)$$

在此，选用文献[29]中的 S 形轨迹作为定位参考轨迹，其表达式如下：

$$x_r(t) = \frac{p_r}{2} + \frac{1}{2k_2}\ln\left(\frac{\cosh(k_1 t - \varepsilon)}{\cosh(k_1 t - \varepsilon - k_2 p_r)}\right) \qquad (2.117)$$

式中，$k_1 = 2k_a / k_v = 1.2$，$k_2 = 2k_a / k_v^2 = 0.48$，$\varepsilon = 3.5$，台车的目标位置设定为 $p_{dx} = p_r = 0.6\text{m}$。经调试，式（2.83）中轨迹参数确定为 $\kappa = 8$。经迭代优化，文献[2]中轨迹参数选取为 $\alpha = \beta = 50$，$\Gamma = 0.015$，$\eta = 3.0$，$p_r(1) = 0.6$。

仿真结果如图 2.19 与图 2.20 所示，为方便比较，在图 2.20 中再次绘出了图 2.19 中定位参考轨迹（2.117）的曲线。从图 2.19 可见，当台车沿定位参考轨迹（2.117）到达目标位置后，负载呈现出类似于单摆的大幅摆动，说明未考虑台车与负载耦合关系的定位参考轨迹无法消除负载摆动。

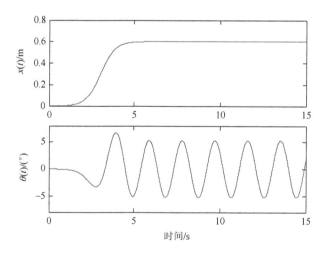

图 2.19　仿真结果：定位参考轨迹（2.117）及其对应的负载摆角

相比之下，从图 2.20 中曲线知，本节提出的在线轨迹规划方法可在无须任何迭代优化的情况下，与文献[2]中需要离线迭代优化的方法一样实现消摆定位控制的目标。进一步观察图 2.20 可发现，本节方法（实线）对应的摆角范围为

−1.59°～1.17°，而文献[2]中方法（点线）的摆角则处于−1.59°～1.61°，显然，本节方法具有更好的消摆控制性能。

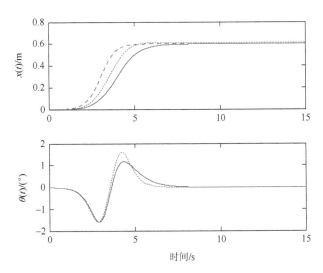

图 2.20　仿真结果：不同轨迹规划方法对比

实线：本节方法；点线：文献[2]中方法；虚线：定位参考轨迹（2.117）

2. 实验结果及分析

　　为进一步验证所提方法的有效性，本小节将进行实际实验测试。在实验中，吊车平台参数、控制目标及轨迹参数的选取与仿真中一致。为使台车跟踪规划轨迹，在此使用式（2.73）所示带摩擦力前馈补偿的 PD 跟踪控制器。经充分调试，对于本节所提方法，跟踪控制器的增益取为 $k_p = 250, k_d = 30$；对于文献[2]中方法，则为 $k_p = 160, k_d = 50$。

　　图 2.21 给出了实验结果曲线，表 2.4 则记录了一些量化的实验数据（指标）。

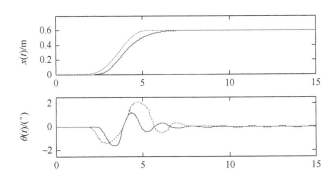

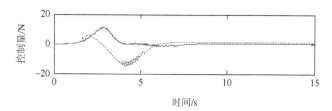

图 2.21　实验结果：不同轨迹规划方法对比

实线：本节方法；点线：文献[2]中方法

在表 2.4 中，x_f 表示台车最终到达的位置，单位为米（m）；θ_{max} 代表整个过程中负载的最大摆幅，单位为度（°）；$t_s = \max\{t_{sp}, t_{st}\}$ 表示调节时间，单位为秒（s），其中 t_{sp} 表示负载摆角 $\theta(t)$ 首次进入范围 $|\theta(t)| \leqslant 0.5°(\forall t \geqslant t_{sp})$ 的时刻，t_{st} 则表示台车到达且停止在 x_f 的时刻；$F_{a\max}$ 表示控制量的最大幅值，单位为牛（N）；$\int_0^{15} F_a^2(t)\mathrm{d}t$ 则表征整个过程中的能耗，单位为牛方秒（$\mathrm{N}^2\cdot\mathrm{s}$）[32]。

表 2.4　量化的实验结果

控制方法	x_f / m	$\theta_{max}/(°)$	t_s/s	$F_{a\max}/\mathrm{N}$	$\int_0^{15} F_a^2(t)\mathrm{d}t / (\mathrm{N}^2\cdot\mathrm{s})$
本节所提方法	0.598	1.63	7.5	11.56	118.60
文献[2]中方法	0.596	2.12	6.1	15.08	279.26

不难发现，图 2.21 所示的实验结果与图 2.20 中的仿真结果非常接近。此外，从图 2.21 及表 2.4 中记录的结果可知，尽管轨迹（2.117）需要的台车运行时间长于文献[2]中方法规划的轨迹，但它可将负载摆动抑制至更小的范围内，且消耗的能量更少。相比较离线轨迹规划方法，本节方法在线生成轨迹以供台车跟踪，无须任何离线优化计算，因此有着非常良好的实际应用价值。

2.4　B 样条时间最优轨迹规划方法

为解决二维桥式吊车系统的时间最优轨迹规划问题，首先给出其运动学模型具体如下：

$$ml^2\ddot{\theta} + ml\cos\theta\ddot{x} + mgl\sin\theta = 0 \qquad (2.118)$$

式中，x、θ 分别表示台车的位移与负载的摆角；m 表示负载质量；l 表示吊绳长度；g 为重力加速度。与此同时，负载水平位置坐标可以表示为

$$x_p(t) = x(t) + l\sin\theta(t) \qquad (2.119)$$

对式（2.118）两端同除 ml 可得

$$l\ddot{\theta} + \cos\theta\ddot{x} + g\sin\theta = 0 \qquad (2.120)$$

接下来，将利用上述关系，完成二维桥式吊车时间最优轨迹规划方法的设计。

2.4.1 时间最优轨迹规划

为实现台车精确定位与负载摆动抑制的控制目标，本节将提出一种时间最优轨迹规划方法。

1. 平坦输出构建

利用小角近似，式（2.119）、式（2.120）可线性化为如下的形式：

$$l\ddot{\theta} + \ddot{x} + g\theta = 0 \qquad (2.121)$$

$$x_p = x + l\theta \qquad (2.122)$$

对式（2.122）关于时间求两阶导数可得

$$\ddot{x}_p = \ddot{x} + l\ddot{\theta} \qquad (2.123)$$

利用式（2.121）、式（2.123），可以发现，台车位移与负载摆角均可通过负载水平位置及其有限阶导数表出，具体关系如下：

$$\theta = -\frac{\ddot{x}_p}{g}, \quad x = x_p + \frac{l\ddot{x}_p}{g} \qquad (2.124)$$

可以看出，式（2.121）所示线性系统是微分平坦系统，且对应平坦输出为负载的水平位置 $x_p = x + l\theta$。利用微分平坦理论可知，对于系统状态的规划问题，均可以转化为针对平坦输出的规划问题。

下面考虑轨迹约束条件。首先，需要驱动台车由 0 时刻，从其初始位置 x_0 出发，在 T 时刻运动到目标位置 x_f，且到达目标位置后，负载摆角应保持为 0。与此同时，运送耗时 T 应当尽可能地小，以提高系统的工作效率。不失一般性，为了便于接下来的描述，选择台车的初始位置为 $x_0 = 0$，同时，运送开始时，负载摆角为 0，即

$$x(0) = 0, \quad x(T) = x_f, \quad \theta(0) = 0, \quad \theta(T) = 0 \qquad (2.125)$$

根据式（2.122）～式（2.125），存在如下关系：

$$x_p(0) = 0, \quad x_p(T) = x_f$$

同时，为了保证平滑的启停，在运送的始末时刻，台车运动与负载水平运动的速度与加速度均应为 0，即

$$\dot{x}_p(0) = \dot{x}_p(T) = 0, \quad \ddot{x}_p(0) = \ddot{x}_p(T) = 0 \qquad (2.126)$$

$$\dot{x}(0) = \dot{x}(T) = 0, \quad \ddot{x}(0) = \ddot{x}(T) = 0 \qquad (2.127)$$

利用式（2.124）～式（2.127），可得

$$x_p^{(r)}(0) = x_p^{(r)}(T) = 0, \quad r = 1, 2, 3, 4$$

此外，为了实现高效率的货物运送，降低能量损耗，整个运送过程中的负载水平速度应均为正数，以免出现往复运动降低效率，即

$$\dot{x}_p(t) \geq 0$$

为了确保运送过程中的安全性，负载摆角应该满足如下约束：

$$|\theta| \leq \theta_{\max} \tag{2.128}$$

式中，$\theta_{\max}$ 表示允许的最大摆角幅值。利用式（2.124），约束（2.128）可转化成

$$|\ddot{x}_p| \leq g\theta_{\max} \tag{2.129}$$

进一步，考虑到驱动器限制，台车的加速度应该存在如下约束：

$$|\ddot{x}| \leq a_{\max} \tag{2.130}$$

式中，$a_{\max}$ 表示允许的台车最大加速度幅值。类似地，利用式（2.124），约束（2.130）可转化成

$$\left| \ddot{x}_p + l x_p^{(4)} / g \right| \leq a_{\max} \tag{2.131}$$

利用绝对值不等式，式（2.131）可转化为

$$\left| \ddot{x}_p + l x_p^{(4)} / g \right| \leq \left| x_p^{(4)} \right| l / g + \left| \ddot{x}_p \right| \leq a_{\max} \tag{2.132}$$

考虑到 $|\ddot{x}_p| \leq g\theta_{\max}$，可得使式（2.132）成立的一个充分条件为

$$\left| x_p^{(4)} \right| \leq (a_{\max} - g\theta_{\max}) g / l \tag{2.133}$$

为了更方便地描述上述关系，引入辅助信号 $\alpha = a_{\max} - g\theta_{\max}$，式（2.133）可进一步转化为

$$\left| x_p^{(4)} \right| \leq \alpha g / l$$

到目前为止，已经得到了所有的约束条件。综上，可以构建如下的优化问题：

$$\begin{cases} x_p^{(r)}(0) = 0, \quad r = 1, 2, 3, 4 \\ \min_{x_p(t)} T \\ \text{s.t. } x_p(0) = 0, \quad x_p(T) = x_f \\ \quad x_p^{(r)}(T) = 0, \quad r = 1, 2, 3, 4 \\ \quad \dot{x}_p(t) \geq 0 \\ \quad \left| \ddot{x}_p \right| \leq g\theta_{\max} \\ \quad \left| x_p^{(4)} \right| \leq g\alpha / l \end{cases}$$

通过求解该优化问题，可以得到最优运送时间 T^*，以及满足所有约束条件的最优负载轨迹 $x_p(t)$。

2. 轨迹参数化

为求解上述优化问题，需要首先选取合适的曲线对 $x_p(t)$ 进行参数化。考虑到 B 样条曲线具有平滑性好、参数易处理等优势，同时考虑到 $x_p(t)$ 的最高阶次为 4，选择 $k = 6$ 阶 B 样条曲线实现 $x_p(t)$ 的轨迹参数化。

具体而言，选择节点序列为

$$\{0 = \lambda_{-k} = \cdots = \lambda_0 \leqslant \lambda_1 \leqslant \cdots \leqslant \lambda_n \leqslant \lambda_{n+1} = \cdots = \lambda_{n+k+1} = T\}$$

式中，前 $k+1$ 个节点均为 0，后 $k+1$ 个节点均为 T。设定节点序列的中段为等差序列，其公差为

$$\Delta = \frac{T}{n+1} \tag{2.134}$$

现在，将 $x_p(t)$ 具体参数化为如下的形式：

$$x_p(t) = \sum_{i=-k}^{n} c_i B_{i,k+1}(t) \tag{2.135}$$

式中，$\{c_i\}$ 代表控制点序列；$B_{i,k+1}(t)$ 表示第 i 个 k 阶的 B 样条基函数。计算可得

$$x_p(0) = c_{-k}, \quad x_p(T) = c_n \tag{2.136}$$

对于 B 样条曲线，存在如下定理。

定理 2.5[55]　B 样条曲线的导数是具有相同节点但不同控制点序列的 B 样条曲线，其导数的控制点序列可由原 B 样条曲线的节点序列与控制点序列表出。假设存在 B 样条曲线，其节点序列表示为 $\{\lambda_i\}$，控制点序列表示为 $\{c_i\}$，则其导数曲线对应的控制点序列可表示为

$$d_i = (k-1)\frac{c_i - c_{i-1}}{\lambda_{i+k-1} - \lambda_i}$$

式中，d_i 表示导数曲线中的第 i 个控制点；k 表示原 B 样条曲线的阶次。

定理 2.6[55]　$\sum_{i=-k}^{n} c_i B_{i,k+1}(t)$ 表达式所对应的 B 样条曲线具有凸包特性，即定义 b, a 为 B 样条曲线控制点序列的上下界，即 $a \leqslant c_i \leqslant b, i = -k, -k+1, \cdots, n$，则存在如下关系：

$$a \leqslant \sum_{i=-k}^{n} c_i B_{i,k+1}(t) \leqslant b$$

接下来，首先利用定理 2.5 计算 $x_p(t)$ 关于时间的 1~4 阶导数。定义 $\{d_i\}, \{e_i\}$，$\{f_i\}, \{g_i\}$ 分别表示 $\dot{x}_p(t), \ddot{x}_p(t), x_p^{(3)}(t), x_p^{(4)}(t)$ 对应的控制点序列，具体形式为

$$\{d_i\}, \quad i = -k, \cdots, n+1$$
$$\{e_i\}, \quad i = -k, \cdots, n+2$$
$$\{f_i\}, \quad i = -k, \cdots, n+3$$
$$\{g_i\}, \quad i = -k, \cdots, n+4$$

利用定理 2.5，通过计算，可得如下关系：

$$d_i = (k-1)\frac{c_i - c_{i-1}}{\lambda_{i+k-1} - \lambda_i} = \frac{c_i - c_{i-1}}{\Delta} \tag{2.137}$$

$$e_i = (k-1)\frac{d_i - d_{i-1}}{\lambda_{i+k-1} - \lambda_i} = \frac{d_i - d_{i-1}}{\Delta} = \frac{c_i - 2c_{i-1} + c_{i-2}}{\Delta^2} \tag{2.138}$$

$$f_i = (k-1)\frac{e_i - e_{i-1}}{\lambda_{i+k-1} - \lambda_i} = \frac{c_i - 3c_{i-1} + 3c_{i-2} - c_{i-3}}{\Delta^3} \tag{2.139}$$

$$g_i = (k-1)\frac{f_i - f_{i-1}}{\lambda_{i+k-1} - \lambda_i} = \frac{c_i - 4c_{i-1} + 6c_{i-2} - 4c_{i-3} + c_{i-4}}{\Delta^4} \tag{2.140}$$

对于式（2.137），当 $i = -k$ 时，$d_{-k} = \infty$。与此同时，对应于控制点 d_{-k} 的 B 样条基函数建立在节点序列 $\{\lambda_{-k}, \lambda_{-k+1}, \cdots, \lambda_0\}$ 上，由于该节点序列内的所有节点均为 0，意味着不存在与此控制点对应的 B 样条基函数。对于控制点 d_{n+1}，可进行类似的分析。对于式（2.138）～式（2.140）所示控制点序列，存在着类似的情况。综上可知，取值为 ∞ 的控制点不会对 B 样条曲线产生影响。

基于式（2.135）与式（2.136），同时利用定理 2.5 与定理 2.6，可将优化问题转化为如下的形式：

$$\begin{cases} \min_{x_p(t)} T \\ \text{s.t. } c_{-k} = 0, c_n = x_f \\ \quad c_{-k+j} = c_{-k}, j = 1,2,3,4 \\ \quad c_{n-j} = c_n, j = 1,2,3,4 \\ \quad d_i \geqslant 0, i = -k, \cdots, n+1 \\ \quad |e_i| \leqslant g\theta_{\max}, i = -k, \cdots, n+2 \\ \quad |g_i| \leqslant \dfrac{g\alpha}{l}, i = -k, \cdots, n+4 \end{cases}$$

根据式（2.137）～式（2.140），可将优化问题进一步转化为

$$\min_{x_p(t)} T \tag{2.141}$$

$$\text{s.t. } c_{-k} = 0, \quad c_n = x_f \tag{2.142}$$

$$c_{-k+j} = c_{-k}, \quad j = 1,2,3,4 \tag{2.143}$$

$$c_{n-j} = c_n, \quad j = 1,2,3,4 \tag{2.144}$$

$$c_i - c_{i-1} \geqslant 0, i = -k, \cdots, n+1 \qquad (2.145)$$

$$\left| \frac{c_i - 2c_{i-1} + c_{i-2}}{\Delta^2} \right| \leqslant g\theta_{\max}, i = -k, \cdots, n+2 \qquad (2.146)$$

$$\left| \frac{c_i - 4c_{i-1} + 6c_{i-2} - 4c_{i-3} + c_{i-4}}{\Delta^4} \right| \leqslant \frac{g\alpha}{l}, i = -k, \cdots, n+4 \qquad (2.147)$$

3. 参数最优化

接下来，将通过求解优化问题（2.141），并得到最优的轨迹参数。如上所述，B 样条函数的节点序列已经预先设定，优化过程中仅需求解最优的控制点序列。基于式（2.142）～式（2.144），计算可得

$$c_{-k} = c_{-k+1} = c_{-k+2} = c_{-k+3} = c_{-k+4} = 0$$

$$c_{n-4} = c_{n-3} = c_{n-2} = c_{n-1} = c_n = x_f$$

与此同时，控制点序列的中段 $\{c_{-k+5}, \cdots, c_{n-5}\}$ 是未定且待优化的部分。从实际吊车系统的工作特性出发，可认为最优化的负载轨迹 $x_p(t)$ 应为中心对称的，即对应的控制点序列也具有中心对称特性，且对称中心应为轨迹中点 $\frac{x_f}{2}$。基于此，仅需计算前半段的控制点序列，而后半段控制点序列可通过对称特性直接获取。为在控制点序列内引入已知信息，我们选取 c_{-k+4} 与 c_{n-4} 加入序列，并进一步选取 5 阶多项式函数来表示该序列，具体如下：

$$c_{q+(-k+4)} = f(q) = w_0 q^5 + w_1 q^4 + w_2 q^3 + w_3 q^2 + w_4 q + w_5, \quad q = 0, 1, \cdots, q_f \qquad (2.148)$$

$$c_{q+(-k+4)} = f(q) = x_f - f(n+k-8-q) = h(q), \quad q = q_f + 1, \cdots, n+k-8 \qquad (2.149)$$

式中，$q_f = \dfrac{n+k-8}{2}$。通过选择上述控制点序列，可以使得 $x_p(t)$ 轨迹满足中心对称特性，且对称中心为 $\left(\dfrac{T}{2}, x_p\left(\dfrac{T}{2} \right) \right)$。另外，从中心对称特性出发，可知当 $q = q_f$ 时，函数 $f(q)$ 与 $h(q)$ 的二阶导数互为相反数。为确保连续型，这里将 $f(q)$ 在 $q = q_f$ 处的二阶导数设为 0。基于上述分析，所得优化问题中的约束条件可进一步转化为如下形式：

$$f(0) = f'(0) = f''(0) = 0 \qquad (2.150)$$

$$f(q_f) = \frac{x_f}{2} \qquad (2.151)$$

$$f''(q_f) = 0 \qquad (2.152)$$

$$f(q) \geqslant f(q-1), \quad q \in \{0, 1, \cdots, q_f\} \qquad (2.153)$$

$$\left| \frac{f(q) - 2f(q-1) + f(q-2)}{\Delta^2} \right| \leqslant g\theta_{\max} \qquad (2.154)$$

$$\left| \frac{f(q) - 4f(q-1) + 6f(q-2) - 4f(q-3) + f(q-4)}{\Delta^4} \right| \leqslant \frac{g\alpha}{l} \qquad (2.155)$$

式中，Δ 表示节点序列的中段的公差，具体定义参见式（2.134）。对于式（2.153），由于函数 $f(q)$ 为中心对称函数，仅需函数前半段满足该约束，即可保证其后半段也满足该约束。因此，对于式（2.153），$q \in \{0,1,\cdots,q_f\}$，且式（2.153）与式（2.145）等价。而对于式（2.154）与式（2.155），要求 $q \in \{0,1,\cdots,n+k-8\}$。

现在分析式（2.154）与式（2.155）。考虑到 $f(q)$ 仅用于表示控制点序列的中段 $\{c_{-k+5},\cdots,c_{n-5}\}$。对于 c_{-k+4} 前取值为 0 的控制点，为便于描述，作如下的约定：

$$f(-1) = f(-2) = f(-3) = f(-4) = 0$$

将式（2.134）代入式（2.148）并化简，可得

$$w_3 = w_4 = w_5 = 0 \qquad (2.156)$$

与此同时，w_0, w_1, w_2 相关约束条件可表示如下：

$$w_0 q_f^5 + w_1 q_f^4 + w_2 q_f^3 = \frac{x_f}{2} \qquad (2.157)$$

$$20 w_0 q_f^3 + 12 w_1 q_f^2 + 6 w_2 q_f = 0 \qquad (2.158)$$

$$w_0 q^5 + w_1 q^4 + w_2 q^3 \geqslant w_0 (q-1)^5 + w_1 (q-1)^4 + w_2 (q-1)^3, \forall q \in \{1,2,\cdots,q_f\} \qquad (2.159)$$

$$\left| \frac{f(q) - 2f(q-1) + f(q-2)}{\Delta^2} \right| \leqslant g\theta_{\max} \qquad (2.160)$$

$$\left| \frac{f(q) - 4f(q-1) + 6f(q-2) - 4f(q-3) + f(q-4)}{\Delta^4} \right| \leqslant \frac{g\alpha}{l} \qquad (2.161)$$

可以看出，针对未知参数 w_0, w_1, w_2 的约束条件包括两个等式约束与三个不等式约束。基于式（2.157）和式（2.158），可利用 w_2 将 w_0, w_1 表示如下：

$$w_0 = -\frac{3x_f}{4q_f^5} + \frac{3w_2}{4q_f^2}, \quad w_1 = \frac{5x_f}{4q_f^4} - \frac{7w_2}{4q_f} \qquad (2.162)$$

而对于三个不等式约束，考虑到式（2.160）和式（2.161）中均有运送时间相关项 Δ，而式（2.159）仅与 q 及 w_2 相关，我们首先利用式（2.159）来确定 w_2 的有效取值范围，随后根据式（2.160）和式（2.161）求解最优运送时间 T^* 以及最优参数 w_2^*。

第一步需要求解不等式（2.159）。将式（2.162）代入式（2.159），化简可得

$$B w_2 \geqslant A \qquad (2.163)$$

其中，A, B 的具体形式如下：

$$A = \frac{3x_f}{4q_f^5}(q^5 - (q-1)^5) - \frac{5x_f}{4q_f^4}(q^4 - (q-1)^4)$$

$$B = \frac{3}{4q_f^2}(q^5 - (q-1)^5) - \frac{7}{4q_f}(q^4 - (q-1)^4) + (q^3 - (q-1)^3)$$

考虑到 $q \in \{1, 2, \cdots, q_f\}$，可通过遍历 q 的方式求解式（2.163）。此外，由于不同的 n 会影响 q_f 的取值，并进一步影响 B 的取值。因此，通过选择合适的 n 可以避免出现 B 为 0 的情况。基于此，对于 B 的不同符号，可求解式（2.163）并得到如下结果：

$$\begin{cases} w_2 \geqslant \max\{A/B\}, & B > 0 \\ w_2 \leqslant \min\{A/B\}, & B < 0 \end{cases} \tag{2.164}$$

接下来，需要确定式（2.164）所述范围内的最优参数 w_2^*。将式（2.148）、式（2.149）、式（2.156）代入式（2.160）与式（2.161），可得

$$\begin{cases} |\phi(q)/\Delta^2| \leqslant g\theta_{\max} \\ |\eta(q)/\Delta^4| \leqslant \dfrac{g\alpha}{l} \end{cases} \tag{2.165}$$

式中，函数 $\phi(q)$ 定义为

$$\phi(0) = f(0) = 0$$
$$\phi(1) = f(1) - 2f(0) = w_0 + w_1 + w_2$$
$$\phi(q) = 10w_0(q-1)(2q^2 - 4q + 3) + w_1(12q^2 - 24q$$
$$+ 14) + w_2(6q - 6), \quad q \in \{2, 3, \cdots, q_f\}$$
$$\phi(q_f + 1) = 0$$

$\eta(q)$ 定义为

$$\eta(0) = f(0) = 0$$
$$\eta(1) = f(1) - 4f(0) = w_0 + w_1 + w_2$$
$$\eta(2) = f(2) - 4f(1) + 6f(0) = 28w_0 + 12w_1 + 4w_2$$
$$\eta(3) = f(3) - 4f(2) + 6f(1) - 4f(0) = 121w_0 + 23w_1 + w_2$$
$$\eta(q) = (120q - 240)w_0 + 24w_1, \quad q \in \{4, 5, \cdots, q_f\}$$
$$\eta(q_f + 1) = x_f + (-2q_f^5 - 20q_f^3 + 100q_f - 120)w_0$$
$$+ (-2q_f^4 - 12q_f^2 + 22)w_1 + (-2q_f^3 - 6q_f)w_2$$
$$\eta(q_f + 2) = 0$$
$$\eta(q_f + 3) = 3x_f + (-6q_f^5 + 20q_f^3 + 10q_f + 120)w_0$$
$$+ (-6q_f^4 + 12q_f^2 - 22)w_1 + (-6q_f^3 + 6q_f)w_2$$

将式（2.134）代入式（2.165），化简可得

$$\begin{cases} |\phi(q)|(n+1)^2 \leqslant T^2 g\theta_{\max} \\ |\eta(q)|(n+1)^2 \leqslant \dfrac{g\alpha}{l}T^4 \end{cases} \tag{2.166}$$

可通过数值方法求解式（2.166），具体思路如下。从 w_2 的有效域（2.164）中选取大量的点，构成数列 $\{w_{2,p}\}, p \in \{1,2,\cdots,N\}$，其中 p 表示数列元素的索引，N 为数列的元素个数。将数列中的每一个元素均代入函数 $\phi(q),\eta(q)$，通过遍历 q 的方式求得函数的最大最小值，进一步可得函数绝对值的最大值分别为

$$\begin{aligned} \left|\phi_p(q)\right|_{\max} &= \max\left\{\left|\max_q\{\phi_p(q)\}\right|, \left|\min_q\{\phi_p(q)\}\right|\right\} \\ \left|\eta_p(q)\right|_{\max} &= \max\left\{\left|\max_q\{\eta_p(q)\}\right|, \left|\min_q\{\eta_p(q)\}\right|\right\} \end{aligned} \tag{2.167}$$

利用式（2.167），可将式（2.166）转化为

$$\begin{cases} |\phi(q)|_{\max}(n+1)^2 \leqslant T^2 g\theta_{\max} \\ |\eta(q)|_{\max}(n+1)^2 \leqslant \dfrac{g\alpha}{l}T^4 \end{cases} \tag{2.168}$$

进而可得

$$T \geqslant T(p) = \max\{T_{1,p}, T_{2,p}\}$$

式中

$$T_{1,p} = \sqrt{\dfrac{\left|\phi_p(q)\right|_{\max}(n+1)^2}{g\theta_{\max}}}$$

$$T_{2,p} = \sqrt[4]{\dfrac{l}{\alpha g}\left|\eta_p(q)\right|_{\max}(n+1)^4}$$

通过遍历数列 $\{w_{2,p}\}$ 中的所有元素，可得到对应的数列 $\{T(p)\}$，并进一步得到最优的运送时间为

$$T^* = T(p^*)$$

式中，p^* 表示最优运送时间对应的索引，即

$$T(p^*) = \max\{T(p)\}, \quad p \in \{1,2,\cdots,N\}$$

与此同时，可得到最优时间对应的参数 w_2^* 即为 w_{2,p^*}。现在，即可得到最优的控制点序列，并进一步得到最优负载轨迹 $x_p^*(t)$。接下来，利用式（2.124），最优台车轨迹可表示如下：

$$x_d = x_p^* + \dfrac{l\ddot{x}_p^*}{g} \tag{2.169}$$

对式（2.169）关于时间求一阶导数与二阶导数，可得

$$\dot{x}_d = \dot{x}_p^* + \frac{l x_p^{*(3)}}{g} \qquad (2.170)$$

$$\ddot{x}_d = \ddot{x}_p^* + \frac{l x_p^{*(4)}}{g} \qquad (2.171)$$

由于负载轨迹 x_p^* 为连续的 6 阶 B 样条曲线。根据定理 2.5 可知，负载轨迹 x_p^* 的 1～4 阶导数均为 B 样条曲线。根据上述分析， x_p^* 对应的控制点序列 $\{c_i\}$ 有界。根据式（2.137）～式（2.140）， $\dot{x}_p^*, \ddot{x}_p^*, x_p^{*(3)}, x_p^{*(4)}$ 的控制点序列同样有界。利用定理 2.6 可知， $\dot{x}_p^*, \ddot{x}_p^*, x_p^{*(3)}, x_p^{*(4)}$ 同样均有界。根据上述分析可知， $x_d, \dot{x}_d, \ddot{x}_d$ 均有界且连续。

2.4.2　实验结果

为验证所提轨迹规划方法的效果，利用自主搭建的吊车实验平台，对本节所提方法进行了实验测试。具体而言，所提轨迹规划方法的轨迹参数选择如下：

$$n = 500, \quad x_f = 0.6\text{m}, \quad l = 0.75\text{m}, \quad \theta_{max} = 2°, \quad a_{max} = 0.8419\text{m/s}^2$$

利用 MATLAB，可计算得到最优运送时间为 $T^* = 3.8635$ s，对应最优参数为 $w_2 = 5.3053 \times 10^{-9}$ 。为充分测试本节所提方法的有效性，这里选择文献[56]中的斜坡轨迹规划方法以及文献[57]中的 EI 输入整形方法作为对比方法。对于文献[57]中的斜坡轨迹规划方法，计算得到对应的轨迹参数为 $a_{max} = 0.8419\text{m/s}^2, \tau = 0.2173\text{s},$ $t_a = 1.5209\text{s}, t_c = 0.0373\text{s}$ ；对于文献[57]中的 EI 输入整形方法，轨迹参数为 $a_{max} = 0.8419\text{m/s}^2, v_{max} = 0.2\text{m/s}$ 。

为实现轨迹跟踪，选择比例微分控制器作为跟踪控制器。具体的实验结果如图 2.22～图 2.24 所示，同时，相关量化指标如表 2.5 所示，其中，控制方法的能量消耗定义如下：

$$E = \int F^2 \mathrm{d}t$$

其中， F 表示作用在台车上的驱动力大小； E 表示对应的能量消耗。

表 2.5　实验结果量化指标

控制方法	时间消耗	摆角幅值	能量消耗
本节所提轨迹规划方法	3.60s	2.19°	957.13J
文献[56]中的斜坡轨迹规划方法	4.04s	2.09°	935.46J
文献[57]中的 EI 输入整形方法	4.96s	1.53°	824.23J

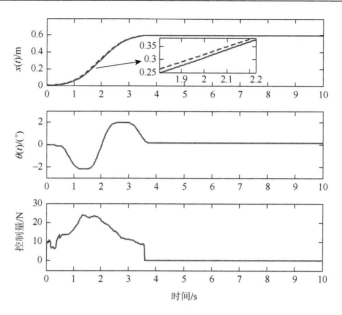

图 2.22　本节所提轨迹规划方法实验结果

实线：实验结果；虚线：台车参考轨迹

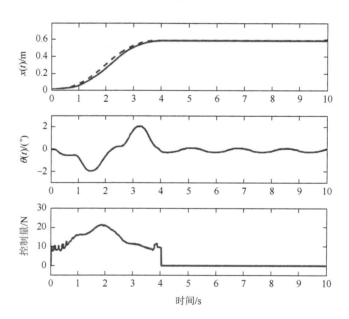

图 2.23　文献[56]中的斜坡轨迹规划方法实验结果

实线：实验结果；虚线：台车参考轨迹

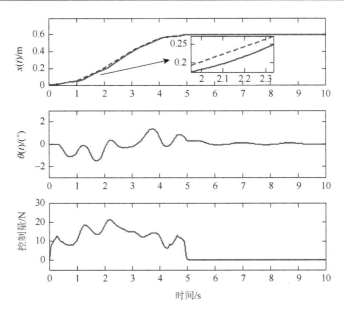

图 2.24 文献[57]中的 EI 输入整形方法实验结果

实线：实验结果；虚线：台车参考轨迹

从图 2.22～图 2.24 以及表 2.5 中可以看出，在得到类似的台车定位精度的前提下，所提时间最优控制方法的时间消耗为 3.6s，小于两种对比方法的时间消耗，这也就验证了本节所提方法的时间最优特性。而当台车到达目标位置后，本节所提方法的实验结果几乎不存在残余摆动，而两种对比方法的实验结果中均存在明显的残余摆动。另外，由于本节所提方法的时间最优特性，该方法需要消耗更多的能量用以使台车加速到更高的速度，进而减少时间消耗。因此，本节所提方法的能量消耗指标要略高于两种对比方法。

2.5 本 章 小 结

本章针对二维桥式吊车系统的轨迹规划问题进行了深入研究，并提出了三种有效的轨迹规划方法，分别为基于相平面分析的轨迹规划方法、基于非线性耦合分析的在线轨迹规划方法以及基于 B 样条曲线的时间最优轨迹规划方法，可以实现桥式吊车系统台车快速精确定位与负载摆动抑制的控制目标。具体而言，首先提出了基于相平面分析的轨迹规划方法，通过深入分析系统的运动学模型，建立了负载摆动与台车加速度之间的相互关系，利用相平面分析的方法，提出了三种台车轨迹，可实现负载摆角的有效抑制。接着提出了基于非线性耦合分析的在线轨迹规划方法，从系统的台车运动与负载摆动之间的耦合特性出发，将轨迹规划问题分成两个部分，分别用于完成台车精确定位与负载摆动抑制，接着将两部分轨迹相结合，得到有效的在线规划轨迹。最后，提出了一种基于 B 样条曲线的时间最优轨迹规划方法，分析了桥式吊车系统的微分平坦特性，将台车轨迹规划问题转化为对负载位置的轨迹规划问题，并引入 B 样条曲线实现轨迹参数化，与此同时，考虑一系列物理约束，建立时间最优问题，并提出了一种多项式优化策略，实现了最优问题求解，得到最优轨迹，提高了系统的工作效率。

参 考 文 献

[1]   Lawrence J W. Crane Oscillation Control: Nonlinear Elements and Educational Improvements. Atlanta: Georgia Institute of Technology, 2006.

[2]   Sun N, Fang Y, Zhang Y, et al. A novel kinematic coupling-based trajectory planning method for overhead cranes. IEEE/ASME Transactions on Mechatronics, 2012, 17 (1): 166-173.

[3]   Uchiyama N, Ouyang H, Sano S. Simple rotary crane dynamics modeling and open-loop control for residual load sway suppression by only horizontal boom motion. Mechatronics, 2013, 23 (8): 1223-1236.

[4]   Piazzi A, Visioli A. Optimal dynamic-inversion-based control of an overhead crane. IEE Proceedings Control Theory and Applications, 2002, 149 (5): 405-411.

[5]   Van den Broeck L, Diehl M, Swevers J. A model predictive control approach for time optimal point-to-point motion control. Mechatronics, 2011, 21 (7): 1203-1212.

[6]   Yu X, Lin X, Lan W. Composite nonlinear feedback controller design for an overhead crane servo system. Transactions of the Institute of Measurement and Control, 2014, 36 (5): 662-672.

[7]   Fang Y, Dixon W E, Dawson D M, et al. Nonlinear coupling control laws for an underactuated overhead crane system. IEEE/ASME Transactions on Mechatronics, 2003, 8 (3): 418-423.

[8]   Sun N, Fang Y. Partially saturated nonlinear control for gantry cranes with hardware experiments. Nonlinear Dynamics, 2014, 77 (3): 655-666.

[9]   Chwa D. Nonlinear tracking control of 3-D overhead cranes against the initial swing angle and the variation of payload weight. IEEE Transactions on Control Systems Technology, 2009, 17 (4): 876-883.

[10]   Liu R, Li S, Ding S. Nested saturation control for overhead crane systems. Transactions of the Institute of Measurement and Control, 2012, 34 (7): 862-875.

[11]   Yang J H, Yang K S. Adaptive coupling control for overhead crane systems. Mechatronics, 2007, 17(2): 143-152.

[12]   Chang C Y. Adaptive fuzzy controller of the overhead cranes with nonlinear disturbance. IEEE Transactions on Industrial Informatics, 2007, 3 (2): 164-172.

[13]   Park M S, Chwa D, Hong S K. Antisway tracking control of overhead cranes with system uncertainty and actuator nonlinearity using an adaptive fuzzy sliding-mode control. IEEE Transactions on Industrial Electronics, 2008, 55 (11): 3972-3984.

[14]   Liu D, Yi J, Zhao D, et al. Adaptive sliding mode fuzzy control for a two-dimensional overhead crane. Mechatronics, 2005, 15 (5): 505-522.

[15]   Uchiyama N. Robust control for overhead cranes by partial state feedback. Proceedings of the Institution of Mechanical Engineers, Part I: Journal of Systems and Control Engineering, 2009, 223 (4): 575-580.

[16]   Uchiyama N. Robust control of rotary crane by partial-state feedback with integrator. Mechatronics, 2009, 19(8):

1294-1302.

[17]　翟军勇，费树岷. 集装箱桥吊防摇切换控制研究. 电机与控制学报，2009，13（6）：933-936.

[18]　Tuan L A，Lee S G，Ko D H，et al. Combined control with sliding mode and partial feedback linearization for 3D overhead cranes. International Journal of Robust and Nonlinear Control，2014，24（18）：3372-3386.

[19]　Ma B，Fang Y，Zhang Y. Switching-based emergency braking control for an overhead crane system. IET Control Theory and Applications，2010，4（9）：1739-1747.

[20]　Sun N，Fang Y. A partially saturated nonlinear controller for overhead cranes with experimental implementation. Proceedings of the IEEE International Conference on Robotics and Automation，Karlsruhe，2013：4473-4478.

[21]　Sarras I，Kazi F，Ortega R，et al. Total energy-shaping IDA-PBC control of the 2D-SpiderCrane. Proceedings of the IEEE Conference on Decision and Control，Atlanta，2010：1122-1127.

[22]　Kamath A K，Singh N M，Kazi F，et al. Dynamics and control of 2D SpiderCrane：A controlled Lagrangian approach. Proceedings of the IEEE Conference on Decision and Control，Atlanta，2010：3596-3601.

[23]　孙宁，方勇纯，苑英海，等. 一种基于分段能量分析的桥式吊车镇定控制器设计方法. 系统科学与数学，2011，31（6）：751-764.

[24]　马博军，方勇纯，王宇韬，等. 欠驱动桥式吊车系统自适应控制. 控制理论与应用，2009，25（6）：1105-1109.

[25]　Chang C Y，Hsu K C，Chiang K H，et al. Modified fuzzy variable structure control method to the crane system with control deadzone problem. Journal of Vibration and Control，2008，14（7）：953-969.

[26]　Chang C Y，Chiang K H. Fuzzy projection control law and its application to the overhead crane. Mechatronics，2008，18（10）：607-615.

[27]　Solihin M I，Wahyudi，Legowo A. Fuzzy-tuned PID anti-swing control of automatic gantry crane. Journal of Vibration and Control，2010，16（1）：127-145.

[28]　Lee H H. Motion planning for three-dimensional overhead cranes with highspeed load hoisting. International Journal of Control，2005，78（12）：875-886.

[29]　Fang Y，Ma B，Wang P，et al. A motion planning-based adaptive control method for an underactuated crane system. IEEE Transactions on Control Systems Technology，2012，20（1）：241-248.

[30]　Makkar C，Hu G，Sawyer W G，et al. Lyapunov-based tracking control in the presence of uncertain nonlinear parameterizable friction. IEEE Transactions on Automatic Control，2007，52（10）：1988-1994.

[31]　Makkar C，Dixon W E，Sawyer W G，et al. A new continuously differentiable friction model for control systems design. Proceedings of the IEEE/ASME International Conference on Advanced Intelligent Mechatronics，Monterey，2005：600-605.

[32]　Singhose W，Kenison M，Kim D. Input shaping control of double-pendulum bridge crane oscillations. ASME Journal of Dynamic Systems，Measurement，and Control，2008，103（3）：034504-1-7.

[33]　Hu Y，Wu B，Vaughan J，et al. Oscillation suppressing for an energy efficient bridge crane using input shaping. Proceedings of the Asian Control Conference，Istanbul，2013：1-5.

[34]　Hong K T，Huh C D，Hong K S. Command shaping control for limiting the transient sway angle of crane systems. International Journal of Control，Automation，and Systems，2003，1（1）：43-53.

[35]　李伟，曹涛，王滨，等. 基于二次型最优控制的起重机开环消摆方法. 电气传动，2007，37（3）：33-36.

[36]　Masoud Z N，Nayfeh A H. Sway reduction on container cranes using delayed feedback controller. Nonlinear Dynamics，2003，34（3/4）：347-358.

[37]　Erneux T，Kalmar-Nagy T. Nonlinear stability of a delayed feedback controlled container crane. Journal of Vibration and Control，2007，13（5）：603-616.

[38] Vazquez C，Collado J，Fridman L. Control of a parametrically excited crane：A vector Lyapunov approach. IEEE Transactions on Control Systems Technology，2013，21（6）：2332-2340.

[39] Bartolini G，Pisano A，Usai E. Second-order sliding-mode control of container cranes. Automatica，2002，38（10）：1783-1790.

[40] Lee H H. A new design approach for the anti-swing trajectory control of overhead cranes with high-speed hoisting. International Journal of Control，2004，77（10）：931-940.

[41] Le T A，Lee S G，Moon S C. Partial feedback linearization and sliding mode techniques for 2D crane control. Transactions of the Institute of Measurement and Control，2014，36（1）：78-87.

[42] 孙宁，方勇纯，王鹏程，等. 欠驱动三维桥式吊车系统自适应跟踪控制器设计. 自动化学报，2010，36（9）：1287-1294.

[43] Toxqui R，Yu W，Li X. Anti-swing control for overhead crane with neural compensation. Proceedings of the International Joint Conference on Neural Networks，Vancouver，2006：4697-4703.

[44] Panuncio F，Yu W，Li X. Stable neural PID anti-swing control for an overhead crane. Proceedings of the IEEE International Symposium on Intelligent Control，Hyderabad，2013：53-58.

[45] Yu W，Moreno-Armendariz M A，Rodriguez F O. Stable adaptive compensation with fuzzy CMAC for an overhead crane. Information Sciences，2011，181（21）：4895-4907.

[46] Saeidi H，Naraghi M，Raie A A. A neural network self tuner based on input shapers behavior for anti sway system of gantry cranes. Journal of Vibration and Control，2013，19（13）：1936-1949.

[47] Garrido S，Abderrahim M，Gimenez A，et al. Anti-swinging input shaping control of an automatic construction crane. IEEE Transactions on Automation Science and Engineering，2008，5（3）：549-557.

[48] Corriga G，Giua A，Usai G. An implicit gain-scheduling controller for cranes. IEEE Transactions on Control Systems Technology，1998，6（1）：15-20.

[49] Sorensen K L，Singhose W E. Command-induced vibration analysis using input shaping principles. Automatica，2008，44（9）：2392-2397.

[50] Xie X，Huang J，Liang Z. Vibration reduction for flexible systems by command smoothing. Mechanical Systems and Signal Processing，2013，39（1/2）：461-470.

[51] 马博军，方勇纯，王鹏程，等. 三维桥式吊车自动控制实验系统. 控制工程，2011，18（2）：239-243.

[52] Khalil H K. Nonlinear Systems. 3rd ed. New Jersey：Prentice-Hall，2002.

[53] Dixon W E，Dawson D M，Zergeroglu E，et al. Nonlinear Control of Wheeled Mobile Robots. London：Springer-Verlag，2001.

[54] 方勇纯，卢桂章. 非线性系统理论. 北京：清华大学出版社，2009.

[55] de Boor D. A Practical Guide to Splines. New York：Springer-Verlag，1978.

[56] Sun N，Fang Y，Zhang X，et al. Transportation task-oriented trajectory planning for underactuated overhead cranes using geometric analysis. IET Control Theory & Applications，2012，6（10）：1410-1423.

[57] Singhose W，Seering W，Singer N. Residual vibration reduction using vector diagrams to generate shaped inputs. ASME Journal of Mechanical Design，1994，116（2）：654-659.

第3章　二维桥式吊车非线性控制

3.1　引　　言

在实际应用中，桥式吊车可看作一类特殊的机器人：台车相当于平动关节，吊绳为转动关节，而负载则可视为末端执行器。负载运送过程的最终目标是将负载快而准地运送至目标位置上方。由于负载摆动不可直接控制，为完成该任务，已有文献均围绕台车运动开展分析并进行控制器设计，导致摆角抑制效果不理想，负载残余摆动明显。除了第2章提出的基于开环控制的轨迹规划方法，闭环非线性控制方法有着更好的鲁棒性，更适用于工作在复杂室外环境中的高性能吊车系统，相关研究也得到了国内外大量研究人员的广泛关注。

近年来，基于能量/无源性的控制方法被广泛应用于欠驱动系统的控制[1-12]。这种方法的主要优点在于可通过分析或修改系统能量函数来设计控制器，避免直接分析复杂系统动态带来的烦琐工作。对于吊车系统，文献[7]提出了三种基于能量分析的调节控制律，分别为 PD 控制律、动能耦合控制律及 E^2（energy square）耦合控制律。PD 控制律结构简单，但其消摆控制效果不理想；后两种控制律能改善控制性能，但结构复杂且对系统模型参数的依赖性较强。除此之外，现有能量控制方法均基于系统能量或其平方形式，而能量的变化率仅与可驱动的台车运动有关，无法反映负载摆动，相应的控制律无法增强台车与负载间的耦合关系，因而其消摆性能难以满足实际工程需要。为增强耦合，常规做法是在控制律中添加一些与模型参数相关的项，导致控制方法非常复杂。

此外，相比调节控制，基于轨迹跟踪的控制方法能够使台车运行更为平稳，降低负载摆幅，相应的控制量也更加平滑。然而已有文献报道的轨迹跟踪控制方法，如文献[13]、[14]中提出的方法，均要求待跟踪的参考轨迹满足一些额外条件，如参考轨迹的导数须恒为非负，且机器人控制中广泛采用的梯形轨迹无法适用。这在很大程度上限制了可用轨迹的范围，导致这些方法的实际应用性能受到较大的局限。

综上所述，吊车控制的最终目标是实现末端执行器（负载）的定位控制，而台车运动仅为中间步骤，因此，直接针对末端执行器的（广义）运动加以分析并设计出相应的控制策略，则能在很大程度上增强台车与负载间的耦合关系，大幅提升控制系统在定位及消摆方面的暂态性能。基于此，本章将首先通过分析负载的（广义）水平运动，分别构造调节与跟踪控制策略，并在此基础之上，提出一种改进型增强耦合非线性控制方法，具体内容如下。

考虑到已有能量控制方法仅能通过在控制器中添加复杂非线性项来提升暂态控制性能，且易受到系统参数不确定性影响的缺点，3.2 节将提出一种新颖的基于负载广义运动的能量耦合控制方法。具体地说，首先将构造负载的广义水平运动信号，把台车定位与负载消摆的双重控制目标转换为对该水平信号的调节控制。为此将设计新型的储能函数，并在此基础上提出一种不依赖于模型参数且结构简单的控制律。本章将借助 Lyapunov 方法及 LaSalle 不变性原理对闭环系统在平衡点处的稳定性进行严格分析。最后将对所提方法的有效性进行实验验证，并将其与现有方法进行对比。经比较，本章方法体现出以下优点与贡献：①具有 PD 结构的简单形式，不涉及系统模型参数，非常便于实际应用；②构造的储能函数变化率中涉及负载的广义水平运动速度，在未添加额外复杂项的情况下增强了台车与负载耦合，能提升控制器的暂态控制效果；③经实验验证，所提方法能取得优于对比方法的控制效果。

同时，在上述方法的基础上，将在 3.3 节中进一步提出一种改进型增强耦合控制方法。具体而言，首先将构造一种新型的复合信号，涵盖台车运动与负载摆动的主要信息。然后，将提出一种新型的非线性耦合控制律，并使用 Lyapunov 方法对其性能进行分析。最后，将通过数值仿真与实际实验对所设计方法的有效性与鲁棒性进行验证，并与常见的吊车控制方法进行性能比较。对比已有控制方法，本节所设计的控制器具有以下优点/贡献：①构造了一种新型的复合信号，降低了系统状态维数，控制器结构简单，易于实现，显著地增强了台车/负载耦合，提高了消摆定位的暂态控制性能；②经实验验证，其具有良好的消摆性能，并对绳长变化及外部干扰具有很强的鲁棒性。

进一步地，考虑到实际工业吊车系统经常工作在一些恶劣的室外环境中，如海港、建筑工地等场合，极易受到风力、摩擦力甚至意外碰撞等外界干扰的影响，并且实际系统中还存在着一些难以用精确数学模型描述的未建模动态，包括货物重量不确定性、实际摩擦力与理想摩擦力模型之间的差异等。这些实际问题往往会影响控制器的性能，若处理不当则极有可能导致控制系统不稳定。因此，设计能够处理这些不利因素，且可保持良好消摆定位性能的控制方法具有非常重要的工程意义。

众所周知，滑模控制技术能够有效处理未建模动态与干扰。但对于欠驱动（吊车）系统而言，应用该方法的主要难点在于如何构造合适的滑模面。不同于全驱动系统，受制于非线性与欠驱动特性，在为欠驱动系统构造滑模面时须将多个不同的变量（如台车运动与负载摆角）融合于一个滑模面中。一般而言，不难设计出能使系统状态趋于特定滑模面的控制律，但对于欠驱动非线性系统，由于其滑模面包含多个不同变量，要分析滑模面上状态的有界性及收敛性则非常困难。许多研究人员对吊车滑模控制进行了深入研究，构造了不同的滑模面并设计了相应的控制方法[15-18]。然而在分析滑模面上信号的收敛性时，现有方法要么对吊车系统的非线性模型作线性化处理，要么忽略闭环系统中的一些非线性项。具体而言，在文献[15]中，Ngo 与 Hong 通过将负载摆角与台车位移、速度融合，构造了一种线性滑模面，然而在作稳定性分析时却忽略了一些非线性耦合项。文献[16]将吊车模型在平衡点附近进行线性化近似，在线性吊车系统的基础上设计了常规的滑模控制律，并通过模糊规则在线调节滑模面斜率以改善控制系统的暂态性能。Almutairi 与 Zribi 将有驱的系统状态与无驱的系统状态以线性方式组合在同一个滑模面上，随后在线性化的吊车模型基础上进行了收敛性与稳定性分析[17]。文献[18]则在吊车线性模型上设计了一种二阶（second-order）滑模控制律。除吊车之外，滑模控制方法被广泛应用于一些其他的欠驱动系统，如轮式倒立摆系统[19, 20]、球杆系统[21]等，这些工作在分析滑模面上系统状态的收敛性时同样需要作近似处理。

　　针对上述问题，将在 3.4 节提出一种新型的吊车消摆定位控制方法。具体而言，首先将对非线性吊车系统进行模型变换，然后将构造一种新的流形面（滑模面）并设计新型的非线性控制器，能保证系统状态始终处于该流形面上。随后将在不作任何线性化或其他近似处理的前提下，通过严格的数学分析证明系统状态在滑模面上的收敛性与有界性。最后将通过一系列实际实验验证所提方法的有效性，结果表明其能取得比已有方法更好的控制性能，且对模型参数不确定性、初始摆角扰动及运送过程中的外界干扰表现出很强的鲁棒性。本章所提方法具有如下优点/贡献：①构造了一种新颖的流形面，首次解决了不需要线性化或其他近似处理的欠驱动吊车滑模控制问题；②相比已有方法，在进行控制器设计时，充分考虑了未建模动态与外界干扰的影响；③具有很好的消摆定位控制性能，且对不确定性因素有很强的鲁棒性。

　　此外，考虑到不匹配干扰可能会严重降低控制性能，甚至导致系统不稳定。3.5 节将提出一种滑模控制方法，可以保证吊车在同时受到匹配和非匹配扰动时期望平衡点的渐近稳定性。具体而言，为便于控制器设计，首先通过定义新状态变量将吊车模型转换为类似级联的形式。在此基础上，提出了一种新型的非线性滑模控制器。最后，利用李雅普诺夫方法证明了期望平衡点的渐近稳定性。为了缓解抖振问题，提高系统的整体控制性能，还针对桥式吊车设计了干扰观测器，利用该观测器可以对大部分干扰进行估计和补偿，并利用实验结果验证了所提出控制策略的有效性和鲁棒性。所提策略具有如下优点/贡献：①欠驱动系统的滑模控制器设计是一个具有挑战性和开放性的问题，因为很难构造一个合适的流形来同时稳定驱动和非驱动状态，所提策略通过精细的状态变换和滑动流形设计成功地解决这一问题，具有重要的理论意义；②通过基于李雅普诺夫的分析严格保证了系统稳定性，不涉及线性化或近似处理；③不仅考虑匹配的干扰，还考虑不匹配的干扰，确保了所提策略具有更强的鲁棒性。

除此之外，已有绝大多数吊车闭环控制方法的控制律中不仅包含台车位移及负载摆角信号，还含有速度及角速度相关项，旨在为闭环系统注入阻尼（inject damping）以实现渐近稳定的控制效果[14, 22-31]。然而在很多情况下，速度信号不可直接测量或掺杂着较多噪声。此外，加装速度传感器不仅会增加硬件成本，还将导致吊车系统结构更为复杂。为此，在不使用速度/角速度信息的情况下，如何能够设计出行之有效的欠驱动吊车输出反馈控制方法具有非常重要的实际意义。尽管针对欠驱动吊车系统控制的研究已有数十载之久，但其输出反馈控制问题一直悬而未决。要进行输出反馈控制器设计，最常规的思想是"观测器加控制器"的组合，然而对于非线性系统，尤其是吊车这类强耦合的复杂欠驱动系统，线性系统理论中分离原则（separation principle）不再适用。针对这一问题，Ammar 等[32]为吊车系统构造了一种具有指数收敛速度的速度观测器，但并未设计出合适的控制器实现消摆定位的目标。而文献[33]针对一类多输入多输出系统构造了一种基于高阶滑模微分器（high-order sliding mode differentiator，HOSMD）的输出反馈控制方法，用以调节系统的部分输出，并将其应用于吊车系统，然而该方法无法实现消摆的任务。

与此同时，对于吊车系统，在不同的负载运送过程中，负载质量、吊绳长度均有所差异，且有时难以甚至无法获取它们的准确值。因此，除输出反馈问题外，还需考虑如何在控制律中不引入或尽可能少地涉及与系统模型参数相关的项，以降低控制性能对参数精确值的依赖程度，从而提高控制系统对不确定参数的鲁棒性能。

为解决上述问题，本章将在 3.6 节提出一种基于能量交换与释放的无模型参数输出反馈控制策略。具体而言，为避免利用速度反馈衰减能量，本章将引入一种新颖的虚拟弹簧-滑块系统以动态地生成控制量，使之与吊车系统进行能量交换与释放，以实现同时定位与消摆的控制目标。相应地，整个过程由能量交换与释放两个阶段组成；在交换阶段，能量将在吊车系统与虚拟弹簧-滑块系统之间流动，随后在释放阶段"丢弃"（部分）虚拟弹簧-滑块系统所包含的能量，本章将利用严格的数学分析证明该控制策略的性能。数值仿真及硬件实验将对该方法的可行性、有效性及鲁棒性进行验证。与现有方法相比，该控制策略具有如下优点/贡献：①首次解决了欠驱动吊车系统的无模型参数输出反馈控制问题，无须速度/角速度反馈，且控制器中不含模型参数相关项；②不同于常规调节控制方法，其控制量从零开始逐渐变化，保证了台车的平滑启动；③经实验验证，该方法能取得良好的消摆定位控制性能，且对模型参数变化及干扰有着强鲁棒性。

本章的其他部分组织如下：3.2 节将详细讨论基于末端执行器广义运动调节控制方法的设计、分析及实验验证；在 3.3 节中，将进一步设计一种改进型非线性控制器，并对其性能进行理论分析与仿真、实验验证；此外，在 3.4 节中，将针对受外界干扰及系统未建模动态影响的吊车系统，提出一种非线性鲁棒滑模控制律；考虑到不匹配干扰的影响，3.5 节将提出一种滑模控制方法，并进行了理论分析与实验验证。随后，为处理输出反馈及参数未知等问题，3.6 节将详细阐述基于能量交换与释放的无模型参数输出反馈控制方法的设计与分析过程，并提供相应的仿真与实验分析；最后，3.7 节将对全章工作进行总结分析。

3.2　基于负载广义运动的调节控制方法

在本节中，将通过分析负载的广义水平运动开发一种调节控制方法，给出相应的稳定性分析，并通过实际实验对其有效性加以验证。

3.2.1　动力学模型分析

为方便控制器设计，在此将吊车动力学模型（2.1）和（2.2）表示为如下紧凑形式：

$$M_C(q)\ddot{q} + C(q,\dot{q})\dot{q} + G(q) = u \tag{3.1}$$

式中，$q(t) = [x(t)\quad \theta(t)]^{\mathrm{T}} \in R^2$，$M_C(q)$，$C(q,\dot{q}) \in R^{2\times2}$，$G(q)$，$u \in R^2$ 分别表示惯量矩阵、向心-科氏力矩阵、重力向量及控制向量，具体表达式如下：

$$M_C(q) = \begin{bmatrix} M+m & ml\cos\theta \\ ml\cos\theta & ml^2 \end{bmatrix}, \quad C(q,\dot{q}) = \begin{bmatrix} 0 & -ml\sin\theta\dot{\theta} \\ 0 & 0 \end{bmatrix}$$

$$G(q) = [0\quad mgl\sin\theta]^{\mathrm{T}}, \quad u = [F\quad 0]^{\mathrm{T}}$$

吊车可视为一种特殊的机器人，其负载为相应的末端执行器。由几何关系可知（参见图 2.1），负载的水平位移 x_p 可表示如下：

$$x_p = x + l\sin\theta \tag{3.2}$$

基于式（3.2）的结构，在此定义如下的负载广义水平位移信号 χ_p：

$$\chi_p = x + g(\theta) \tag{3.3}$$

式中，$g(\theta) \in \mathbb{R}$ 为一待确定的标量函数，表示因负载摆动引起的广义位移。广义位移信号 $\chi_p(t)$ 既包含有驱的台车位移 $x(t)$ 又能反映无驱的负载摆动 $\theta(t)$。鉴于这些优点，$\chi_p(t)$ 是接下来进行控制律设计的基础。

注记 3.1　之所以称 $\chi_p(t)$ 为负载广义水平位移，是因为从后续的分析可知，

$\chi_p(t)$ 与负载实际水平位移信号 $x_p(t)$ 具有类似的结构。

注记 3.2 在本书中，除第 5、6 章外，模型（2.4）将用于摩擦力前馈补偿。因此，为简洁起见，在第 2~4 章中，将直接设计合力 $F(t)$，最终作用在台车上的驱动力 $F_a(t)$ 可由关系式（2.3）得出。

3.2.2 储能函数构造

在本小节，将分析吊车系统关于新构造负载广义位移信号 $\chi_p(t)$ 的无源性，并构造一种新型储能函数，为随后的控制器设计奠定基础。

1. 无源性分析

吊车系统的能量可表示如下：

$$E = \frac{1}{2}\dot{q}^{\mathrm{T}}M_C(q)\dot{q} + mgl(1-\cos\theta) \tag{3.4}$$

对式（3.4）关于时间求导，代入式（2.1）与式（2.2），并进行整理可以得到

$$\dot{E} = \dot{q}^{\mathrm{T}}u = \dot{x}F \tag{3.5}$$

该式表明以 $F(t)$ 作为输入、$\dot{x}(t)$ 为输出、$E(t)$ 为储能函数的吊车系统是无源、耗散的[34]。然而，由于系统的欠驱动本质，$\dot{E}(t)$ 中并不包含与负载摆动直接相关的信息（如 $\theta(t)$ 或 $\dot{\theta}(t)$）。就目前而言，式（3.5）所示的无源性（即储能函数的变化率仅与可驱动变量有关，而无法反映不可驱动状态）是针对欠驱动机电系统进行基于能量/无源性控制律设计的基础[1-11]。对于已有方法，为增强系统状态之间的耦合关系以提高暂态性能，需要在控制律中添加与系统参数相关的项，但这样易导致控制系统对模型参数不确定性比较敏感，鲁棒性变差。

为解决上述问题，本章拟构造新型的储能函数 $E_d(t)$，其变化率在代入式（2.1）与式（2.2）后具有如下形式：

$$\dot{E}_d = F \cdot \dot{\chi}_p = F \cdot (\dot{x} + g'(\theta) \cdot \dot{\theta}) \tag{3.6}$$

式中，$g'(\theta) = \mathrm{d}g(\theta)/\mathrm{d}\theta$。那么，以 $F(t)$ 为输入、负载广义水平速度 $\dot{\chi}_p(t)$ 为输出、$E_d(t)$ 为储能函数的吊车系统仍是无源、耗散的[34]。式（3.6）所示无源性的主要优点在于，将欠驱动吊车转换成以 $F(t)$ 为输入、$\chi_p(t)$ 为输出的"全驱动"系统，同时将台车定位与负载消摆的双重目标转换为对 $\chi_p(t)$ 的调节控制。也就是说，控制量 $F(t)$ 等效地作用于负载的广义水平运动，增强了台车运动与负载摆动间的耦合关系，为提高控制系统性能提供了有力保障。

2. 新型储能函数构造

在此，将通过反向运算来构造满足式（3.6）的储能函数 $E_d(t)$。首先，根据

式（3.3）、式（3.5）与式（3.6），可将 E_d 表示为

$$E_d = E + E_s \tag{3.7}$$

式中，E 为式（3.4）所描述的吊车能量函数；E_s 为新添的能量部分，满足

$$\dot{E}_s = F \cdot g'(\theta) \cdot \dot{\theta} \tag{3.8}$$

将式（2.1）代入式（3.8），可以得到

$$\dot{E}_s = (M + m)\ddot{x} \cdot g'(\theta) \cdot \dot{\theta} + ml\dot{\theta}\ddot{\theta} \cos\theta \cdot g'(\theta) - ml\dot{\theta}^3 \sin\theta \cdot g'(\theta) \tag{3.9}$$

为得到 $E_s(t)$，需要对式（3.9）关于时间求积分。为此，需要确定 $g(\theta)$ 的表达式。
式（3.9）右边后两项可整理如下：

$$
\begin{aligned}
&ml\dot{\theta}\ddot{\theta} \cos\theta \cdot g'(\theta) - ml\dot{\theta}^3 \sin\theta \cdot g'(\theta) \\
&= ml\left(\frac{\mathrm{d}}{\mathrm{d}t}(\dot{\theta}^2) \cdot \left(\frac{1}{2} g'(\theta) \cdot \cos\theta \right) + \dot{\theta}^2 \cdot g'(\theta) \cdot \frac{\mathrm{d}}{\mathrm{d}t}(\cos\theta) \right)
\end{aligned}
\tag{3.10}
$$

因此，为保证式（3.10）可积，选择 $g(\theta)$ 使如下条件成立：

$$\frac{\mathrm{d}}{\mathrm{d}t}\left(\frac{1}{2} \cdot g'(\theta) \cdot \cos\theta \right) = g'(\theta) \cdot \frac{\mathrm{d}}{\mathrm{d}t}(\cos\theta) \tag{3.11}$$

那么，式（3.10）右边可重新记为

$$\frac{1}{2} ml \cdot \frac{\mathrm{d}}{\mathrm{d}t}\left(\dot{\theta}^2 \cdot g'(\theta) \cdot \cos\theta \right) \tag{3.12}$$

相应地，式（3.11）所示的条件可整理为

$$\frac{1}{2}\left(\frac{\mathrm{d}}{\mathrm{d}t}(g'(\theta)) \cdot \cos\theta + g'(\theta) \cdot \frac{\mathrm{d}}{\mathrm{d}t}(\cos\theta) \right) = g'(\theta) \cdot \frac{\mathrm{d}}{\mathrm{d}t}(\cos\theta)$$

因此

$$\frac{\mathrm{d}}{\mathrm{d}t}(g'(\theta)) \cdot \cos\theta - g'(\theta) \cdot \frac{\mathrm{d}}{\mathrm{d}t}(\cos\theta) = 0 \tag{3.13}$$

为求得 $g'(\theta)$ 的表达式，根据 $\cos\theta$ 的不同取值，考虑如下两种情形。

（1）$\cos\theta \neq 0$。在这种情形下，方程（3.13）等价于

$$\frac{\mathrm{d}}{\mathrm{d}t}\left(\frac{g'(\theta)}{\cos\theta} \right) = \frac{\dfrac{\mathrm{d}}{\mathrm{d}t}(g'(\theta)) \cdot \cos\theta - g'(\theta) \cdot \dfrac{\mathrm{d}}{\mathrm{d}t}(\cos\theta)}{\cos^2\theta} = 0$$

由此可得

$$\frac{g'(\theta)}{\cos\theta} = \lambda \Rightarrow g'(\theta) = \lambda\cos\theta \tag{3.14}$$

式中，$\lambda \in \mathbb{R}$ 为任意常数。

（2）$\cos\theta = 0$。此时，易验证 $g'(\theta) = \lambda\cos\theta$ 是微分方程（3.13）的解。

综上，选取

$$g(\theta) = \lambda\sin\theta \tag{3.15}$$

进一步，根据式（3.12）及式（3.14）的结论，式（3.10）的积分可计算如下：

$$\int_0^t \frac{1}{2}ml \cdot \frac{\mathrm{d}}{\mathrm{d}t}\left(\dot{\theta}^2 \cdot g'(\theta) \cdot \cos\theta\right)\mathrm{d}t = \frac{1}{2}\lambda ml\dot{\theta}^2 \cos^2\theta \tag{3.16}$$

此外，将式（3.14）代入式（3.9）的第一项，有

$$(M+m)\ddot{x} \cdot g'(\theta) \cdot \dot{\theta} = \lambda(M+m)\dot{\theta}(\ddot{x}\cos\theta) \tag{3.17}$$

然而，难以直接对式（3.17）进行积分运算。为解决该问题，在此利用式（2.5）将式（3.17）改写为

$$\lambda(M+m)\dot{\theta}(\ddot{x}\cos\theta) = -\lambda(M+m) \cdot (l\dot{\theta}\ddot{\theta} + g\dot{\theta}\sin\theta)$$

因此

$$\int_0^t \left(-\lambda(M+m)(l\dot{\theta}\ddot{\theta} + g\dot{\theta}\sin\theta)\right)\mathrm{d}\tau = -\frac{1}{2}\lambda(M+m)l\dot{\theta}^2 - \lambda(M+m)g(1-\cos\theta) \tag{3.18}$$

相应地，由式（3.16）与式（3.18）可得

$$E_s = -\frac{1}{2}\lambda(M+m\sin^2\theta)l\dot{\theta}^2 - \lambda(M+m)g(1-\cos\theta) \tag{3.19}$$

由式（3.15）知，λ 可以取为任意常数。在此，选取 $\lambda < 0$ 以保证 $E_s(t)$ 为正定标量函数。因此，为方便描述，令

$$k_a = -\lambda > 0 \tag{3.20}$$

式中，$k_a \in \mathbb{R}^+$ 为随后将引入的正控制增益。那么，在式（3.19）与式（3.20）的基础上，$E_d(t)$ 可表示如下：

$$E_d = \frac{1}{2}\dot{q}^{\mathrm{T}}H(q)\dot{q} + (ml + k_a(M+m))g(1-\cos\theta) \tag{3.21}$$

式中，$H(q)$ 为如下对称矩阵：

$$H = \begin{bmatrix} M+m & ml\cos\theta \\ ml\cos\theta & k_a(M+m\sin^2\theta)l + ml^2 \end{bmatrix} \tag{3.22}$$

在此，用如下引理来说明 $H(q)$ 的性质。

引理 3.1 $H(q)$ 为正定对称矩阵，且满足

$$h_1\|\xi\|^2 \leqslant \xi^{\mathrm{T}}H(q)\xi \leqslant h_2\|\xi\|^2, \quad \forall\xi \in R^2 \tag{3.23}$$

式中，$h_1 = \min\{M, k_aMl\} > 0$；$h_2 = \max\{M+2m, k_a(M+m)l+2ml^2\} > 0$；$\|\cdot\|$ 表示向量的欧几里得范数。

证明 将 $\xi^{\mathrm{T}}H(q)\xi$ 展开，利用三角函数的性质，并借助代数-几何不等式进行缩放，可证得该引理的结论成立，此处不再给出具体证明过程。

根据引理 3.1 的结论，由式（3.21）易知 $E_d(t)$ 为正定标量函数。

3.2.3　控制器设计与稳定性分析

本小节将详细讨论控制器的设计过程并给出相应的稳定性分析。

1. 控制器设计

在此，控制目标是使台车快速准确地运动到目标位置 p_{dx}，同时有效抑制并消除负载摆角，即

$$x(t) \rightarrow p_{dx}, \theta(t) \rightarrow 0 \tag{3.24}$$

由式（3.2）、式（3.3）及式（3.15）可推知

$$x_p(t) - p_{dx} \rightarrow 0, \chi_p(t) - p_{dx} \rightarrow 0 \tag{3.25}$$

为此，根据式（3.3）、式（3.15）与式（3.20），定义如下的负载广义定位误差 ε_p：

$$\varepsilon_p = \chi_p - p_{dx} = e - k_a \sin \theta \tag{3.26}$$

式中，$e \in \mathbb{R}$ 表示台车定位误差，其定义为

$$e = x - p_{dx} \tag{3.27}$$

在构造的储能函数 $E_d(t)$（式（3.21））基础之上，考虑如下正定标量函数：

$$V(t) = E_d(t) + \frac{k_p}{2}\varepsilon_p^2 \tag{3.28}$$

式中，$k_p \in \mathbb{R}^+$ 为正的控制增益。对 $V(t)$ 关于时间求导，代入式（2.1）与式（2.2），并结合式（3.6）、式（3.15）与式（3.20），可得如下结论：

$$\dot{V}(t) = \left(F + k_p \varepsilon_p\right)\dot{\varepsilon}_p \tag{3.29}$$

基于 $\dot{V}(t)$ 的形式，构造如下控制器：

$$F = -k_p \varepsilon_p - k_d \dot{\varepsilon}_p = -k_p(e - k_a \sin \theta) - k_d(\dot{e} - k_a \dot{\theta} \cos \theta) \tag{3.30}$$

式中，$k_d \in \mathbb{R}^+$ 为正的控制增益。正如接下来的定理所述，负载的广义定位误差 $\varepsilon_p(t)$ 将收敛于零，与此同时，所有系统状态将渐近收敛于平衡点。

注记 3.3　由式（3.30）可见，该控制律有着类似于 PD 控制律的简单结构，且仅与 $\varepsilon_p(t)$ 和 $\dot{\varepsilon}_p(t)$ 有关，不涉及任何模型参数。因此，该方法简单易行，且对参数未知或不确定的情形具有良好的鲁棒性。

2. 稳定性分析

定理 3.1　基于负载广义运动的调节控制律（3.30）能保证台车定位误差渐近收敛为零，同时使负载摆角得以抑制与消除，即

$$\lim_{t \to \infty}[x(t) \quad \dot{x}(t) \quad \theta(t) \quad \dot{\theta}(t)]^{\mathrm{T}} = [p_{dx} \quad 0 \quad 0 \quad 0]^{\mathrm{T}} \tag{3.31}$$

证明　为证明该定理，在此选取式（3.28）定义的正定标量函数 $V(t)$ 作为 Lyapunov 候选函数。把式（3.30）代入式（3.29），可将 $\dot{V}(t)$ 进一步整理为

$$\dot{V} = -k_d \dot{\varepsilon}_p^2 = -k_d(\dot{e} - k_a\dot{\theta}\cos\theta)^2 \leq 0 \tag{3.32}$$

这表明闭环系统的平衡点在 Lyapunov 意义下稳定[34]，$V(t)$ 为非增，即

$$V(t) \leq V(0), \quad \forall t \geq 0 \tag{3.33}$$

因此，容易求得

$$V(t) \in \mathcal{L}_\infty \tag{3.34}$$

那么，由式（3.21）、式（3.27）、式（3.28）、式（3.30）与式（3.34），可得

$$e(t), \dot{e}(t), \dot{x}(t), \dot{\theta}(t), F(t) \in \mathcal{L}_\infty \tag{3.35}$$

为完成定理证明，定义如下集合 Φ：

$$\Phi = \left\{ (x, \dot{x}, \theta, \dot{\theta}) \,\middle|\, \dot{V}(t) = 0 \right\} \tag{3.36}$$

并定义 Γ 为 Φ 中最大不变集。那么，基于式（3.32），可知在集合 Γ 中：

$$\dot{\varepsilon}_p = \dot{e} - k_a\dot{\theta}\cos\theta = 0 \tag{3.37}$$

因此，可得如下结论：

$$\varepsilon_p = e - k_a\sin\theta = \alpha \tag{3.38}$$

$$\ddot{\varepsilon}_p = \ddot{e} + k_a\dot{\theta}^2\sin\theta - k_a\ddot{\theta}\cos\theta = 0 \tag{3.39}$$

式中，$\alpha \in \mathbb{R}$ 为一待定常数。紧接着，由式（3.30）、式（3.37）及式（3.38）可算得

$$F = -k_p\alpha \tag{3.40}$$

随后将证明在最大不变集 Γ 中，$\alpha = 0$。由式（3.39）可以证得

$$\dot{\theta}^2\sin\theta - \ddot{\theta}\cos\theta = -\frac{1}{k_a}\ddot{x} \tag{3.41}$$

另外，从式（2.1）可得

$$\dot{\theta}^2\sin\theta - \ddot{\theta}\cos\theta = \frac{1}{ml}((M+m)\ddot{x} - F) \tag{3.42}$$

对比式（3.41）和式（3.42）易得

$$-\frac{1}{k_a}\ddot{x} = \frac{1}{ml}((M+m)\ddot{x} - F) \tag{3.43}$$

进一步，将式（3.40）代入式（3.43）并整理，有

$$\ddot{x} = -\frac{k_a k_p}{k_a(M+m) + ml}\alpha \tag{3.44}$$

因此，$\dot{x}(t)$（即 $\dot{e}(t)$）将以恒定的速度 $-k_a k_p\alpha / (k_a(M+m) + ml)$ 变化。如果 $\alpha \neq 0$，则容易得出

$$\dot{e}(t) = \dot{x}(t) \rightarrow \begin{cases} +\infty, & \alpha < 0 \\ -\infty, & \alpha > 0 \end{cases}, \quad t \rightarrow \infty \tag{3.45}$$

显然，这与式（3.45）的结论相矛盾，故 $\alpha \neq 0$ 不成立，进而推知在集合 Γ 内：

$$\alpha = 0 \tag{3.46}$$

那么，从式（3.38）、式（3.40）、式（3.44）以及式（3.46）可得，在集合 Γ 中：

$$F = 0, \quad \varepsilon_p = e - k_a \sin\theta = 0 \tag{3.47}$$

$$\ddot{x} = 0, \quad \dot{e} = \dot{x} = \beta \tag{3.48}$$

式中，$\beta \in \mathbb{R}$ 为一待确定的常数。

在集合 Γ 内，再进行类似的分析可知

$$\dot{e} = \beta = 0, \quad e = \gamma \tag{3.49}$$

式中，$\gamma \in \mathbb{R}$ 为一待确定的常数。从式（3.37）可证明

$$\dot{\theta}\cos\theta = 0 \tag{3.50}$$

接下来，将分 $\gamma = 0$ 与 $\gamma \neq 0$ 两种情况讨论，以完成整个定理的证明。

情形 1：$\gamma = 0$。根据式（3.49），由 $\gamma = 0$ 可得 $e(t) = 0$ 且 $x(t) = p_{dx}$，相应地由式（3.47）得

$$\sin\theta = 0 \tag{3.51}$$

可推知在集合 Γ 中 $\theta(t) = 0$[①]，进一步由式（3.50）知 $\dot{\theta}(t) = 0$。

情形 2：$\gamma \neq 0$。在这种情形下，可由式（3.47）与式（3.49）推知

$$\sin\theta = \frac{1}{k_a}e = \frac{1}{k_a}\gamma \neq 0 \tag{3.52}$$

基于这一事实，可由式（2.5）和式（3.48）得到

$$\ddot{\theta} = -\frac{g}{l}\sin\theta \neq 0 \tag{3.53}$$

根据式（3.41）与式（3.48），可证得

$$\dot{\theta}^2\sin\theta - \ddot{\theta}\cos\theta = 0 \tag{3.54}$$

将式（3.53）代入式（3.54），并整理得如下方程：

$$\dot{\theta}^2\sin\theta + \frac{g}{l}\sin\theta\cos\theta = 0 \tag{3.55}$$

结合式（3.52）的结论，对式（3.55）两边同除以 $\sin\theta$，可知

$$\dot{\theta}^2 + \frac{g}{l}\cos\theta = 0 \tag{3.56}$$

因此，联立方程（3.50）和（3.56），可得到如下关于 $\dot{\theta}$ 与 $\cos\theta$ 的方程组：

---

① 此结论对于 $\theta(t) \in (-\pi, \pi)$ 成立，可见本章方法进一步放宽了假设 2.1 中负载摆角的范围，在理论上相比其他方法更具一般性。

$$\begin{cases} \dot{\theta}\cos\theta = 0 \\ \dot{\theta}^2 + \dfrac{g}{l}\cos\theta = 0 \end{cases} \qquad (3.57)$$

易求得方程组（3.57）唯一的一组解如下：

$$\dot{\theta} = 0, \quad \cos\theta = 0 \qquad (3.58)$$

进一步可知，在 Γ 中，有

$$\ddot{\theta} = 0 \qquad (3.59)$$

显然，式（3.59）所示结果与式（3.53）的结论相矛盾，因此假设 $\gamma \neq 0$ 不成立，即情形 2 不存在。综上可知，最大不变集 Γ 仅包含平衡点 $[x(t) \quad \dot{x}(t) \quad \theta(t) \quad \dot{\theta}(t)]^{\mathrm{T}} = [p_{dx} \quad 0 \quad 0 \quad 0]^{\mathrm{T}}$。引用 LaSalle 不变性原理[34]，可证得本定理的结论。

注记 3.4 常规的能量控制方法，包括 E^2 耦合控制器与动能耦合控制器[7]，均是通过在 Lyapunov 函数中采用能量平方项或添加与速度相关的平方项而得到的，且它们均基于无源性（3.5）。因此，这些方法的核心思想是在控制律中添加与模型参数相关的项来提升控制性能，但这会导致控制系统对不确定系统参数较为敏感。相比之下，本节方法利用了全新的无源性（3.6），在增强状态耦合的同时，简化控制器结构。此外，其稳定性分析比已有方法[7]更加简洁直观。

注记 3.5 在设计常规能量控制器时，相应 Lyapunov 函数的导数具有如下形式[7]：

$$\dot{V}_e(t) = -k_{de}\dot{x}^2 \qquad (3.60)$$

式中，$V_e(t)$ 与 $k_{de} \in \mathbb{R}^+$ 分别表示相应的 Lyapunov 函数与控制增益。通过对比式（3.32）与式（3.60）可知，对于已有方法，能量函数的衰减速度仅与台车运动 $\dot{x}(t)$ 相关。而本节方法的能量衰减速度则与负载广义水平运行速度 $\dot{\chi}_p(t)$（即 $\dot{\varepsilon}_p(t)$）相关，其既包含台车运动信息 $\dot{x}(t)$ 又涉及负载摆动信息 $\dot{\theta}(t)$，极大提高了台车与负载之间的动态耦合关系，进而提升了控制器的暂态性能。

3.2.4 实验结果及分析

为验证本节所提方法在台车定位与负载消摆方面的实际控制性能，接下来将进行三组实验。具体而言，第一组实验将比较本节方法与已有文献中方法的控制性能；在第二组实验中，将检验本节所提方法对不同系统参数的鲁棒性；最后，第三组实验将进一步测试本节所提方法对绳长变化的鲁棒性能。在实验中，吊车系统的模型参数设为 $M = 6.5\mathrm{kg}$，$g = 9.8\mathrm{m/s}^2$，台车目标位置为 $p_{dx} = 0.6\mathrm{m}$。

为了叙述的完整性，在此给出文献[7]中非线性控制方法及文献[35]中时间最优控制方法的表达式。值得说明的是，由于文献[7]中吊车模型采用的摆角正方向

定义与本章中相反，在此对其控制器表达式进行了相应修改，以便能将其用于吊车平台进行实验。

（1）E^2 耦合控制律 F_{E^2}：

$$F_{E^2} = \frac{-m_a(\theta)(k_p e + k_d \dot{x}) + k_v \zeta(\theta,\dot{\theta})}{k_E m_a(\theta)E + k_v} \tag{3.61}$$

式中，E 是由式（3.4）定义的系统能量；$m_a(\theta)$ 与 $\zeta(\theta,\dot{\theta})$ 表示如下辅助函数：

$$m_a(\theta) = M + m\sin^2\theta \tag{3.62}$$

$$\zeta(\theta,\dot{\theta}) = -m\sin\theta(l\dot{\theta}^2 + g\cos\theta) \tag{3.63}$$

（2）动能耦合控制律 F_{tke}：

$$F_{tke} = \frac{-k_p e - k_d \dot{x} + k_v(\zeta(\theta,\dot{\theta}) - m\sin\theta\cos\theta\dot{\theta}\dot{x})}{k_E + k_v} \tag{3.64}$$

式中，$\zeta(\theta,\dot{\theta})$ 的表达式如式（3.63）所示。

（3）时间最优控制台车轨迹：

$$\ddot{x}_o(t) = \begin{cases} a_{\max}, & \begin{aligned} &t \in [0,T_\xi] \bigcup (T_\xi + T_\eta, T_{op}] \bigcup \\ &(T_{op} + T_c + T_\xi, T_t - T_\xi] \end{aligned} \\ -a_{\max}, & \begin{aligned} &t \in (T_\xi, T_\xi + T_\eta] \bigcup (T_t - T_\xi, T_t] \bigcup \\ &(T_{op} + T_c, T_{op} + T_c + T_\xi] \end{aligned} \\ 0, & \text{其他} \end{cases} \tag{3.65}$$

式中，$a_{\max}$ 表示台车最大加速度；T_ξ，T_η，T_c 与 T_{op} 分别表示不同加减速阶段的持续时间；$T_t = 2T_{op} + T_c$ 为整个过程的运行时间，更多描述参见文献[35]。如前所述，吊车平台上的驱动电机工作于力（矩）模式，因此，此处借助式（2.73）所示的 PD 控制器使台车跟踪时间最优轨迹（3.65），控制器中 $e_t(t) = x(t) - x_o(t)$。在接下来的实验中，用于前馈补偿的摩擦参数如式（2.74）所示。

1. 第一组实验

精确模型信息情况下控制性能验证。在本组实验中，负载质量与吊绳长度分别设置为

$$m = 1.025\text{kg}, \quad l = 0.75\text{m} \tag{3.66}$$

时间最优轨迹（3.65）的参数选取为 $a_{\max} = 0.45\text{m/s}^2$，$T_\xi = 0.50\text{s}$，$T_\eta = 0.23\text{s}$，

$T_c = 0.51\text{s}$，$T_{op} = 1.23\text{s}$，$T_t = 2.97\text{s}$。经充分调试后，各方法控制增益的选取如表 3.1 所示。

表 3.1　第一组实验中各方法控制增益

控制方法	k_p	k_d	k_a	k_E	k_v
E^2 耦合控制方法	4.6	2.5	N/A	1	1
动能耦合控制方法	55	6	N/A	1	2
时间最优控制方法	95	30	N/A	N/A	N/A
本节所提方法（3.30）	15	4	5	N/A	N/A

所得的实验结果如图 3.1～图 3.4 所示，对应的量化结果参见表 3.2，其内容由如下性能指标组成：① p_f 表示台车最终到达的位置，其单位为米（m）；② $\theta_{\max}$ 代表负载的最大摆幅，即 $\max\{|\theta(t)|\}$，其单位为度（°）；③ θ_{res} 表示负载残余摆角，用以刻画台车停止运行后负载的最大摆幅，其单位为度（°）；④ t_s 表示控制系统的调节时间，表示摆角进入范围 $|\theta(t)| \leqslant 0.5°(\forall t \geqslant t_s)$ 的时刻，其单位为秒（s）；⑤ $F_{a\max}$ 代表控制量最大幅值，其单位为牛（N）；⑥ $\int_0^{20} F_a^2(t)\mathrm{d}t$ 代表整个运送过程的能耗，其单位为牛方秒（$\text{N}^2 \cdot \text{s}$）[2]。

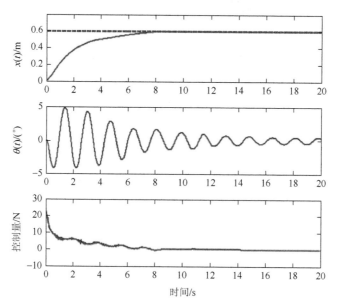

图 3.1　第一组实验：E^2 耦合控制方法（3.61）

实线：实验结果；虚线：$p_{dx} = 0.6\text{m}$

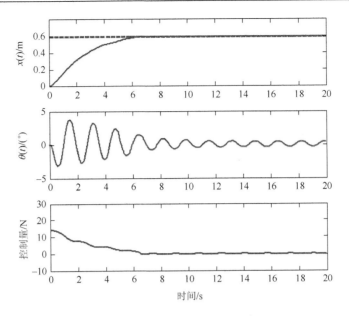

图 3.2　第一组实验：动能耦合控制方法（3.64）

实线：实验结果；虚线：$p_{dx} = 0.6\text{m}$

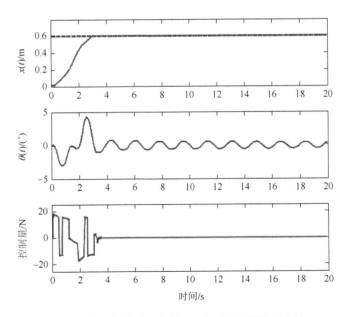

图 3.3　第一组实验：文献[35]中时间最优控制方法

实线：实验结果；虚线：$p_{dx} = 0.6\text{m}$

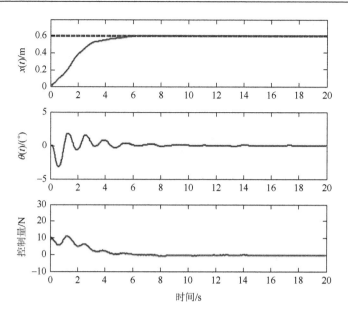

图 3.4　第一组实验：本节所提控制方法（3.30）

实线：实验结果；虚线：$p_{dx} = 0.6\text{m}$

表 3.2　第一组实验中量化的实验结果

控制方法	p_f / m	θ_{max} / (°)	θ_{res} / (°)	t_s / s	F_{amax} /N	$\int_0^{20} F_a^2(t)\mathrm{d}t$ / (N²·s)
E^2 耦合控制方法	0.601	4.86	1.59	14.10	23.10	238.61
动能耦合控制方法	0.579	3.70	1.40	11.68	14.67	334.41
时间最优控制方法	0.599	4.13	1.16	15.40	18.77	558.03
本节所提方法（3.30）	0.598	3.19	0.25	4.18	11.32	187.03

从这些实验结果可以发现，在运送效率与定位精度差不多的情况下（四种方法均能在 8s 内将台车运送至目标位置，且定位误差均小于 4mm），本节方法的暂态控制性能要优于三种对比方法，且其结构最简单，对应的负载摆幅最小，当台车停止运行后几乎无残摆。观察表 3.2 中数据可知，尽管时间最优控制方法在台车定位方面消耗的时间最短，但其对应的负载摆动非常严重，且需要更多的能耗，严重降低了系统的整体工作效率。这些结果直接验证了本节所提方法的良好性能。

2. 第二组实验

鲁棒性测试实验。为测试所提控制方法（3.30）对参数变化的鲁棒性，在此修改负载质量和吊绳长度如下：

$$m = 2.025\text{kg}, \quad l = 0.8\text{m} \tag{3.67}$$

而它们的名义值仍如式（3.66）所示。也就是说，E^2 耦合控制律与动能耦合控制律仍使用这些名义值。此外，本节方法与对比方法控制增益的选取与第一组实验中一致。

实验结果如图 3.5～图 3.7 所示，相应的量化结果参见表 3.3。对比图 3.4 与图 3.7，不难发现所提控制方法的性能几乎未受到参数改变（不确定性）的影响，其运送效率及消摆效果与第一组实验中几乎一致。相比之下，如图 3.5 与图 3.6 所示，E^2 耦合控制方法与动能耦合控制方法的性能则大打折扣。

表 3.3　第二组实验中量化的实验结果

控制方法	p_f / m	θ_{max} / (°)	θ_{res} / (°)	t_s / s	$F_{a\max}$/N	$\int_0^{20} F_a^2(t)\mathrm{d}t$ / (N²·s)
E^2 耦合控制方法	0.579	4.84	2.33	>20	20.79	222.17
动能耦合控制方法	0.602	3.62	2.30	>20	14.68	302.90
本节所提方法（3.30）	0.599	2.52	0.18	2.89	10.84	209.54

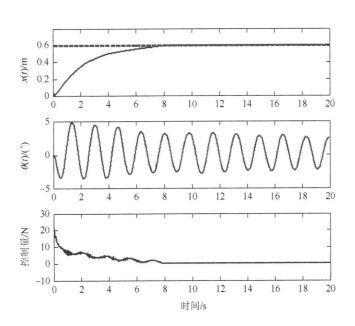

图 3.5　第二组实验：E^2 耦合控制方法（3.61）

实线：实验结果；虚线：$p_{dx} = 0.6$m

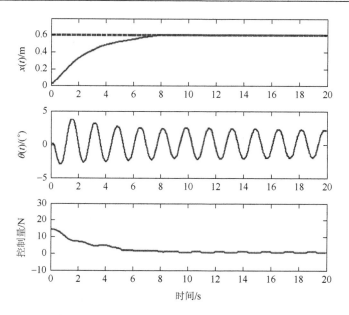

图 3.6　第二组实验：动能耦合控制方法（3.64）

实线：实验结果；虚线：$p_{dx} = 0.6m$

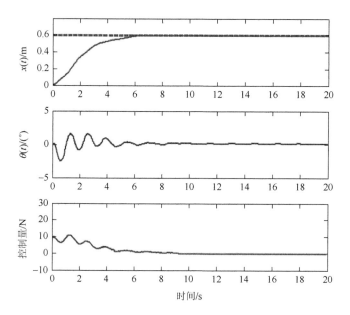

图 3.7　第二组实验：本节所提控制方法（3.30）

实线：实验结果；虚线：$p_{dx} = 0.6m$

3. 第三组实验

如前所述，绳长决定吊车系统的自然频率，绳长变化直接影响负载摆动。为进一步验证本节所提方法的鲁棒性，将在实验过程中在线改变吊绳长度（对应升/落吊过程）。为此，考虑如下两种情形。

情形 1：升吊过程。以 0.05m/s 的速率，将吊绳长度在系统开始运行后 6s 内，由 0.80m 缩短至 0.50m。

情形 2：落吊过程。以 0.05m/s 的速率，将吊绳长度在系统开始运行后 6s 内，由 0.55m 伸长至 0.85m。

在此组实验中，控制增益的选取与第一、二组实验中保持一致，所得的实验曲线如图 3.8 与图 3.9 所示，对应的量化实验结果如表 3.4 所示。将图 3.8 与图 3.9 中结果与第一、二组实验结果图 3.4 与图 3.7 进行比较可知，即使绳长时变，本节所提控制方法在消摆与定位方面依然保持着良好的控制性能，具有非常强的鲁棒性。

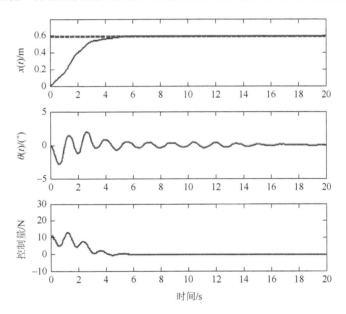

图 3.8　第三组实验-情形 1：所提控制方法（3.30）

实线：实验结果；虚线：$p_{dx} = 0.6$m

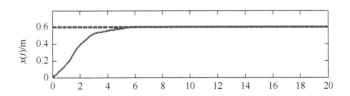

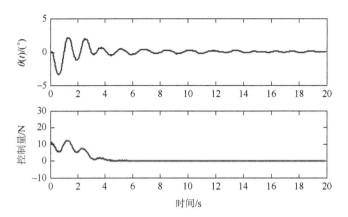

图 3.9 第三组实验-情形 2:所提控制方法（3.30）

实线:实验结果;虚线: $p_{dx} = 0.6\text{m}$

表 3.4 第三组实验中量化的实验结果

情形	p_f / m	θ_{max} / (°)	θ_{res} / (°)	t_s / s	$F_{a\max}$/N	$\int_0^{20} F_a^2(t)\mathrm{d}t$ / (N²·s)
情形 1	0.579	2.79	0.51	5.8	13.32	196.95
情形 2	0.603	3.46	0.40	3.9	12.35	194.75

3.3 基于负载广义运动的轨迹跟踪控制方法

进一步,本节将通过对负载的广义水平运动进行分析,基于输入-状态稳定性（input-to-state stability, ISS）理论设计一种新型消摆定位跟踪控制方法,给出相应的分析过程,并借助实验将其与已有文献中方法进行对比。

3.3.1 模型变换及分析

由前面的分析可知,负载水平位移信号 $x_p(t)$ 可表示为式（3.2）,它既能反映台车运动信息 $x(t)$,又能体现负载摆动 $\theta(t)$。在本节中,仍采用负载的广义位移信号:

$$\eta = x + \lambda \sin\theta \qquad (3.68)$$

式中, $0 < \lambda < l$ 为正常数,表示广义绳长。相应地,由式（3.68）可计算得到

$$\dot{\eta} = \dot{x} + \lambda\dot{\theta}\cos\theta \qquad (3.69)$$

$$\ddot{\eta} = \ddot{x} + \lambda\ddot{\theta}\cos\theta - \lambda\dot{\theta}^2\sin\theta \qquad (3.70)$$

联立式（3.70）与式（2.5），得如下新型的 θ – 子系统：

$$(l - \lambda \cos^2 \theta)\ddot{\theta} + \lambda \dot{\theta}^2 \sin \theta \cos \theta + g \sin \theta + \cos \theta \ddot{\eta} = 0 \qquad (3.71)$$

因此

$$\ddot{\theta} = -\frac{\lambda \dot{\theta}^2 \sin \theta \cos \theta + g \sin \theta + \cos \theta \ddot{\eta}}{l - \lambda \cos^2 \theta} \qquad (3.72)$$

进一步，联立式（3.70）与式（3.72），吊车模型的 x – 子系统（2.1）可整理为如下的 η – 子系统：

$$m_\lambda(\lambda, \theta) \cdot \ddot{\eta} + f_\lambda(\lambda, \theta, \dot{\theta}) = F \qquad (3.73)$$

式中，$m_\lambda(\lambda, \theta)$ 与 $f_\lambda(\lambda, \theta, \dot{\theta})$ 的具体表达如下：

$$m_\lambda(\lambda, \theta) = \frac{M + m \sin^2 \theta}{l - \lambda \cos^2 \theta} l \qquad (3.74)$$

$$f_\lambda(\lambda, \theta, \dot{\theta}) = \left((M + m)\lambda - ml\right)\sin \theta \cdot \frac{g \cos \theta + l\dot{\theta}^2}{l - \lambda \cos^2 \theta} \qquad (3.75)$$

至此，已经将吊车原动力学模型（2.1）和（2.2）等效转换为由 θ – 子系统（3.71）与 η – 子系统（3.73）组成的新系统，它是随后进行跟踪控制器设计的基础。

注记 3.6 本节应用的负载广义运动信号 $\eta(t)$ 与 3.2 节中 $\chi_p(t)$ 具有一致的形式，但为保证各自控制系统的稳定性，在参数取值方面，$\eta(t)$ 中 $\lambda > 0$，而 $\chi_p(t)$ 中 $\lambda < 0$。

注记 3.7 在此需要指出的是，通过应用负载广义位移信号 $\eta(t)$，x – 子系统（2.1）被转换为关于 $\eta(t)$ 的新子系统（3.73）。相应地，台车与负载之间的动态耦合关系得以增强。限于 Lyapunov 方法的保守性，尽管难以从严格的数学角度解释为何本方法能取得更好的暂态控制效果，但在此依然给出一些直观的分析。随后的分析将表明，通过应用 $\eta(t)$，本节所提出的控制律由与 $\eta(t)$ 相关的误差信号及其导数组成，而已有控制方法（如文献[7]中基于能量的方法）中起主导作用的仅为台车定位误差（对应比例控制部分）与台车速度信号（对应微分控制部分），它们无法充分利用负载摆动这一重要信息。简单地说，本节方法能充分利用负载摆角的反馈信号，因而能够取得更为良好的摆角抑制效果。随后的实验结果将说明本节方法具有比已有方法更为良好的实际控制性能。

3.3.2 控制器设计及分析

本小节将详细阐述控制器的设计过程，并通过 ISS 理论对其性能加以分析。该方法既可用于轨迹跟踪控制，又适用于调节控制。

1. 控制器设计

在进行控制器设计之前，首先为台车运动选择光滑的参考轨迹 $x_d(t)$。根据实际物理约束，$x_d(t)$ 应满足如下要求。

（1）台车参考轨迹 $x_d(t)$ 有界，即 $x_d(t) \in \mathcal{L}_\infty$，且在有限时间 $t_f \in \mathbb{R}^+$ 内收敛于目标位置 p_{dx}。

（2）$x_d(t)$ 的前两阶导数有界，即 $\dot{x}_d(t), \ddot{x}_d(t) \in \mathcal{L}_\infty, \forall t \geqslant 0$，且在 t_f 后变为零。对于调节控制的情形，可直接令 $x_d(t) \equiv p_{dx}$。

如前所述，控制目标为使 $[x(t)\ \dot{x}(t)\ \theta(t)\ \dot{\theta}(t)]^T \to [p_{dx}\ 0\ 0\ 0]^T$，为此，基于 $\eta(t)$ 的形式，引入如下期望信号 $\eta_d(t)$：

$$\eta_d = x_d + \lambda \sin(0) \equiv x_d \tag{3.76}$$

相应地，定义如下误差信号 $\xi(t)$ 及其导数：

$$\xi = \eta_d - \eta + k_\Theta \int_0^t \theta(\tau)\mathrm{d}\tau = x_d - \eta + k_\Theta \int_0^t \theta(\tau)\mathrm{d}\tau \tag{3.77}$$

$$\dot{\xi} = \dot{\eta}_d - \dot{\eta} + k_\Theta \theta = \dot{x}_d - \dot{\eta} + k_\Theta \theta \tag{3.78}$$

$$\ddot{\xi} = \ddot{\eta}_d - \ddot{\eta} + k_\Theta \dot{\theta} = \ddot{x}_d - \ddot{\eta} + k_\Theta \dot{\theta} \tag{3.79}$$

式中，η 为式（3.68）所定义的负载广义水平位移误差信号；$k_\Theta \int_0^t \theta(\tau)\mathrm{d}\tau$ 是为保证稳定性分析而引入的辅助项，$k_\Theta \in \mathbb{R}^+$ 为正的控制增益。在此基础上，θ–子系统（3.71）与 η–子系统（3.73）可进一步改写为

$$(l - \lambda \cos^2\theta)\ddot{\theta} + \lambda \dot{\theta}^2 \sin\theta \cos\theta + g\sin\theta = \cos\theta(\ddot{\xi} - \ddot{x}_d - k_\Theta \dot{\theta}) \tag{3.80}$$

$$m_\lambda(\lambda,\theta) \cdot \ddot{\xi} - m_\lambda(\lambda,\theta) \cdot (\ddot{x}_d + k_\Theta \dot{\theta}) - f_\lambda(\lambda,\theta,\dot{\theta}) + F = 0 \tag{3.81}$$

基于式（3.80）与式（3.81）的形式，构造如下控制律 F：

$$F = m_\lambda(\lambda,\theta) \cdot \left(2k_\xi \dot{\xi} + 2k_\xi^2 \xi + k_\theta \dot{\theta} + (\ddot{x}_d + k_\Theta \dot{\theta})\right) + f_\lambda(\lambda,\theta,\dot{\theta}) \tag{3.82}$$

式中，$k_\xi, k_\theta \in \mathbb{R}^+$ 表示正的控制增益；$m_\lambda(\lambda,\theta)$ 与 $f_\lambda(\lambda,\theta,\dot{\theta})$ 为式（3.74）及式（3.75）中定义的辅助项。将式（3.82）代入式（3.81），并整理得

$$\ddot{\xi} + 2k_\xi \dot{\xi} + 2k_\xi^2 \xi + k_\theta \dot{\theta} = 0 \tag{3.83}$$

那么，若存在 $0 < \alpha < 1$ 使

$$\frac{k_\Theta}{k_\theta} > \frac{2}{\alpha} - 1 \tag{3.84}$$

成立，则控制律（3.82）能实现台车的精确定位，并可有效抑制负载摆动。

式（3.84）表明，应选取合适的控制增益 $k_\Theta, k_\theta \in \mathbb{R}^+$，以确保存在 $\alpha \in (0,1)$ 满足关系式（3.84）。考虑到对于 k_Θ 和 k_θ 的选取，条件（3.84）并不直观，在随后的应用中，将其替换为如下条件：

$$\frac{k_\Theta}{k_\theta} = 1 + \delta > 1 \qquad (3.85)$$

式中，$\delta \in \mathbb{R}^+$ 为任意非无穷小的正数。不难证得，式（3.85）$\Rightarrow$ 式（3.84）。为说明这一点，进行如下分析：

令 $1 + \delta > 2/\alpha - 1$，那么可得 $\alpha > 2/(2+\delta)$。因 $\delta > 0$ 且非无穷小，故

$$0 < \frac{2}{2+\delta} < 1 \qquad (3.86)$$

因此，必存在 $\alpha \in (2/(2+\delta),1) \subseteq (0,1)$ 满足式（3.85）$\Rightarrow$ 式（3.84），即式（3.85）是使式（3.84）成立的充分条件。

注记 3.8　为保证控制性能，已有轨迹跟踪控制策略（如文献[13]中方法）都需要参考轨迹的第三阶导数有界，即 $x_d^{(3)}(t) \in \mathcal{L}_\infty$，且要求其第一阶导数为非负，即 $\dot{x}_d(t) \geqslant 0$。相比之下，本节所提方法（3.82）则无须这些约束，因而拓宽了可使用参考轨迹的范围。

接下来，将以定理的形式给出本节主要结果，并给出相应的分析。

2. 稳定性分析

定理 3.2　当控制增益的选取满足条件（3.84）时，非线性控制律（3.82）可使系统状态渐近收敛于平衡点，即

$$\lim_{t \to \infty} [x(t) \quad \dot{x}(t) \quad \theta(t) \quad \dot{\theta}(t)]^{\mathrm{T}} = [p_{dx} \quad 0 \quad 0 \quad 0]^{\mathrm{T}} \qquad (3.87)$$

证明　为证明式（3.87），首先定义

$$e = [\dot{\xi} + k_\xi \xi \quad k_\xi \xi]^{\mathrm{T}} \qquad (3.88)$$

考虑第一个 ISS-Lyapunov 函数：

$$V_\xi(t) = \frac{1}{2} \| e \|^2 = \frac{1}{2}(\dot{\xi} + k_\xi \xi)^2 + \frac{1}{2} k_\xi^2 \xi^2 \qquad (3.89)$$

式中，$\|\cdot\|$ 表示向量的欧几里得范数。对式（3.89）关于时间求导数，将式（3.83）代入并整理，可求得如下结果：

$$
\begin{aligned}
\dot{V}_\xi &= (\dot{\xi} + k_\xi \xi)(-k_\xi \dot{\xi} - 2k_\xi^2 \xi - k_\theta \dot{\theta}) + k_\xi^2 \xi \dot{\xi} \\
&= -k_\xi(\dot{\xi} + k_\xi \xi)^2 - k_\xi^3 \xi^2 - k_\theta(\dot{\xi} + k_\xi \xi)\dot{\theta} \\
&\leqslant -k_\xi \| e \|^2 + k_\theta \| e \| \cdot | \dot{\theta} | \\
&= -k_\xi(1 - \alpha_1) \| e \|^2 - \| e \|(k_\xi \alpha_1 \| e \| - k_\theta | \dot{\theta} |)
\end{aligned} \qquad (3.90)
$$

式中，$\alpha_1 \in (0,1)$。那么可知，当如下关系成立时：

$$\| e(t) \| \geqslant \frac{k_\theta}{k_\xi \alpha_1} | \dot{\theta}(t) | \triangleq \kappa_e^\theta | \dot{\theta}(t) | \qquad (3.91)$$

总有结论：

$$\dot{V}_\xi(t) \leqslant -k_\xi(1-\alpha_1)\|e\|^2 = -2k_\xi(1-\alpha_1)V_\xi(t) \leqslant 0$$

结合式（3.89）可得

$$V_\xi(t) \leqslant V_\xi(0) \cdot \exp\big(-2k_\xi(1-\alpha_1)t\big)$$
$$\Rightarrow \|e(t)\| \leqslant \|e(0)\| \cdot \exp\big(-k_\xi(1-\alpha_1)t\big) \tag{3.92}$$

因此，从式（3.90）~式（3.92）可知

$$\|e(t)\| \leqslant \|e(0)\| \cdot \exp\big(-k_\xi(1-\alpha_1)t\big) + \kappa_e^{\dot{\theta}}|\dot{\theta}(t)| \tag{3.93}$$

这些结果说明以 $\dot{\theta}(t)$ 为输入、$e(t)$ 为输出的 ξ–子系统（3.83）是 exp-ISS 的[36]。

接下来，为 θ–子系统（3.80）选取第二个 ISS-Lyapunov 候选函数，如下：

$$V_\theta(t) = \frac{1}{2}(l - \lambda\cos^2\theta)\dot{\theta}^2 + g(1-\cos\theta) \tag{3.94}$$

再次对 $V_\theta(t)$ 关于时间求导，并代入式（3.80）和式（3.83），可得

$$\begin{aligned}
\dot{V}_\theta(t) &= \dot{\theta}\cdot\big((l-\lambda\cos^2\theta)\ddot{\theta} + \lambda\dot{\theta}^2\sin\theta\cos\theta + g\sin\theta\big)\\
&= \dot{\theta}\cos\theta(\ddot{\xi} - \ddot{x}_d - k_\Theta\dot{\theta})\\
&= \dot{\theta}\cos\theta\cdot\big(-2k_\xi\dot{\xi} - 2k_\xi^2\xi - (k_\theta + k_\Theta)\dot{\theta} - \ddot{x}_d\big)\\
&= -\cos\theta(k_\theta + k_\Theta)\dot{\theta}^2 - 2k_\xi(\dot{\xi} + k_\xi\xi)\dot{\theta}\cos\theta - \dot{\theta}\cos\theta\ddot{x}_d
\end{aligned} \tag{3.95}$$

进一步，有

$$\begin{aligned}
\dot{V}_\theta(t) &\leqslant -\cos\theta(k_\theta + k_\Theta)|\dot{\theta}|^2 + 2k_\xi\|e\|\cdot|\dot{\theta}|\cos\theta + \cos\theta|\dot{\theta}|\cdot|\ddot{x}_d|\\
&= -(1-\alpha_2-\alpha_3)\cos\theta(k_\theta+k_\Theta)|\dot{\theta}|^2 - \cos\theta|\dot{\theta}|\cdot\big(\alpha_2(k_\theta+k_\Theta)|\dot{\theta}| - 2k_\xi\|e\|\big)\\
&\quad - \cos\theta|\dot{\theta}|\cdot\big(\alpha_3(k_\theta+k_\Theta)|\dot{\theta}| - |\ddot{x}_d|\big)
\end{aligned} \tag{3.96}$$

式中，$\alpha_2, \alpha_3, \alpha_2+\alpha_3 \in (0,1)$ 是为了方便后续分析而引入的辅助参数。因此，当 $\dot{\theta}$ 满足

$$|\dot{\theta}| \geqslant \frac{2k_\xi}{\alpha_2(k_\theta+k_\Theta)}\|e\| + \frac{1}{\alpha_3(k_\theta+k_\Theta)}|\ddot{x}_d| \triangleq \kappa_{\dot{\theta}}^e\|e\| + \kappa_{\dot{\theta}}^{\ddot{x}_d}|\ddot{x}_d| \tag{3.97}$$

时，可得

$$\begin{aligned}
\dot{V}_\theta(t) &\leqslant -(1-\alpha_2-\alpha_3)\cos\theta(k_\theta+k_\Theta)|\dot{\theta}|^2\\
&\leqslant -(1-\alpha_2-\alpha_3)\cdot\mu\cdot(k_\theta+k_\Theta)|\dot{\theta}|^2 \leqslant 0
\end{aligned} \tag{3.98}$$

式中，$\mu = \cos(\max\{|\theta(t)|\}) > 0$ 表示负载的最大摆幅①。由式（3.97）与式（3.98）可得，$\dot{\theta}(t)$ 将渐近收敛于集合 $\{\dot{\theta}(t) \mid |\dot{\theta}(t)| \leqslant \kappa_{\dot{\theta}}^e\|e\| + \kappa_{\dot{\theta}}^{\ddot{x}_d}|\ddot{x}_d|\}$。进一步由式（3.96）和式（3.97）可知，必然存在 $\mathcal{KL}$ 类函数 $\beta(\cdot,\cdot)$ 使得[36, 37]

---

① 由假设 2.1 知 $\cos\theta > 0$ 。

$$|\dot{\theta}(t)| \leqslant \beta(|\dot{\theta}(0)|,t) + \kappa_{\dot{\theta}}^{e} \| e \| + \kappa_{\dot{\theta}}^{\ddot{x}_d} | \ddot{x}_d | \qquad (3.99)$$

这表明以 $e(t)$ 和 $\ddot{x}_d(t)$ 为输入、$\dot{\theta}(t)$ 为输出的 $\theta-$ 子系统（3.80）也是 ISS 的。

在此，将由 $\theta-$ 子系统（3.80）与 $\xi-$ 子系统（3.83）所组成的系统看成一个互联系统。鉴于式（2.83），若取 $\alpha = \alpha_1 \cdot \alpha_2$，易知如下小增益条件成立[36, 37]：

$$\kappa_e^{\dot{\theta}} \cdot \kappa_{\dot{\theta}}^{e} = \frac{k_\theta}{k_\xi \alpha_1} \cdot \frac{2k_\xi}{\alpha_2(k_\theta + k_\Theta)} = \frac{2k_\theta}{\alpha(k_\theta + k_\Theta)} < 1 \qquad (3.100)$$

因此，以 $\ddot{x}_d$ 为输入的互联系统（3.80）～式（3.83）为 ISS 的，即

$$\| e(t) \| \leqslant \frac{1}{1 - \kappa_e^{\dot{\theta}} \cdot \kappa_{\dot{\theta}}^{e}} \cdot \left[\kappa_e^{\dot{\theta}} \beta(|\dot{\theta}(0)|,t) + \kappa_e^{\dot{\theta}} \kappa_{\dot{\theta}}^{\ddot{x}_d} | \ddot{x}_d | + \| e(0) \| \cdot \exp\{-k_\xi(1-\alpha_1)t\} \right]$$

$$(3.101)$$

$$|\dot{\theta}(t)| \leqslant \frac{1}{1 - \kappa_e^{\dot{\theta}} \cdot \kappa_{\dot{\theta}}^{e}} \cdot \left[\beta(|\dot{\theta}(0)|,t) + \kappa_{\dot{\theta}}^{\ddot{x}_d} | \ddot{x}_d | + \kappa_{\dot{\theta}}^{e} \| e(0) \| \cdot \exp\{-k_\xi(1-\alpha_1)t\} \right]$$

$$(3.102)$$

由于互联系统（3.80）～式（3.83）的输入 $\ddot{x}_d$ 在有限时间 t_f 内收敛到零，可进一步证明整个互联系统的状态将渐近收敛于平衡点。为此，定义如下不变集 Γ：

$$\Gamma = \left\{ (x,\dot{x},\theta,\dot{\theta}), t \geqslant t_f \mid \xi = 0, \dot{\xi} = 0, \dot{\theta} = 0, x_d = p_{dx}, \dot{x}_d = 0 \right\} \qquad (3.103)$$

因此，在集合 Γ 内：

$$\xi = p_{dx} - x - \lambda \sin\theta + k_\Theta \int_0^t \theta(\tau)\mathrm{d}\tau = 0 \qquad (3.104)$$

$$\dot{\xi} = -\dot{x} - \lambda\dot{\theta}\cos\theta + k_\Theta\theta = 0, \quad \dot{\theta} = 0 \qquad (3.105)$$

表明 $\theta(t) = c$，其中 c 为待定常数。为确定 c 的取值，不妨假设 $c \neq 0$。利用式（3.105），可求得

$$\ddot{\theta} = 0, \quad \dot{x} = k_\Theta\theta = k_\Theta c \qquad (3.106)$$

进一步，易推知在集合 Γ 中：

$$\ddot{x} = 0 \qquad (3.107)$$

将式（3.106）与式（3.107）代入式（2.5）并利用假设 2.1，可求得如下结果：

$$l\ddot{\theta} + \cos\theta\ddot{x} + g\sin\theta = 0 \Rightarrow g\sin\theta = 0 \Rightarrow \theta = 0 \qquad (3.108)$$

这显然与前提 $\theta(t) = c \neq 0$ 相矛盾，故假设不成立，因而 $c = 0$。进一步由式（3.104）、式（3.105）及式（3.108）可知在集合 Γ 中：

$$\dot{x} = 0, \quad p_{dx} - x + k_\Theta \int_0^t \theta(\tau)\mathrm{d}\tau = 0 \qquad (3.109)$$

对于实际吊车系统而言，式（2.5）可近似写为[13, 16, 22-24, 29-31, 38-51]

$$l\ddot{\theta} + \ddot{x} + g\theta = 0 \qquad (3.110)$$

因此

$$\theta = -\frac{l\ddot{\theta} + \ddot{x}}{g} \tag{3.111}$$

对式（3.111）关于时间求积分，可得

$$\int_0^t \theta(\tau)\mathrm{d}\tau = -\frac{1}{g}(l\dot{\theta} + \dot{x}) \tag{3.112}$$

在此基础上，从式（3.105）和式（3.109）可推得如下结果：

$$\int_0^t \theta(\tau)\mathrm{d}\tau = 0 \Rightarrow p_{dx} - x = 0 \Rightarrow x = p_{dx} \tag{3.113}$$

因此，在 Γ 中有如下结论：

$$\Gamma = \left\{ (x, \dot{x}, \theta, \dot{\theta}), t \geq t_f \,\middle|\, x(t) = p_{dx}, \dot{x}(t) = 0, \theta(t) = 0, \dot{\theta}(t) = 0 \right\} \tag{3.114}$$

使用 LaSalle 不变性原理[34]，可证得系统状态渐近收敛于集合 Γ。

由假设 2.1 知 $\theta(t) \in \mathcal{L}_\infty$。基于式（3.101）和式（3.102），可推知 $e(t), \dot{\theta}(t) \in \mathcal{L}_\infty$，进一步可得 $\xi(t), \dot{\xi}(t) \in \mathcal{L}_\infty$。因此，由式（3.69）和式（3.78）可得 $\dot{x}(t) \in \mathcal{L}_\infty$。进而，从式（3.112）得 $\int_0^t \theta(\tau)\mathrm{d}\tau \in \mathcal{L}_\infty$，由式（3.68）与式（3.77）知 $x(t) \in \mathcal{L}_\infty$。最后由式（3.82）可说明 $F(t) \in \mathcal{L}_\infty$，因而所有信号有界。

注记 3.9 由定理 3.2 证明过程可见，对于跟踪控制而言，互联系统（3.80）～（3.83）在 t_f 之前为 ISS，之后其平衡点为渐近稳定；而对于调节控制的情形，互联系统（3.80）～（3.83）的平衡点始终为渐近稳定。

注记 3.10 从式（3.92）可知 $e(t)$ 以指数速度收敛于如下范围：

$$\|e(t)\| \leq \kappa_e^{\dot{\theta}} \cdot \sup\{|\dot{\theta}(t)|\} \tag{3.115}$$

对于实际吊车系统而言，$\dot{\theta}(t)$ 的幅值通常比较小[13, 16, 22-24, 29-31, 38-51]，因而，式（3.115）在一定程度上说明了控制律（3.82）的快速跟踪性能，这一点也将通过随后的实验予以验证。

注记 3.11 如式（3.77）所示，在误差变量 $\xi(t)$ 中引入辅助项 $k_\Theta \int_0^t \theta(\tau)\mathrm{d}\tau$ 具有非常重要的意义。事实上，如果去掉这一项而将 $\xi(t)$ 重新定义为

$$\xi' = x_d - \eta$$

式中，上标 $'$ 是为与式（3.77）中误差变量作区分而引入的。那么式（3.80）和式（3.81）将变成

$$(l - \lambda\cos^2\theta)\ddot{\theta} + \lambda\dot{\theta}^2\sin\theta\cos\theta + g\sin\theta = \cos\theta(\ddot{\xi}' - \ddot{x}_d) \tag{3.116}$$

$$m_\lambda(\lambda,\theta) \cdot \ddot{\xi}' - m_\lambda(\lambda,\theta) \cdot \ddot{x}_d - f_\lambda(\lambda,\theta,\dot{\theta}) + F = 0 \tag{3.117}$$

相应地，经过类似的运算可以得到

$$\dot{V}'_\theta(t) \leqslant -(1-\alpha_2-\alpha_3)k_\theta \cos\theta \, |\dot{\theta}|^2 - \cos\theta\cdot|\dot{\theta}|\cdot\left(\alpha_2 k_\theta\,|\dot{\theta}| - 2k_\xi\|\,e'\|\right)$$
$$-\cos\theta\cdot|\dot{\theta}|\cdot\left(\alpha_3 k_\theta\,|\dot{\theta}| - |\ddot{x}_d|\right),$$

式中，$e'(t) = [\dot{\xi}'(t)+k_\xi\xi'(t) \;\; k_\xi\xi'(t)]^{\mathrm{T}}$。类似于式（3.97），有

$$\kappa_{\dot\theta}^{e'} = \frac{2k_\xi}{\alpha_2\cdot k_\theta}$$

那么，结合 $\kappa_e^{\dot\theta}$（见式（3.91）），可求得[①]

$$\kappa_{e'}^{\dot\theta}\cdot\kappa_{\dot\theta}^{e'} = \kappa_e^{\dot\theta}\cdot\kappa_{\dot\theta}^{e'} = \frac{k_\theta}{k_\xi\cdot\alpha_1}\cdot\frac{2k_\xi}{\alpha_2\cdot k_\theta} = \frac{2}{\alpha_1\alpha_2} > 1 \qquad (3.118)$$

说明 $\kappa_{e'}^{\dot\theta}\cdot\kappa_{\dot\theta}^{e'}$ 的结果与 k_ξ, k_θ 无关。由于 $\alpha_1, \alpha_2 < 1$，式（3.118）表明，无论如何调整控制增益 k_θ, k_ξ，均不能使小增益条件成立。因而，辅助项 $k_\theta\int_0^t\theta(\tau)\mathrm{d}\tau$ 对于确保整个控制系统的稳定性起着不可或缺的作用。

注记 3.12　从结构上看，桥式吊车系统与其他许多欠驱动机电系统（如回转悬臂式吊车、塔式吊车、欠驱动机器人等）一样，均属于 Euler-Lagrange 系统的范畴，具有类似的结构。因此，本节提出的方法为解决该类系统的控制问题提供了很好的参考价值。

3.3.3　实验结果及分析

接下来，将通过两组实验来验证本节所提方法在消摆定位控制方面的有效性。具体而言，第一组实验将验证该方法在调节控制方面的性能，并将其与文献[7]中 E^2 耦合控制方法及文献[35]中时间最优控制方法进行对比；随后在第二组实验中，将进一步验证其在轨迹跟踪控制方面的效果，并将其与文献[13]中方法进行性能比较。

在实验中，吊车实验平台的参数选取为 $M = 7\mathrm{kg}$，$m = 1.025\mathrm{kg}$，$l = 0.8\mathrm{m}$，$g = 9.8\mathrm{m/s}^2$，台车目标位置取为

$$p_{dx} = 0.6\mathrm{m} \qquad (3.119)$$

1. 第一组实验-调节控制

在本组实验中，文献[7]中 E^2 耦合控制器及文献[35]中时间最优控制方法的表达式参见式（3.61）与式（3.65），此处不再赘述。时间最优控制方法的参数选取如下：

---

① 由于通过修改控制量（3.82），总能将开环 ξ' — 子系统（3.117）改写成式（3.83）的形式，故在此 $\kappa_e^{\dot\theta}$ 的表达式不受 ξ' 的影响。

$$a_{\max} = 0.5\text{m/s}^2, \quad T_\xi = 0.463\text{s}, \quad T_\eta = 0.259\text{s}, \quad T_c = 0.609\text{s}$$
$$T_{op} = 1.185\text{s}, \quad T_t = 2T_{op} + T_c = 2.979\text{s}$$

在实验中，用于前馈补偿的摩擦力模型（2.4）中各参数值如式（2.74）所示。经充分调试之后，三种控制方法的增益选取如表 3.5 所示。

表 3.5　各方法控制增益

控制方法	k_ξ	k_θ	$k_{\dot\theta}$	λ	k_p	k_d	k_E	k_v
本节所提方法（3.82）	0.74	2	2.5	0.5	N/A	N/A	N/A	N/A
E^2 耦合控制方法	N/A	N/A	N/A	N/A	5	2.5	1	1.2
时间最优控制方法	N/A	N/A	N/A	N/A	95	25	N/A	N/A

得到的实验曲线如图 3.10～图 3.12 所示，相应的量化实验结果参见表 3.6，主要包括如下性能指标：① p_f 为台车最终到达的位置，单位为米（m）；② $\theta_{\max}$ 表示整个过程中负载的最大摆幅，单位为度（°）；③ θ_{res} 表示负载残余摆角，此处定义为系统开始运行 8s 后负载的最大摆幅，单位为度（°）；④ t_s 为调节时间，定义为 $t_s = \max\{t_{s1}, t_{s2}\}$，单位为秒（s），其中 t_{s1} 表示摆角首次进入范围 $|\theta(t)| \leqslant 0.5°(\forall t \geqslant t_{s1})$ 的时刻，t_{s2} 则代表台车定位误差第一次进入范围 $|e(t)| \leqslant 4\text{mm}(\forall t \geqslant t_{s2})$ 的时间；⑤ $F_{a\max}$ 代表控制量最大幅值，单位为牛（N）；⑥ $\int_0^{20} F_a^2(t)\text{d}t$ 代表系统能耗，单位为牛方秒（$\text{N}^2 \cdot \text{s}$）[2]。

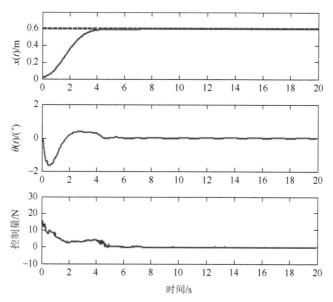

图 3.10　第一组实验：本节所提控制方法（3.82）

实线：实验结果；虚线：$p_{dx} = 0.6\text{m}$

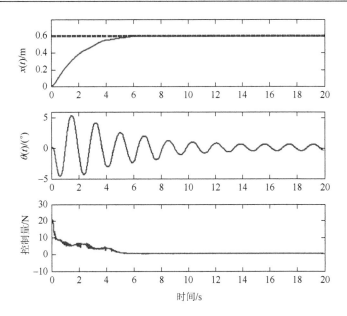

图 3.11　第一组实验：E^2 耦合控制方法（3.61）

实线：实验结果；虚线：$p_{dx} = 0.6$m

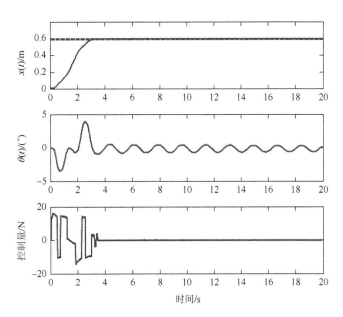

图 3.12　第一组实验：时间最优控制方法

实线：实验结果；虚线：$p_{dx} = 0.6$m

表 3.6 第一组实验中量化的实验结果

控制方法	p_f / m	θ_{max} / (°)	θ_{res} / (°)	t_s / s	$F_{a\max}$/N	$\int_0^{20} F_a^2(t)\mathrm{d}t$ / (N²·s)
本节所提方法（3.82）	0.598	1.69	<0.1	4.5	15.26	146.66
E^2 耦合控制方法	0.597	5.19	1.17	14.5	20.60	194.09
所提方法（3.30）	0.598	3.93	0.68	16.5	16.74	385.36

通过对实验结果加以分析，不难发现三种控制方法均能在 8s 的时间内将台车定位至目标位置，最终定位误差均小于 4mm，但本节方法的消摆性能，包括限幅与残摆消除能力，均要优于对比方法。相比之下，对比方法在台车停止运行后均出现大幅负载残摆，导致调节时间很长，影响了系统的工作效率。除此之外，从表 3.6 中可以发现，在整个过程中本节方法所需的能耗最低，仅为时间最优控制方法的 40%左右，在一定程度上节约了能源，具有很好的实际工程意义。

2. 第二组实验-轨迹跟踪控制

本组实验将进一步验证所提控制方法在轨迹跟踪控制方面的性能。为此，选取式（2.117）中 $x_r(t)$ 作为台车参考轨迹 $x_d(t)$，其中，p_r（即 p_{dx}）为式（3.119）中设定的台车目标位置，$k_1=1, k_2=2.5, \varepsilon=2.2$ 为轨迹参数。选择如下跟踪控制器进行对比[13]：

$$F_{at}(t) = -k_p e - k_d \dot{e} - Y^{\mathrm{T}} \hat{\omega} \tag{3.120}$$

式中，$k_p=150, k_d=45$ 为控制增益；Y 表示回归向量；$\hat{\omega}$ 代表参数估计，详情参见文献[13]，此处不再赘述。在本组实验中，本节方法的增益选取与第一组实验中一致。

实验结果如图 3.13 和图 3.14 及表 3.7 所示。经分析可知，相比跟踪控制律（3.120），本节方法能更有效地抑制并消除负载摆动，且需要的控制量更小。通过进一步观察可发现，本节方法的轨迹跟踪性能更为良好，台车实际位移曲线与参考轨迹之间偏差更小，与注记 3.10 中的分析结果一致。此外，本节所构造的新型误差信号（3.77）成功地增强了台车与负载之间的动态耦合关系，提升了整个控制系统的暂态性能。

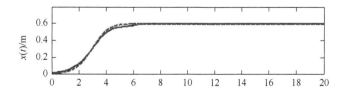

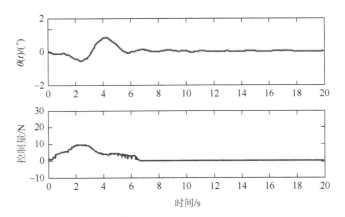

图 3.13　第二组实验：本节所提控制方法（3.82）

实线：实验结果；虚线：参考轨迹

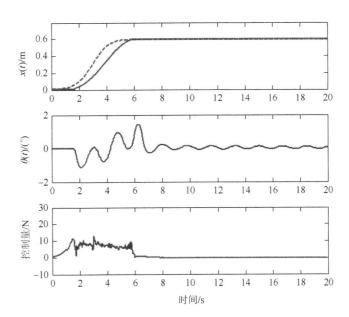

图 3.14　第二组实验：对比跟踪控制方法（3.120）

实线：实验结果；虚线：参考轨迹

表 3.7　第二组实验中量化的实验结果

控制方法	p_f / m	θ_{max} / (°)	θ_{res} / (°)	t_s / s	$F_{a\max}$/N	$\int_0^{20} F_a^2(t)\mathrm{d}t$ / (N²·s)
本节所提方法（3.82）	0.596	0.85	<0.1	6.5	10.07	238.34
文献[13]中方法	0.597	1.41	0.21	6.7	12.95	286.51

3.4 考虑未建模动态及扰动的滑模控制方法

考虑到实际吊车系统还存在着一些难以用精确数学模型描述的未建模动态，本节将结合滑模技术提出一种新型的吊车消摆定位控制方法，通过严格的数学分析证明系统状态的收敛性与有界性，并通过一系列实际实验验证本节所提方法的有效性与鲁棒性。

3.4.1 问题描述

考虑未建模动态及外界扰动的欠驱动吊车模型可表示如下：

$$(M+m)\ddot{x} + ml\ddot{\theta}\cos\theta - ml\dot{\theta}^2\sin\theta = F_a - F_{rx} + d \tag{3.121}$$

$$ml^2\ddot{\theta} + ml\cos\theta\ddot{x} + mgl\sin\theta = 0 \tag{3.122}$$

式中，各变量及参数的定义见 2.2.1 节，此外 $d(t)$ 表示外界干扰、未建模动态等不确定项之和。考虑到实际情况，$d(t)$ 满足如下约束：

$$|d(t)| \leqslant \bar{d} \tag{3.123}$$

式中，$\bar{d} \in \mathbb{R}^+$ 表示已知上界。

为方便随后的控制器设计与分析，首先进行一系列模型变换。对式（2.5）进行整理，可得

$$\ddot{x} = -g\tan\theta - \frac{l\ddot{\theta}}{\cos\theta} \tag{3.124}$$

将式（3.124）代入式（3.121），进行整理得

$$-\frac{(M+m\sin^2\theta)l}{\cos\theta}(\ddot{\theta}-d') - ml\dot{\theta}^2\sin\theta - (M+m)g\tan\theta = F_a - F_{rx} \tag{3.125}$$

式中，d' 表示为

$$d' = -\frac{d\cos\theta}{(M+m\sin^2\theta)l} \tag{3.126}$$

因此，基于式（3.125）的结构，利用部分反馈线性化，设计如下反馈控制律[①]：

$$F_a = -\frac{(M+m\sin^2\theta)l}{\cos\theta}\omega - ml\dot{\theta}^2\sin\theta - (M+m)g\tan\theta + F_{rx} \tag{3.127}$$

式中，$\omega(t)$ 为待设计的辅助信号。将式（3.127）代入式（3.125），并令 $x_1 = x$，$x_2 = \dot{x}$，$\theta_1 = \theta$，$\theta_2 = \dot{\theta}$，原吊车动力学模型（3.121）和（3.122）可整理为

---

① 由于吊车系统的欠驱动特性，无法对它进行完全反馈线性化。通过控制律（3.124）对式（3.126）进行部分反馈线性化处理后，所得的吊车模型仍为非线性，如式（3.127）所示。

$$\begin{cases} \dot{x}_1 = x_2 \\ \dot{x}_2 = -g\tan\theta_1 - \dfrac{l}{\cos\theta_1}\dot{\theta}_2 \\ \dot{\theta}_1 = \theta_2 \\ \dot{\theta}_2 = \omega + d' \end{cases} \tag{3.128}$$

为将式（3.128）转换为方便控制器设计的形式，定义辅助变量 η_1 为

$$\eta_1 = x_1 + \mu(\theta_1) \tag{3.129}$$

利用式（3.128），η_1 的前两阶导数可表示如下：

$$\dot{\eta}_1 = x_2 + \frac{\mathrm{d}\mu(\theta_1)}{\mathrm{d}\theta_1}\theta_2 \tag{3.130}$$

$$\begin{aligned} \ddot{\eta}_1 &= \dot{x}_2 + \frac{\mathrm{d}^2\mu(\theta_1)}{\mathrm{d}\theta_1^2}\theta_2^2 + \frac{\mathrm{d}\mu(\theta_1)}{\mathrm{d}\theta_1}\dot{\theta}_2 \\ &= -g\tan\theta_1 - \frac{l}{\cos\theta_1}\dot{\theta}_2 + \frac{\mathrm{d}\mu(\theta_1)}{\mathrm{d}\theta_1}\dot{\theta}_2 + \frac{\mathrm{d}^2\mu(\theta_1)}{\mathrm{d}\theta_1^2}\theta_2^2 \end{aligned} \tag{3.131}$$

为了消除式（3.131）中 $\dot{\theta}_2$ 相关项，选取 $\mu(\theta_1)$ 的表达式为

$$\frac{\mathrm{d}\mu(\theta_1)}{\mathrm{d}\theta_1} = \frac{l}{\cos\theta_1} \Rightarrow \mu(\theta_1) = l\ln\left(\frac{1}{\cos\theta_1} + \tan\theta_1\right) \tag{3.132}$$

进一步，令

$$\eta_2 = \dot{\eta}_1 = x_2 + \frac{l}{\cos\theta_1}\theta_2, \quad \zeta_1 = -g\tan\theta_1 \tag{3.133}$$

$$\zeta_2 = -\frac{g}{\cos^2\theta_1}\theta_2$$

进行一系列代数运算后，不难得出

$$\begin{cases} \dot{\eta}_1 = \eta_2 \\ \dot{\eta}_2 = \zeta_1 - h(\zeta_1)\zeta_2^2 \\ \dot{\zeta}_1 = \zeta_2 \\ \dot{\zeta}_2 = -\dfrac{g}{\cos^2\theta_1}(\omega + d') - \dfrac{2g}{\cos^2\theta_1}\theta_2^2\tan\theta_1 \end{cases} \tag{3.134}$$

式中

$$h(\zeta_1) = \frac{l\zeta_1}{(g^2 + \zeta_1^2)^{1.5}} \tag{3.135}$$

求式（3.135）关于 ζ_1 的导数，可得如下结果：

$$\frac{\mathrm{d}h(\zeta_1)}{\mathrm{d}\zeta_1} = \frac{l(g^2 + \zeta_1^2)^{\frac{1}{2}}(g^2 - 2\zeta_1^2)}{(g^2 + \zeta_1^2)^3}$$

令 $\mathrm{d}h(\zeta_1)/\mathrm{d}\zeta_1 = 0$，易知 $h(\zeta_1)$ 在 $\zeta_1 = \pm\sqrt{2}g/2$ 处取得极值，其全局最大值与最小值分别为 $\sqrt{2}gl/\left(2(1.5g^2)^{\frac{3}{2}}\right)$ 与 $-\sqrt{2}gl/\left(2(1.5g^2)^{\frac{3}{2}}\right)$。于是，通过取 $g=9.8$，可知 $h(\zeta_1)$ 的取值范围为

$$|h(\zeta_1)| \leqslant \frac{\sqrt{2}gl}{2(1.5g^2)^{\frac{3}{2}}} = 0.004l \tag{3.136}$$

本节的控制目标是在系统受到未建模动态及外界干扰影响的情况下，将台车快速准确地运送至目标位置 p_{dx}，同时有效抑制并消除负载摆角，即 $x(t) \rightarrow p_{dx}, \theta(t) \rightarrow 0$。对于转换后的吊车模型，上述目标相应地转换为

$$\eta_1(t) \rightarrow p_{dx} + l\ln\left(\frac{1}{\cos(0)} + \tan(0)\right) = p_{dx}, \quad \zeta_1(t) \rightarrow 0$$

为量化该目标，定义如下误差信号：

$$e_1 = \eta_1 - p_{dx}, \quad e_2 = \eta_2, \quad e_3 = \zeta_1, \quad e_4 = \zeta_2 \tag{3.137}$$

相应地，系统（3.134）对应的误差系统可表示为

$$\begin{cases} \dot{e}_1 = e_2 \\ \dot{e}_2 = e_3 - h(e_3)e_4^2 \\ \dot{e}_3 = e_4 \\ \dot{e}_4 = -\dfrac{g}{\cos^2\theta_1}(\omega + d') - \dfrac{2g}{\cos^2\theta_1}\theta_2^2\tan\theta_1 \end{cases} \tag{3.138}$$

式（3.138）是后面内容进行控制器设计的基础。

3.4.2 控制器设计与稳定性分析

在本节中，将设计一种新型的滑模控制器。具体而言，将首先构造一种新颖的流形面（滑模面），然后设计合适的控制律使系统状态一直停留在该流形面上。可证明，当系统状态处于该流形面上时，它们将渐近收敛于闭环控制系统的平衡点。

1. 控制器设计

在开始设计控制器之前，首先引入如下的饱和函数 $\beta(*)$：

$$\beta(*) = \begin{cases} 1, & * > \pi/2 \\ \sin(*), & |*| \leqslant \pi/2 \\ -1, & * < -\pi/2 \end{cases} \Rightarrow |\beta(*)| \leqslant 1, \forall * \tag{3.139}$$

由定义可知 $|\beta(*)| \leqslant 1$。基于式（3.138）的形式，设计如下流形面：

$$\Omega = \left\{ \left(e_1, e_2, e_3, e_4 \;\middle|\; e_4(t) - e_4(0) = \int_0^t \phi(\tau)\mathrm{d}\tau \right) \right\} \tag{3.140}$$

式中

$$\phi = -k_1\beta(e_1 + 3e_2 + 3e_3 + e_4) - k_2\beta(e_2 + 2e_3 + e_4) - e_3 - 2e_4 \tag{3.141}$$

其中，$k_1, k_2 \in \mathbb{R}^+$ 为正控制增益。将 $\phi(t)$ 设计为式（3.141）所示形式是为了保证后续有界性及收敛性分析。为方便后续分析，定义如下类误差信号 $\xi(t)$：

$$\xi = e_4(t) - e_4(0) - \int_0^t \phi(\tau)\mathrm{d}\tau \tag{3.142}$$

它刻画了当前系统状态与流形面之间的距离。由式（3.140）可推知，在 $t=0$ 时刻，有

$$e_4(0) - e_4(0) = \int_0^0 \phi(\tau)\mathrm{d}\tau \equiv 0$$

进一步，由式（3.142）可得

$$\xi(0) = 0 \tag{3.143}$$

表明系统状态在初始时刻便处于 Ω 上。由式（3.142）知

$$\dot{\xi} = \dot{e}_4 - \phi \tag{3.144}$$

为获取式（3.127）中辅助信号 $\omega(t)$ 的表达式，定义如下正定标量函数：

$$V_\xi = \frac{1}{2}\xi^2 \tag{3.145}$$

求解其关于时间的导数，将式（3.144）代入式（3.145），经整理可得

$$\dot{V}_\xi = -g(1 + \tan^2\theta_1)\xi\left(\omega + d' + 2\theta_2^2\tan\theta_1 + \frac{\cos^2\theta_1}{g}\phi \right) \tag{3.146}$$

那么，为使该流形面吸引且不变（attractive and invariant），将 $\omega(t)$ 设计如下：

$$\omega = -\frac{\cos^2\theta_1}{g}\phi - 2\theta_2^2\tan\theta_1 + \bar{d}'\mathrm{sgn}(\xi) + k_\xi\,|\,\xi\,|^\alpha\,\mathrm{sgn}(\xi) \tag{3.147}$$

式中，$k_\xi \in \mathbb{R}^+$ 表示正的控制增益；$0 < \alpha < 1$ 为调节参数

$$\bar{d}' = \frac{1}{Ml}\bar{d} \tag{3.148}$$

为式（3.126）中 d' 的上界参数，满足 $|d'| \leqslant \bar{d}'$。将式（3.147）代入式（3.127），可得最终的控制律如下：

$$F_a = -\frac{(M + m\sin^2\theta_1)l}{\cos\theta_1}\left(-\frac{\cos^2\theta_1}{g}\phi - 2\theta_2^2\tan\theta_1 + \bar{d}'\mathrm{sgn}(\xi) + k_\xi\,|\,\xi\,|^\alpha\,\mathrm{sgn}(\xi) \right)$$
$$- ml\theta_2^2\sin\theta_1 - (M + m)g\tan\theta_1 + F_{rx}$$
$$\tag{3.149}$$

对于该控制律，有如下定理所述的结论。

定理 3.3　滑模控制律（3.149）能保证系统状态 $[e_1(t) \quad e_2(t) \quad e_3(t) \quad e_4(t)]^\mathrm{T}$ 始

终处于流形面 Ω 上。

证明　考虑式（3.145）所定义的非负函数 V_ξ 及其导数（见式（3.146））。将式（3.147）代入式（3.146）并整理，可以得到

$$\dot{V}_\xi = -g(1+\tan^2\theta_1)\xi\left(\bar{d}'\mathrm{sgn}(\xi)+k_\xi|\xi|^\alpha\mathrm{sgn}(\xi)+d'\right)$$

$$\leqslant -g(1+\tan^2\theta_1)|\xi|\left(\bar{d}'-|d'|\right)-gk_\xi(1+\tan^2\theta_1)|\xi|^{\alpha+1} \qquad (3.150)$$

$$\leqslant -gk_\xi|\xi|^{\alpha+1} = -2^{\frac{\alpha+1}{2}}gk_\xi V_\xi^{\frac{\alpha+1}{2}} \leqslant 0$$

这表明流形面 Ω 吸引且不变。此外，鉴于 $\xi(0)=0 \Leftrightarrow V_\xi(0)=0$ 与 $V_\xi(t)=\xi^2(t)/2\geqslant 0$，由式（3.150）推知，对于任意 $t\geqslant 0$，$V_\xi(0)=0$。相应地，进一步可知对于任意 $t\geqslant 0$，$\xi(t)=0$。因此由式（3.142）可知，在控制方法（3.149）的作用下，系统状态一直保持在流形面上。

当系统状态处于流形面 Ω 上时，吊车闭环系统动力学模型变为

$$\begin{cases} \dot{e}_1 = e_2 \\ \dot{e}_2 = e_3 - h(e_3)e_4^2 \\ \dot{e}_3 = e_4 \\ \dot{e}_4 = \phi \end{cases} \qquad (3.151)$$

随后，通过分析式（3.151），可证明当式（3.141）中控制参数按如下方式选择时：

$$k_2 > \frac{12}{17}, \quad 0.004l(3k_1+k_2) < \frac{3}{8}$$

$$\frac{k_1}{k_2} + \frac{0.0031l(k_1+k_2)^2}{k_2} < 1, \quad k_1 > 0, \quad k_1 \neq k_2 \qquad (3.152)$$

闭环系统的状态 $e_1(t),e_2(t),e_3(t),e_4(t)$ 渐近收敛于平衡点。值得说明的是，经略微修改后，上述增益选取条件（3.152）可不依赖于吊绳长度 l。当 l 的精确值未知时，可在式（3.152）中使用 l 上界值 $\bar{l}$（$\bar{l} > l$）。在确定 k_1,k_2 的取值时，将式（3.152）中 l 替换为 $\bar{l}$ 并不会影响控制律的性能。

2. 稳定性分析

在本小节中，将通过如下定理来说明闭环系统状态的有界性及收敛性：

定理3.4　当系统状态在流形 Ω 上时，$[e_1(t)\ e_2(t)\ e_3(t)\ e_4(t)]^\mathrm{T} \to [0\ 0\ 0\ 0]^\mathrm{T}$，即 $[x(t)\ \dot{x}(t)\ \theta(t)\ \dot{\theta}(t)]^\mathrm{T} \to [p_{dx}\ 0\ 0\ 0]^\mathrm{T}$。

证明　在开始证明之前，为将式（3.151）转换为更便于分析的形式，首先引入如下坐标变换 $e_i(t) \to \chi_i(t)(i=1,2,3,4)$：

$$\chi_1 = e_1 + 3e_2 + 3e_3 + e_4, \quad \chi_2 = e_2 + 2e_3 + e_4$$

$$\chi_3 = e_3 + e_4, \quad \chi_4 = e_4 \qquad (3.153)$$

易证明有如下等价关系：

$$[\chi_1(t) \quad \chi_2(t) \quad \chi_3(t) \quad \chi_4(t)]^{\mathrm{T}} \rightarrow [0 \quad 0 \quad 0 \quad 0]^{\mathrm{T}}$$
$$\Leftrightarrow [e_1(t) \quad e_2(t) \quad e_3(t) \quad e_4(t)]^{\mathrm{T}} \rightarrow [0 \quad 0 \quad 0 \quad 0]^{\mathrm{T}}$$

在随后的分析中，将证明 $\chi_i(t)(i=1,2,3,4)$ 的收敛性。该证明的剩余部分组织如下：首先将分析信号 $\chi_3(t)$ 及 $\chi_4(t)$；随后，在所得结果的基础上，将对 $\chi_2(t)$ 进行分析；最后，将分析所有信号的有界性及收敛性。该定理证明过程的流程图如图 3.15 所示。

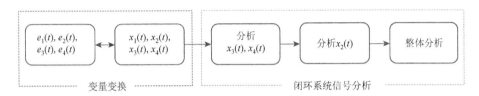

图 3.15　定理 3.4 的证明过程流程图

由式（3.153），可重新将式（3.141）中 ϕ 记为

$$\phi = -k_1\beta(\chi_1) - k_2\beta(\chi_2) - \chi_3 - \chi_4 \tag{3.154}$$

联立式（3.151），可得如下非线性微分方程组：

$$\begin{cases} \dot{\chi}_1 = \chi_2 + \chi_3 + \chi_4 - 3h(e_3)\chi_4^2 + \phi \\ \dot{\chi}_2 = \chi_3 + \chi_4 - h(e_3)\chi_4^2 + \phi \\ \dot{\chi}_3 = \chi_4 + \phi \\ \dot{\chi}_4 = \phi \end{cases} \tag{3.155}$$

首先分析信号 χ_3 及 χ_4。将式（3.154）代入方程组（3.155）中的最后两个方程，可求得

$$\begin{cases} \dot{\chi}_3 = -\chi_3 - k_1\beta(\chi_1) - k_2\beta(\chi_2) \\ \dot{\chi}_4 = -\chi_3 - \chi_4 - k_1\beta(\chi_1) - k_2\beta(\chi_2) \end{cases} \tag{3.156}$$

构造如下关于 $\chi_3(t)$ 与 $\chi_4(t)$ 的正定标量函数：

$$V_{34}(t) = \begin{bmatrix} \chi_3 & \chi_4 \end{bmatrix} \begin{bmatrix} \dfrac{3}{4} & -\dfrac{1}{4} \\ -\dfrac{1}{4} & \dfrac{1}{2} \end{bmatrix} \begin{bmatrix} \chi_3 \\ \chi_4 \end{bmatrix} \tag{3.157}$$

对式（3.157）关于时间求导数，并将式（3.156）代入，利用代数-几何均值不等式的基本性质、$|\beta(*)| \leqslant 1$ 以及 $k_1, k_2 > 0$ 进行整理，有

$$\dot{V}_{34} = -\chi_3^2 - \chi_4^2 - \frac{1}{2}(2\chi_3 + \chi_4)(k_1\beta(\chi_1) + k_2\beta(\chi_2))$$

$$\leqslant -\chi_3^2 - \chi_4^2 + \frac{3}{4}\chi_3^2 + \frac{1}{3}(k_1\beta(\chi_1) + k_2\beta(\chi_2))^2 + \frac{1}{4}\chi_4^2$$

$$+ \frac{1}{4}(k_1\beta(\chi_1) + k_2\beta(\chi_2))^2 \qquad (3.158)$$

$$= -\frac{1}{4}\chi_3^2 - \frac{3}{4}\chi_4^2 + \frac{7}{12}(k_1\beta(\chi_1) + k_2\beta(\chi_2))^2$$

$$\leqslant -\frac{1}{4}\chi_3^2 - \frac{3}{4}\chi_4^2 + \frac{7}{12}(k_1 + k_2)^2$$

显然，当

$$\chi_3^2 + 3\chi_4^2 > \frac{7}{3}(k_1 + k_2)^2$$

时，$\dot{V}_{34} < 0$。因此，$\{(\chi_3, \chi_4) \mid \chi_3^2 + 3\chi_4^2 \leqslant 7(k_1 + k_2)^2 / 3\}$ 为吸引集。那么，不难验证存在有限时刻 τ_1，使得当 $t > \tau_1$ 时，有

$$\chi_3^2 + 3\chi_4^2 \leqslant \frac{7}{3}(k_1 + k_2)^2 \Rightarrow \sqrt{\chi_3^2 + 3\chi_4^2} \leqslant \frac{\sqrt{21}}{3}(k_1 + k_2) \qquad (3.159)$$

由于

$$|\chi_3| \leqslant \sqrt{\chi_3^2 + 3\chi_4^2}, \quad \sqrt{3}|\chi_4| \leqslant \sqrt{\chi_3^2 + 3\chi_4^2}$$

由式（3.159）可知，对于任意 $t > \tau_1$，有

$$|\chi_3| \leqslant \frac{\sqrt{21}}{3}(k_1 + k_2), \quad |\chi_4| \leqslant \frac{\sqrt{7}}{3}(k_1 + k_2) \qquad (3.160)$$

因此

$$\chi_3(t), \chi_4(t) \in \mathcal{L}_\infty, \quad \forall t \geqslant 0 \qquad (3.161)$$

由式（3.136）可知，$h(e_3)$ 满足 Lipschitz 条件；此外，式（3.155）右边也满足 Lipschitz 条件；因此，$\chi_1(t)$ 及 $\chi_2(t)$ 不会在有限时间内发散[33]，即以下结论恒成立：

$$\chi_1(t), \chi_2(t) \in \mathcal{L}_\infty, \quad \forall 0 \leqslant t < +\infty \qquad (3.162)$$

接下来，为分析信号 $\chi_2(t)$，考虑如下正定且关于 $\chi_2(t)$ 可导的函数[①]：

$$V_{\beta_2} = \int_0^{\chi_2} \beta(v)\mathrm{d}v \qquad (3.163)$$

---

① 将式（3.139）代入式（3.163），并进行积分运算，可求得 V_{β_2} 的表达式为

$$V_{\beta_2} = \int_0^{\chi_2} \beta(v)\mathrm{d}v = \begin{cases} \chi_2 - \pi/2 + 1, & \chi_2 > \pi/2 \\ 1 - \cos\chi_2, & |\chi_2| \leqslant \pi/2 \\ -\chi_2 - \pi/2 + 1, & \chi_2 < -\pi/2 \end{cases}$$

显然，$V_{\beta_2}(t)$ 关于 $\chi_2(t)$ 正定。此外，$V_{\beta_2}(t)$ 在 $\pm\pi/2$ 处光滑可导。经类似分析可知，随后在式（3.169）中引入的 $V_{12}(t)$ 同为非负可导函数。

对其求导，将式（3.154）与式（3.155）代入并整理，可算得

$$
\begin{aligned}
\dot{V}_{\beta_2} &= \beta(\chi_2)\left(-k_1\beta(\chi_1)-k_2\beta(\chi_2)-h(e_3)\chi_4^2\right)\\
&\leq -|\beta(\chi_2)|\left(k_2|\beta(\chi_2)|-k_1|\beta(\chi_1)|-\left|h(e_3)\chi_4^2\right|\right)
\end{aligned}
\tag{3.164}
$$

根据前面的分析知，当 $t\leq\tau_1$ 时 $\chi_2(t)$ 有界；而当 $t>\tau_1$ 时，利用式（3.136）的结论及式（3.160）所示 $\chi_4(t)$ 的界，可求得如下结论：

$$
\dot{V}_{\beta_2}\geq -k_2|\beta(\chi_2)|\left(|\beta(\chi_2)|-\frac{k_1}{k_2}-\frac{0.0031l(k_1+k_2)^2}{k_2}\right)
\tag{3.165}
$$

令 $\bar{\beta}$ 为（参见式（3.152））

$$
\bar{\beta}=\frac{k_1}{k_2}+\frac{0.0031l(k_1+k_2)^2}{k_2}<1
\tag{3.166}
$$

那么，由式（3.165）易知当 $|\beta(\chi_2)|>\bar{\beta}$ 时，$\dot{V}_{\beta_2}(t)<0$。所以，存在有限时刻 $\tau_2>\tau_1$，使得 $|\beta(\chi_2)|\leq\bar{\beta},t>\tau_2$。由于 $\bar{\beta}<1$，根据式（3.139）中 $\beta(\chi_2)$ 的定义可知当 $t>\tau_2$ 时，$\beta(\chi_2)=\sin(\chi_2)$。因此

$$
|\chi_2(t)|\leq\arcsin(\bar{\beta})<\frac{\pi}{2},\quad t>\tau_2
\tag{3.167}
$$

此时，如下关系成立：

$$
|\chi_2-\beta(\chi_2)|\leq|\beta(\chi_2)|,\quad\forall\chi_2\in(-\pi/2,\pi/2)
\tag{3.168}
$$

该式将用于后面章节的分析。

最后，分析所有闭环系统信号的有界性及收敛性。为此，定义非负函数为

$$
V_{12}=k_1\int_0^{\chi_1}\beta(v)dv+k_2\int_0^{\chi_2}\beta(v)dv
\tag{3.169}
$$

对式（3.169）求导，将式（3.154）及方程组（3.155）中前两个方程代入，并对所得结果进行整理，可得如下结论：

$$
\begin{aligned}
\dot{V}_{12}=&-(k_1\beta(\chi_1)+k_2\beta(\chi_2))^2+k_1\beta(\chi_1)\chi_2\\
&-(3k_1\beta(\chi_1)+k_2\beta(\chi_2))h(e_3)\chi_4^2
\end{aligned}
\tag{3.170}
$$

对于 $t>\tau_2$，式（3.170）可放缩为

$$
\begin{aligned}
\dot{V}_{12}\leq&-\left(1-\frac{1}{2k_2}\right)(k_1\beta(\chi_1)+k_2\beta(\chi_2))^2\\
&-k_1\left(\frac{1}{2k_1k_2}(k_1\beta(\chi_1)+k_2\beta(\chi_2))^2-\beta(\chi_1)\chi_2\right)\\
&+0.004l(3k_1+k_2)\chi_4^2
\end{aligned}
\tag{3.171}
$$

利用式（3.168）的结论，式（3.171）中不等号右边第二项可进一步放缩如下：

$$
-k_1\left(\frac{1}{2k_1k_2}\left(k_1\beta(\chi_1)+k_2\beta(\chi_2)\right)^2-\beta(\chi_1)\chi_2\right)
$$

$$
=k_1\left(-\frac{k_1}{2k_2}\beta^2(\chi_1)-\frac{k_2}{2k_1}\beta^2(\chi_2)+\beta(\chi_1)\left(\chi_2-\beta(\chi_2)\right)\right)
$$

$$
\leqslant k_1\left(-\frac{k_1}{2k_2}\beta^2(\chi_1)-\frac{k_2}{2k_1}\beta^2(\chi_2)+|\beta(\chi_1)|\cdot|\chi_2-\beta(\chi_2)|\right) \tag{3.172}
$$

$$
\leqslant k_1\left(-\frac{k_1}{2k_2}\beta^2(\chi_1)-\frac{k_2}{2k_1}\beta^2(\chi_2)+|\beta(\chi_1)|\cdot|\beta(\chi_2)|\right)
$$

$$
=-k_1\left(\sqrt{\frac{k_1}{2k_2}}|\beta(\chi_1)|-\sqrt{\frac{k_2}{2k_1}}|\beta(\chi_1)|\right)^2
$$

为完成定理证明，将 $V_{12}(t)$ 和 $V_{34}(t)$ 线性组合在一起，得如下关于 $\chi_1(t)$、$\chi_2(t)$、$\chi_3(t)$ 及 $\chi_4(t)$ 的正定标量函数：

$$
V=V_{12}+\frac{1}{2}V_{34} \tag{3.173}
$$

求其关于时间的导数，利用式（3.158）、式（3.171）及式（3.172）的结论，可证得

$$
\dot{V}(t)\leqslant -k_1\left(\sqrt{\frac{k_1}{2k_2}}\,|\,\beta(\chi_1)\,|-\sqrt{\frac{k_2}{2k_1}}\,|\,\beta(\chi_2)\,|\right)^2
$$

$$
-\left(1-\frac{1}{2k_2}-\frac{7}{24}\right)\left(k_1\beta(\chi_1)+k_2\beta(\chi_2)\right)^2 \tag{3.174}
$$

$$
-\left(\frac{3}{8}-0.004l(3k_1+k_2)\right)\chi_4^2-\frac{1}{8}\chi_3^2
$$

基于式（3.152），易知 $\dot{V}(t)$ 为关于 $\chi_1(t)$、$\chi_2(t)$、$\chi_3(t)$ 与 $\chi_4(t)$ 的负定函数。因此，$V(t)\in\mathcal{L}_\infty$，且

$$
\chi_1(t),\chi_2(t)\in\mathcal{L}_\infty,\quad t\geqslant\tau_2 \tag{3.175}
$$

进一步，由式（3.174）可知闭环系统平衡点渐近稳定，即

$$
\lim_{t\to\infty}\chi_1(t),\chi_2(t),\chi_3(t),\chi_4(4)=0
$$
$$
\Rightarrow\lim_{t\to\infty}e_1(t),e_2(t),e_3(t),e_4(4)=0 \tag{3.176}
$$

然后，利用式（3.133）～式（3.138）所示的关系，可以得到

$$
\lim_{t\to\infty}x(t)=p_{dx},\quad \lim_{t\to\infty}\dot{x}(t),\theta(t),\dot{\theta}(t)=0 \tag{3.177}
$$

此外，联立式（3.153）及式（3.161），可知

$$
\chi_1(t),\chi_2(t)\in\mathcal{L}_\infty,\quad \forall t\geqslant 0 \tag{3.178}
$$

进一步结合式（3.133）、式（3.134）、式（3.138）、式（3.153）及式（3.161），可得

$$e_1(t), e_2(t), e_3(t), e_4(t) \in \mathcal{L}_\infty \Rightarrow$$
$$x(t), \dot{x}(t), \theta(t), \dot{\theta}(t) \in \mathcal{L}_\infty \Rightarrow F_a(t) \in \mathcal{L}_\infty \tag{3.179}$$

因此，整个过程中所有闭环信号有界，定理结论得证。

注记 3.13　对于本节方法而言，饱和函数 $\beta(*)$ 的引入至关重要。具体而言，由式（3.158）～式（3.160）的推导过程可见，其有界性能保证 $\chi_3(t)$ 与 $\chi_4(t)$ 在有限时间内进入已知范围内，且范围大小可通过 k_1 和 k_2 进行调节。随后，利用 $\beta(*)$ 与 $\chi_4(t)$ 的有界性，成功地将式（3.164）放缩为式（3.165），从而使 $\bar{\beta}$ 值与系统状态变量无关，极大方便了控制增益的选取（参见式（3.152））。另外，当 $\chi_2(t) \in (-\pi/2, \pi/2)$ 时，$\beta(\chi_2) = \sin(\chi_2)$，其所满足的性质（3.168）对完成整个闭环系统信号的分析起着关键作用，如式（3.172）中推导所示。

注记 3.14　本节方法可方便地扩展至无驱子系统（3.122）存在干扰（主要由空气阻力及黏性摩擦力组成）的情况。为说明这一点，在此进行一些简要分析。在这种情况下，式（3.124）可重新表示如下：

$$\ddot{x} = -g\tan\theta - \frac{l\ddot{\theta}}{\cos\theta} - \frac{k_n}{ml\cos\theta}\dot{\theta}$$

式中，$k_n\dot{\theta}$ 表示干扰；$\bar{k}_n \geqslant |k_n|$ 表示 $|k_n|$ 的上界。类似于式（3.138），可得 $\dot{e}_2 = e_3 - h(e_3)e_4^2 + p(e_3)e_4$，其中，$p(e_3) = k_n/(ml\sqrt{g^2+e_3^2})$ 满足 $|p(e_3)| \leqslant \bar{k}_{n'}/9.8$（此处 $g = 9.8$ 且 $\bar{k}_{n'} = \bar{k}_n/ml$）。相应地，由式（3.153）知 $\dot{\chi}_1 = \chi_2 + \chi_3 + \chi_4 - 3h(e_3)\chi_4^2 + 3p(e_3)\chi_4 + \phi$，$\dot{\chi}_2 = \chi_3 + \chi_4 - h(e_3)\chi_4^2 + p(e_3)\chi_4 + \phi$。经计算，式（3.152）中第三个条件调整如下：

$$\frac{k_1}{k_2} + \frac{0.0031l(k_1+k_2)^2}{k_2} + \frac{0.09\bar{k}_{n'}(k_1+k_2)}{k_2} < 1 \tag{3.180}$$

式（3.174）中 $\dot{V}(t)$ 变为

$$\dot{V}(t) \leqslant -\left(1 - \frac{1}{2k_2} - \frac{7}{24}\right)(k_1\beta(\chi_1) + k_2\beta(\chi_2))^2 - k_1\left(\sqrt{\frac{k_1}{2k_2}}|\beta(\chi_1)| - \sqrt{\frac{k_2}{2k_1}}|\beta(\chi_2)|\right)^2$$
$$-\left(\frac{3}{8} - 0.004l(3k_1+k_2)\right)\chi_4^2 - \frac{1}{8}\chi_3^2 + 0.09\bar{k}_{n'}(k_1+k_2)(3k_1+k_2)$$

这表明系统状态最终将收敛到一个与 k_1、k_2 及 $\bar{k}_{n'}$ 相关的界内，限于篇幅，在此略去其详细表达式。

3.4.3 实验结果及分析

为了验证本节所提方法的有效性，本节将进行两组实验测试。具体而言，第一组实验将验证本节方法的实际控制性能，并与已有文献中方法进行对比；第二组实验将进一步验证其对不同干扰与不确定性因素的鲁棒性。实验平台参数设置为 $M = 7\text{kg}$, $g = 9.8\text{m/s}^2$。在接下来的实验中，除第二组实验中情形 3 与 4 外，负载质量与绳长均分别为 $m = 1\text{kg}$, $l = 0.8\text{m}$。经标定得到的摩擦参数值如式（2.74）所示，$\bar{d} = 5$。在全部的实验中，控制器（3.149）的增益选取为

$$k_1 = 0.14, \quad k_2 = 0.75, \quad k_\xi = 0.06, \quad \alpha = 0.8 \tag{3.181}$$

为防止抖振，依照绝大多数滑模控制文献中的做法，在实验时将控制器中不连续项 $\text{sgn}(\xi)$ 用 $\tanh(10\xi)$ 取代。

1. 第一组实验

在本组实验中，将把本节方法与 LQR 方法、动能耦合控制方法[7]、控制方法（3.30）及文献[17]中滑模控制方法进行性能对比。其中，LQR 控制器的表达式为 $F_{lqr} = -k_1 e - k_2 x - k_3 \theta - k_4 \dot{\theta}$，动能耦合控制器[7]的表达式参见式（3.64）；经充分调试之后，LQR 方法对应的代价函数中权重矩阵/系数分别取为 $Q = \text{diag}\{10, 15, 150, 0\}$, $R = 0.15$，控制增益为 $k_1 = 8.1650$, $k_2 = 16.1178$, $k_3 = -17.4897$, $k_4 = -5.3552$；动能耦合控制方法的增益选取为 $k_p = 60$, $k_d = 12$, $k_v = 1.5$, $k_E = 1$；非线性控制律（3.30）的增益选取为 $k_p = 15$, $k_d = 4$, $k_a = 5$。文献[17]中滑模控制方法的表达式如下：

$$F_{\text{SMC}} = \frac{(M + m\sin^2\theta)l}{l - \alpha_{21}\cos\theta} k_s \text{sgn}(s) - m\sin\theta(g\cos\theta + l\dot{\theta}^2)$$

$$- \frac{(M + m\sin^2\theta)l}{l - \alpha_{21}\cos\theta}\left(\lambda_{11}\dot{x} + \lambda_{21}\dot{\theta} - \frac{\alpha_{21}g}{l}\sin\theta\right) \tag{3.182}$$

式中，$s = \dot{x} + \lambda_{11}(x - p_{dx}) + \alpha_{21}\dot{\theta} + \lambda_{21}\theta$ 为相应的滑模面；$\lambda_{11} = 1.2$, $\lambda_{21} = -2$, $\alpha_{21} = 0.2$, $k_s = 1.2$ 为控制增益，同样为避免抖振，在实验中用 $\tanh(10s)$ 代替不连续的 $\text{sgn}(s)$ 项。

相应的实验结果如图 3.16～图 3.20 所示[①]：各个方法台车定位所消耗的时间如下[②]：本节方法为 6.51s，LQR 方法为 5.81s，动能耦合控制方法为 5.86s，非线性控制方法（3.30）为 6.87s，文献[17]中滑模控制方法为 6.83s，所有方法对应的台车稳态定位误差均在 3mm 以内。

---

① 在本小节的所有结果图中，台车定位误差 $e_x(t)$ 定义为 $e_x(t) = x(t) - p_{dx}$（参见式（3.27））。
② 该时间定义为台车定位误差进入 3mm 范围（即 $|e_x(t)| \leq 3\text{ mm}|$）所需要的时间。

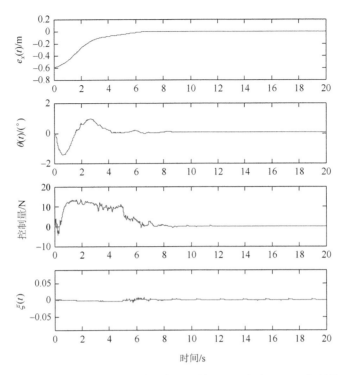

图 3.16   第一组实验-本节控制方法：定位误差 $e_x(t)$、摆角 $\theta(t)$、控制量及 $\xi(t)$

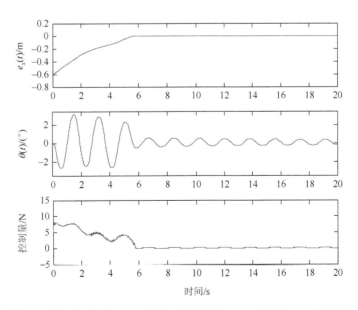

图 3.17   第一组实验-LQR 方法：定位误差 $e_x(t)$、摆角 $\theta(t)$、控制量

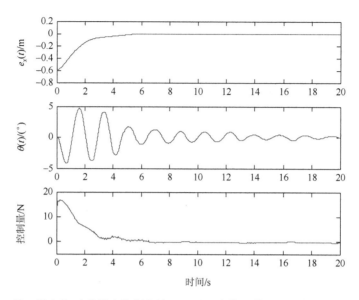

图 3.18　第一组实验-动能耦合控制方法（3.64）：定位误差 $e_x(t)$、摆角 $\theta(t)$、控制量

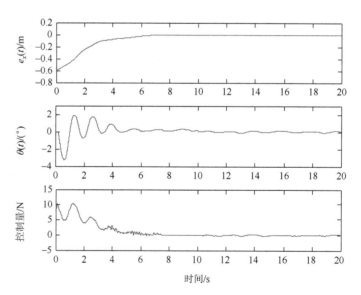

图 3.19　第一组实验-非线性控制方法（3.30）：定位误差 $e_x(t)$、摆角 $\theta(t)$、控制量

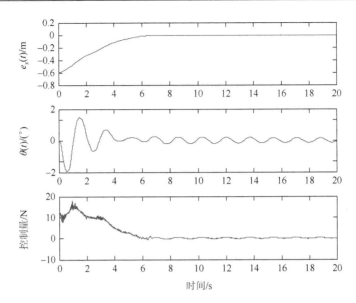

图 3.20　第一组实验-文献[17]中滑模控制方法：定位误差 $e_x(t)$、摆角 $\theta(t)$、控制量

从图中可以看出，与其他几种方法相比较，本节方法能将负载摆动抑制至更小的范围内，且几乎无残余摆动。此外，图 3.16 中底部子图显示的是式（3.142）中 $\xi(t)$ 随时间变化的曲线，可见 $\xi(t)$ 在零附近非常小的范围内变化（$|\xi(t)| < 0.01$），这与理论分析结果 $\xi(t) = 0$ 有所差别，主要是由在实验中将 $\mathrm{sgn}(\xi)$ 换为 $\tanh(10\xi)$ 所致。

2. 第二组实验

接下来，将验证本节方法对不同外界干扰及参数（绳长、负载质量与摩擦参数）不确定性等因素的鲁棒性。为此，考虑如下四种情形，其中控制增益的选取与第一组实验中保持一致，相应的实验结果如图 3.21～图 3.25 所示。

情形 1：引入初始摆角扰动，即负载初始摆角不为零。

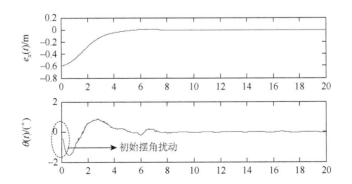

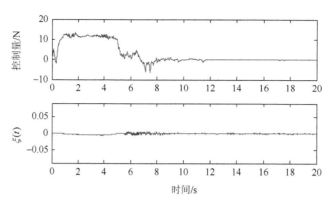

图 3.21　第二组实验-情形 1：定位误差 $e_x(t)$、摆角 $\theta(t)$、控制量及 $\xi(t)$

情形 2：控制器（3.149）中摩擦力模型的参数值取为 $F_{r0x} = 3$, $k_{rx} = -0.3$, $\epsilon_x = 0.02$，而更准确的标定值如式（2.74）所示。

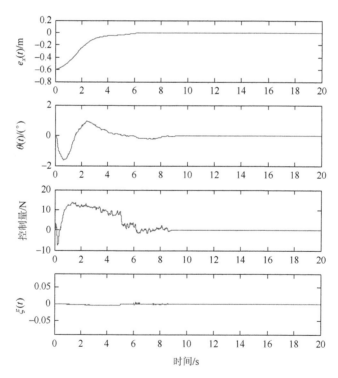

图 3.22　第二组实验-情形 2：定位误差 $e_x(t)$、摆角 $\theta(t)$、控制量及 $\xi(t)$

情形 3：吊绳长度 l 及负载质量 m 分别调整为 $l = 0.75$m, $m = 2$kg，而它们的名义值依然分别为 0.8m 与 1kg。此外，在系统的运行过程中对负载摆动施加扰动。

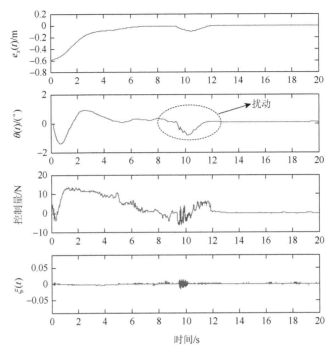

图 3.23 第二组实验-情形 3（本节控制方法）：定位误差 $e_x(t)$、摆角 $\theta(t)$、控制量及 $\xi(t)$

情形 4：将吊绳长度分别调整为 0.3m 与 1.0m，其名义值仍为 0.8m。

由图 3.21 可知，本节方法能迅速消除初始角度干扰，并保持良好的控制性能。通过对比图 3.22 与图 3.16 中实验曲线知，本节所提方法的控制效果几乎一致，并未受到摩擦参数不确定性的影响。图 3.23 与图 3.24 分别刻画了本节方法与文献[17]中滑模控制方法在类似干扰情况下的响应情况，尽管系统参数并非精确已知且存在外界干扰（见图中圈出部分），但两者均体现出良好的鲁棒性；通过进一步对比可知，本节方法能取得更好的摆角抑制效果。在图 3.25 中，实线对应 0.3m 绳长的实验结果，而虚线则对应 1.0m 绳长的结果，可见本节方法能在不同绳长情况下保持良好的消摆能力，负载几乎无残摆。这些实验结果均表明本节方法有着良好的控制效果与很强的鲁棒性。

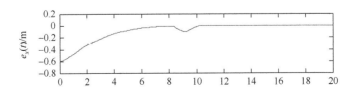

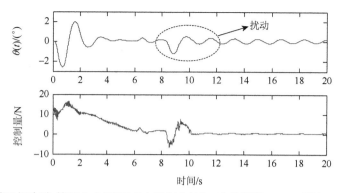

图 3.24　第二组实验-情形 3（文献[17]中控制方法）：定位误差 $e_x(t)$、摆角 $\theta(t)$、控制量

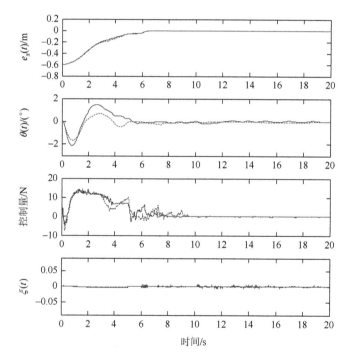

图 3.25　第二组实验-情形 4：定位误差 $e_x(t)$、摆角 $\theta(t)$、控制量及 $\xi(t)$

实线：$l = 0.3\text{m}$；虚线：$l = 1.0\text{m}$

3.5　同时考虑匹配与不匹配干扰的滑模控制方法

3.5.1　问题描述

桥式吊车的动力学方程可以描述为如下形式：

$$\begin{cases} (M+m)\ddot{x} + ml\ddot{\theta}\cos\theta - ml\dot{\theta}^2\sin\theta = F_a + d_1 \\ ml^2\ddot{\theta} + ml\cos\theta\ddot{x} + mgl\sin\theta = d_2 \end{cases} \tag{3.183}$$

式中，M，m，l 分别表示台车质量、负载质量和吊绳长度；θ 表示负载摆角；x 表示台车的水平位移；d_1，d_2 表示施加在系统上的匹配和不匹配扰动；F_a 为控制输入；g 为重力加速度。

需要指出的是，实际桥式吊车系统比式（3.183）中描述的要复杂得多。例如，在实际应用中，桥式吊车的运输过程总是受到轨道与台车之间摩擦的干扰，即 $F_r(t)$。然而摩擦的实际形式很难得到，而对操作过程中的摩擦进行识别也是不现实的。因此，本节将摩擦和其他因素，如不确定参数、未建模动态等，都纳入集总扰动 $d_1(t)$，$d_2(t)$ 中。这样处理不仅有利于表达的简洁，而且更适合于实际应用。实验结果充分证明，所提出的控制策略能够很好地克服这些干扰。

在进行后续分析之前，进行了一些模型变换。首先，定义以下状态变量：

$$\begin{cases} \chi_1 = x - x_d + l\ln\left(\dfrac{1}{\cos\theta} + \tan\theta\right), \quad \chi_2 = \dot{x} - \dot{x}_d + \dfrac{l}{\cos\theta}\dot{\theta} \\ \chi_3 = -g\tan\theta, \quad \chi_4 = -\dfrac{g}{\cos^2\theta}\dot{\theta} \end{cases} \tag{3.184}$$

式中，x_d 是台车的参考轨迹，可以经过仔细设计满足以下条件：

$$\begin{cases} x_d(0) = 0, \quad \lim_{t\to\infty} x_d(t) = p_d, \quad \lim_{t\to\infty}\dot{x}_d(t), \quad \ddot{x}_d(t) = 0 \\ 0 \leqslant \dot{x}_d(t) \leqslant k_v, \quad |\ddot{x}_d(t)| \leqslant k_a \end{cases} \tag{3.185}$$

其中，k_v，$k_a \in \mathbb{R}^+$ 表示相应的上界；p_d 表示台车目标位置。此外，为了使随后的控制器设计过程更清晰，控制输入 $F_a(t)$ 设计如下：

$$\begin{aligned} F_a = {} & \frac{(Ml + ml\sin^2\theta)\cos\theta}{g}u - ml\dot{\theta}^2\sin\theta - (M+m)g\tan\theta \\ & + 2\frac{(Ml + ml\sin^2\theta)\sin\theta}{\cos^2\theta}\dot{\theta}^2 \end{aligned} \tag{3.186}$$

式中，u 是待设计的辅助信号。经过严格的数学推导，原本的吊车系统（3.183）可以写成以下形式：

$$\begin{cases} \dot{\chi}_1 = \chi_2 \\ \dot{\chi}_2 = \chi_3 - h(\chi_3)\chi_4^2 - \ddot{x}_d + \gamma_2 d_2 \\ \dot{\chi}_3 = \chi_4 \\ \dot{\chi}_4 = u + \gamma_1 d_1 - \gamma_3 d_2 \end{cases} \tag{3.187}$$

其中，$\gamma_i(i=1,2,3)$ 和 $h(\chi_3)$ 分别定义如下：

$$\begin{cases} \gamma_1 = \dfrac{g}{(Ml + ml\sin^2\theta)\cos\theta}, & \gamma_2 = \dfrac{1}{ml\cos\theta} \\[3mm] \gamma_3 = \dfrac{(M+m)g}{(M+m\sin^2\theta)ml^2\cos^2\theta}, & h(\chi_3) = \dfrac{l\chi_3}{(g^2+\chi_3^2)^{\frac{3}{2}}} \end{cases} \quad (3.188)$$

根据 Sun 等的研究[52]，以下属性始终成立：

$$|h(\chi_3)| \leqslant 0.004l \quad (3.189)$$

此外，与其他吊车相关工作一样，假设负载摆动角度始终有界，即 $-\dfrac{\pi}{3} < \theta(t) < \dfrac{\pi}{3}$，则通过式（3.188）可以得到如下结论：

$$\begin{cases} \dfrac{g}{Ml + ml} < \gamma_1 < \dfrac{2g}{Ml}, & \dfrac{1}{ml} < \gamma_2 < \dfrac{2}{ml} \\[3mm] \dfrac{(M+m)g}{(M+m)ml^2} < \gamma_3 < \dfrac{4(M+m)g}{Mml^2} \end{cases} \quad (3.190)$$

桥式吊车的控制目标是同时实现台车精确定位和负载摆动消除，即 $[x\ \dot{x}\ \theta\ \dot{\theta}]^{\mathrm{T}} \to [p_d\ 0\ 0\ 0]^{\mathrm{T}}$。对于新系统（3.187），经计算，控制目标等价转化为 $[\chi_1\ \chi_2\ \chi_3\ \chi_4]^{\mathrm{T}} \to [0\ 0\ 0\ 0]^{\mathrm{T}}$。相应地，下面的分析将着重于证明新的控制目标。

由于物理限制，假设干扰 $d_1(t), d_2(t)$ 满足如下条件：

$$\begin{cases} |d_1(t)| \leqslant \bar{d}_1, & |d_2(t)| \leqslant \bar{d}_2 \\[2mm] \forall t \in \mathbb{R}^+, & |\dot{d}_1(t)| \leqslant D, \ d_2(t) \to 0 \end{cases} \quad (3.191)$$

式中，$\bar{d}_1, \bar{d}_2, D > 0$ 分别表示 $d_1(t), d_2(t), \dot{d}_1(t)$ 的上界。

值得指出的是，在实际应用中无论是出于安全性还是效率的考虑，桥式吊车通常从零初始条件开始工作，即

$$x(0), \dot{x}(0), \theta(0), \dot{\theta}(0) = 0 \Rightarrow \chi_1(0), \chi_2(0), \chi_3(0), \chi_4(0) = 0 \quad (3.192)$$

事实上，非零初始条件也可以看作一种扰动，这种扰动可以通过所提出的控制策略得到很好的解决。

3.5.2　非线性干扰观测器的设计

针对欠驱动桥式吊车系统，提出了一种扰动观测器，利用该观测器可以补偿大部分扰动，从而缓解所设计滑模控制器的抖振问题。受文献[54]的启发，将集总扰动 $d_1(t)$ 作为系统的扩张状态变量。相应地，式（3.187）可进一步整合如下：

$$\begin{cases} \dot{\chi}_1 = \chi_2 \\ \dot{\chi}_2 = \chi_3 - h(\chi_3)\chi_4^2 - \ddot{x}_d + \gamma_2 d_2 \\ \dot{\chi}_3 = \chi_4 \\ \dot{\chi}_4 = u + \gamma_1 \chi_5 - \gamma_3 d_2 \\ \dot{\chi}_5 = \varpi \end{cases} \tag{3.193}$$

式中，ϖ 是扰动关于时间的导数，即 $\varpi(t) = \dot{d}_1(t)$。对于（3.193），它可以进一步表示为以下状态空间形式：

$$\begin{cases} \dot{\chi} = A\chi + Bu + \xi_1 + \xi_2 \\ y = C\chi \end{cases} \tag{3.194}$$

式中，$\chi = [\chi_1 \quad \chi_2 \quad \chi_3 \quad \chi_4 \quad \chi_5]^{\mathrm{T}}$ 表示系统扩张状态；y 是系统输出；A, B, C, ξ_1 和 ξ_2 分别表示如下：

$$A = \begin{bmatrix} 0 & 1 & 0 & 0 & 0 \\ 0 & 0 & 1 & 0 & 0 \\ 0 & 0 & 0 & 1 & 0 \\ 0 & 0 & 0 & 0 & \gamma_1 \\ 0 & 0 & 0 & 0 & 0 \end{bmatrix}, C = \begin{bmatrix} 1 & 0 & 0 & 0 & 0 \\ 0 & 1 & 0 & 0 & 0 \\ 0 & 0 & 1 & 0 & 0 \\ 0 & 0 & 0 & 1 & 0 \end{bmatrix}, B = [0 \quad 0 \quad 0 \quad 1 \quad 0]^{\mathrm{T}}$$

$$\xi_1 = [0 \quad \gamma_2 d_2 \quad 0 \quad -\gamma_3 d_2 \quad \varpi]^{\mathrm{T}}, \xi_2 = [0 \quad -h(\chi_3)\chi_4^2 - \ddot{x}_d \quad 0 \quad 0 \quad 0]^{\mathrm{T}}$$

$$\tag{3.195}$$

在式（3.195）中，只有 ξ_1 未知。基于式（3.194），可以设计以下广义扩张状态观测器：

$$\dot{z} = Az + Bu + \xi_2 + GC(z - \chi) \tag{3.196}$$

式中，$z = [z_1(t) \quad z_2(t) \quad z_3(t) \quad z_4(t) \quad z_5(t)]^{\mathrm{T}}$ 为状态估计向量；$G \in R^{5 \times 4}$ 为待设计矩阵。将式（3.196）减去式（3.194）得到

$$\dot{z} - \dot{\chi} = A(z - \chi) - \xi_1 + GC(z - \chi) \tag{3.197}$$

定义状态估计误差为

$$e = z - \chi \tag{3.198}$$

那么式（3.197）可以进一步整理为

$$\dot{e} = (A + GC)e - \xi_1 \tag{3.199}$$

基于式（3.199）的结构，矩阵 G 可以设计为如下形式：

$$G = \begin{bmatrix} -\lambda & -1 & 0 & 0 \\ 0 & -\lambda & -1 & 0 \\ 0 & 0 & -\lambda & -1 \\ 0 & 0 & 0 & -2\lambda \dfrac{Ml+ml}{g}\gamma_1 \\ 0 & 0 & 0 & -\left(\lambda \dfrac{Ml+ml}{g}\right)^2 \gamma_1 \end{bmatrix}$$

式中，$\lambda > 0$ 表示待确定的观测器增益。经过计算得到 $A+GC$ 的特征值为 $-\lambda, -\lambda, -\lambda, -\lambda\dfrac{Ml+ml}{g}\gamma_1 - \lambda\dfrac{Ml+ml}{g}\gamma_1$。根据式（3.189），有如下结论成立：

$$-\lambda \frac{Ml+ml}{g}\gamma_1 < -\lambda < 0 \tag{3.200}$$

因此，可以得出 $A+GC$ 的每个特征值都是负的，这进一步表明 $A+GC$ 是 Harwitz 矩阵，且 $A+GC$ 的特征值可以通过调整 λ 方便地赋值。从式（3.191）和式（3.190）可以推导得出 $\varpi = \dot{d}_1 \in \mathcal{L}_\infty$，$d_2 \to 0$，$\gamma_2, \gamma_3 \in \mathcal{L}_\infty$。因此，进一步推导出 $|\xi_1| \in \mathcal{L}_\infty$，根据线性系统理论，式（3.199）中的估计误差系统是稳定的，即

$$|e| \in \mathcal{L}_\infty \Rightarrow d_r = \chi_5 - z_5 = d_1 - \hat{d}_1 \in \mathcal{L}_\infty \tag{3.201}$$

式中，$\hat{d}_1 = z_5$ 是 d_1 的估计；d_r 是干扰估计误差。

3.5.3 控制器的设计与稳定性分析

本节详细介绍了控制器的设计和相应的稳定性分析过程。具体来说，首先构造一个合适的滑模面，然后设计一种新型的滑模控制器，使状态变量始终保持在设计的滑模面上。最后，进一步的分析表明系统状态将渐近收敛到期望平衡点。

基于式（3.187）中的模型，首先设计如下滑模面：

$$\Omega = \{(\chi_1, \chi_2, \chi_3, \chi_4) \mid a\chi_1 + b\chi_2 + c\chi_3 + \chi_4 = 0\} \tag{3.202}$$

式中，a, b, c 是待确定的参数。为了便于描述，定义如下变量：

$$\sigma = a\chi_1 + b\chi_2 + c\chi_3 + \chi_4 \tag{3.203}$$

由式（3.192）可以得到

$$\sigma(0) = a\chi_1(0) + b\chi_2(0) + c\chi_3(0) + \chi_4(0) = 0 \tag{3.204}$$

选择以下非负函数作为李雅普诺夫候选函数：

$$V(t) = \frac{1}{2}\sigma^2 \tag{3.205}$$

由式（3.204）可以得出

$$V(0) = \frac{1}{2}\sigma^2(0) = 0 \tag{3.206}$$

将式（3.205）两边关于时间求导，得到

$$
\begin{aligned}
\dot{V}(t) = \sigma\dot{\sigma} = \sigma\big(a\chi_2 + b(\chi_3 - h(\chi_3)\chi_4^2 - \ddot{x}_d + \gamma_2 d_2) \\
+ c\chi_4 + u + \gamma_1 d_1 - \gamma_3 d_2\big)
\end{aligned}
\tag{3.207}
$$

基于（3.207）的结构和扰动估计结果，将控制输入构造为：

$$
\begin{aligned}
u = -\big(a\chi_2 + b(\chi_3 - h(\chi_3)\chi_4^2 - \ddot{x}_d) + c\chi_4\big) - \gamma_1\hat{d}_1 \\
- \gamma_1\overline{d}_r\mathrm{sgn}(\sigma) - (b|\gamma_2| + |\gamma_3|)\overline{d}_2\mathrm{sgn}(\sigma) - k_s\sigma
\end{aligned}
\tag{3.208}
$$

式中，$k_s, \overline{d}_r > |d_r|$ 为正控制增益；$\mathrm{sgn}(*)$ 表示符号函数，定义为

$$
\mathrm{sgn}(*) = \begin{cases} 1, & * > 0 \\ 0, & * = 0 \\ -1, & * < 0 \end{cases}
$$

为了便于随后的稳定性分析，引入以下性质。

性质 3.1 如果 $H \in R^{n \times n}$ 是一个正定对称矩阵，则有以下性质成立：

$$h_1\|x\|^2 \leqslant x^{\mathrm{T}}Hx \leqslant h_2\|x\|^2, \ \forall x \in R^n \tag{3.209}$$

式中，h_1, h_2 分别表示 H 的最小和最大特征值。

定理 3.5 对于式（3.187）所示的吊车系统，所提出的控制器（3.208）能够保证系统的期望平衡点渐近稳定，即

$$\lim_{t \to \infty}[\chi_1\ \chi_2\ \chi_3\ \chi_4]^{\mathrm{T}} = [0\ 0\ 0\ 0]^{\mathrm{T}}$$

证明 为了结构的清晰性，定理 3.5 的证明将分两步完成。

第一步：首先证明系统状态变量始终保持在滑模面上。为此，将控制输入（3.208）代入式（3.207），则得到

$$
\begin{aligned}
\dot{V}(t) = \sigma\big(\gamma_1 d_r - \gamma_1\overline{d}_r\mathrm{sgn}(\sigma) - k_s\sigma + (b\gamma_2 - \gamma_3)d_2 \\
- (b|\gamma_2| + |\gamma_3|)\overline{d}_2\mathrm{sgn}(\sigma)\big) \leqslant -k_s\sigma^2 \leqslant 0
\end{aligned}
\tag{3.210}
$$

其中利用了式（3.190）和式（3.201）中的结果。式（3.210）意味着 $V(t)$ 不随时间增加。根据式（3.206）可以得到 $V(0) = 0$。那么就不难得出以下结论：

$$V(t) = 0 \implies \sigma(t) = 0, \ \forall t \in \mathbb{R}^+ \tag{3.211}$$

因此，控制器保证了系统状态始终保持在滑模面上。

第二步：进一步证明系统状态渐近收敛到期望的平衡点。在进行后续分析之前，定义如下状态向量：

$$\chi_u = [\chi_1\ \chi_2\ \chi_3]^{\mathrm{T}} \implies \chi_u(0) = 0 \tag{3.212}$$

从式（3.203）与式（3.211）中可以得到

$$\chi_4 = -a\chi_1 - b\chi_2 - c\chi_3 \tag{3.213}$$

那么可以从（3.187）和式（3.213）推导出以下子系统：

$$\begin{cases} \dot{\chi}_1 = \chi_2 \\ \dot{\chi}_2 = \chi_3 - h(\chi_3)\chi_4^2 - \ddot{x}_d + \gamma_2 d_2 \\ \dot{\chi}_3 = -a\chi_1 - b\chi_2 - c\chi_3 \end{cases} \quad (3.214)$$

为了便于描述，将式（3.214）重写为以下状态空间形式：

$$\dot{\chi}_u = A_1 \chi_u + \zeta_1 + \zeta_2 \quad (3.215)$$

式中

$$A_1 = \begin{bmatrix} 0 & 1 & 0 \\ 0 & 0 & 1 \\ -a & -b & -c \end{bmatrix}, \quad \zeta_1 = \begin{bmatrix} 0 \\ -h(\chi_3)\chi_4^2 \\ 0 \end{bmatrix}, \quad \zeta_2 = \begin{bmatrix} 0 \\ \gamma_2 d_2 - \ddot{x}_d \\ 0 \end{bmatrix} \quad (3.216)$$

可以观察到系统（3.214）是准线性的。如果想使式（3.214）稳定，首先要考虑的是使 A_1 为 Harwitz 矩阵。由于 a,b,c 是待确定的参数，可以按以下方式选择它们：

$$a, \ b, \ c, \ bc - a > 0 \quad (3.217)$$

利用 Routh 判据，可以得出 A_1 的每个特征值都有一个负实部，即 A_1 是 Harwitz 矩阵。

由于直接分析系统（3.214）比较困难，接下来对系统状态进行一些线性变换。首先，为了便于分析，a,b,c 选为如下形式：

$$a = k^3, \quad b = 3k^2, \quad c = 3k \quad (3.218)$$

式中，k 是待确定的正控制收益。不难得出 A_1 的特征根均为 $-k$。此外，进行以下状态转换：

$$\varphi = \Phi^{-1}\chi_u \implies \chi_u = \Phi\varphi \quad (3.219)$$

同时根据（3.212）可以得到

$$\varphi(0) = \Phi^{-1}\chi_u(0) = 0 \quad (3.220)$$

在式（3.219）中，Φ 可以表示为如下形式：

$$\Phi = \begin{bmatrix} 1 & \dfrac{k+2}{k} & \dfrac{k^2+2k+3}{k^2} \\ -k & -(k+1) & -\dfrac{k^2+k+1}{k} \\ k^2 & k^2 & k^2 \end{bmatrix} \implies \Phi^{-1} = \begin{bmatrix} k & 3 & \dfrac{2k+1}{k^2} \\ -(k^2+k) & -(2k+3) & -\dfrac{k+2}{k} \\ k^2 & 2k & 1 \end{bmatrix}$$

$$(3.221)$$

经过计算，得出如下结论：

$$\Phi^{-1}A_1\Phi = R \quad (3.222)$$

式中，R 可以表示为

$$R = \begin{bmatrix} -k & 1 & 0 \\ 0 & -k & 1 \\ 0 & 0 & -k \end{bmatrix} \qquad (3.223)$$

而后从式（3.215）可以导出

$$\dot{\varphi} = \Phi^{-1}\dot{\chi}_u = \Phi^{-1}(A_1\chi_u + \zeta_1 + \zeta_2) = R\varphi + \Phi^{-1}\zeta_1 + \Phi^{-1}\zeta_2 \qquad (3.224)$$

选择如下李雅普诺夫候选函数：

$$V_1(t) = \varphi^{\mathrm{T}}\varphi = \|\varphi\|^2 \qquad (3.225)$$

将式（3.225）关于时间求导得到

$$\begin{aligned} \dot{V}_1(t) &= \varphi^{\mathrm{T}}(R^{\mathrm{T}} + R)\varphi + 2\varphi^{\mathrm{T}}\Phi^{-1}\zeta_1 + 2\varphi^{\mathrm{T}}\Phi^{-1}\zeta_2 \\ &= -\varphi^{\mathrm{T}}\Gamma\varphi + 2\varphi^{\mathrm{T}}\Phi^{-1}\zeta_1 + 2\varphi^{\mathrm{T}}\Phi^{-1}\zeta_2 \end{aligned} \qquad (3.226)$$

式中，$\Gamma = -(R^{\mathrm{T}} + R)$。为了使 Γ 正定，要求 Γ 的最小特征值，即 $\lambda_m = 2k - \sqrt{2} > 0$，这进一步表明：

$$k > 2\sqrt{2} \qquad (3.227)$$

根据式（3.209），可得式（3.226）的上界为

$$\dot{V}_1(t) \leqslant -\lambda_m \|\varphi\|^2 + 2\|\varphi\| \cdot \|\Phi^{-1}\zeta_1\| + 2\|\varphi\| \cdot \|\Phi^{-1}\zeta_2\| \qquad (3.228)$$

结合式（3.190）、式（3.216）和式（3.221）可以得到

$$\begin{aligned} \|\Phi^{-1}\zeta_1\| &\leqslant \sqrt{8k^2 + 12k + 18} \cdot |h(\chi_3)| \cdot \chi_4^2 \\ \|\Phi^{-1}\zeta_2\| &\leqslant \sqrt{8k^2 + 12k + 18} \cdot \left(|\ddot{x}_d| + \frac{2}{ml}|d_2|\right) \end{aligned} \qquad (3.229)$$

为简洁起见，在随后的分析中使用以下符号：

$$\beta = \sqrt{8k^2 + 12k + 18} \qquad (3.230)$$

根据式（3.213），χ_4^2 可被表示为

$$\chi_4^2 = (-a\chi_1 - b\chi_2 - c\chi_3)^2 = (a\chi_1 + b\chi_2 + c\chi_3)^2 \qquad (3.231)$$

结合式（3.219）可以得到

$$a\chi_1 + b\chi_2 + c\chi_3 = [a\ b\ c] \cdot \chi_u = [a\ b\ c] \cdot \Phi\varphi = \Lambda\varphi \qquad (3.232)$$

式中

$$\Lambda = [a\ b\ c] \cdot \Phi \qquad (3.233)$$

从而可以得出如下结论：

$$\chi_4^2 \leqslant \|\Lambda\|^2 \cdot \|\varphi\|^2 \qquad (3.234)$$

将式（3.229）与式（3.234）中的结果代入式（3.228）可以得到

$$\dot{V}_1(t) \leqslant -\lambda_m \|\varphi\|^2 + \underbrace{2\beta |h(\chi_3)| \cdot \|\Lambda\|^2 \cdot \|\varphi\|^3}_{L_1}$$

$$+ \underbrace{2\beta \left(|\ddot{x}_d| + \frac{2}{ml} |d_2| \right) \cdot \|\varphi\|}_{L_2} \qquad (3.235)$$

经过简化，式（3.235）可以进一步整理为

$$\dot{V}_1(t) \leqslant -\lambda_m \|\varphi\|^2 + L_1 \|\varphi\|^3 + L_2 \|\varphi\| \\ = |\varphi\| (L_1 \|\varphi\|^2 - \lambda_m \|\varphi\| + L_2) \qquad (3.236)$$

为了使描述更加清晰，定义如下辅助变量：

$$\Delta = \|\varphi\| (L_1 \|\varphi\|^2 - \lambda_m \|\varphi\| + L_2) \qquad (3.237)$$

从式（3.237）可以看出，Δ 是 $\|\varphi\|$ 的函数。因为 $L_1 > 0$，通过求解式（3.237）可得出 $\|\varphi\|$ 的一个区间以保证 $\Delta < 0$，从而进一步说明 $\dot{V}_1(t) \leqslant \Delta < 0$。经过计算，上述 $\|\varphi\|$ 的区间可求取为

$$\Pi = \left(\frac{\lambda_m - \sqrt{\tau}}{2L_1}, \frac{\lambda_m + \sqrt{\tau}}{2L_1} \right) \qquad (3.238)$$

Π 的存在取决于以下条件：

$$\tau = \lambda_m^2 - 4L_1 L_2 > 0 \qquad (3.239)$$

从式（3.220）可以看出 $\|\varphi(0)\| = 0$。假设 $\|\varphi\|$ 超过 $\frac{\lambda_m}{2L_1}$，则得出结论：存在一个时间 t_0 使得 $\|\varphi(t_0)\| \in \left(\frac{\lambda_m - \sqrt{\tau}}{2L_1}, \frac{\lambda_m}{2L_1} \right) \subset \Pi$。假设 t_1, t_2 位于 t_0 的一个极小邻域内且 $t_0 < t_1 < t_2$，则根据前面的分析，可以得出以下结论：

$$\dot{V}_1(t_0) < 0 \Rightarrow V_1(t_1) < V_1(t_0) \Rightarrow \|\varphi(t_1)\| < \|\varphi(t_0)\| \qquad (3.240)$$

从而可以进一步导出

$$\dot{V}_1(t_1) < 0 \Rightarrow V_1(t_2) < V_1(t_1) \Rightarrow \|\varphi(t_2)\| < \|\varphi(t_1)\| \qquad (3.241)$$

只要 $\|\varphi\| \in \Pi$，上述过程就会继续，这意味着

$$\|\varphi\| \to \left[0, \frac{\lambda_m - \sqrt{\tau}}{2L_1} \right) \qquad (3.242)$$

在上述区间中 $\dot{V}_1(t_1) \geqslant 0$ 始终成立。此外，由于 $d_2(t)$, $\ddot{x}_d(t) \to 0$，那么可以最终得到

$$L_2 = 2\beta \left(|\ddot{x}_d| + \frac{2}{ml} |d_2| \right) \to 0 \Rightarrow \frac{\lambda_m - \sqrt{\tau}}{2L_1} \to 0 \qquad (3.243)$$

因此有如下结论成立：

$$\lim_{t \to \infty} \|\varphi\| = 0 \Rightarrow \lim_{t \to \infty} \varphi = 0 \tag{3.244}$$

从而可以进一步得到

$$\lim_{t \to \infty} \chi_u = \lim_{t \to \infty} \Phi \varphi = 0$$
$$\Rightarrow \lim_{t \to \infty} \chi_1, \chi_2, \chi_3 = 0 \tag{3.245}$$
$$\Rightarrow \lim_{t \to \infty} \chi_4 = -a\chi_1 - b\chi_2 - c\chi_3 = 0$$

综上，有以下结论成立：

$$\lim_{t \to \infty} [\chi_1 \ \chi_2 \ \chi_3 \ \chi_4]^{\mathrm{T}} = [0 \ 0 \ 0 \ 0]^{\mathrm{T}} \tag{3.246}$$

至此，定理 3.5 证明完毕。

3.5.4　实验结果与分析

本小节中，进一步通过实验验证所提出滑模控制方法的有效性。自建的桥式吊车实验平台如图 3.26 所示。从图中可以看出，台车沿着与地面平行的导轨移动，其位移由嵌入伺服电机内的编码器测量。通过安装在台车下方的编码器，可以方便地实时检测负载的摆动大小。上位机中嵌入了固高 GTS-800-PV-PCI 八轴运动控制卡，用于从传感器收集数据并同时向电机传送由上位机产生的控制命令。该控制系统运行在 Windows XP 操作系统下的 MATLAB/Simulink 2012b RTWT 环境下。控制周期设置为 5ms，保证了足够好的实时性。

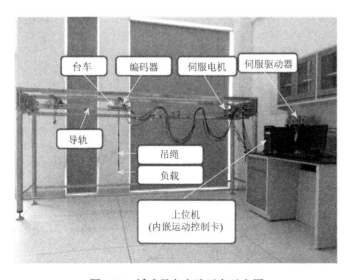

图 3.26　桥式吊车实验平台示意图

实验台的物理参数确定为

$$M = 4.6\text{kg}, \quad m = 1.0\text{kg}, \quad l = 1\text{m} \tag{3.247}$$

台车的目标位置设置为 $x_d = 2\text{ m}$，根据该位置生成以下参考轨迹：

$$x_d(t) = 2(1 - e^{-0.004t^3})$$

所提出方法的控制增益调整如下：

$$\lambda = 10, \quad k_s = 10, \quad d_r = 5, \quad k = 3$$

为了解决抖振问题，用 $\gamma_1 \bar{d}_r \tanh(4\sigma)$ 代替式（3.208）中的切换项 $\gamma_1 \bar{d}_r \text{sgn}(\sigma)$ 进行实验。为了全面验证所提出控制策略的性能，进行了两组实验测试。在第一组中，将所提出的方法与现有的一些方法进行了比较。随后，在第二组中验证了所提出方法对不同类型干扰的鲁棒性。在整个实验过程中，轨道摩擦被视为干扰的一部分，然后通过干扰观测器和滑模控制器抵消。而在对比方法中，除非另有说明，摩擦力是得到精确补偿的。经过多次试验，摩擦力确定如下：

$$F_r = 36\tanh(1000\dot{x}) + 30\dot{x}|\dot{x}| \tag{3.248}$$

在第一组实验中，所提出的方法与文献[52]中的 SMC 方法和文献[55]中的基于末端执行器控制方法进行了比较。为简洁起见，这里省略了两种对比方法的表达式，只给出了它们的控制增益。仔细调整后，SMC 方法的控制增益选择为

$$k_1 = 0.2, \quad k_2 = 0.75, \quad k_\xi = 0.06, \quad \alpha = 0.68, \quad \bar{d} = 5$$

而文献[55]中方法的控制增益选择为

$$k_a = 0.2, \quad k_p = 250, \quad k_d = 300$$

为了更好地评价所提出方法和对比方法的控制性能，引入了以下性能指标：

（1） $\theta_{\max}$：最大摆角幅度，即 $\theta_{\max} = \max\limits_{t \in \mathbb{R}^+} \{|\theta(t)|\}$。

（2） θ_{res}：台车停止后的最大摆角幅度，即 $\theta_{\text{res}} = \max\limits_{\dot{x}=0} \{|\theta(t)|\}$。

（3） δ_x：台车停止后定位误差，即 $\delta_x = \{|x - p_d|\}$。

实验结果记录在表 3.8 和图 3.27～图 3.30 中。

表 3.8　几种方法的性能指标

方法	$\theta_{\max}$ /(°)	θ_{res} /(°)	δ_x /m
所提方法	2.00	0.05	0.006
对比 SMC 控制方法	2.98	0.38	0.014
文献[55]中方法（摩擦精确补偿）	2.00	0.18	0.008
文献[55]中方法（摩擦未精确补偿）	2.41	0.86	0.008

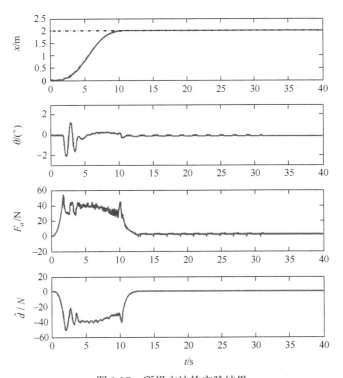

图 3.27　所提方法的实验结果

实线：实验结果；点划线：目标位置；虚线：参考轨迹

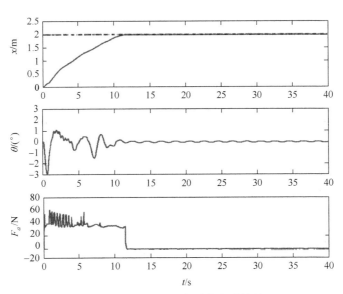

图 3.28　对比 SMC 方法的实验结果

实线：实验结果；点划线：目标位置；虚线：参考轨迹

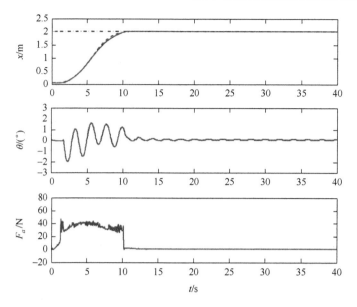

图 3.29　文献[55]中方法实验结果（摩擦力精确补偿）

实线：实验结果；点划线：目标位置；虚线：参考轨迹

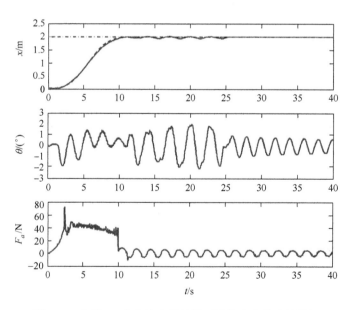

图 3.30　文献[55]中方法实验结果（摩擦力未精确补偿）

实线：实验结果；点划线：目标位置；虚线：参考轨迹

从图 3.27 可以看出，所提出的控制方法能将台车精确地驱动到期望位置，并且负载几乎没有残余摆动。相比之下，对比 SMC 方法会导致 0.38°的轻微残余摆动（见图 3.28 和表 3.8），尽管它也可以准确定位台车。图 3.29 中，使用式（3.248）精确补偿了文献[55]中所提方法的摩擦，而在图 3.30 中，特意使用式（3.249）不精确地补偿摩擦：

$$F_r = 44\tanh(1000\dot{x}) + 20\dot{x}|\dot{x}| \tag{3.249}$$

从图中可以看出，在精确补偿摩擦的条件下，文献[55]中的方法获得了比较满意的控制性能。然而，在摩擦未得到精确补偿的条件下，台车在期望位置附近会来回移动，并且有 0.86°的明显残余摆动（见表 3.8），这表明该方法依赖于精确的摩擦补偿。通过对表 3.8 的进一步观察，可以发现，所提出的方法和文献[55]中方法都成功地将负载摆动抑制在约 2°以内，而对比 SMC 方法，负载最大摆角约为 3°。另外，在运输过程中，无论 SMC 方法还是文献[55]中方法，负载都会不断地来回摆动，而对于本节提出的方法，负载运输过程中更加稳定。因此可以得出结论，所提出的方法在抑制摆动方面取得了优异性能。

为了进一步验证所设计控制策略的鲁棒性，进一步开展了以下三种情况的实验。

情形 1：在约 17s 时对负载施加外部干扰。

情形 2：将系统参数更改为 $l=0.8\text{m}, M=5.5\text{kg}$，而其标称值仍然为 $l=1\text{m}, M=4.6\text{kg}$。

情形 3：对负载引入初始摆动来干扰吊车系统。

图 3.31～图 3.33 展示了所提出的控制器在不同干扰下的性能。从图 3.31 可以看出，在负载上施加干扰之后，系统很快（在大约 5s 内）重新稳定，这表明控制器对外部干扰具有满意的鲁棒性。在图 3.32 中，可以发现即使系统参数存在不确定性，所提出的方法也可以实现小车的精确定位和负载的快速消摆。图 3.33 表明，所提出的控制律可以迅速消除非零初始条件的不良影响，并有效地稳定吊车系统。综上所述，所提出的方法对桥式吊车具有良好的控制性能，对各种干扰具有较强的鲁棒性。

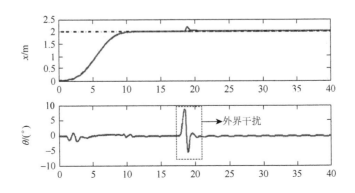

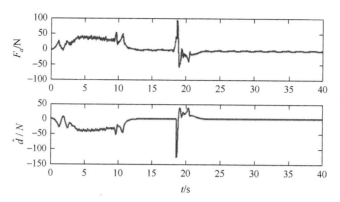

图 3.31　引入外界干扰时的实验结果

实线：实验结果；点划线：目标位置；虚线：参考轨迹

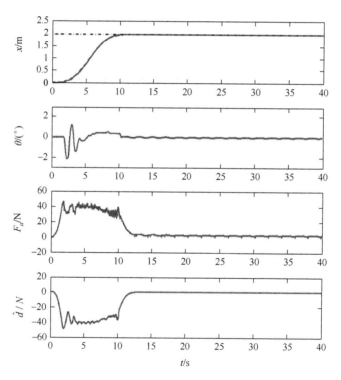

图 3.32　存在参数不确定性时的实验结果

实线：实验结果；点划线：目标位置；虚线：参考轨迹

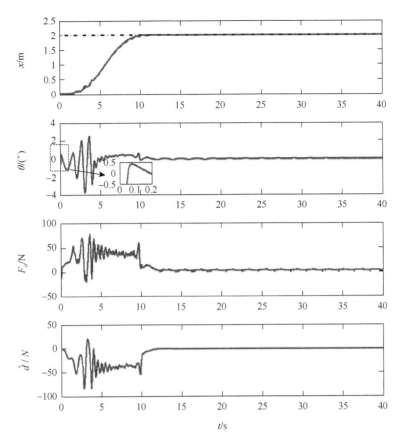

图 3.33　非零初始条件下的实验结果

实线：实验结果；点划线：目标位置；虚线：参考轨迹

3.6　基于能量交换与释放的无模型参数输出反馈控制方法

针对在无速度反馈情况下吊车系统的防摆定位控制问题，本节将基于能量交换与释放原理，设计一种无模型参数的输出反馈控制律，并对其性能进行相应的理论分析。最后将通过一系列仿真与实验验证本节所提方法的有效性及鲁棒性。

3.6.1　能量交换及释放

如前所述，吊车的控制目标是将台车快速而准确地运送到目标位置 p_{dx} 处，同时有效抑制并消除负载的摆动，即

$$x \to p_{dx}, \ \theta \to 0 \tag{3.250}$$

由前面的研究结果可知，控制目标（3.250）可通过控制负载的广义水平运动 $x_g(t) = x + \lambda \sin\theta(\lambda < 0)$ 来实现。3.2.2 节构造了一种新型的储能函数 $E_d(t)$，其在 $\theta(t) \in (-\pi, \pi)$ 上关于 $\dot{x}(t)$，$\theta(t)$ 与 $\dot{\theta}(t)$ 正定。为方便描述，此处再次给出其具体表达式，具体如下：

$$E_d = \frac{1}{2}\dot{q}^T H(q)\dot{q} + (ml - \lambda(M+m))g(1 - \cos\theta) \tag{3.251}$$

式中

$$\dot{q} = [\dot{x} \quad \dot{\theta}]^T, \lambda < 0 \tag{3.252}$$

$$H = \begin{bmatrix} M+m & ml\cos\theta \\ ml\cos\theta & -\lambda(M + m\sin^2\theta)l + ml^2 \end{bmatrix} \tag{3.253}$$

$E_d(t)$ 关于时间的导数为

$$\dot{E}_d = F \cdot \dot{x}_g = F \cdot (\dot{x} + \lambda\cos\theta\dot{\theta}) \tag{3.254}$$

本节拟通过构造一个虚拟滑块（virtual block，VB）将负载的广义水平运动 $x_g(t)$ 与目标位置 p_{dx} 关联在一起，为随后的控制器设计奠定基础。虚拟滑块与吊车系统通过虚拟弹簧进行能量交换，然后凭借有节奏地释放能量来实现整个系统的调节控制。能量交换与释放的基本原理可简述如下：当吊车系统与虚拟弹簧-滑块系统连在一起时，能量将在两者之间交换；在不考虑阻尼的情形下，两者能量之和保持不变。进一步，如果有规律地释放掉虚拟弹簧-滑块系统的能量，它将再次从吊车系统获取新的能量，直至总能量消耗完毕。该过程的原理示意图参见图 3.34。

图 3.34 能量交换及释放示意图

为实现上述过程，虚拟弹簧-滑块系统的动力学由两个阶段组成：交换阶段与释放阶段，它们按照设定的规律交替进行。具体而言，在交换过程中，虚拟弹簧-滑块系统与吊车系统进行能量交换。该阶段对应的虚拟弹簧-滑块系统动力学模型可表示如下：

$$m_v\ddot{x}_v = -k_{vd}(x_v - x_g) + k_{vp}(p_{dx} - x_v) \tag{3.255}$$

可将其解释为两端均连接弹簧的无摩擦滑块运动，其中 m_v 表示虚拟滑块质量；k_{vd}，k_{vp} 表示虚拟弹簧的劲度系数，它们实质上为控制增益。虚拟弹簧-滑块动力学系统（3.255）的示意图如图 3.35 所示，图中"滑块 A"代表一个与 $x_g(t)$ 保持一致运动的虚拟无质量滑块，"滑块 B" 则表示前面引入的虚拟滑块，质量为 m_v。因此 "滑块 B" 将负载广义运动（由 "滑块 A" 反映）与目标位置 p_{dx} 连接在一起。

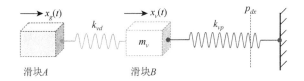

图 3.35 虚拟弹簧-滑块系统示意图

由式 (3.255)，可求得虚拟弹簧-滑块系统的能量为

$$E_v = \frac{1}{2}\underbrace{\left(k_{vd}(x_v - x_g)^2 + k_{vp}(p_{dx} - x_v)^2\right)}_{\text{V.B.P.E.}} + \underbrace{\frac{1}{2}m_v\dot{x}_v^2}_{\text{V.B.K.E.}} \qquad (3.256)$$

式中，V.B.P.E.表示虚拟弹簧-滑块系统的势能；V.B.K.E.则表示其动能。对式(3.256)关于时间求导，将式（3.255）代入并整理，可以求得

$$\begin{aligned}\dot{E}_v &= \left(m_v\ddot{x}_v - k_{vp}(p_{dx} - x_v) + k_{vd}(x_v - x_g)\right)\dot{x}_v - k_{vd}(x_v - x_g)\dot{x}_g \\ &= -k_{vd}(x_v - x_g)\dot{x}_g\end{aligned} \qquad (3.257)$$

那么，联立式（3.251）与式（3.256）可得闭环系统的总能量为

$$V = E_d + E_v \qquad (3.258)$$

易知在 $\theta(t) \in (-\pi, \pi)$ 上，$V(t)$ 为关于 $x(t) - p_{dx}, \dot{x}(t), \theta(t)$ 及 $\dot{\theta}(t)$ 的正定标量函数。那么在能量交换阶段，$V(t)$ 的导数可计算为

$$\dot{V} = \left(F - k_{vd}(x_v - x_g)\right)\dot{x}_g \qquad (3.259)$$

从降低硬件成本的角度出发，期望能在无速度反馈的情况下，仅利用位移及摆角反馈，实现吊车系统的调节控制。为此，设计控制律如下：

$$F = k_{vd}(x_v - x_g) \qquad (3.260)$$

式中，在能量交换阶段，$x_v(t)$ 由式（3.255）动态生成。那么，由控制律（3.260）可推知

$$\dot{V} = 0 \qquad (3.261)$$

表明吊车系统与虚拟弹簧-滑块系统在该阶段的总能量保持恒定。

注记 3.15 值得注意的是，"滑块 A" 的运动与负载广义水平运动 $x_g(t)$ 保持一致，因此动力学系统（3.255）并非意味着 "滑块 B" 连接在负载上，本节关心的只是其广义运动 $x_g(t)$（见图 3.35），而非负载本身。另外，λ 与式（3.255）中 m_v, k_{vd}, k_{vp} 实际上为控制增益，而非吊车系统的物理参数。因此，由式（3.260）可知本节控制器与模型参数无关，且不需要台车速度与摆角速度反馈。

基于前面的分析，为衰减系统能量，本节方法拟在每个能量交换阶段结束后，释放虚拟弹簧-滑块系统的部分能量。为此，周期性地（周期为 $T_p > 0$ ）将 $x_v(t), \dot{x}_v(t)$ 重置为 $\bar{x}_v(t), \dot{\bar{x}}_v(t)$ ，即

$$x_v = \bar{x}_v, \quad \dot{x}_v = \dot{\bar{x}}_v, \quad t \in \mathcal{T} = \{T_1, T_2, \cdots, T_k, \cdots\} \tag{3.262}$$

式中， $\bar{x}_v(t)$ 与 $\dot{\bar{x}}_v(t)$ 的取值将在随后确定

$$T_k = k \cdot T_p, \quad k \in \mathbb{Z}^+ = \{1, 2, \cdots\} \tag{3.263}$$

则表示第 k 次能量释放的时刻。

至此，为实现完整的能量交换与释放过程，最终的虚拟弹簧-滑块动力学系统设计如下：

$$\begin{cases} \ddot{x}_v = -\dfrac{k_{vd}}{m_v}(x_v - x_g) + \dfrac{k_{vp}}{m_v}(p_{dx} - x_v), & t \in [0, \infty) \setminus \mathcal{T} \\ x_v = \bar{x}_v, \dot{x}_v = \dot{\bar{x}}_v, & t \in \mathcal{T} \end{cases} \tag{3.264}$$

它将动态地生成 $x_v(t)$ 为控制律（3.260）所用。接下来，为尽可能多地释放能量，将进一步确定 $\bar{x}_v(t)$ 与 $\dot{\bar{x}}_v(t)$ 的取值。在能量释放时刻 T_k ，释放的能量可计算如下：

$$\begin{aligned} V(T_k^+) - V(T_k^-) &= E_v(T_k^+) - E_v(T_k^-) \\ &= \frac{1}{2}\left(k_{vd}(\bar{x}_v - x_g)^2 + k_{vp}(p_{dx} - \bar{x}_v)^2\right) + \frac{1}{2}m_v\dot{\bar{x}}_v^2 \\ &\quad - \frac{1}{2}\left(k_{vd}(x_v - x_g)^2 + k_{vp}(p_{dx} - x_v)^2\right) - \frac{1}{2}m_v\dot{x}_v^2 \end{aligned} \tag{3.265}$$

式中

$$V(T_k^+) = \lim_{\varepsilon \to 0^+} V(T_k + \varepsilon), \quad V(T_k^-) = \lim_{\varepsilon \to 0^+} V(T_k - \varepsilon)$$

将式（3.265）进一步整理为

$$\begin{aligned} V(T_k^+) - V(T_k^-) &= \frac{1}{2}(k_{vp} + k_{vd})\bar{x}_v^2 - (k_{vd}x_g + k_{vp}p_{dx})\bar{x}_v + (k_{vd}x_g + k_{vp}p_{dx})x_v \\ &\quad - \frac{1}{2}(k_{vp} + k_{vd})x_v^2 + \frac{1}{2}m_v\dot{\bar{x}}_v^2 - \frac{1}{2}m_v\dot{x}_v^2 \end{aligned} \tag{3.266}$$

为释放尽可能多的能量，须合理地选取 $\bar{x}_v(t)$ 与 $\dot{\bar{x}}_v(t)$ ，以使 $V(T_k^+) - V(T_k^-)$ 取得最小值。 $\bar{x}_v(t)$ 与 $\dot{\bar{x}}_v(t)$ 的取值可以分开确定，易知当

$$\dot{\bar{x}}_v = 0 \tag{3.267}$$

时，式（3.266）的最后两项 $(1/2)m_v\dot{\bar{x}}_v^2(t) - (1/2)m_v\dot{x}_v^2(t)$ 取得最小值，如下：

$$-\frac{1}{2}m_v\dot{x}_v^2 \leqslant 0 \tag{3.268}$$

另外，式（3.266）中前四项可整理为以下关于 $\bar{x}_v(t)$ 的一元二次函数（开口向上的抛物线）：

$$g(\overline{x}_v) = \frac{1}{2}(k_{vp} + k_{vd})\overline{x}_v^2 - (k_{vd}x_g + k_{vp}p_{dx})\overline{x}_v \tag{3.269}$$
$$+ (k_{vd}x_g + k_{vp}p_{dx})x_v - \frac{1}{2}(k_{vp} + k_{vd})x_v^2$$

由于 k_{vp}, $k_{vd} > 0$，由式（3.269）可得 $g(\overline{x}_v)$ 在

$$\overline{x}_v = \frac{k_{vd}x_g + k_{vp}p_{dx}}{k_{vp} + k_{vd}} \tag{3.270}$$

处取得全局最小值，即

$$g_{\min} = -\frac{\left((k_{vp}p_{dx} + k_{vd}x_g) - (k_{vp} + k_{vd})x_v\right)^2}{2(k_{vp} + k_{vd})} \leqslant 0 \tag{3.271}$$

基于式（3.267）与式（3.270）的结论，周期性地将 $x_v(t)$ 及 $\dot{x}_v(t)$ 的值修改为

$$\overline{\dot{x}}_v = 0, \quad \overline{x}_v = \frac{k_{vd}x_g + k_{vp}p_{dx}}{k_{vp} + k_{vd}} \tag{3.272}$$

相应地，释放的能量可表示如下：

$$V(T_k^+) - V(T_k^-) = -\frac{\left((k_{vp}p_{dx} + k_{vd}x_g) - (k_{vp} + k_{vd})x_v\right)^2}{2(k_{vp} + k_{vd})} - \frac{1}{2}m_v\dot{x}_v^2 \leqslant 0 \quad (3.273)$$

正如下面将要给出的定理所述，在能量交换与释放机制选为式（3.264）及式（3.272）时，本节所设计的控制律（3.260）能实现对整个吊车系统的调节控制。

3.6.2　稳定性分析

在此将对闭环系统平衡点的渐近稳定性进行严格分析。在开始分析之前，先将闭环系统转换为一个依赖于时间的脉冲动态系统（timedependent impulsive dynamical system）[53]，以便应用该类系统的不变集理论进行稳定性及收敛性分析。

为将整个闭环系统表示为依赖于时间的脉冲动态系统形式，定义如下状态向量[①]：

$$x_e = \begin{bmatrix} x_1 & x_2 & x_3 & x_4 & x_5 & x_6 \end{bmatrix}^{\mathrm{T}} \tag{3.274}$$
$$= \begin{bmatrix} x - p_{dx} & \dot{x} & \theta & \dot{\theta} & x_v - p_{dx} & \dot{x}_v \end{bmatrix}^{\mathrm{T}}$$

式中，下标 e 是为区分台车位移 $x(t)$ 而引入的。将控制律（3.260）、（3.264）与（3.272）代入吊车动力学模型（2.1）和（2.2），并利用式（3.274）将其整理为状态空间形式，可得如下依赖于时间的脉冲动态系统：

---

① 值得说明的是，依赖于时间的脉冲动态系统是依赖于状态的脉冲动态系统（state-dependent impulsive dynamical system）的特例，即通过合适的变换后，前者可等效地用后者加以描述，更多内容参见文献[53]。

$$\begin{cases} \dot{x}_e = f_c(x_e), & x_e(0) = x_{e0}, \quad t \notin \mathcal{T} \\ \Delta x_e = f_d(x_e), & t \in \mathcal{T} \end{cases} \quad (3.275)$$

式中，$x_{e0} \in \mathcal{D} \subseteq R^6$，相应的重置集可表示为 $\mathcal{S} = \mathcal{T} \times \mathcal{D}$；$f_c(x_e)$ 与 $f_d(x_e)$ 的具体表达式为

$$f_c(x_e) = \begin{bmatrix} x_2 \\ \dfrac{k_{vd}(x_5 - x_1 - \lambda \sin x_3) + mg \sin x_3 \cos x_3 + mlx_4^2 \sin x_3}{M + m \sin^2 x_3} \\ x_4 \\ -\dfrac{k_{vd} \cos x_3 (x_5 - x_1 - \lambda \sin x_3) + (M+m)g \sin x_3 + mlx_4^2 \sin x_3 \cos x_3}{(M + m \sin^2 x_3)l} \\ x_6 \\ -\dfrac{k_{vd}(x_5 - x_1 - \lambda \sin x_3)}{m_v} - \dfrac{k_{vp}x_5}{m_v} \end{bmatrix}$$

$$f_d(x_e) = \begin{bmatrix} 0 & 0 & 0 & 0 & \dfrac{k_{vd}(x_1 + \lambda \sin x_3)}{k_{vp} + k_{vd}} - x_5 & -x_6 \end{bmatrix}^{\mathrm{T}}$$

对于依赖于时间的脉冲动态系统，有如下引理[53]。

引理 3.2 考虑依赖于时间的脉冲动态系统（$t_k = kT_p, k = 1,2,3,\cdots, T_p > 0$）。假设 $\mathcal{D}_c \in \mathcal{D}$ 为紧正不变集（compact positively invariant set），并假定存在连续可导函数 $V(t): \mathcal{D}_c \to R$ 满足 $V(0) = 0, V(x_e) > 0, x_e \neq 0, x_e \in \mathcal{D}_c$，且

$$V'(x_e)f_c(x_e) \leqslant 0, x_e \in \mathcal{D}_c, t \notin \mathcal{T}$$
$$V(x_e + f_d(x_e)) - V(x_e) \leqslant 0, x_e \in \mathcal{D}_c, t \in \mathcal{T}$$

令 $\mathcal{R}_\gamma = \{x_e \in \mathcal{D}_c \,|\, V(x_e) = \gamma\}$，其中 $\gamma > 0$，并定义 $\mathcal{M}_\gamma$ 为 $\mathcal{R}_\gamma$ 中的最大不变集。若对于 $\gamma > 0$，$\mathcal{M}_\gamma$ 中不包含任何系统状态轨迹，则平衡点 $x_e(t) \equiv 0$ 一致渐近稳定。

由于 γ 为常数，根据引理 3.2 可推知 $\{x_e \in \mathcal{D}_c \,|\, V(x_e) = \gamma\} \Rightarrow \{x_e \in \mathcal{D}_c \,|\, V'(x_e) f_c(x_e) = 0, t \notin \mathcal{T}\} \bigcup \{x_e \in \mathcal{D}_c \,|\, V(x_e + f_d(x_e)) - V(x_e) = 0, t \in \mathcal{T}\}$。因此，为证明闭环系统（3.275）在平衡点处的渐近稳定性，随后将说明对于本节的情形，在集合 $\mathcal{M}_\gamma$ 中有 $\{x_e \in \mathcal{D}_c \,|\, V(x_e) = 0\} \Leftrightarrow \{x_e \in \mathcal{D}_c \,|\, V'(x_e) f_c(x_e) = 0, t \notin \mathcal{T}\} \bigcup \{x_e \in \mathcal{D}_c \,|\, V(x_e + f_d(x_e)) - V(x_e) = 0, t \in \mathcal{T}\}$，具体分析见定理 3.6。

定理 3.6 在能量交换与释放机制选为式（3.264）与式（3.272）时，控制律（3.260）能使台车准确运动至目标位置 p_{dx}，同时有效消除负载摆动，即

$$x \to p_{dx}, \quad \dot{x} \to 0, \quad \theta \to 0, \quad \dot{\theta} \to 0 \quad (3.276)$$

证明 取式（3.258）中 $V(t)$ 作为 Lyapunov 候选函数。在能量交换阶段，即 $t \in [0, \infty) \setminus \mathcal{T}$ 时，对其关于时间求导，并将式（3.260）代入，可以得到

$$\dot{V} = 0, t \in [0, \infty) \setminus \mathcal{T} \tag{3.277}$$

式中，$\mathcal{T}$ 的定义参见式（3.262）。此外，对于第 k 次能量释放的瞬间，即 $t \in \mathcal{T}$ 时，由式（3.273）可得释放的能量为

$$V(T_k^+) - V(T_k^-) = -\frac{\left((k_{vp}p_{dx} + k_{vd}x_g) - (k_{vp} + k_{vd})x_v\right)^2}{2(k_{vp} + k_{vd})}$$

$$-\frac{1}{2}m_v\dot{x}_v^2 \leqslant 0, \quad t \in \mathcal{T} \tag{3.278}$$

由式（3.277）与式（3.278）可知总能量在交换阶段保持不变，在释放阶段减少。所以，根据脉冲动态系统的稳定性定理（参见文献[53]中定理 2.1），能够证明闭环系统（3.275）的平衡点 $[x(t) - p_{dx} \quad \dot{x}(t) \quad \theta(t) \quad \dot{\theta}(t)]^{\mathrm{T}} = [0 \quad 0 \quad 0 \quad 0]^{\mathrm{T}}$ 是稳定的。相应地，如下信号有界：

$$\dot{x}, \dot{\theta}, x_v, \dot{x}_v, x_g, \dot{x}_g, x, \overline{x}_v \in \mathcal{L}_\infty \tag{3.279}$$

接下来，在引理 3.2 的基础之上，将分析闭环系统信号的收敛性。令 $\mathcal{R}_\gamma = \{x_e \in \mathcal{D}_c \mid V(x_e) = \gamma\}$，其中，$\gamma$ 为非负常数，并定义 $\mathcal{M}_\gamma$ 为集合 $\mathcal{R}_\gamma$ 中最大不变集。由于 γ 为常数，故在集合 $\mathcal{M}_\gamma$ 中，有

$$\dot{V} = 0, \quad t \in [0, \infty) \setminus \mathcal{T} ; V(T_k^+) - V(T_k^-) = 0, \quad t \in \mathcal{T} \tag{3.280}$$

进一步由式（3.278）可知，在 $\mathcal{M}_\gamma$ 内，有

$$(k_{vp}p_{dx} + k_{vd}x_g) - (k_{vp} + k_{vd})x_v = 0, \quad \dot{x}_v = 0 \tag{3.281}$$

这表明

$$\ddot{x}_v = 0, \quad k_{vd}\dot{x}_g - (k_{vp} + k_{vd})\dot{x}_v = 0 \Rightarrow \dot{x}_g = 0 \Rightarrow \ddot{x}_g = 0 \tag{3.282}$$

由 $\dot{x}_v(t) = 0, \dot{x}_g(t) = 0$ 可推知 $x_v(t), x_g(t)$ 为常数，且

$$x_v - x_g = c_1 \tag{3.283}$$

式中，$c_1 \in \mathbb{R}$ 为待定常数。因此，结合式（3.283），可得在集合 $\mathcal{M}_\gamma$ 中，控制量 $F(t)$ 退化为

$$F = k_{vd}(x_v - x_g) = k_{vd} \cdot c_1 \tag{3.284}$$

另外，可以将式（2.1）整理为如下形式：

$$\frac{1}{l}\left(1 + \frac{M}{m}\right)\ddot{x} + \ddot{\theta}\cos\theta - \dot{\theta}^2\sin\theta = \frac{F}{ml} \tag{3.285}$$

从 $x_g(t)$ 的表达式及式（3.282）可得

$$\ddot{x}_g = \ddot{x} + \lambda\ddot{\theta}\cos\theta - \lambda\sin\theta\dot{\theta}^2 = 0 \Rightarrow \ddot{\theta}\cos\theta - \dot{\theta}^2\sin\theta = -\frac{1}{\lambda}\ddot{x} \tag{3.286}$$

将式（3.284）及式（3.286）代入式（3.285），并整理可得

$$\ddot{x} = \frac{\lambda k_{vd} c_1}{\lambda(M+m) - ml} \tag{3.287}$$

如果 $c_1 \neq 0$，则当 $t \to \infty$ 时 $|\dot{x}(t)| = |\lambda k_{vd} c_1 t / (\lambda(M+m) - ml) + \dot{x}(0)| \to \infty$，显然与式（3.279）的结论矛盾，故 $c_1 = 0$。进一步由式（3.281）、式（3.283）与式（3.287）得如下结论：

$$x_v = x_g, \quad x_v = p_{dx}, \quad \ddot{x} = 0 \Rightarrow x_g = p_{dx}, \quad \dot{x} = c_2 \tag{3.288}$$

式中，c_2 为待定常数。类似地，可说明如果 $c_2 \neq 0$，则 $|x(t)|$ 将趋于无穷大。因此

$$\dot{x} = c_2 = 0 \Rightarrow x = c_3 \tag{3.289}$$

式中，c_3 为待定常数。由式（3.289）可推知

$$\dot{x}_g = \dot{x} + \lambda \cos\theta \dot{\theta} = \lambda \cos\theta \dot{\theta} = 0 \tag{3.290}$$

对于式（3.289）中 c_3，不妨假定 $c_3 \neq p_{dx}$，则由 $x_g(t) = x + \lambda \sin\theta$ 与式（3.288）可得

$$\lambda \sin\theta = p_{dx} - c_3 \neq 0 \tag{3.291}$$

在式（3.291）的基础上，将 $\ddot{x}(t) = 0$（见式（3.288））代入式（2.5），并进行整理可知

$$\ddot{\theta} = -\frac{g}{l}\sin\theta = -\frac{g}{l\lambda}(p_{dx} - c_3) \neq 0 \tag{3.292}$$

那么，考虑到 c_3 为常数，则当 $t \to \infty$ 时，有 $|\dot{\theta}(t)| = |\dot{\theta}(0) - g(p_{dx} - c_3)t / l\lambda| \to \infty$，这显然与式（3.279）的结论相矛盾。因此，$c_3 \neq p_{dx}$ 不成立，故

$$x = c_3 = p_{dx} \tag{3.293}$$

那么，从 $x_g(t)$ 的定义及式（3.288）中 $x_g(t) = p_{dx}$ 可得 $\sin\theta(t) = 0$，进一步可得[①]

$$\theta = 0 \Rightarrow \dot{\theta} = 0 \tag{3.294}$$

至此，将式（3.281）、式（3.288）、式（3.289）、式（3.293）与式（3.294）代入式（3.258），可知在最大不变集 $\mathcal{M}_\gamma$ 内，有

$$V = \gamma = 0 \tag{3.295}$$

即

$$\{x_e \in \mathcal{D}_c \,|\, V(x_e) = 0\} \Leftrightarrow \{x_e \in \mathcal{D}_c \,|\, V'(x_e)f_c(x_e) = 0, t \notin \mathcal{T}\} \bigcup \{x_e \in \mathcal{D}_c \,|\, V(x_e + f_d(x_e))$$
$$-V(x_e) = 0, t \in \mathcal{T}\}$$

因此，利用引理 3.2 可证得定理结论。

---

① 与 3.2 节基于负载广义水平运动的调节控制方法相类似，本节方法也将假设 2.1 中的负载摆角范围进一步扩展至 $(-\pi, \pi)$，具有很好的理论意义。

3.6.3 仿真、实验及分析

本节将通过一系列仿真与实验验证所提方法的有效性，包括台车定位性能、负载摆角抑制与消除性能、对参数不确定性/外界干扰的鲁棒性等。

1. 仿真结果及分析

首先通过数值仿真验证本节方法在运送距离较长时的控制性能。为此将进行两组仿真测试，其中第一组仿真将比较所提方法与 LQR 方法的控制效果，随后在第二组仿真中将验证其对绳长变化、不确定摩擦参数及外界干扰的鲁棒性。在仿真中，吊车系统的参数及目标位置设定如下：

$$M = 14 \text{ kg}, \quad m = 5 \text{ kg}, \quad l = 0.9 \text{ m}, \quad g = 9.8 \text{ m/s}^2, \quad p_{dx} = 4 \text{ m}$$

在此使用式（2.4）所示的模型作摩擦力前馈补偿，并假设相应的参数为 $F_{r0x} = 2, \epsilon_x = 0.02, k_{rx} = -0.4$。在此假设台车速度不可获得，使用如下滤波信号 $v_x(t)$ 估计台车的真实速度 $\dot{x}(t)$[①]：

$$v_x = \varrho_x + \omega_x x$$
$$\dot{\varrho}_x = -\omega_x(\varrho_x + \omega_x x) \tag{3.296}$$

式中，$\omega_x = 80$ 表示相应的带宽，初始条件为 $x(0) = 0, \varrho_x(0) = 0$。用式（3.296）代替台车速度 $\dot{x}(t)$，可得摩擦力前馈补偿项，进一步由式（2.3）算得作用于台车的驱动力。经调试，控制律（3.260）、式（3.263）与式（3.264）中的参数选取为

$$k_{vd} = 22, \quad k_{vp} = 2.8, \quad m_v = 20, \quad \lambda = -0.5$$
$$x_v(0) = 0, \quad \dot{x}_v(0) = 0, \quad T_p = 1.1 \text{ s}$$

1）第一组仿真

在本组仿真中，选用 LQR 方法作为对比。具体而言，LQR 控制器 $F_{lqr} = -k_1 e - k_2 \dot{x} - k_3 \theta - k_4 \dot{\theta}$ 的权重矩阵/系数 Q 与 R 分别取为 $Q = \text{diag}\{4, 15, 300, 0\}$ 与 $R = 0.2$，经计算得其控制增益为 $k_1 = 4.4721, k_2 = 15.9435, k_3 = -10.1389, k_4 = -6.0880$。

仿真结果如图 3.36 所示，在台车运行时间相近的情况下，相比 LQR 方法，本节方法能将负载摆幅抑制到更小的范围内。此外，本节方法对应的初始控制量为零，然后逐渐变大，很好地保证了台车的平滑启动。

---

① 由式（3.296）可推知 $\dot{v}_x + \omega_x v_x = \omega_x \dot{x} \Rightarrow \dfrac{V_x(s)}{sX(s)} = \dfrac{\omega_x}{s + \omega_x}$，这表明式（3.296）实际上等效于台车实际速度 $\dot{x}(t)$ 经低通滤波后的信号，能够滤掉噪声。值得说明的是，使用式（3.296）的优点在于无须进行微分运算，避免放大噪声信号。

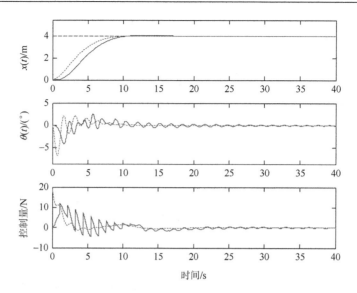

图 3.36 第一组仿真：与 LQR 方法对比

实线：本节方法；短虚线：LQR 方法；长虚线：$p_{dx} = 4\text{m}$

2）第二组仿真

本组仿真将进一步验证所提方法的鲁棒性，为此，考虑如下三种情形。

情形 1：摩擦力发生改变。摩擦参数的名义值为 $F_{r0x} = 2$，$\epsilon_x = 0.02$，$k_{rx} = -0.4$，而其实际值为 $F_{r0x} = 2.5$，$\epsilon_x = 0.018$，$k_{rx} = -0.1$。

情形 2：吊绳长度发生改变。吊绳长度变为 $l = 2\text{ m}$。

情形 3：外界摆角干扰。在第 5～5.1s 对负载摆动添加幅值为 5° 的外界干扰。

控制增益的选取与第一组仿真中一致，仿真结果见图 3.37，三种情形的结果依次对应图中实线、短虚线与点划线。在三种情形下，本节方法依然能保持良好的控制性能。通过与图 3.36 中结果进行对比可知，本节所提方法的整体控制性能所受影响非常小，表明其具有良好的鲁棒性能。

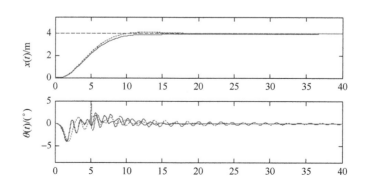

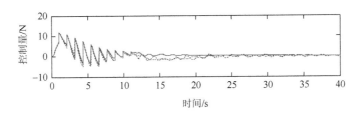

图 3.37 第二组仿真：鲁棒性测试

实线：摩擦力改变；短虚线：绳长改变；点划线：外界干扰；长虚线：$p_{dx}=4$m

2. 实验结果及分析

为更好地验证所提方法的性能，接下来将进行三组实验测试。具体而言，第一组实验将把本节方法与文献[7]中非线性耦合控制方法及 3.3 节中设计的非线性控制律（3.82）进行性能对比；第二组实验则将进一步验证其对参数不确定性及外界干扰的鲁棒性。吊车平台参数与台车目标位置设定为 $M=7$kg, $g=9.8$m/s^2, $p_{dx}=0.6$m。经离线标定的摩擦参数见式（2.74）。在此假设台车速度不可测，在摩擦力前馈补偿时与仿真中类似，使用式（3.296）中信号 $v_x(t)$ 估计真实速度 $\dot{x}(t)$。

1）第一组实验

在本组实验中，负载质量与吊绳长度设为 $m=1$kg, $l=0.8$m。经调试，本节提出的输出反馈控制律（3.260）、式（3.263）与式（3.264）中控制增益/参数取值如下：

$$\begin{cases} k_{vp}=32, \quad k_{vd}=8.6, \quad m_v=1.1, \quad \lambda=-4.6 \\ x_v(0)=0, \quad \dot{x}_v(0)=0, \quad T_p=1.295\text{s} \end{cases} \tag{3.297}$$

对于文献[7]中的非线性耦合控制律，其增益调为 $k_p=70$, $k_d=12$, $k_E=1.1$, $k_v=2$；控制律（3.82）的增益为 $k_\xi=0.8$, $k_\theta=1.8$, $k_\Theta=2.5$, $\lambda=0.5$。

图 3.38～图 3.41 给出了相应的实验结果曲线。

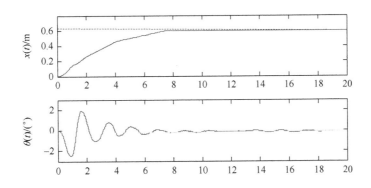

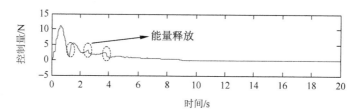

图 3.38　第一组实验：所提控制方法（3.260）

实线：实验结果；虚线：$p_{dx}=0.6\mathrm{m}$；点划线：前三次能量释放

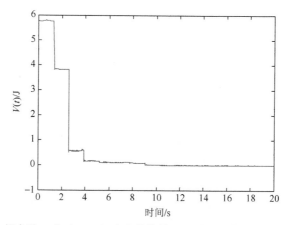

图 3.39　第一组实验：式（3.258）中存储能量 $V(t)$ 随时间变化曲线（对应图 3.38）

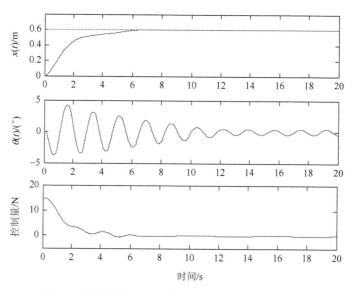

图 3.40　第一组实验：文献[7]中非线性耦合控制方法

实线：实验结果；虚线：$p_{dx}=0.6\mathrm{m}$

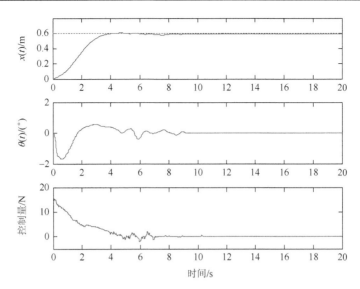

图 3.41　第一组实验：非线性控制方法（3.82）

实线：实验结果；虚线：$p_{dx} = 0.6\text{m}$

本节方法、文献[7]中方法及控制器（3.82）依次使用 7s、6s 及 5s 的时间使台车运动至目标位置处。在消摆方面，不难发现本节方法能比文献[7]中方法更好地抑制并消除负载摆动，非线性控制器（3.82）衰减负载摆动的速度最快。同时，本节所提方法对应的控制量要小于两种对比方法，且控制量的初始值为零，很好地保证了系统启动的平滑性。不同于这两种均需要全状态反馈的消摆控制方法，本节方法的主要优势在于它无须速度反馈，仅需要位移与摆角信息，在一定程度上降低了硬件成本，减小了噪声干扰。图 3.38 中的圆圈标记出了前三次能量释放过程，它们成功地衰减了闭环系统能量。图 3.39 则刻画了储能函数 $V(t)$ 随时间变化的曲线，显然 $V(t)$ 在能量交换阶段保持不变，而在释放阶段减少，与理论分析得到的结论完全一致。

2）第二组实验

在此进一步验证本节方法对模型参数不确定性（即修改 m 与 l 的取值）及外界干扰的鲁棒性，具体而言，考虑如下两种情形。

情形 1：负载质量和绳长修改为 $m = 1.5\text{kg}, l = 0.75\text{m}$。

情形 2：负载质量与绳长保持不变，在第 1.4s 与第 3s 附近干扰负载摆动。

控制增益的取值与第一组实验中一致。情形 1 与情形 2 对应的实验结果分别如图 3.42 与图 3.44 所示，图 3.43 及图 3.45 则分别给出了相应的储能函数 $V(t)$ 随时间变化的曲线。可发现当系统参数发生变化时，图 3.42 所示的闭环控制系统响应与图 3.38 中的非常接近，表明本节方法对系统参数的不确定性具有很好的鲁棒性，这得益于控制器的无模型参数结构。观察图 3.44，尽管负载摆角遭受若干次外界扰动，但本节方法能快速地调整台车运动对其加以消除，而不影响台车定位与负载消摆性能。

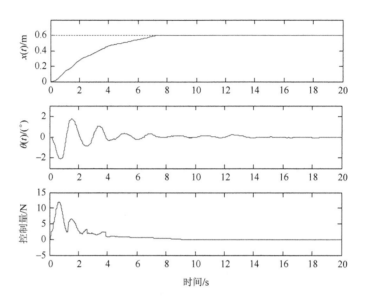

图 3.42　第二组实验：参数不确定时所提控制方法（3.260）性能

实线：实验结果；虚线：$p_{dx} = 0.6\text{m}$

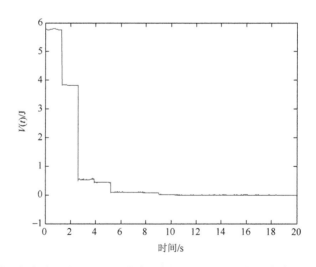

图 3.43　第二组实验：式（3.258）中存储能量 $V(t)$ 随时间变化曲线（对应图 3.42）

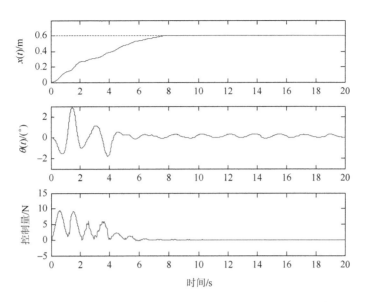

图 3.44　第二组实验：受外界干扰时所提控制方法（3.260）性能

实线：实验结果；　虚线：$p_{dx} = 0.6\text{m}$

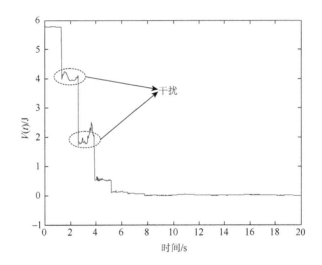

图 3.45　第二组实验：式（3.258）中存储能量 $V(t)$ 随时间变化曲线（对应图 3.44）

3.7　本　章　小　结

针对桥式吊车的控制问题，本章基于能量分析、滑模控制等思路，分别提出了负载广义运动调节控制方法、增强耦合非线性控制方法、滑模控制方法、输出反馈控制方法等，实现了系统的有效调节。通过李雅普诺夫方法等理论分析，可以严格证明系统期望平衡点的渐近稳定性。此外，大量的实验结果也对本章各节的结论提供了有力支撑。

参 考 文 献

[1] Xin X，Kaneda M. Analysis of the energy-based swing-up control of the Acrobot. International Journal of Robust and Nonlinear Control，2007，17（16）：1503-1524.

[2] Hu G，Makkar C，Dixon W E. Energy-based nonlinear control of underactuated Euler-Lagrange systems subject to impacts. IEEE Transactions on Automatic Control，2007，52（9）：1742-1748.

[3] Xin X，She J H，Yamasaki T，et al. Swing-up control based on virtual composite links for n-link underactuated robot with passive first joint. Automatica，2009，45（9）：1986-1994.

[4] Li E，Liang Z Z，Hou Z G，et al. Energy-based balance control approach to the ball and beam system. International Journal of Control，2009，82（6）：981-992.

[5] Lozano R，Fantoni I，Block D J.Stabilization of the inverted pendulum around its homoclinic orbit. Systems and Control Letters，2000，40（3）：197-204.

[6] Ma B，Fang Y，Zhang Y. Switching-based emergency braking control for an overhead crane system. IET Control Theory and Applications，2010，4（9）：1739-1747.

[7] Fang Y，Dixon W E，Dawson D M，et al. Nonlinear coupling control laws for an underactuated overhead crane system. IEEE/ASME Transactions on Mechatronics，2003，8（3）：418-423.

[8] Konstantopoulos G C，Alexandridis A T. Simple energy based controllers with nonlinear coupled-dissipation terms for overhead crane systems. Proceedings of the Joint IEEE Conference on Decision and Control and Chinese Control Conference，Shanghai，2009：3149-3154.

[9] Gao B，Zhang X，Chen H，et al.Energy-based control design of an underactuated 2-dimensional TORA system. Proceedings of the IEEE/RSJ International Conference on Intelligent Robots and Systems，St. Louis，2009：1296-1301.

[10] Fantoni I，Lozano R. Stabilization of the Furuta pendulum around its homoclinic orbit. International Journal of Control，2002，75（6）：390-398.

[11] Fantoni I，Lozano R，Spong M W. Energy based control of the Pendubot. IEEE Transactions on Automatic Control，2000，45（4）：725-729.

[12] Xin X，Tanaka S，She J H，et al. Revisiting energy-based swing-up control for the Pendubot. Proceedings of the IEEE International Conference on Control Applications，Yokohama，2010：1576-1581.

[13] Fang Y，Ma B，Wang P，et al. A motion planning-based adaptive control method for an underactuated crane system. IEEE Transactions on Control Systems Technology，2012，20（1）：241-248.

[14] 孙宁，方勇纯，王鹏程，等. 欠驱动三维式桥式吊车系统自适应跟踪控制器设计. 自动化学报，2010，36（9）：1287-1294.

[15] Ngo Q H，Hong K S. Adaptive sliding mode control of container cranes. IET Control Theory and Applications，2012，6（5）：662-668.

[16] Liu D，Yi J，Zhao D，et al.Adaptive sliding mode fuzzy control for a two-dimensional overhead crane. Mechatronics，2005，15（5）：505-522.

[17] Almutairi N B，Zribi M. Sliding mode control of a three-dimensional overhead crane. Journal of Vibration and

Control，2009，15（11）：1679-1730.

[18] Pisano A，Scodina S，Usai E. Load swing suppression in the 3-dimensional overhead crane via second-order sliding-modes. Proceedings of the International Workshop on Variable Structure Systems，Mexico City，2010：452-457.

[19] Xu J X，Guo Z Q，Lee T H. Design and implementation of integral sliding-mode control on an underactuated two-wheeled mobile robot. IEEE Transactions on Industrial Electronics，2014，61（7）：3671-3681.

[20] Guo Z Q，Xu J X，Lee T H. Design and implementation of a new sliding mode controller on an underactuated wheeled inverted pendulum. Journal of the Franklin Institute，2014，351（4）：2261-2282.

[21] Almutairi N B，Zribi M. On the sliding mode control of a ball on a beam system. Nonlinear Dynamics，2010，59（1/2）：221-238.

[22] Uchiyama N. Robust control for overhead cranes by partial state feedback. Proceedings of the Institution of Mechanical Engineers，Part I：Journal of Systems and Control Engineering，2009，223（4）：575-580.

[23] Uchiyama N. Robust control of rotary crane by partial-state feedback with integrator. Mechatronics，2009，19（8）：1294-1302.

[24] Vázquez C，Collado J，Fridman L. Control of a parametrically excited crane：A vector Lyapunov approach. IEEE Transactions on Control Systems Technology，2013，21（6）：2332-2340.

[25] Tuan L A，Lee S G，Nho L C，et al.Model reference adaptive sliding mode control for three dimensional overhead cranes. International Journal of Precision Engineering and Manufacturing，2013，14（8）：1329-1338.

[26] Yang J H，Yang K S. Adaptive coupling control for overhead crane systems. Mechatronics，2007，17（2）：143-152.

[27] Yang J H，Shen S H. Novel approach for adaptive tracking control of a 3-D overhead crane system. Journal of Intelligent and Robotic Systems，2011，62（1）：59-80.

[28] 马博军，方勇纯，王宇韬，等. 欠驱动桥式吊车系统自适应控制. 控制理论与应用，2009，25（6）：1105-1109.

[29] Toxqui R，Yu W，Li X. Anti-swing control for overhead crane with neural compensation. Proceedings of the International Joint Conference on Neural Networks，Vancouver，2006：4697-4703.

[30] Panuncio F，Yu W，Li X. Stable neural PID anti-swing control for an overhead crane. Proceedings of the IEEE International Symposium on Intelligent Control，Hyderabad，2013：53-58.

[31] Yu W，Moreno-Armendariz M A，Rodriguez F O. Stable adaptive compensation with fuzzy CMAC for an overhead crane. Information Sciences，2011，181（21）：4895-4907.

[32] Ammar S，Mabrouk M，Vivalda J C. Observer and global output feedback stabilization for some mechanical systems. International Journal of Control，2009，82（6）：1070-1081.

[33] Chen W，Saif M. Output feedback controller design for a class of MIMO nonlinear systems using high-order sliding-mode differentiators with application to a laboratory 3-D crane. IEEE Transactions on Industrial Electronics，2008，55（11）：3985-3997.

[34] Khalil H K. Nonlinear Systems. 3rd ed.New Jersey：Prentice-Hall，2002.

[35] Yoshida Y，Tabata H. Visual feedback control of an overhead crane and its combination with time-optimal control. Proceedings of the IEEE/ASME International Conference on Advanced Intelligent Mechatronics，Xi'an，2008：1114-1119.

[36] Jiang Z P，Mareels I. Linear robust control of a class of nonlinear systems with dynamic perturbations. Proceedings of the IEEE Conference on Decision and Control，New Orleans，1995：2239-2244.

[37] Jiang Z P，Teel A R，Praly L. Small-gain theorem for ISS systems and applications. Mathematics of Control，Signals，and Systems，1994，7（2）：95-120.

[38] Hu Y，Wu B，Vaughan J，et al. Oscillation suppressing for an energy efficient bridge crane using input shaping. Proceedings of the Asian Control Conference，Istanbul，2013：1-5.

[39] Hong K T，Huh C D，Hong K S. Command shaping control for limiting the transient sway angle of crane systems. International Journal of Control，Automation，and Systems，2003，1（1）：43-53.

[40] Sorensen K L，Singhose W E. Command-induced vibration analysis using input shaping principles. Automatica，2008，44（9）：2392-2397.

[41] Xie X，Huang J，Liang Z. Vibration reduction for flexible systems by command smoothing. Mechanical Systems and Signal Processing，2013，39（1/2）：461-470.

[42] Uchiyama N，Ouyang H，Sano S. Simple rotary crane dynamics modeling and open-loop control for residual load sway suppression by only horizontal boom motion. Mechatronics，2013，23（8）：1223-1236.

[43] 李伟，曹涛，王滨，等. 基于二次型最优控制的起重机开环消摆方法. 电气传动，2007，37（3）：33-36.

[44] Masoud Z N，Nayfeh A H. Sway reduction on container cranes using delayed feedback controller. Nonlinear Dynamics，2003，34（3/4）：347-358.

[45] Erneux T，Kalmar-Nagy T. Nonlinear stability of a delayed feedback controlled container crane. Journal of Vibration and Control，2007，13（5）：603-616.

[46] 翟军勇，费树岷. 集装箱桥吊防摇切换控制研究. 电机与控制学报，2009，13（6）：933-936.

[47] Piazzi A，Visioli A. Optimal dynamic-inversion-based control of an overhead crane. IEE Proceedings Control Theory and Applications，2002，149（5）：405-411.

[48] van den Broeck L，Diehl M，Swevers J. A model predictive control approach for time optimal point-to-point motion control. Mechatronics，2011，21（7）：1203-1212.

[49] Yu X，Lin X，Lan W. Composite nonlinear feedback controller design for an overhead crane servo system. Transactions of the Institute of Measurement and Control，2014，36（5）：662-672.

[50] Le T A，Lee S G，Moon S C. Partial feedback linearization and sliding mode techniques for 2D crane control. Transactions of the Institute of Measurement and Control，2014，36（1）：78-87.

[51] Tuan L A，Lee S G，Ko D H，et al. Combined control with sliding mode and partial feedback linearization for 3D overhead cranes. International Journal of Robust and Nonlinear Control，2014，24（18）：3372-3386.

[52] Sun N，Fang Y，Chen H. A new antiswing control method for underactuated cranes with unmodeled uncertainties：Theoretical design and hardware experiments. IEEE Transactions on Industrial Electronics，2015，62（1）：453-465.

[53] Haddad W M，Chellaboina V S，Nersesov S G. Impulsive and Hybrid Dynamical Systems：Stability，Dissipativity，and Control. Oxford：Princeton University Press，2006.

[54] Li S. Active disturbance rejection controller based on state estimation error compensation for smart piezoelectric structure. Journal of Mechanical Engineering，2012，48（5）：34-42.

[55] Sun N，Fang Y. New energy analytical results for the regulation of underactuated overhead cranes：an end-effector motion-based approach. IEEE Transactions on Industrial Electronics，2012，59（12）：4723-4734.

第 4 章　具有执行器饱和约束的三维吊车
输出反馈控制方法

4.1　引　　言

就目前而言，已有绝大多数吊车闭环控制方法的控制律中不仅包含台车位移及负载摆角信号，还含有速度及角速度相关项，旨在为闭环系统注入阻尼（inject damping）以实现渐近稳定的控制效果[1-27]。然而在很多情况下，速度信号不可直接测量或掺杂着较多噪声。此外，加装速度传感器不仅会增加硬件成本，还将导致吊车系统结构更为复杂。为此，在不使用速度/角速度信息的情况下，如何能够设计出行之有效的欠驱动吊车输出反馈控制方法具有非常重要的实际意义。

尽管针对欠驱动吊车系统控制的研究已有数十载之久，但其输出反馈控制问题一直悬而未决。要进行输出反馈控制器设计，最常规的思想是"观测器加控制器"的组合，然而对于非线性系统，尤其是吊车这类强耦合的复杂欠驱动系统，线性系统理论中分离原则（separation principle）不再适用。针对这一问题，Ammar等[28]为吊车系统构造了一种具有指数收敛速度的速度观测器，但并未设计出合适的控制器实现消摆定位的目标。文献[29]针对一类多输入多输出系统构造了一种基于高阶滑模微分器（high-order sliding mode differentiator，HOSMD）的输出反馈控制方法，用以调节系统的部分输出，并将其应用于吊车系统，然而该方法无法实现消摆的任务。

在本章中，为解决上述问题，将提出考虑执行器饱和约束的三维桥式吊车输出反馈控制策略，下面将进行简要描述，考虑输出反馈及执行器存在饱和约束的问题，同时为提升控制系统的暂态性能，针对动力学模型更复杂的三维欠驱动桥式吊车系统，本章将在 4.2 节中设计一种基于虚拟负载的能量耦合输出反馈饱和控制器，可仅利用台车位移与负载摆角信息实现高性能调节控制。具体而言，首先将引入虚拟负载的概念以增强台车与负载间耦合，降低系统状态维数，并将在此基础之上构造全新的储能函数。随后将根据执行器饱和约束，利用伪速度信号代替实际速度，提出一种输出反馈饱和控制律，并通过 Lyapunov 方法分析闭环系统平衡点的渐近稳定性。最后，将利用实验结果证明所提方法在暂态控制性能及对不确定绳长鲁棒性方面优于已有方法。简单地说，相比现有方法，该控制策略具有以下优点/贡献：①首次解决了三维吊车系统的输出反馈饱和控制问题，控制器结构简单，不需要速度/角速度反馈；②可非常方便地根据执行器的工作能力范围调整控制增益，使控制量始终处在执行器能力范围内，保持良好的控制性能；③引入了新颖的虚拟负载概念，降低系统维数并简化控制器结构；④经实验验证，本章方法在台车定位与摆角消除方面均优于对比方法，并对绳长变化表现出很好的鲁棒性。

本章剩余内容安排如下：4.2 节将引入虚拟负载的概念，进行能量整形（energy shaping）与控制器设计，并给出闭环系统的稳定性分析，然后通过实验验证所提方法的控制性能。将在 4.3 节中简要地总结本章的主要工作。

4.2 主 要 内 容

4.2.1 模型分析

三维桥式吊车系统（图 4.1）的动力学模型如下：

$$M_C(q)\ddot{q} + C(q,\dot{q})\dot{q} + G(q) = u \tag{4.1}$$

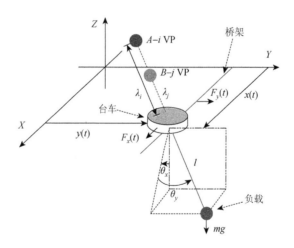

图 4.1 三维桥式吊车系统示意图

式中，$q \in R^4$ 为状态向量；$M_C(q) \in R^{4\times4}$ 表示惯量矩阵；$C(q,\dot{q}) \in R^{4\times4}$ 为向心-科氏力矩阵；$G(q) \in R^4$ 为重力向量；$u \in R^4$ 表示控制向量；具体表达式为

$$q = [x \quad y \quad \theta_x \quad \theta_y]^{\mathrm{T}}$$

$$M_C = \begin{bmatrix} m+m_x & 0 & mlC_xC_y & -mlS_xS_y \\ 0 & m+m_y & 0 & mlC_y \\ mlC_xC_y & 0 & ml^2C_y^2 & 0 \\ -mlS_xS_y & mlC_y & 0 & ml^2 \end{bmatrix}$$

$$C = \begin{bmatrix} 0 & 0 & -mlS_xC_y\dot\theta_x - mlC_xS_y\dot\theta_y & -mlC_xS_y\dot\theta_x - mlS_xC_y\dot\theta_y \\ 0 & 0 & 0 & -mlS_y\dot\theta_y \\ 0 & 0 & -ml^2S_yC_y\dot\theta_y & -ml^2S_yC_y\dot\theta_x \\ 0 & 0 & ml^2S_yC_y\dot\theta_x & 0 \end{bmatrix}$$

$$G = \begin{bmatrix} 0 & 0 & mglS_xC_y & mglC_xS_y \end{bmatrix}^T$$

$$u = \begin{bmatrix} F_x & F_y & 0 & 0 \end{bmatrix}^T$$

其中，m 表示负载质量；m_x 为 x 方向上等效质量，主要由台车质量组成；m_y 代表 y 方向等效质量，主要由台车和桥架质量构成；l 为吊绳长度；$x(t), y(t)$ 分别为台车沿 x, y 方向的位移；$\theta_x(t), \theta_y(t)$ 用以描述负载的空间摆动；S_x, S_y, C_x, C_y 分别为 $\sin\theta_x, \sin\theta_y, \cos\theta_x, \cos\theta_y$ 的缩写；$F_x(t) = F_{ax}(t) - F_{rx}(t)$ 与 $F_y(t) = F_{ay}(t) - F_{ry}(t)$ 分别表示作用于台车与桥架的合力，其中 $F_{ax}(t), F_{ay}(t)$ 分别为 x, y 方向电机提供的驱动力；$F_{rx}(t), F_{ry}(t)$ 为相应的摩擦力。为方便分析，将式（4.1）描述的吊车模型展开，并对后两个方程两边同除以 ml，可以得到

$$(m+m_x)\ddot x + mlC_xC_y\ddot\theta_x - mlS_xS_y\ddot\theta_y - mlS_xC_y\dot\theta_x^2 \\ - 2mlC_xS_y\dot\theta_x\dot\theta_y - mlS_xC_y\dot\theta_y^2 = F_x \tag{4.2}$$

$$(m+m_y)\ddot y + mlC_y\ddot\theta_y - mlS_y\dot\theta_y^2 = F_y \tag{4.3}$$

$$C_xC_y\ddot x + lC_y^2\ddot\theta_x - 2lS_yC_y\dot\theta_x\dot\theta_y + gS_xC_y = 0 \tag{4.4}$$

$$S_xS_y\ddot x - C_y\ddot y - l\ddot\theta_y - lS_yC_y\dot\theta_x^2 - gC_xS_y = 0 \tag{4.5}$$

如图 4.1 所示，负载的水平位置信号可表示为

$$x_p(t) = x + lS_xC_y, \quad y_p(t) = y + lS_y \tag{4.6}$$

可以看出，$x_p(t), y_p(t)$ 涵盖了 $x(t)$，$y(t)$，$\theta_x(t)$，$\theta_y(t)$ 的信息。基于此，接下来将引入虚拟负载的概念。

定义 4.1　本章将虚拟负载（virtual payload，VP）定义为一系列虚拟、不存在的负载，如图 4.1 中"球" A 与 B 所示，它们位于吊绳所在的直线上。此外，虚拟负载与台车间的距离为虚拟绳长，用 λ 表示。

基于该定义，第 i 个虚拟负载（图 4.1 中"球" A）的水平位置为

$$\begin{bmatrix} \chi_{pi}(t) & \rho_{pi}(t) \end{bmatrix}^T = \begin{bmatrix} x + \lambda_iS_xC_y & y + \lambda_iS_y \end{bmatrix}^T \tag{4.7}$$

式中，λ_i 表示其虚拟绳长；$\lambda_i < 0$ 表示虚拟负载在台车上方，反之则表示在台车

下方。此外，定义 $x(t) + \lambda_i S_x C_y$ 为第 i 个虚拟负载的 x-水平位移，$y(t) + \lambda_i S_y$ 为其 y-水平位移。对于虚拟负载，有两点重要的性质。

性质 4.1　虚拟负载摆动与实际负载摆动一致。

性质 4.2　令平衡点为

$$[q_d^T \quad \dot{q}_d^T]^T = [p_{dx} \quad p_{dy} \quad 0 \quad 0 \quad 0 \quad 0 \quad 0 \quad 0]^T \tag{4.8}$$

式中，$q_d(t), \dot{q}(t) \in R^4$；$p_{dx}, p_{dy}$ 分别表示台车在 x, y 方向的期望位置。如果平衡点（4.8）可由如下信号（局部）测出（detectable）[30]：

$$[\chi_{pi} \quad \rho_{pj}]^T = [x + \lambda_i S_x C_y \quad y + \lambda_j S_y]^T \tag{4.9}$$

$$[\dot{\chi}_{pi} \quad \dot{\rho}_{pj}]^T = [\dot{x} + \lambda_i C_x C_y \dot{\theta}_x - \lambda_i S_x S_y \dot{\theta}_y \quad \dot{y} + \lambda_j C_y \dot{\theta}_y]^T \tag{4.10}$$

式中，下标 i, j 表示第 i, j 个虚拟负载（见图 4.1 中"球"A 与 B），那么可通过调节式（4.9）与式（4.10）所示信号实现整个吊车系统的控制。

对比式（4.7）与式（4.9）知，两者在反映台车位置与负载摆角方面是等效的[①]。性质 4.2 表明，通过设计合适的控制器使平衡点关于式（4.9）与式（4.10）可测，可实现吊车系统的防摆定位控制。此外，它还说明可同时使用多个虚拟负载实现吊车控制，为接下来的控制器设计奠定了基础。

4.2.2　能量整形

对于机电系统，能量整形是一种非常有效的控制方法[31]。但该方法一般需要求解复杂的偏微分方程（partial differential equation，PDE）以求得相应的控制律。大量事实表明，由于修改动能可增强不可驱动状态与可驱动状态之间的耦合关系，总能量（势能与动能之和）整形往往能取得比纯粹势能整形更为良好的暂态控制性能[10, 31]。为实现总能量整形，并避免复杂偏微分方程的求解，下面将致力于构造新型储能函数，以方便随后的控制器设计。

在整形之前，首先分析吊车系统的能量：

$$E(t) = \frac{1}{2}\dot{q}^T M_C(q)\dot{q} + mgl(1 - C_x C_y) \tag{4.11}$$

由于在 $\theta_x(t), \theta_y(t) \in (-\pi/2, \pi/2)$ 上，$M_C(q)$ 为正定对称矩阵，$mgl(1 - C_x C_y) \geq 0$，且 $mgl(1 - C_x C_y) = 0 \Leftrightarrow \theta_x(t), \theta_y(t) = 0$，故 $E(t)$ 为关于 $\dot{q}(t), \theta_x(t), \theta_y(t)$（局部）正定的标量函数。吊车的控制目标是将系统状态调节至平衡点（见式（4.8）），为实现该目标，可对系统进行势能整形，使整形后的储能函数在 $[q^T \quad \dot{q}^T]^T = [q_d^T \quad \dot{q}_d^T]^T$

---

① 式（4.9）所示的输出信号是由第 i 个虚拟负载的 x-水平位移与第 j 个虚拟负载的 y-水平位移混合组成的。

处取得极小值。然而，对于常规方法，为提高暂态控制性能，往往需要求解一系列复杂的匹配条件。

为避免匹配条件的求解，随后将构造一个新型储能函数，通过总能量整形来提高台车/桥架运动与负载摆动之间的耦合关系。本控制方法的核心思想是将台车/桥架的定位及负载摆角的抑制问题转换为对虚拟负载水平位移信号的调节控制。虚拟负载的引入可加速摆角的抑制与衰减速度，这一点将通过随后的实验加以验证。

1. 动能整形

为进行动能整形，对式（4.11）关于时间求导并整理可得[10]

$$\dot{E}(t) = \dot{q}^{\mathrm{T}} u = F_x \dot{x} + F_y \dot{y} \tag{4.12}$$

因此，以 $u(t)$ 为输入、$\dot{q}(t)$ 为输出、$E(t)$ 为储能函数的吊车系统（4.1）是无源的。该无源特性说明仅能通过有驱的台车/桥架运动 $\dot{x}(t)$ 及 $\dot{y}(t)$ 消耗系统能量 $E(t)$。通过引入虚拟负载的概念，接下来将构造新型储能函数 $E_k(t)$，旨在增强耦合，提升控制性能。为方便能量整形，在此使用两个虚拟负载的信息，即第 i 个虚拟负载的 x -水平位置（虚拟绳长为 $\lambda_i = \lambda_x$，对应图 4.1 中"球" A）与第 j 个虚拟负载的 y -水平位置（虚拟绳长为 $\lambda_j = \lambda_y$，对应图 4.1 中"球" B），如下：

$$\chi_{pi}(t) = x + \lambda_x S_x C_y, \quad \rho_{pj}(t) = y + \lambda_y S_y \tag{4.13}$$

基于上述分析，$E_k(t)$ 应满足

$$\dot{E}_k = F_x \dot{\chi}_{pi} + F_y \dot{\rho}_{pj} = \dot{E} + \underbrace{\lambda_x F_x (C_x C_y \dot{\theta}_x - S_x S_y \dot{\theta}_y)}_{\dot{E}_{dx}} + \underbrace{\lambda_y F_y C_y \dot{\theta}_y}_{\dot{E}_{dy}} \tag{4.14}$$

因此

$$E_k = E + E_{dx} + E_{dy} = E + E_d \tag{4.15}$$

为求得 $E_k(t)$ 的表达式，需要通过积分运算求解 $E_{dx}(t)$ 及 $E_{dy}(t)$。首先考虑 $E_{dx}(t)$，为此，将式（4.2）中 $F_x(t)$ 代入式（4.14）中 $\dot{E}_{dx}(t)$ 并整理，可以得到

$$\dot{E}_{dx} = \lambda_x (m + m_x)\left((C_x C_y \ddot{x})\dot{\theta}_x - (S_x S_y \ddot{x})\dot{\theta}_y\right) + \frac{1}{2}\lambda_x ml \frac{\mathrm{d}}{\mathrm{d}t}\left((C_x C_y \dot{\theta}_x - S_x S_y \dot{\theta}_y)^2\right) \tag{4.16}$$

将式（4.4）和式（4.5）代入式（4.16），并进行整理可以得出如下结论：

$$\dot{E}_{dx} = -\lambda_x (m + m_x)\frac{\mathrm{d}}{\mathrm{d}t}\left(\frac{1}{2}lC_y^2\dot{\theta}_x^2 + \frac{1}{2}l\dot{\theta}_y^2 + g(1 - C_x C_y)\right) - \lambda_x(m+m_x)\ddot{y}C_y\dot{\theta}_y + \frac{1}{2}\lambda_x ml\frac{\mathrm{d}}{\mathrm{d}t}\left((C_x C_y\dot{\theta}_x - S_x S_y\dot{\theta}_y)^2\right) \tag{4.17}$$

对其关于时间求积分，有

$$E_{dx} = -\lambda_x (m + m_x) \left(\frac{1}{2} l C_y^2 \dot{\theta}_x^2 + \frac{1}{2} l \dot{\theta}_y^2 + g(1 - C_x C_y) \right)$$
$$- \lambda_x (m + m_x) \int_0^t \ddot{y} C_y \dot{\theta}_y \mathrm{d}\tau + \frac{1}{2} \lambda_x m l \left(C_x C_y \dot{\theta}_x - S_x S_y \dot{\theta}_y \right)^2 \tag{4.18}$$

紧接着，求取 $E_{dy}(t)$ 的表达式。将式（4.3）代入式（4.14）中 $\dot{E}_{dy}(t)$，整理得

$$\dot{E}_{dy} = \left((m + m_y) \ddot{y} + m l C_y \ddot{\theta}_y - m l S_y \dot{\theta}_y^2 \right) \lambda_y C_y \dot{\theta}_y$$
$$= \lambda_y (m + m_y) \ddot{y} C_y \dot{\theta}_y + \lambda_y m l \left(C_y^2 \dot{\theta}_y \ddot{\theta}_y - S_y C_y \dot{\theta}_y^3 \right) \tag{4.19}$$
$$= \lambda_y (m + m_y) \ddot{y} C_y \dot{\theta}_y + \frac{1}{2} \lambda_y m l \frac{\mathrm{d}}{\mathrm{d}t} \left(C_y^2 \dot{\theta}_y^2 \right)$$

其关于时间的积分可计算为

$$E_{dy} = \frac{1}{2} \lambda_y m l C_y^2 \dot{\theta}_y^2 + \lambda_y (m + m_y) \int_0^t \ddot{y} C_y \dot{\theta}_y \mathrm{d}\tau \tag{4.20}$$

为抵消式（4.18）与式（4.20）共有的不定项 $\int_0^t \ddot{y} C_y \dot{\theta}_y \mathrm{d}\tau$，在此，选取第 i, j 个虚拟负载的虚拟绳长如下：

$$\lambda_x (m + m_x) = \lambda_y (m + m_y) \Rightarrow \lambda_y = \frac{m + m_x}{m + m_y} \lambda_x \tag{4.21}$$

那么，由式（4.18）、式（4.20）及式（4.21）可知

$$E_d = E_{dx} + E_{dy} = -\lambda_x (m + m_x) \left(\frac{1}{2} l C_y^2 \dot{\theta}_x^2 + \frac{1}{2} l \dot{\theta}_y^2 + g(1 - C_x C_y) \right)$$
$$+ \frac{1}{2} \lambda_x m l \left(C_x C_y \dot{\theta}_x - S_x S_y \dot{\theta}_y \right)^2 + \frac{1}{2} \lambda_y m l C_y^2 \dot{\theta}_y^2 \tag{4.22}$$

对于 $E_d(t)$，有如下引理。

引理 4.1 对于 $\lambda_x < 0$，$E_d(t)$ 在 $\theta_x(t), \theta_y(t) \in (-\pi/2, \pi/2)$ 上关于 $\theta_x(t), \theta_y(t)$，$\dot{\theta}_x(t)$ 与 $\dot{\theta}_y(t)$ 正定。

证明 首先，利用式（4.21）所示的结论，将式（4.22）改写为如下形式：

$$E_d(t) = -\frac{1}{2} \lambda_x l \left((m + m_x) C_y^2 - m C_x^2 C_y^2 \right) \dot{\theta}_x^2$$
$$- \frac{1}{2} \lambda_x l \left((m + m_x) - m S_x^2 S_y^2 - \frac{m + m_x}{m + m_y} m C_y^2 \right) \dot{\theta}_y^2$$
$$- \lambda_x m l S_x C_x S_y C_y \dot{\theta}_x \dot{\theta}_y - \lambda_x (m + m_x) g(1 - C_x C_y)$$

由于 $m_x < m_y \Rightarrow m + m_x < m + m_y$ 且 $\lambda_x < 0$，可对 $E_d(t)$ 进行如下放缩运算：

$$E_d(t) \geqslant \varphi(\theta_x, \theta_y, \dot{\theta}_x, \dot{\theta}_y) = -\frac{1}{2} \lambda_x l C_y^2 \left(m S_x^2 + m_x \right) \dot{\theta}_x^2 - \frac{1}{2} \lambda_x l \left(m_x + m C_x^2 S_y^2 \right) \dot{\theta}_y^2$$
$$- \lambda_x m l S_x C_x S_y C_y \dot{\theta}_x \dot{\theta}_y - \lambda_x (m + m_x) g(1 - C_x C_y)$$

那么，$\varphi(\theta_x, \theta_y, \dot{\theta}_x, \dot{\theta}_y)$ 可重新表示为

$$
\begin{aligned}
\varphi(\theta_x, \theta_y, \dot{\theta}_x, \dot{\theta}_y) = & -\lambda_x(m+m_x)g(1-C_xC_y) \\
& -\frac{1}{2}\lambda_x l \cdot \underbrace{\begin{bmatrix} \dot{\theta}_x \\ \dot{\theta}_y \end{bmatrix}^{\mathrm{T}} \begin{bmatrix} C_y^2(mS_x^2+m_x) & mS_xS_yC_xC_y \\ mS_xS_yC_xC_y & m_x+mC_x^2S_y^2 \end{bmatrix} \begin{bmatrix} \dot{\theta}_x \\ \dot{\theta}_y \end{bmatrix}}_{H(\theta_x, \theta_y)}
\end{aligned}
$$

由于 $\theta_y(t) \in (-\pi/2, \pi/2) \Rightarrow C_y > 0$，可直接得到如下结论：

$$
C_y^2(mS_x^2+m_x) > 0, \quad \det(H) \geqslant m_x^2 C_y^2 > 0
$$

显然，$\varphi(\theta_x, \theta_y, \dot{\theta}_x, \dot{\theta}_y)$ 为正定函数。进一步地，因为 $E_d(t) \geqslant \varphi(\theta_x, \theta_y, \dot{\theta}_x, \dot{\theta}_y)$，且当 $[\theta_x(t) \quad \theta_y(t) \quad \dot{\theta}_x(t) \quad \dot{\theta}_y(t)]^{\mathrm{T}} = [0 \quad 0 \quad 0 \quad 0]^{\mathrm{T}}$ 时 $E_d(t) = 0$，易证得 $E_d(t)$ 也为正定标量函数。

将式（4.11）与式（4.22）代入式（4.15）并进行整理，有

$$
\begin{aligned}
E_k = & \frac{1}{2}\dot{q}^{\mathrm{T}}M_C(q)\dot{q} - \frac{1}{2}\lambda_x l(m+m_x)\left(C_y^2\dot{\theta}_x^2+\dot{\theta}_y^2\right) + \frac{1}{2}\lambda_x ml\left(C_xC_y\dot{\theta}_x - S_xS_y\dot{\theta}_y\right)^2 \\
& + \frac{1}{2}\lambda_y mlC_y^2\dot{\theta}_y^2 + (ml-\lambda_x(m+m_x))g\left(1-C_xC_y\right) \geqslant 0
\end{aligned} \tag{4.23}
$$

从 $E(t)$ 的正定性与引理 4.1 的结论可知，式（4.23）中新型储能函数 $E_k(t)$ 也为正定。

2. 势能整形

基于式（4.13），定义虚拟负载水平运动的定位误差信号 $\varepsilon_x(t)$ 与 $\varepsilon_y(t)$ 为

$$
\varepsilon_x(t) = \chi_{pi} - p_{dx} = e_x + \lambda_x S_x C_y, \quad \varepsilon_y(t) = \rho_{pj} - p_{dy} = e_y + \lambda_y S_y \tag{4.24}
$$

式中，$e_x(t) = x(t) - p_{dx}$，$e_y(t) = y(t) - p_{dy}$ 为台车在 x, y 方向上的定位误差。在此，势能整形的目标是构造一个在 $[\varepsilon_x(t) \quad \varepsilon_y(t)]^{\mathrm{T}} = [0 \quad 0]^{\mathrm{T}}$ 处取得极小值的非负函数。不难发现如下函数 $E_p(t)$ 满足上述要求：

$$
E_p(t) = k_{px}\ln(\cosh\varepsilon_x) + k_{py}\ln(\cosh\varepsilon_y) \geqslant 0 \tag{4.25}
$$

式中，$k_{px}, k_{py} \in \mathbb{R}^+$ 为正控制增益。随后，整形后的储能函数 $E_t(t)$ 为

$$
E_t(t) = E_k(t) + E_p(t) \tag{4.26}
$$

因此，由式（4.23）及式（4.25）的正定性可知 $E_t(t)$ 也为正定函数，且其在式（4.8）所示的平衡点处取得极小值。

4.2.3　主要结果

本小节将给出详细的控制器设计与分析过程。根据实际工程需求，控制量受

制于如下约束：

$$|F_x(t)| \leqslant F_{ax\max}, \quad |F_y(t)| \leqslant F_{ay\max} \quad (4.27)$$

式中，$F_{ax\max}$，$F_{ay\max}$ 表示允许的控制量上限值。对式（4.26）关于时间求导，将式（4.14）代入并整理，可得

$$\dot{E}_t = \left(F_x + k_{px}\tanh(\varepsilon_x)\right)\dot{\varepsilon}_x + \left(F_y + k_{py}\tanh(\varepsilon_y)\right)\dot{\varepsilon}_y$$

基于 $\dot{E}_t(t)$ 的结构，构造如下输出反馈控制律：

$$\begin{cases} F_x(t) = -k_{px}\tanh\varepsilon_x - k_{dx}\tanh\xi_x \\ F_y(t) = -k_{py}\tanh\varepsilon_y - k_{dy}\tanh\xi_y \end{cases} \quad (4.28)$$

式中，$k_{px}, k_{dx}, k_{py}, k_{dy} \in \mathbb{R}^+$ 表示正控制增益；$\xi_x(t), \xi_y(t)$ 为如下伪速度信号：

$$\begin{cases} \xi_x(t) = \mu_x + k_{dx}\varepsilon_x, & \dot{\mu}_x = -k_{dx}(\mu_x + k_{dx}\varepsilon_x) \\ \xi_y(t) = \mu_y + k_{dy}\varepsilon_y, & \dot{\mu}_y = -k_{dy}(\mu_y + k_{dy}\varepsilon_y) \end{cases} \quad (4.29)$$

从式（4.29）易知

$$\dot{\xi}_x = -k_{dx}\xi_x + k_{dx}\dot{\varepsilon}_x, \quad \dot{\xi}_y = -k_{dy}\xi_y + k_{dy}\dot{\varepsilon}_y \quad (4.30)$$

因此，考虑到 $|\tanh(\cdot)| \leqslant 1$，可方便地选取控制增益为

$$k_{px} + k_{dx} \leqslant F_{ax\max}, \quad k_{py} + k_{dy} \leqslant F_{ay\max} \quad (4.31)$$

以使控制量满足式（4.27）所示约束。对于控制律（4.28），有如下定理。

定理 4.1 在输出反馈控制器（4.28）的作用下，台车/桥架准确运动至目标位置，同时负载摆角得到充分抑制与消除，即

$$\lim_{t\to\infty}[x(t) \quad y(t) \quad \theta_x(t) \quad \theta_y(t)]^{\mathrm{T}} = [p_{dx} \quad p_{dy} \quad 0 \quad 0]^{\mathrm{T}} \quad (4.32)$$

证明 考虑如下 Lyapunov 候选函数：

$$V(t) = E_t(t) + \ln(\cosh\xi_x) + \ln(\cosh\xi_y) \geqslant 0 \quad (4.33)$$

其中，$E_t(t)$ 为式（4.26）定义的储能函数。对 $V(t)$ 求导，将式（4.28）代入可得

$$\dot{V}(t) = -k_{dx}\xi_x\tanh\xi_x - k_{dy}\xi_y\tanh\xi_y \leqslant 0 \quad (4.34)$$

故闭环系统的平衡点为 Lyapunov 意义下稳定。由式（4.24）、式（4.28）及式（4.33）可知

$$e_x, e_y, \dot{x}, \dot{y}, \dot{\theta}_x, \dot{\theta}_y, \varepsilon_x, \varepsilon_y, \xi_x, \xi_y, F_x, F_y \in \mathcal{L}_\infty \quad (4.35)$$

为进一步证明闭环系统信号的收敛性，定义如下集合 $\mathcal{S}$：

$$\mathcal{S} = \{(x, y, \dot{x}, \dot{y}, \theta_x, \theta_y, \dot{\theta}_x, \dot{\theta}_y) \,|\, \dot{V}(t) = 0\} \quad (4.36)$$

同时，定义 $\mathcal{M}$ 为 $\mathcal{S}$ 中最大不变集，由式（4.34）易知在集合 $\mathcal{M}$ 内，有

$$\xi_x = \mu_x + k_{dx}\varepsilon_x = 0, \quad \xi_y = \mu_y + k_{dy}\varepsilon_y = 0 \tag{4.37}$$

结合式（4.30）可得

$$\begin{cases} \dot{\xi}_x = 0, \quad \dot{\xi}_y = 0, \quad \dot{\varepsilon}_y = \dot{e}_y + \lambda_y C_y \dot{\theta}_y = 0 \\ \dot{\varepsilon}_x = \dot{e}_x + \lambda_x C_x C_y \dot{\theta}_x - \lambda_x S_x S_y \dot{\theta}_y = 0 \end{cases} \tag{4.38}$$

进一步，有

$$\varepsilon_x(t) = e_x + \lambda_x S_x C_y = \alpha_x, \quad \varepsilon_y(t) = e_y + \lambda_y S_y = \alpha_y \tag{4.39}$$

$$\ddot{\varepsilon}_x(t) = \ddot{e}_x - \lambda_x(S_x C_y \dot{\theta}_x^2 + 2C_x S_y \dot{\theta}_x \dot{\theta}_y - C_x C_y \ddot{\theta}_x + S_x C_y \dot{\theta}_y^2 + S_x S_y \ddot{\theta}_y) = 0 \tag{4.40}$$

$$\ddot{\varepsilon}_y(t) = \ddot{e}_y - \lambda_y(S_y \dot{\theta}_y^2 - C_y \ddot{\theta}_y) = 0 \tag{4.41}$$

其中，α_x，α_y 为待定常数。那么，由式（4.28）、式（4.37）及式（4.39）可得在集合 $\mathcal{M}$ 中，有

$$F_x(t) = -k_{px} \tanh \alpha_x, \quad F_y(t) = -k_{py} \tanh \alpha_y \tag{4.42}$$

重新整理式（4.40）和式（4.41）得如下方程：

$$\ddot{e}_x = \ddot{x} = \lambda_x(S_x C_y \dot{\theta}_x^2 + 2C_x S_y \dot{\theta}_x \dot{\theta}_y - C_x C_y \ddot{\theta}_x + S_x C_y \dot{\theta}_y^2 + S_x S_y \ddot{\theta}_y) \tag{4.43}$$

$$\ddot{e}_y = \ddot{y} = \lambda_y(S_y \dot{\theta}_y^2 - C_y \ddot{\theta}_y) \tag{4.44}$$

类似地，分别将式（4.2）与式（4.3）改写为

$$F_x - (m + m_x)\ddot{x} = -ml(S_x C_y \dot{\theta}_x^2 + 2C_x S_y \dot{\theta}_x \dot{\theta}_y - C_x C_y \ddot{\theta}_x \\ + S_x C_y \dot{\theta}_y^2 + S_x S_y \ddot{\theta}_y) \tag{4.45}$$

$$F_y - (m + m_y)\ddot{y} = ml(C_y \ddot{\theta}_y - S_y \dot{\theta}_y^2) \tag{4.46}$$

对比式（4.43）和式（4.44）与式（4.45）和式（4.46），可证得

$$\frac{\ddot{x}}{\lambda_x} = \frac{(m + m_x)\ddot{x} - F_x}{ml}, \quad \frac{\ddot{y}}{\lambda_y} = \frac{(m + m_y)\ddot{y} - F_y}{ml} \tag{4.47}$$

联立式（4.42），有

$$\ddot{x} = \frac{\lambda_x k_{px} \tanh \alpha_x}{ml - \lambda_x(m + m_x)} = v_x, \quad \ddot{y} = \frac{\lambda_y k_{py} \tanh \alpha_y}{ml - \lambda_y(m + m_y)} = v_y \tag{4.48}$$

因此，若假定 $\alpha_x \neq 0$，$\alpha_y \neq 0$，则 v_x，v_y 为非零常数，那么当 $t \to \infty$ 时，$|\dot{x}(t)| = |v_x \cdot t + \dot{x}(0)| \to \infty$，$|\dot{y}(t)| = |v_y \cdot t + \dot{y}(0)| \to \infty$，这与式（4.35）的结论相矛盾。故 $\alpha_x \neq 0$，$\alpha_y \neq 0$ 不成立，因此

$$\alpha_x = 0, \quad \alpha_y = 0 \tag{4.49}$$

结合式（4.39）、式（4.42）与式（4.48），可知在集合 $\mathcal{M}$ 中，有

$$\varepsilon_x(t) = 0, \quad \varepsilon_y(t) = 0, \quad F_x(t) = 0, \quad F_y(t) = 0, \quad \ddot{x}(t) = 0, \quad \ddot{y}(t) = 0 \tag{4.50}$$

显然，由式（4.50）知 $\dot{x}(t) = \beta_x$，$\dot{y}(t) = \beta_y$，其中 $\beta_x, \beta_y \in \mathbb{R}$ 为待定常数。类似地，再次假定 $\beta_x \neq 0, \beta_y \neq 0$ ，那么当 $t \to \infty$ 时，有 $|x(t)| = |\beta_x \cdot t + x(0)| \to \infty$，$|y(t)| = |\beta_y \cdot t + y(0)| \to \infty$，显然与式（4.35）的结论矛盾。因此，在集合 $\mathcal{M}$ 中，有

$$\beta_x = 0, \quad \beta_y = 0 \Rightarrow \dot{x} = 0, \quad \dot{y} = 0$$
$$\Rightarrow \dot{e}_x = 0, \quad \dot{e}_y = 0 \Rightarrow e_x = \gamma_x, \quad e_y = \gamma_y \tag{4.51}$$

式中，$\gamma_x, \gamma_y \in \mathbb{R}$ 为待定常数。进一步由式（4.38）可知 $\lambda_x C_x C_y \dot{\theta}_x - \lambda_x S_x C_y \dot{\theta}_y = 0$，$\lambda_y C_y \dot{\theta}_y = 0$。结合 $C_x > 0$，$C_y > 0$（假设 2.1），有如下结论：

$$\dot{\theta}_x(t) = 0, \quad \dot{\theta}_y(t) = 0 \Rightarrow \ddot{\theta}_x(t) = 0, \quad \ddot{\theta}_y(t) = 0 \tag{4.52}$$

那么，将式（4.50）与式（4.52）代入式（4.4）与式（4.5），可求得

$$gS_x C_y = 0, \quad gC_x S_y = 0 \tag{4.53}$$

进一步根据 $C_x > 0, C_y > 0$ 有

$$\theta_x = 0, \quad \theta_y = 0 \tag{4.54}$$

接下来，将分析式（4.51）中 γ_x，γ_y 的取值。为此，首先假定 $\gamma_x \neq 0$，$\gamma_y \neq 0$，则从式（4.39）、式（4.49）及式（4.51）的结果可得 $S_x C_y = -\gamma_x / \lambda_x \neq 0$，$S_y = -\gamma_y / \lambda_y \neq 0$，显然与式（4.54）的结论相矛盾，因此 $\gamma_x \neq 0, \gamma_y \neq 0$ 不成立，进而得知 $\gamma_x = 0, \gamma_y = 0$。由式（4.51）得

$$e_x(t) = 0, \quad e_y(t) = 0 \tag{4.55}$$

总结式（4.51）、式（4.52）、式（4.54）与式（4.55）的结论可知，最大不变集 $\mathcal{M}$ 仅包含平衡点。最后，利用 LaSalle 不变性原理[32]可直接证得该定理结论。

4.2.4　实验结果及分析

接下来，将通过两组实验测试所提方法的控制性能与鲁棒性。具体而言，第一组实验将验证其在精确模型参数情形下的控制效果，并将其与文献[10]中非线性耦合控制方法进行对比；在第二组实验中，将测试本方法对吊绳长度不确定性的鲁棒性。

在实验中，吊车平台参数设置为 $m_x = 6.5 \text{ kg}$，$m_y = 22 \text{ kg}$，$m = 1.025 \text{ kg}$，台车在 x 和 y 方向上的目标位置分别为 $p_{dx} = 0.6 \text{ m}$，$p_{dy} = 0.4 \text{ m}$，控制量约束为

$$F_{ax\max} = 20\ \text{N}, \quad F_{ay\max} = 30\ \text{N} \tag{4.56}$$

在此，使用如下摩擦力模型补偿 x, y 方向上的摩擦力：

$$F_{ri}(t) = F_{r0i} \tanh\left(\frac{i}{\epsilon_i}\right) - k_{ri}\,|i|\,i, \quad i = x, y \tag{4.57}$$

式中，$F_{r0i}, k_{ri}, \epsilon_i \in \mathbb{R}$ 为摩擦参数。由于在此假设速度信号不可测，在摩擦力补偿时使用如下动态信号估计实际速度：

$$v_{if}(t) = \pi_i + \omega_{bw} i, \quad \dot{\pi}_i = -\omega_{bw}(\pi_i + \omega_{bw} i), \quad i = x, y \tag{4.58}$$

式中，$\pi_i(0) = 0, i(0) = 0, \omega_{bw} = 80$。在经过大量离线实验测试，并借助非线性最小二乘方法（nonlinear least square method）对获得的数据进行拟合优化后，得标定的摩擦参数如下[33]：

$$F_{r0x} = 4.4, \quad \epsilon_x = 0.01, \quad k_{rx} = -0.5, \quad F_{r0y} = 8.0, \quad \epsilon_y = 0.01, \quad k_{ry} = -1.2$$

注记 4.1　由式（4.33）和式（4.57）可近似得到如下关系：

$$|F_{ri}(t)| \leqslant F_{r0i} - k_{ri}\,|i|^2 \leqslant F_{r0i} - 2k_{ri}V(0)/\lambda_{\min}, \quad i = x, y$$

式中，$\lambda_{\min}$ 表示惯量矩阵 $M_C(q)$ 的最小特征值。因此，对于短距离运送任务，台车速度足够小，$-k_{ri}|i|^2$ 项可忽略，此时增益选取条件（4.31）可相应地修改为

$$k_{pi} + k_{di} + F_{r0i} \leqslant F_{ai\max}, \quad i = x, y \tag{4.59}$$

而对于长距离负载运送任务，式（4.31）中给出的增益选取条件可调整如下：

$$k_{pi} + k_{di} + F_{r0i} - \frac{2k_{ri}V(0)}{\lambda_{\min}} \leqslant F_{ai\max}, \quad i = x, y$$

1. 第一组实验

在本组实验中，将验证本节方法在执行器存在饱和约束且速度不可测情况下的控制性能，并将其与文献[10]中提出的非线性耦合控制方法进行对比。在此吊绳长度设置为 $l = 0.75\ \text{m}$。考虑到式（4.56）及式（4.59），经过充分调试，控制器（4.28）的增益选取为 $k_{px} = 13, k_{py} = 16.5, k_{dx} = 2, k_{dy} = 5, \lambda_x = -6.6, \lambda_y = -2.3$；文献[10]中控制方法的增益调为 $k_{px} = 35, k_{py} = 75, k_{dx} = 5, k_{dy} = 12, k_E = 0.6, k_v = 0.4$。相应的实验结果如图 4.2～图 4.5 及表 4.1 所示，其中 p_{xf}, p_{yf} 分别为台车在 x 与 y 方向最终到达的位置，θ_{xm}, θ_{ym} 分别表示整个过程中摆角 $\theta_x(t), \theta_y(t)$ 的最大摆幅，$A_x = \max\{|F_{ax}(t)|\}, A_y = \max\{|F_{ay}(t)|\}$ 则分别代表 x 与 y 方向上控制量的最大幅值。

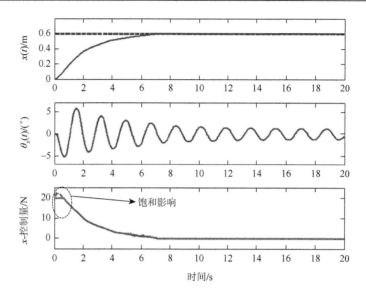

图 4.2 x 方向实验结果：文献[10]中非线性耦合控制方法

实线：实验结果；点划线：未考虑饱和时计算得到的控制量；虚线：$p_{dx} = 0.6\text{m}$ [1]

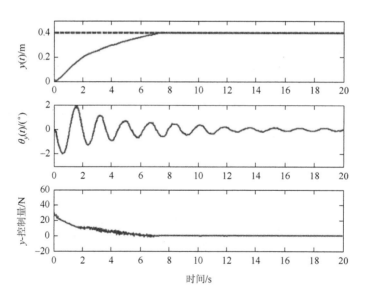

图 4.3 y 方向实验结果：文献[10]中非线性耦合控制方法

实线：实验结果；虚线：$p_{dx} = 0.4\text{m}$

———————

[1] 在本章中，x, y-控制量分别表示 x, y 方向上的驱动力。

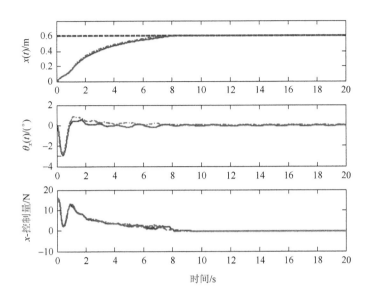

图 4.4　x 方向实验结果：所提控制方法（4.28）

实线：第一组实验结果；点划线：第二组实验结果；虚线：$p_{dx} = 0.6\text{m}$

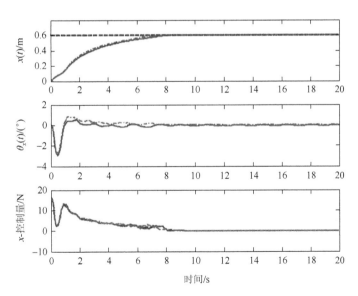

图 4.5　y 方向实验结果：所提控制方法（4.28）

实线：第一组实验结果；点划线：第二组实验结果；虚线：$p_{dx} = 0.4\text{m}$

表 4.1 量化的实验结果

控制方法	p_{xf}/p_{yf} /m	θ_{xm}/θ_{ym} /(°)	A_x/A_y /N
文献[10]中方法	0.598/0.397	5.89/1.95	20/30
本节方法（第一组实验）	0.597/0.398	2.96/2.08	16.10/21.93
本节方法（第二组实验）	0.596/0.398	2.79/1.81	16.25/21.34

2. 第二组实验

接下来，进一步验证所提方法在绳长不确定/未知时的鲁棒性能，控制增益与第一组实验中保持一致。为此，将吊绳长度变为 $l=0.8\text{m}$，所得实验曲线如图 4.4 与图 4.5 中点划线所示，量化的实验结果如表 4.1 所示。

通过比较图 4.4 与图 4.5 中实线（对应 $l=0.75\text{m}$）与点划线（对应 $l=0.8\text{m}$），不难发现本节方法的控制性能几乎未受影响，表明其对绳长未知/不确定性具有很好的鲁棒性。究其原因，主要是所设计的控制方法（4.28）中不包含与吊绳长度相关的项。由于在不同的负载运送过程中，吊绳长度差异较大且往往难以精确测得，此优点具有非常重要的实际工程意义。

4.3 本章小结

长久以来，欠驱动吊车输出反馈控制是一个极具挑战性的难题。针对此问题，同时为简化控制器结构，提高鲁棒性并考虑执行器饱和约束，本章提出了一种具有执行器饱和约束的三维吊车输出反馈控制策略，有效解决了上述问题。具体而言，针对动力学特性更为复杂的三维桥式吊车系统，在充分考虑执行器饱和约束的基础上，开发了一种基于虚拟负载的输出反馈饱和控制策略。通过引入虚拟负载的概念，构造了一个新型储能函数，并在其基础上进行了输出反馈控制器设计。本章借助 Lyapunov 方法对闭环系统信号的收敛性及有界性进行了分析，并通过实验验证了所提方法的有效性及良好的鲁棒性。

参 考 文 献

[1] Uchiyama N. Robust control for overhead cranes by partial state feedback. Proceedings of the Institution of Mechanical Engineers，Part I：Journal of Systems and Control Engineering，2009，223（4）：575-580.

[2] Uchiyama N. Robust control of rotary crane by partial-state feedback with integrator. Mechatronics，2009，19（8）：1294-1302.

[3] Vázquez C，Collado J，Fridman L. Control of a parametrically excited crane：A vector Lyapunov approach. IEEE Transactions on Control Systems Technology，2013，21（6）：2332-2340.

[4]　Yu X，Lin X，Lan W. Composite nonlinear feedback controller design for an overhead crane servo system. Transactions of the Institute of Measurement and Control，2014，36（5）：662-672.

[5]　Bartolini G，Pisano A，Usai E. Second-order sliding-mode control of container cranes. Automatica，2002，38（10）：1783-1790.

[6]　Lee H H. A new design approach for the anti-swing trajectory control of overhead cranes with high-speed hoisting. International Journal of Control，2004，77（10）：931-940.

[7]　Le T A，Lee S G，Moon S C. Partial feedback linearization and sliding mode techniques for 2D crane control. Transactions of the Institute of Measurement and Control，2014，36（1）：78-87.

[8]　Tuan L A，Lee S G，Ko D H，et al. Combined control with sliding mode and partial feedback linearization for 3D overhead cranes. International Journal of Robust and Nonlinear Control，2014，24（18）：3372-3386.

[9]　Ma B，Fang Y，Zhang Y. Switching-based emergency braking control for an overhead crane system. IET Control Theory and Applications，2010，4（9）：1739-1747.

[10]　Fang Y，Dixon W E，Dawson D M，et al. Nonlinear coupling control laws for an underactuated overhead crane system. IEEE/ASME Transactions on Mechatronics，2003，8（3）：418-423.

[11]　Sun N，Fang Y. Partially saturated nonlinear control for gantry cranes with hardware experiments. Nonlinear Dynamics，2014，77（3）：655-666.

[12]　Sun N，Fang Y. A partially saturated nonlinear controller for overhead cranes with experimental implementation. Proceedings of the IEEE International Conference on Robotics and Automation，Karlsruhe，2013：4473-4478.

[13]　Sarras I，Kazi F，Ortega R，et al. Total energy-shaping IDA-PBC control of the 2D-SpiderCrane. Proceedings of the IEEE Conference on Decision and Control，Atlanta，2010：1122-1127.

[14]　Kamath A K，Singh N M，Kazi F，et al. Dynamics and control of 2D SpiderCrane：A controlled Lagrangian approach. Proceedings of the IEEE Conference on Decision and Control，Atlanta，2010：3596-3601.

[15]　孙宁，方勇纯，苑英海，等. 一种基于分段能量分析的桥式吊车镇定控制器设计方法. 系统科学与数学，2011，31（6）：751-764.

[16]　Park H，Chwa D，Hong K S. A feedback linearization control of container cranes：Varying rope length. International Journal of Control，Automation，and Systems，2007，5（4）：379-387.

[17]　Chwa D. Nonlinear tracking control of 3-D overhead cranes against the initial swing angle and the variation of payload weight. IEEE Transactions on Control Systems Technology，2009，17（4）：876-883.

[18]　Liu R，Li S，Ding S. Nested saturation control for overhead crane systems. Transactions of the Institute of Measurement and Control，2012，34（7）：862-875.

[19]　Tuan L A，Lee S G，Nho L C，et al. Model reference adaptive sliding mode control for three dimensional overhead cranes. International Journal of Precision Engineering and Manufacturing，2013，14（8）：1329-1338.

[20]　Ngo Q H，Hong K S. Adaptive sliding mode control of container cranes. IET Control Theory and Applications，2012，6（5）：662-668.

[21]　Yang J H，Yang K S. Adaptive coupling control for overhead crane systems. Mechatronics，2007，17（2）：143-152.

[22]　Yang J H，Shen S H. Novel approach for adaptive tracking control of a 3-D overhead crane system. Journal of Intelligent and Robotic Systems，2011，62（1）：59-80.

[23]　马博军，方勇纯，王宇韬，等. 欠驱动桥式吊车系统自适应控制. 控制理论与应用，2009，25（6）：1105-1109.

[24]　孙宁，方勇纯，王鹏程，等. 欠驱动三维桥式吊车系统自适应跟踪控制器设计. 自动化学报，2010，36（9）：1287-1294.

[25]　Toxqui R，Yu W，Li X. Anti-swing control for overhead crane with neural compensation. Proceedings of the

International Joint Conference on Neural Networks，Vancouver，2006：4697-4703.

[26]　Panuncio F，Yu W，Li X. Stable neural PID anti-swing control for an overhead crane. Proceedings of the IEEE International Symposium on Intelligent Control，Hyderabad，2013：53-58.

[27]　Yu W，Moreno-Armendariz M A，Rodriguez F O. Stable adaptive compensation with fuzzy CMAC for an overhead crane. Information Sciences，2011，181（21）：4895-4907.

[28]　Ammar S，Mabrouk M，Vivalda J C. Observer and global output feedback stabilisation for some mechanical systems. International Journal of Control，2009，82（6）：1070-1081.

[29]　Chen W，Saif M. Output feedback controller design for a class of MIMO nonlinear systems using high-order sliding-mode differentiators with application to a laboratory 3-D crane. IEEE Transactions on Industrial Electronics，2008，55（11）：3985-3997.

[30]　van der Schaft A J. L2-Gain and Passivity Techniques in Nonlinear Control. 2nd ed.London：Springer-Verlag，2000.

[31]　Ortega R，Spong M W，Gomez-Estern F，et al. Stabilization of a class of underactuated mechanical systems via interconnection and damping assignment. IEEE Transactions on Automatic Control，2002，47（8）：1218-1233.

[32]　Khalil H K. Nonlinear Systems. 3rd ed. New Jersey：Prentice-Hall，2002.

[33]　Sun N，Fang Y，Zhang Y，et al. A novel kinematic coupling-based trajectory planning method for overhead cranes. IEEE/ASME Transactions on Mechatronics，2012，17（1）：166-173.

第5章 变绳长吊车非线性控制方法

5.1 引　言

如前所述，完整的吊车操作流程主要包括负载升吊、水平运送与落吊三个步骤。在不考虑外界干扰时，负载摆动主要由台车运动引起，因此本书前几章的工作及现有绝大多数文献主要考虑负载水平运送过程（即绳长固定）的防摆定位控制问题[1-13]。然而在一些特殊情况下，为提高系统工作效率，会将负载的升/落吊与水平运送步骤同时进行。此时，不同于定绳长吊车系统的控制问题，吊绳长度从常数转变为状态变量，导致已有定绳长吊车控制方法无法应用，亟待研究人员设计合适的方法实现变绳长吊车系统的高性能控制。

桥式吊车系统的自然频率取决于吊绳长度[①]，绳长对负载摆动有着非常大的影响，若处理不当，其变化极易激发负载的大幅摆动。此外，由于已有方法均仅能得到渐近收敛的控制效果，若增益调节不当则极有可能导致绳长变为非正（即负载到达台车上方），导致负载在上升至一定高度后与台车发生碰撞，造成安全事故。因此，绳长时变给吊车系统控制带来了巨大挑战。针对这一问题，国内外研究人员提出了多种控制策略[14-19]。具体而言，在线性化的吊车模型上，Yu 等[14]借助模糊神经网络对不确定性加以补偿，设计了一种智能抗摆控制方法。Garrido 等[15]提出了一种带负载重力补偿的输入整形控制方法。针对绳长时变的线性化吊车系统，文献[16]提出了一种增益调度（gain scheduling）控制策略。通过分析吊车系统能量，Banavar 等[17]利用互联与阻尼分配无源控制（interconnection and damping assignment passivity based control，IDA-PBC）理论设计了消摆定位控制方法。文献[18]在借助部分反馈线性化方法对吊车动力学模型进行处理后，设计了基于精确模型的控制器，并在线性吊车模型的基础上进行了稳定性分析。

然而，上面提及的变绳长吊车控制方法[14-19]均为调节（定点）控制，从实际应用的角度出发，工程人员更希望台车/吊绳能够沿满足特定指标（如最大速度、加速度等）的期望轨迹运行，这样不仅能保证执行器的物理约束，还可保障台车/吊绳的平稳运行/变化。与文献[14]～[19]中调节控制方法一样，已有轨迹跟踪控制方法[20-23]在进行理论分析时均需要对吊车模型作线性化处理或忽略闭环系统中的一些非线性

---

① 参见 2.2.1 节中式（2.6）定义的自然频率 ω_n。

项。一旦系统状态偏离平衡点，这些方法的控制性能则将大打折扣。因此，在未作任何近似的非线性模型基础上进行控制器设计，有着非常重要的理论与实际意义。

另外，就目前而言，无论针对变绳长还是定绳长吊车系统设计的控制方法，均仅能保证台车位移/吊绳长度渐近趋于其目标位置/长度，对于闭环系统的暂态控制性能（如跟踪误差的最大范围）则无法从理论上加以保证。而从工程应用角度来看，将跟踪误差始终保持在根据需要事先设定的范围内，并使之收敛于零有着十分重要的意义。

除此之外，针对变绳长吊车系统，已有文献中绝大多数方法需要精确的模型参数信息，然而实际吊车系统的一些物理参数（如负载质量、摩擦系数等）的精确值在很多情况下难以测量。有异于固定绳长吊车系统，控制吊绳长度会涉及负载重力补偿问题，给控制器设计带来了巨大挑战。要将负载准确无误地提升/落放至特定高度，必须对其重力进行完全补偿，以使稳态定位误差为零。若负载质量未知，最终将在竖直方向上出现较大的定位误差。针对现有方法存在的诸多不足之处，为更好地控制变绳长吊车系统，本章将分别提出有界跟踪消摆控制方法与自适应非线性耦合控制方法，具体内容分别介绍如下。

针对已有方法需要对吊车模型进行简化/近似且无法保证跟踪误差范围等问题，5.2 节将提出一种新型的变绳长吊车跟踪控制策略，保证跟踪误差始终处于设定范围内并收敛至零。本章将利用 Lyapunov 方法对其性能进行严格的数学分析，并通过实际实验对其有效性与鲁棒性进行验证。相比已有变绳长吊车控制方法，该方法主要有以下贡献：①不需要对非线性吊车系统进行线性化或近似处理，放宽了现有方法对负载摆角范围所作的假设，具有重要的理论意义；②能够将跟踪误差始终保持在设定范围内并使其收敛于零，可保证整个过程中吊绳长度恒为正，有着非常重要的实际工程意义；③经实验验证，能取得良好的暂态控制性能，对外界干扰具有很强的鲁棒性。

随后，考虑到已有方法须在简化的吊车模型上进行控制器设计/分析，以及需要精确系统参数等不足，5.3 节将提出一种全新的自适应耦合控制方法，首次解决伴随负载升/落吊运动且参数不确定的欠驱动吊车控制问题。具体而言，本章将充分分析吊车系统无源性，设计一种新颖的自适应机制使负载质量的在线估计值收敛于其实际值，构造一个辅助项保证吊绳长度恒为正，并在此基础上设计自适应控制律。将利用 Lyapunov 方法与（扩展）Barbalat 引理对所提控制方法的性能进行严格分析。最后将对其实际性能进行实验验证，结果表明其具有良好的控制性能与鲁棒性。作为总结，该控制方法相比已有文献中方法的主要优点/贡献如下：①不用对非线性吊车系统作任何简化处理，无须负载质量、摩擦系数等参数的精确值；②可在线辨识出负载质量的真实值，即在所提控制方法的作用下，负载质量的在线估计值将收敛于其真实值；③构造了新颖的辅助项，保证整个控制过程中吊绳长度恒为正；④经实验验证，本章方法控制效果良好，鲁棒性强。

　　本章剩余部分的结构如下：5.2 节将给出有界跟踪消摆控制方法的设计过程、闭环系统的性能分析及实验结果；在 5.3 节中，将详细讨论自适应耦合控制方法的设计过程，给出相应的理论分析，并通过实验验证其有效性；最后 5.4 节将对本章工作进行总结。

5.2　有界跟踪消摆控制方法

　　本节将详述变绳长吊车系统有界跟踪消摆控制方法的设计与分析过程，并通过实际实验将其与已有方法在消摆、定位及鲁棒性方面进行充分对比。

5.2.1　问题描述

　　利用 Euler-Lagrange 方法进行建模，可得绳长时变的欠驱动桥式吊车动力学模型如下：

$$(M+m)\ddot{x}+ml\ddot{\theta}\cos\theta+m\ddot{l}\sin\theta+2ml\dot{\theta}\cos\theta$$
$$-ml\dot{\theta}^2\sin\theta=F_{ax}-F_{rx}+\phi_x \tag{5.1}$$

$$m\ddot{l}+m\ddot{x}\sin\theta-ml\dot{\theta}^2-mg\cos\theta=F_{al}-d_l\dot{l}+\phi_l \tag{5.2}$$

$$ml^2\ddot{\theta}+ml\ddot{x}\cos\theta+2ml\dot{l}\dot{\theta}+mgl\sin\theta+d_\theta\dot{\theta}=0 \tag{5.3}$$

式中，M, m, g, x, l 与 θ 的定义参见 2.2.1 节；F_{ax} 与 F_{al} 分别代表水平与竖直方向上的控制量；$d_\theta\dot{\theta}$ ($d_\theta\in\mathbb{R}^+$) 为影响负载摆动的阻力；F_{rx} 为式（2.4）所示摩擦力模型，$-d_l\dot{l}$ ($d_l\in\mathbb{R}^+$) 为绳长变化方向上的摩擦力模型，两个模型中的各参数值均为名义值；ϕ_x, ϕ_l 表示由未知参数、理论摩擦力模型与真实摩擦力之间差异等导致的不确定因素，满足如下条件：

$$|\phi_x|\leqslant\bar{\phi}_x,\quad |\phi_l|\leqslant\bar{\phi}_l \tag{5.4}$$

此外，由于摩擦力是由相对运动引起的，因此

$$\phi_x(t),\ \phi_l(t)\to 0,\quad \text{当}\ \dot{x}(t),\ \dot{l}(t)\to 0\text{时} \tag{5.5}$$

　　在本章中，吊车的控制目标是将台车从其初始位置 $x(0)$ 快速准确地运送到目标位置 p_{dx} 处，并使吊绳长度由 $l(0)$ 变为 p_{dl}。同时，为提高工作效率，在整个运送过程中，应充分抑制并消除负载摆动。该控制目标可描述如下：

$$\lim_{t\to\infty}x(t)=p_{dx},\quad \lim_{t\to\infty}l(t)=p_{dl},\quad \lim_{t\to\infty}\theta(t)=0 \tag{5.6}$$

　　对于实际吊车系统，绳长变长对应负载的落吊过程，变短则对应升吊过程。本节考虑负载的落吊过程，因此 $p_{dl}>l(0)$。出于平稳运送的考虑，将通过轨迹跟踪控制来实现式（5.6）所示的目标，在选取期望轨迹时应满足下述原则。在此，

为简洁起见，以台车期望轨迹 $x_d(t)$ 为例进行描述，该原则同样适用于 $l_d(t)$。

原则 5.1 期望轨迹 $x_d(t)$ 随时间由初始位置 $x_d(0)$ 逐渐收敛至设定位置 p_{dx}，且 $|x_d(t)| \leqslant p_{dx}$，其前三阶导数满足 $0 \leqslant \dot{x}_d(t) \leqslant v_{\sup}$，$|\ddot{x}_d(t)| \leqslant a_{\sup}$，$|x_d^{(3)}(t)| \leqslant j_{\sup}$，$\lim_{t\to\infty}\dot{x}_d(t)=0$，$\lim_{t\to\infty}\ddot{x}_d(t)=0$，且 $0 < \dot{x}_d(0) < v_{\sup}$，其中，$v_{\sup}, a_{\sup}, j_{\sup} \in \mathbb{R}^+$ 分别代表相应的上界值。

由上述原则可知

$$x_d(t),\ \dot{x}_d(t),\ \ddot{x}_d(t),\ x_d^{(3)}(t) \in \mathcal{L}_\infty \tag{5.7}$$

此外，利用分部积分，不难求得如下结论：

$$\int_0^t \ddot{x}_d^2(\tau)\mathrm{d}\tau = \ddot{x}_d(\tau)\dot{x}_d(\tau)\big|_0^t - \int_0^t x_d^{(3)}(\tau)\dot{x}_d(\tau)\mathrm{d}\tau \tag{5.8}$$

根据原则 5.1 可知，$|x_d^{(3)}(t)| \leqslant j_{\sup}$ 且 $\dot{x}_d(t) \geqslant 0$，因此式（5.8）可进一步放缩如下：

$$\int_0^t \ddot{x}_d^2(\tau)\mathrm{d}\tau \leqslant \ddot{x}_d(\tau)\dot{x}_d(\tau)\big|_0^t + j_{\sup}x_d(\tau)\big|_0^t$$
$$< 2v_{\sup}a_{\sup} + 2j_{\sup}p_{dx} = I_{\sup} << +\infty \tag{5.9}$$
$$\Rightarrow x_d(t) \in \mathcal{L}_2$$

式（5.7）与式（5.9）的结论将用于后面的分析。

注记 5.1 引入上述原则的目的是保证期望轨迹的光滑性，其中，要求期望轨迹导数满足 $\dot{x}_d(t) \geqslant 0$ 是为了尽可能地避免台车的往复运动，以降低不必要的能耗，提高运行效率。

5.2.2 控制器设计

在本小节中，将设计一种新颖的跟踪控制器，使台车位移及吊绳长度快速准确地跟踪设定轨迹，同时有效抑制整个过程中的负载摆动。

为实现控制目标（5.6），定义如下误差信号：

$$e(t) = [e_x \quad e_l \quad e_\theta]^\mathrm{T} = [x - x_d \quad l - l_d \quad \theta]^\mathrm{T} \tag{5.10}$$

此外，桥式吊车系统的能量可表示如下：

$$E(t) = \frac{1}{2}\dot{q}^\mathrm{T}M_C(q)\dot{q} + mgl(1-\cos\theta) \tag{5.11}$$

式中，$q = [x(t) \quad l(t) \quad \theta(t)]^\mathrm{T}$ 表示系统状态向量；$M_C(q)$ 为如下对称矩阵：

$$M_C(q) = \begin{bmatrix} M+m & m\sin\theta & ml\cos\theta \\ m\sin\theta & m & 0 \\ ml\cos\theta & 0 & ml^2 \end{bmatrix} \tag{5.12}$$

一个系统的能量可反映其运动特性及所处的状态[24]，当系统能量衰减为零时，系统稳定至平衡点。由于本文的控制目标是使 $e(t) \to 0$，受此启发，构造如下整形后的类能量函数[①]：

$$V_e(t) = \frac{1}{2}\dot{e}^T M_C(q)\dot{e} + \frac{1}{2}k_{px}e_x^2 + \frac{1}{2}k_{pl}e_l^2 + mgl(1-\cos\theta) \tag{5.13}$$

式中，k_{px}，$k_{pl} \in \mathbb{R}^+$ 为随后即将引入的控制增益。

在整个控制过程中，为使跟踪误差 $e_x(t)$ 与 $e_l(t)$ 始终保持在如下设定界内：

$$|e_x(t)| < \xi_x, \quad |e_l(t)| < \xi_l \tag{5.14}$$

受文献[25]、[26]启发，构造如下"势函数"：

$$V_\omega(t) = \lambda_{\omega x}\frac{e_x^2}{\xi_x^2 - e_x^2} + \lambda_{\omega l}\frac{e_l^2}{\xi_l^2 - e_l^2} \tag{5.15}$$

式中，$\lambda_{\omega x}$，$\lambda_{\omega l} \in \mathbb{R}^+$ 为正的控制增益。由式（5.15）可以看出，当 $|e_x(t)| \to \xi_x$，$|e_l(t)| \to \xi_l$ 时，$V_\omega(t) \to \infty$。在实际应用时，绳长不能太短，因此对于 $l_d(t)$ 及误差界 ξ_l，选取

$$0 < l_d(0) = l(0) < p_{dl}, \quad l_d(0) - \xi_l = l_e > 0 \tag{5.16}$$

式中，$l_e \in \mathbb{R}^+$ 表示正常数，可根据实际情况选取。将 $V_e(t)$ 与 $V_\omega(t)$ 结合在一起，可得

$$V(t) = V_e(t) + V_\omega(t) \tag{5.17}$$

对式（5.17）两边关于时间求导数并进行整理，可得如下结论：

$$\dot{V}(t) = \left(F_{ax} + k_{px}e_x - (M+m)\ddot{x}_d - m\ddot{l}_d\sin\theta - m\dot{l}_d\dot{\theta}\cos\theta - F_{rx} + \phi_x\right)\dot{e}_x$$

$$+ \left(F_{al} + k_{pl}e_l - m\ddot{x}_d\sin\theta - m\ddot{l}_d + mg - d_l\dot{l} + \phi_l\right)\dot{e}_l + \frac{2\lambda_{\omega x}\xi_x^2}{\left(\xi_x^2 - e_x^2\right)^2}e_x\dot{e}_x \tag{5.18}$$

$$+ \frac{2\lambda_{\omega l}\xi_l^2}{\left(\xi_l^2 - e_l^2\right)^2}e_l\dot{e}_l - (d_\theta + ml\dot{l}_d)\dot{\theta}^2 - ml\cos\theta\dot{\theta}\ddot{x}_d + mg\dot{l}_d(1-\cos\theta)$$

由式（5.18）可看出，仅能通过 $F_{ax}(t)$，$F_{al}(t)$ 主导 $\dot{V}(t)$ 的前四项，剩余三项为无驱的负载摆动相关项，无法直接处理。为消除括号中的项并为闭环系统注入阻尼，构造控制器如下：

$$F_{ax} = -k_{px}e_x - \frac{2\lambda_{\omega x}\xi_x^2}{\left(\xi_x^2 - e_x^2\right)^2}e_x - k_{dx}\dot{e}_x + (M+m)\ddot{x}_d$$

$$+ m\ddot{l}_d\sin\theta + m\dot{l}_d\dot{\theta}\cos\theta + F_{rx} - \overline{\phi}_x\mathrm{sgn}(\dot{e}_x) \tag{5.19}$$

---

① 当 $l(t) > 0$ 时，$V_e(t)$ 恒为正定标量函数。随后将证明，本节设计的控制器（5.19）和式（5.20）能保证 $l(t) > 0$ 恒成立。

$$F_{al} = -k_{pl}e_l - \frac{2\lambda_{\omega l}\xi_l^2}{\left(\xi_l^2 - e_l^2\right)^2}e_l - k_{dl}\dot{e}_l + m\ddot{x}_d\sin\theta + m\ddot{l}_d$$

$$- mg + d_l\dot{l} - \bar{\phi}_l\operatorname{sgn}(\dot{e}_l)$$

$$(5.20)$$

式中，$k_{px}, k_{dx}, k_{pl}, k_{dl} \in \mathbb{R}^+$ 表示正的控制增益；$\lambda_{\omega x}, \lambda_{\omega l}, \xi_x, \xi_l$ 为式（5.15）定义的控制参数，$\bar{\phi}_x, \bar{\phi}_l$ 的定义参见式（5.4）

$$\operatorname{sgn}(*) = \begin{cases} 1, & * > 0 \\ 0, & * = 0 \\ -1, & * < 0 \end{cases}$$

表示标准的符号函数。

那么，控制器（5.19）和（5.20）能在保证台车/绳长跟踪期望轨迹的同时，有效抑制并消除负载摆动，具体结论如接下来的定理所述。

5.2.3　性能分析

定理 5.1　控制器（5.19）和（5.20）能将跟踪误差 $e_x(t)$, $e_l(t)$ 始终控制在如下范围内：$|e_x(t)| < \xi_x$，$|e_l(t)| < \xi_l$，且能使得

$$\lim_{t\to\infty} e_x(t) = 0, \quad \lim_{t\to\infty} e_l(t) = 0 \qquad (5.21)$$

同时，负载摆角随时间收敛于零，即

$$\lim_{t\to\infty} \theta(t) = 0 \qquad (5.22)$$

证明　由初始条件（5.16）可知

$$0 < l_e < l(0) < p_{dl} < \bar{l}, \quad e_x(0) = 0, \quad e_l(0) = 0 \qquad (5.23)$$

式中，l_e 的定义见式（5.16），$\bar{l}$ 为满足 $\bar{l} > p_{dl} + 2\xi_l$ 的正常数。根据 $l(t)$ 的变化，随后分两种情形进行证明，即情形 1-$l(t)$ 始终在范围 $\{l(t) \mid l_e < l(t) < \bar{l}\}$ 内变化与情形 2-$l(t)$ 不会一直在 $\{l(t) \mid l_e < l(t) < \bar{l}\}$ 内变化。随后的证明过程将说明只有情形 1 成立。

情形 1：$l(t)$ 始终在范围 $\{l(t) \mid l_e < l(t) < \bar{l}\}$ 内变化。由式（5.23）易知 $e_x(0) = 0 < \xi_x$, $e_l(0) = 0 < \xi_l$，在此选取式（5.17）中标量函数 $V(t)$ 进行分析，对其两边关于时间求导可得式（5.18）。将式（5.19）和式（5.20）代入式（5.18），利用式（5.4），并整理可得如下结果：

$$\dot{V}(t) \leqslant -k_{dx}\dot{e}_x^2 - k_{dl}\dot{e}_l^2 - (d_\theta + ml\dot{l}_d)\dot{\theta}^2 - ml\cos\theta\dot{\theta}\ddot{x}_d + mg(1 - \cos\theta)\dot{l}_d \qquad (5.24)$$

借助 $\dot{l}_d(t) \geqslant 0$（见原则 5.1），$0 \leqslant 1 - \cos\theta(t) \leqslant 2$，以及代数-几何均值不等式的基本性质，对式（5.24）进行放缩，有

$$\dot{V}(t) \leqslant -k_{dx}\dot{e}_x^2 - k_{dl}\dot{e}_l^2 - (d_\theta + ml\dot{l}_d)\dot{\theta}^2 + m\overline{l}\,|\dot{\theta}|\cdot|\ddot{x}_d| + 2mg\dot{l}_d$$

$$\leqslant -k_{dx}\dot{e}_x^2 - k_{dl}\dot{e}_l^2 + \frac{1}{2}d_\theta\dot{\theta}^2 + \frac{m^2\overline{l}^2\ddot{x}_d^2}{2d_\theta} - (d_\theta + ml\dot{l}_d)\dot{\theta}^2 + 2mg\dot{l}_d \quad (5.25)$$

$$\leqslant -k_{dx}\dot{e}_x^2 - k_{dl}\dot{e}_l^2 - \frac{1}{2}d_\theta\dot{\theta}^2 + \frac{m^2\overline{l}^2\ddot{x}_d^2}{2d_\theta} + 2mg\dot{l}_d$$

对式（5.25）两边求积分，可得

$$V(t) \leqslant V(0) - k_{dx}\int_0^t \dot{e}_x^2 \mathrm{d}\tau - k_{dl}\int_0^t \dot{e}_l^2 \mathrm{d}\tau - \frac{d_\theta}{2}\int_0^t \dot{\theta}^2 \mathrm{d}\tau \\ + \frac{m^2\overline{l}^2}{2d_\theta}\int_0^t \ddot{x}_d^2 \mathrm{d}\tau + 2mg\big(l_d(t) - l_d(0)\big) \quad (5.26)$$

由 $V(0)$, $l_d(t) \in \mathcal{L}_\infty$ 及式（5.9）的结论，可得对于任意 $t \geqslant 0$，恒有[①]

$$V(t) < V(0) + \frac{m^2\overline{l}^2}{2d_\theta}I_{\mathrm{sup}} + 2mgp_{dl} << +\infty \quad (5.27)$$

由于 $|e_x(0)| = 0 < \xi_x$，$|e_l(0)| = 0 < \xi_l$，如果 $|e_x(t)| \mapsto \xi_x^-$ 或 $|e_l(t)| \mapsto \xi_l^-$，则从式（5.15）与式（5.17）可得 $V(t) \to +\infty$，显然这与式（5.27）的结论相矛盾，故

$$|e_x(t)| \nrightarrow \xi_x^-, \quad |e_l(t)| \nrightarrow \xi_l^-, \quad \forall\, t \geqslant 0 \quad (5.28)$$

因此，当 $|e_x(0)| = 0 < \xi_x$，$|e_l(0)| = 0 < \xi_l$ 时，如下结论恒成立：

$$|e_x(t)| < \xi_x, \quad |e_l(t)| < \xi_l \quad (5.29)$$

进一步，结合式（5.16）可知

$$l(t) = l_d(t) + e_l(t) > l_d(0) - \xi_l = l_e > 0 \\ l(t) = l_d(t) + e_l(t) < p_{dl} + \xi_l < \overline{l} - \xi_l \quad (5.30)$$

由式（5.29）得 $V_\omega(t) \geqslant 0$，再由式（5.30）可知 $V_e(t)$ 正定，因此 $V(t)$ 为正定。于是，由式（5.9）、式（5.13）、式（5.15）、式（5.17）、式（5.26）与式（5.27），结合 $x_d(t)$, $l_d(t)$, $\dot{x}_d(t)$, $\dot{l}_d(t) \in \mathcal{L}_\infty$，可知[②]

$$V \in \mathcal{L}_\infty \Rightarrow e_x, e_l, \dot{e}_x, \dot{e}_l, \dot{\theta}, \frac{e_x^2}{\xi_x^2 - e_x^2}, \frac{e_l^2}{\xi_l^2 - e_l^2} \in \mathcal{L}_\infty \\ \Rightarrow x, l, \dot{x}, \dot{l} \in \mathcal{L}_\infty \Rightarrow \frac{1}{\xi_x^2 - e_x^2}, \frac{1}{\xi_l^2 - e_l^2}, F_{ax}, F_{al}, F_{rx} \in \mathcal{L}_\infty \quad (5.31)$$

---

① 虽然随后可证明 $V(t)$ 正定，但式（5.24）～式（5.27）的推导过程及结论并不要求 $V(t)$ 为正定。

② 当 $e_x^2 \to 0$ 时，由 e_x，$e_x^2/(\xi_x^2 - e_x^2) \in \mathcal{L}_\infty$ 可知 $1/(\xi_x^2 - e_x^2) \in \mathcal{L}_\infty$。另外，当 $e_x^2 \to 0$ 时，$1/(\xi_x^2 - e_x^2) \to 1/\xi_x^2 < \infty$。因此，$1/(\xi_x^2 - e_x^2) \in \mathcal{L}_\infty$。经类似分析可知 $1/(\xi_l^2 - e_l^2) \in \mathcal{L}_\infty$。

另外，对式（5.26）进行移项，结合式（5.31），有

$$k_{dx} \int_0^t \dot{e}_x^2 \mathrm{d}\tau + k_{dl} \int_0^t \dot{e}_l^2 \mathrm{d}\tau + \frac{d_\theta}{2} \int_0^t \dot{\theta}^2 \mathrm{d}\tau$$

$$\leq -V(t) + V(0) + \frac{m^2 \overline{l}^2}{2d_\theta} \int_0^t \ddot{x}_d^2 \mathrm{d}\tau + 2mg\left(l_d(t) - l_d(0)\right) \tag{5.32}$$

$$\Rightarrow \dot{e}_x(t), \dot{e}_l(t), \dot{\theta}(t) \in \mathcal{L}_2$$

将式（5.2）与式（5.3）代入式（5.1），并整理可得

$$M\ddot{x} = (F_{ax} - F_{rx} + \phi_x) - (F_{al} - d_l \dot{l} + \phi_l)\sin\theta + \frac{d_\theta}{l}\dot{\theta}\cos\theta \tag{5.33}$$

那么，利用式（5.31），并进一步结合式（5.2）与式（5.3）及期望轨迹所满足的性质，可推知如下结论：

$$\ddot{x} \in \mathcal{L}_\infty \Rightarrow \ddot{\theta}, \quad \ddot{l} \in \mathcal{L}_\infty \Rightarrow \ddot{e}_x, \ddot{e}_l, \ddot{\theta} \in \mathcal{L}_\infty \tag{5.34}$$

于是，联立式（5.31）、式（5.32）与式（5.34）可知，$\dot{e}_x(t), \dot{e}_l(t), \dot{\theta}(t) \in \mathcal{L}_2 \bigcap \mathcal{L}_\infty$ 且 $\ddot{e}_x(t), \ddot{e}_l(t), \ddot{\theta}(t) \in \mathcal{L}_\infty$，根据 Barbalat 引理[27]，可直接求得

$$\lim_{t\to\infty} \dot{e}_x(t) = 0, \quad \lim_{t\to\infty} \dot{e}_l(t) = 0, \quad \lim_{t\to\infty} \dot{\theta}(t) = 0 \tag{5.35}$$

进一步，考虑到 $\lim_{t\to\infty} \dot{x}_d(t) = 0$，$\lim_{t\to\infty} \dot{l}_d(t) = 0$，由式（5.35）可得

$$\lim_{t\to\infty} \dot{x}(t) = 0, \quad \lim_{t\to\infty} \dot{l}(t) = 0 \Rightarrow \lim_{t\to\infty} F_{rx}(t) = 0 \tag{5.36}$$

为完成定理证明，需要进一步分析 $e_x(t), e_l(t)$ 及 $\theta(t)$ 的收敛性。为此，将控制器（5.19）和（5.20）代入式（5.33）并整理，有

$$M\ddot{x}(t) = X_1(t) + X_2(t) \tag{5.37}$$

式中，X_1 与 X_2 的表达式分别如下：

$$X_1 = -k_{dx}\dot{e}_x + \frac{d_\theta}{l}\dot{\theta}\cos\theta + (M+m)\ddot{x}_d + m\ddot{l}_d\sin\theta + m\dot{l}_d\dot{\theta}\cos\theta + k_{dl}\dot{e}_l\sin\theta$$

$$- m\ddot{x}_d\sin^2\theta - m\ddot{l}_d\sin\theta - \overline{\phi}_x\mathrm{sgn}(\dot{e}_x) + \phi_x + \overline{\phi}_l\sin\theta\,\mathrm{sgn}(\dot{e}_l) - \phi_l\sin\theta$$

$$X_2 = -\frac{2\lambda_{\omega x}\xi_x^2}{\left(\xi_x^2 - e_x^2\right)^2}e_x + \frac{2\lambda_{\omega l}\xi_l^2}{\left(\xi_l^2 - e_l^2\right)^2}e_l\sin\theta - k_{px}e_x + k_{pl}e_l\sin\theta + mg\sin\theta$$

由式（5.5）、式（5.35）、式（5.36）及期望轨迹的性质（见原则5.1）易知

$$\lim_{t\to\infty} X_1(t) = 0 \tag{5.38}$$

此外，由式（5.31）知 $X_2(t)$ 关于时间的导数满足

$$\dot{X}_2 = -2\lambda_{\omega x}\frac{\xi_x^4 \dot{e}_x + 3\xi_x^2 e_x^2 \dot{e}_x}{\left(\xi_x^2 - e_x^2\right)^3} + \frac{2\lambda_{\omega l}\xi_l^2\left(\xi_l^2 + 3e_l^2\right)\dot{e}_l\sin\theta}{\left(\xi_l^2 - e_l^2\right)^3} + \frac{2\lambda_{\omega l}\xi_l^2 e_l\dot{\theta}\cos\theta}{\left(\xi_l^2 - e_l^2\right)^2}$$

$$- k_{px}\dot{e}_x + k_{pl}\dot{e}_l\sin\theta + k_{pl}e_l\dot{\theta}\cos\theta + mg\cos\theta\dot{\theta} \in \mathcal{L}_\infty \tag{5.39}$$

联立式（5.36）、式（5.38）与式（5.39），结合 $M > 0$，利用扩展 Barbalat 引理（参见引理 2.1）可得

$$\lim_{t\to\infty} M\ddot{x}(t) = 0, \quad \lim_{t\to\infty} X_2(t) = 0 \Rightarrow \lim_{t\to\infty} \ddot{x}(t) = 0$$

$$\lim_{t\to\infty}\left(k_{px} + \frac{2\lambda_{\omega x}\xi_x^2}{\left(\xi_x^2 - e_x^2\right)^2}\right)e_x - \lim_{t\to\infty} mg\sin\theta \quad (5.40)$$

$$-\lim_{t\to\infty}\left(k_{pl} + \frac{2\lambda_{\omega l}\xi_l^2}{\left(\xi_l^2 - e_l^2\right)^2}\right)e_l\sin\theta = 0$$

另外，可将式（5.3）整理如下：

$$\ddot{\theta} = \underbrace{-\frac{g}{l}\sin\theta}_{\Theta_1}\underbrace{-\frac{1}{l}\ddot{x}\cos\theta - \frac{2}{l}\dot{l}\dot{\theta} - \frac{d_\theta}{ml^2}\dot{\theta}}_{\Theta_2} \quad (5.41)$$

经过类似分析，可得 $\Theta_1(t)\in\mathcal{L}_\infty$，$\lim_{t\to\infty}\Theta_2(t)=0$。再次由扩展 Barbalat 引理（参见引理 2.1），可知如下结论成立[①]：

$$\lim_{t\to\infty}\ddot{\theta}(t) = 0, \quad \lim_{t\to\infty}\frac{g}{l}\sin\theta(t) = 0 \Rightarrow \lim_{t\to\infty}\theta(t) = 0 \quad (5.42)$$

进一步，将式（5.42）代入式（5.40）得

$$\lim_{t\to\infty} e_x(t) = 0 \quad (5.43)$$

将式（5.20）代入式（5.2）并移项整理，有

$$m\ddot{l} = L_1(t) + L_2(t) \quad (5.44)$$

式中

$$L_1(t) = -m\ddot{x}\sin\theta + ml\dot{\theta}^2 - mg + mg\cos\theta - k_{dl}\dot{e}_l \\ + m\ddot{x}_d\sin\theta + m\ddot{l}_d - \overline{\phi}_l\mathrm{sgn}(\dot{e}_l) + \phi_l \quad (5.45)$$

$$L_2(t) = -\left(k_{pl} + \frac{2\lambda_{\omega l}\xi_l^2}{\left(\xi_l^2 - e_l^2\right)^2}\right)e_l \quad (5.46)$$

利用期望轨迹性质及式（5.5）、式（5.31）、式（5.35）、式（5.36）、式（5.40）与式（5.42），知 $\lim_{t\to\infty} L_1(t) = 0$，$L_2(t)\in\mathcal{L}_\infty$。对于式（5.44），由于 $\lim_{t\to\infty}\dot{l}(t) = 0$（见

---

① 式（5.42）将假设 2.1 中负载摆角范围放宽至 $-\pi < \theta(t) < \pi$，而已有绝大多数吊车文献都假设[1-23, 28-45]从这个意义上讲，本章方法放宽了该假设，在理论方面更具一般性。

式（5.36）），再次引用扩展 Barbalat 引理（参见引理 2.1），可得

$$\lim_{t \to \infty} m\ddot{l}(t) = 0, \quad \lim_{t \to \infty} e_l(t) = 0 \Rightarrow \lim_{t \to \infty} \ddot{l}(t) = 0 \qquad (5.47)$$

情形 2：$l(t)$ 不会一直在范围 $\{l(t) \mid l_e < l(t) < \overline{l}\}$ 内变化。在此利用反证法证明该情形不存在。不妨假设在 τ_1 时刻，$l(t)$ 首次逃离区域 $\{l(t) \mid l_e < l(t) < \overline{l}\}$。于是，在 $t = \tau_1$ 时，$l(\tau_1) \geqslant \overline{l}$ 或 $l(\tau_1) \leqslant l_e$，不失一般性，在此以出现前者的情况为例进行分析，对于后者可进行类似的分析。那么：

（1）一方面，在 $t < \tau_1$ 时，$l_e < l(t) < \overline{l}$ 依然成立，因而，在 $t \in [0, \tau_1)$ 时，情形 1 成立。进一步地，由式（5.28）可知，恒有

$$|e_x(t)| \nrightarrow \xi_x^-, \ |e_l(t)| \nrightarrow \xi_l^-, \ |e_x(t)| < \xi_x, \ |e_l(t)| < \xi_l, \ \forall \, t \in [0, \tau_1) \qquad (5.48)$$

（2）另一方面，在 $t = \tau_1$ 时刻，有

$$\begin{aligned} l(\tau_1) \geqslant \overline{l} \Rightarrow e_l(\tau_1) = l(\tau_1) - l_d(\tau_1) &\geqslant \overline{l} - l_d(\tau_1) \\ &> p_{dl} + 2\xi_l - l_d(\tau_1) \geqslant 2\xi_l \end{aligned} \qquad (5.49)$$

以上两方面表明 $e_l(t)$ 在 τ_1 时刻发生跳变。此外，易知由式（5.19）和式（5.20）与式（5.1）～式（5.3）组成的闭环系统仅在 $e_l(t) = \pm\xi_l$，$e_x(t) = \pm\xi_x$，$\dot{e}_x(t) = 0$ 或 $\dot{e}_l(t) = 0$ 处不光滑（后两者是由控制器（5.19）和（5.20）中符号函数项所导致）。当 $t < \tau_1$ 时，情形 1 成立，闭环系统（控制器）中符号函数项 $\mathrm{sgn}(\dot{e}_x)$ 与 $\mathrm{sgn}(\dot{e}_l)$ 并不会引起 $e_l(t)$ 的跳变，如式（5.24）～式（5.30）所示。因此，$e_l(t)$ 在 $t = \tau_1$ 时刻发生跳变意味着必然存在 $\tau^* \in [0, \tau_1)$ 使得

$$|e_l(\tau^*)| = \xi_l \ \text{或} \ |e_x(\tau^*)| = \xi_x \qquad (5.50)$$

然而，根据式（5.48）可知当 $t \in [0, \tau_1)$ 时，$|e_l(t)| < \xi_l$，$|e_x(t)| < \xi_x$ 恒成立，故不存在 $\tau^* \in [0, \tau_1)$ 使式（5.50）成立，进一步可知 τ_1 不存在，与前提假设相矛盾。因此，该情形不成立。

综合上述分析，易知只有情形 1 成立，那么由式（5.28）、式（5.29）、式（5.35）、式（5.40）、式（5.42）、式（5.43）及式（5.47）可知该定理结论成立，定理得证。

5.2.4 实验结果及分析

本小节将通过实验验证所提方法的实际应用性能。在实验中，桥式吊车平台的物理参数为 $M = 6.5\mathrm{kg}$，$m = 1\mathrm{kg}$，$g = 9.8\mathrm{m/s^2}$。台车初始位置为 $x(0) = 0\mathrm{m}$，目标位置为 $p_{dx} = 0.6\mathrm{m}$。吊绳初始长度为 $l(0) = 0.5\mathrm{m}$，目标长度为 $p_{dl} = 0.75\mathrm{m}$。台车运动及绳长变化的期望轨迹分别选取如下：

$$x_d = \frac{p_{dx}}{2} + \frac{k_{vx}^2}{4k_{ax}} \ln\left(\frac{\cosh\left(\frac{2k_{ax}t}{k_{vx}} - \varepsilon_{xd}\right)}{\cosh\left(\frac{2k_{ax}t}{k_{vx}} - \varepsilon_{xd} - \frac{2k_{ax}p_{dx}}{k_{vx}^2}\right)}\right) \quad (5.51)$$

$$l_d = \frac{p'_{dl} + 2l(0)}{2} + \frac{k_{vl}^2}{4k_{al}} \ln\left(\frac{\cosh\left(\frac{2k_{al}t}{k_{vl}} - \varepsilon_{ld}\right)}{\cosh\left(\frac{2k_{al}t}{k_{vl}} - \varepsilon_{ld} - \frac{2k_{al}p_{dl'}}{k_{vl}^2}\right)}\right)$$

$$p_{dl} = l(0) + p'_{dl} \quad (5.52)$$

式中， p'_{dl} 表示吊绳长度的相对变化值， $p_{dx} = 0.6, p'_{dl} = 0.25 \Rightarrow p_{dl} = 0.75, k_{vx} = k_{vl} = 0.4, k_{ax} = k_{al} = 0.4, \varepsilon_{xd} = \varepsilon_{ld} = 3.5$ 。在此，设定允许的跟踪误差界如下：

$$\xi_x = 0.020\text{m}, \quad \xi_l = 0.015\text{m} \quad (5.53)$$

经充分调试，本章方法控制增益选取为 $k_{px} = 240, k_{dx} = 100, k_{pl} = 45, k_{dl} = 10, \lambda_{\omega x} = 0.1, \lambda_{\omega l} = 0.1, \overline{\phi}_x = 2, \overline{\phi}_l = 5, F_{r0x} = 4.4, k_{rx} = -0.5, \epsilon_x = 0.01, d_l = 6.5$ ，其中 $F_{r0x}, k_{rx}, \epsilon_x, d_l$ 的取值是通过离线实验标定得到的。为体现本章方法性能，在此选取文献[23]中滑模控制方法进行对比，其参考轨迹 $r_x(t)$ 与 $r_l(t)$ 分别取为式（5.51）与式（5.52）中 $x_d(t)$ 与 $l_d(t)$ ，且 $r_\theta(t) \equiv 0$ ，控制参数选取为 $k_x = 3.5, k_l = 2, k_{li} = 4, k_{as} = 0.6, \eta_x = 2, \eta_l = 2$ 。按照绝大多数滑模控制文献中的做法，为消除抖振现象，在实验时使用 tanh(10∗) 代替控制器中的 sgn(∗) 项。

接下来进行两组实验，具体而言，第一组实验将在无外界干扰情况下，比较本章方法与文献[23]中滑模控制方法的控制性能；在第二组实验中，将在系统的工作过程中对负载摆动添加干扰，分别测试两者的鲁棒性。得到的实验结果如图 5.1～图 5.4 所示，其中实线代表第一组实验的结果（无干扰），虚线代表第二组实验的结果（有外界干扰），点划线则表示设定的误差界。

首先分析未添加外界扰动的第一组实验结果，如图 5.1～图 5.4 中实线所示。由图 5.1 和图 5.2 中实线可知，本章方法可使跟踪误差 $e_x(t)$ 与 $e_l(t)$ 始终保持在设定的误差界（5.53）内，并使之迅速收敛至零，与理论分析的结论一致；与此同时，负载摆角被抑制在很小的范围内，当台车到达目标位置后迅速衰减为零，几乎无残余摆动；水平及竖直方向控制量 $F_{ax}(t)$ 与 $F_{al}(t)$ 分别收敛为零与 $-mg$ ，达到各自方向上的力平衡状态。相比之下，如图 5.3 中实线所示，文献[23]中方法则无法保证跟踪误差始终在设定范围内变化，且负载摆幅较大，存在明显的残余摆动。

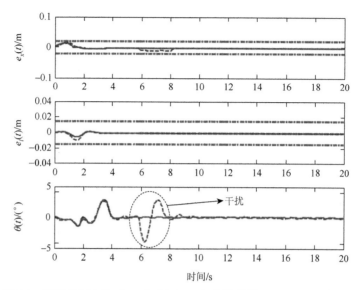

图 5.1 所提控制方法（5.19）和（5.20）实验结果：$e_x(t)$, $e_l(t)$ 与 $\theta(t)$

实线：第一组实验；虚线：第二组实验；点划线：设定误差界 $\pm\xi_x = \pm0.020\text{m}$, $\pm\xi_l = \pm0.015\text{m}$

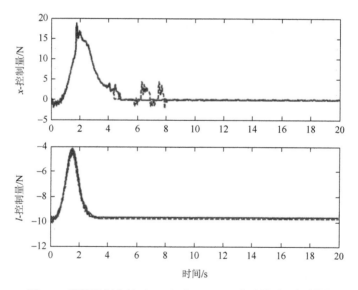

图 5.2 所提控制方法（5.19）和（5.20）实验结果：控制量

实线：第一组实验；虚线：第二组实验

接下来分析添加外界扰动的第二组实验结果，如图 5.1～图 5.4 中的虚线所示。在第 6s 左右，分别对本章方法与对比方法添加幅值相近的外界干扰，如图 5.1 与图 5.3 中圈出部分所示。不难发现，在出现外界扰动时，两种方法均通过调整台车运动对其加以抑制，但对比方法对应的负载残余摆动十分明显，而本节方法则能更快速有效地消除这些扰动，且随后几乎无残余摆动，控制性能良好。

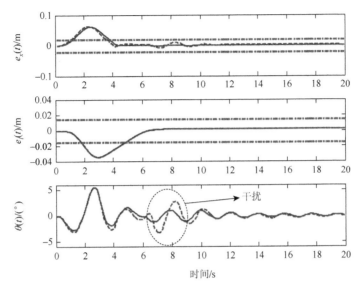

图 5.3　对比滑模控制方法[23]实验结果：$e_x(t)$, $e_l(t)$ 与 $\theta(t)$

实线：第一组实验；虚线：第二组实验；点划线：设定误差界 $\pm\xi_x = \pm0.020$m, $\pm\xi_l = \pm0.015$m

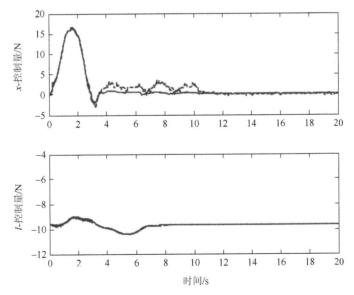

图 5.4　对比滑模控制方法[23]实验结果：控制量

实线：第一组实验；虚线：第二组实验

5.3 自适应非线性耦合控制方法

针对参数未知的变绳长吊车系统，本节将提出一种新颖的自适应控制策略，不仅能实现防摆与定位的双重目标，还可在线辨识负载质量。最后将通过实验验证其可行性与有效性。

5.3.1 问题描述

考虑如下欠驱动吊车动力学模型：

$$(M+m)\ddot{x} + ml\ddot{\theta}\cos\theta + m\ddot{l}\sin\theta + 2ml\dot{\theta}\cos\theta - ml\dot{\theta}^2\sin\theta = F_{ax} - d_x\dot{x} - F_{rx} \tag{5.54}$$

$$m\ddot{l} + m\ddot{x}\sin\theta - ml\dot{\theta}^2 - mg\cos\theta = F_{al} - d_l\dot{l} \tag{5.55}$$

$$ml^2\ddot{\theta} + ml\ddot{x}\cos\theta + 2ml\dot{l}\dot{\theta} + mgl\sin\theta + d_\theta\dot{\theta} = 0 \tag{5.56}$$

式中，各变量与参数的定义见 5.2.1 节[①]，此外，本模型额外考虑了台车运行所受的空气阻力 $-d_x\dot{x}(t)$ $(d_x \in \mathbb{R}^+)$。为方便分析，将式（5.54）～式（5.56）记为如下形式：

$$M_C(q)\ddot{q} + C(q,\dot{q})\dot{q} + G(q) = u_a + f_d \tag{5.57}$$

式中，q 与 $M_C(q)$ 的定义分别如式（5.12）所示，其他矩阵/向量的定义为

$$C(q,\dot{q}) = \begin{bmatrix} 0 & m\dot{\theta}\cos\theta & m\dot{l}\cos\theta - ml\dot{\theta}\sin\theta \\ 0 & 0 & -ml\dot{\theta} \\ 0 & ml\dot{\theta} & ml\dot{l} \end{bmatrix} \tag{5.58}$$

$$G(q) = \begin{bmatrix} 0 & -mg\cos\theta & mgl\sin\theta \end{bmatrix}^{\mathrm{T}} \tag{5.59}$$

$$u_a = \begin{bmatrix} F_{ax} & F_{al} & 0 \end{bmatrix}^{\mathrm{T}} \tag{5.60}$$

$$f_d = \begin{bmatrix} -d_x\dot{x} - F_{rx} & -d_l\dot{l} & -d_\theta\dot{\theta} \end{bmatrix}^{\mathrm{T}} \tag{5.61}$$

不难验证，吊车系统（5.57）满足如下两点重要性质。

性质 5.1 惯量矩阵 $M_C(q)$ 为正定对称矩阵，且对于任意向量 $b \in R^3$，总存在正常数 λ_m 与 λ_M 满足

$$\lambda_m \|b\|^2 \leqslant b^{\mathrm{T}} M_C(q) b \leqslant \lambda_M \|b\|^2 \tag{5.62}$$

性质 5.2 对于 $\dot{M}_C(q)$ 与 $C(q,\dot{q})$，恒有 $\dot{M}_C(q) = C^{\mathrm{T}}(q,\dot{q}) + C(q,\dot{q})$。

台车与负载质量的准确值不可获得，其范围为

---

① 吊车模型（5.54）～（5.56）与 5.2.1 节中所采用模型在形式上略有不同，原因在于 5.2.1 节将摩擦力分为名义部分（对应标定的摩擦参数）与不确定部分进行处理，而本节则直接分析参数未知的摩擦力模型，且额外考虑了空气阻力与台车、负载质量的不确定性。

$$\underline{M} \leqslant M \leqslant \bar{M}, \quad \underline{m} \leqslant m \leqslant \bar{m} \tag{5.63}$$

本节将解决模型参数不确定的变绳长吊车系统自适应控制问题。此外，吊车系统在不同任务中运送的负载质量不同，另一个难题在于如何在线辨识出未知的负载质量，以消除竖直方向上的稳态定位误差。为此，相应的控制问题可描述如下：

$$\begin{cases} x(t) \to p_{dx}, \quad l(t) \to p_{dl}, \quad \theta(t) \to 0 \\ \text{s.t. 未知模型参数} \end{cases} \tag{5.64}$$

式中，$p_{dx} \in \mathbb{R}$ 表示台车目标位置；$p_{dl} \in \mathbb{R}$ 为期望吊绳长度。为方便控制器设计，定义误差信号为

$$\begin{cases} e_x(t) = x(t) - p_{dx}, \quad e_l(t) = l(t) - p_{dl} \\ e(t) = [e_x \quad e_l \quad \theta]^T \end{cases} \tag{5.65}$$

进一步，有

$$\begin{cases} \dot{e}_x(t) = \dot{x}(t), \ \dot{e}_l(t) = \dot{l}(t), \ \dot{e}(t) = [\dot{x} \quad \dot{l} \quad \dot{\theta}]^T \\ \ddot{e}_x(t) = \ddot{x}(t), \ \ddot{e}_l(t) = \ddot{l}(t), \ \ddot{e}(t) = [\ddot{x} \quad \ddot{l} \quad \ddot{\theta}]^T \end{cases} \tag{5.66}$$

注记 5.2 变绳长吊车系统的自适应控制问题比其精确模型（exact model knowledge，EMK）控制问题更具挑战性，且远比固定绳长的情形复杂，主要体现在以下两个方面。①目前已有的变绳长吊车控制方法均假设模型参数精确已知。对于固定绳长吊车系统，不需要考虑竖直方向控制力 $F_{al}(t)$，因而不存在重力补偿问题（在相应的系统无源性方程中，不存在模型参数相关项，如式(3.5)与式(4.12)所示）。然而，在变绳长情形中，负载质量项将出现在无源性方程中（见式(5.67)），这意味着要实现准确调节控制，必须对负载质量加以补偿。否则，将导致竖直方向上出现绳长定位误差。对于变绳长吊车系统，常规自适应机制无法保证负载质量的在线估计值会收敛至其真实值，因此本章采用了一种新型的自适应机制，能精确估计未知的负载质量（如接下来的分析所示），这是本章的主要贡献之一。②在稳定性与信号收敛性分析中，需要吊绳长度恒为正，即 $l > 0$。对于固定绳长的吊车系统，这一点总能得以保证，但在变绳长的情况下，l 由正常数转变为变量。对于吊车系统，最好仅能得到渐近稳定的结果，在控制时由于超调等问题，极有可能出现吊绳长度成为非正的情形。因此，对于已有方法，为方便控制器设计与稳定性分析，往往强制假设 $l > 0$。然而，这些方法却无法在理论上保证这一点。为此，本章构造了一个新颖的辅助项（参见式(5.71)）以使 $l > 0$ 恒成立，保证所设计的控制器具有良好性能。

5.3.2　控制器设计

本小节将详述模型参数不确定的变绳长吊车系统自适应控制器设计过程。变绳长吊车系统的能量 $E(t)$ 如式（5.11）所示，对其两边关于时间求导，将式（5.54）～式（5.56）代入并整理，可得

$$
\begin{aligned}
\dot{E}(t) &= \dot{x}\left(F_{ax} - d_x\dot{x} - F_{rx}\right) + \dot{l}\left(F_{al} - d_l\dot{l} + mg\cos\theta\right) \\
&\quad - mgl\dot{\theta}\sin\theta - d_\theta\dot{\theta}^2 + mg\dot{l}(1-\cos\theta) + mgl\dot{\theta}\sin\theta \\
&= \dot{x}\left(F_{ax} - d_x\dot{x} - F_{rx}\right) + \dot{l}\left(F_{al} - d_l\dot{l} + mg\right) - d_\theta\dot{\theta}^2 \\
&= \dot{x}\left(F_{ax} - \phi_x^{\mathrm{T}}\omega_x\right) + \dot{l}\left(F_{al} - \phi_l^{\mathrm{T}}\omega_l\right) - d_\theta\dot{\theta}^2
\end{aligned}
\tag{5.67}
$$

式中，ϕ_x, ϕ_l 为如下回归向量[①]：

$$
\phi_x = [\dot{x} \quad \tanh(\dot{x}/\epsilon_x) \quad -\dot{x}|\dot{x}|]^{\mathrm{T}}, \quad \phi_l = [-1 \quad \dot{l}]^{\mathrm{T}}
\tag{5.68}
$$

相应地，ω_x, ω_l 表示为

$$
\omega_x = [d_x \quad F_{r0x} \quad k_{rx}]^{\mathrm{T}}, \quad \omega_l = [mg \quad d_l]^{\mathrm{T}}
\tag{5.69}
$$

不失一般性，为方便描述，随后将以负载落吊过程为例进行控制器设计，此时，$p_{dl} > l(0) > 0$。对于升吊过程，可进行类似的分析。基于式（5.67）的结构，构造如下自适应控制律：

$$
F_{ax}(t) = -k_{px}e_x - k_{dx}\dot{x} + \phi_x^{\mathrm{T}}\hat{\omega}_x
\tag{5.70}
$$

$$
F_{al}(t) = -k_{pl}e_l - k_{dl}\dot{l} - k_\varepsilon\left(\frac{\sqrt{2}\varepsilon}{\varepsilon^2 - e_l^2}\right)^2 e_l + \phi_l^{\mathrm{T}}\hat{\omega}_l
\tag{5.71}
$$

式中，$k_{px}, k_{dx}, k_{pl}, k_{dl}, k_\varepsilon \in \mathbb{R}^+$ 为正控制增益；$-k_\varepsilon\left(\sqrt{2}\varepsilon/(\varepsilon^2 - e_l^2(t))\right)^2 e_l(t)$ 为构造的辅助项

$$
\varepsilon > |p_{dl} - l(0)| = p_{dl} - l(0) = \Delta_L
\tag{5.72}
$$

为限制吊绳长度变化范围的参数，Δ_L 表示绳长相对变化量，$\hat{\omega}_x(t), \hat{\omega}_l(t)$ 分别为 ω_x, ω_l 的在线估计，如下：

$$
\hat{\omega}_x = [\hat{d}_x \quad \hat{F}_{r0x} \quad \hat{k}_{rx}]^{\mathrm{T}}, \quad \hat{\omega}_l = [\hat{mg} \quad \hat{d}_l]^{\mathrm{T}}
\tag{5.73}
$$

将控制律（5.70）和（5.71）代入式（5.67）并整理，可得如下结论：

[①] 值得说明的是，尽管 ϵ_x 以非线性方式出现，但经过大量实验验证知，其值受负载质量的影响不大，因此在应用时可通过离线实验标定事先获取。

$$\dot{E}(t) = -k_{dx}\dot{x}^2 - k_{dl}\dot{l}^2 - d_\theta\dot{\theta}^2 - k_{px}\dot{x}e_x - k_{pl}\dot{l}e_l$$

$$-k_\varepsilon\left(\frac{\sqrt{2}\varepsilon}{\varepsilon^2 - e_l^2}\right)^2\dot{l}e_l - \phi_x^{\mathrm{T}}\tilde{\omega}_x\dot{x} - \phi_l^{\mathrm{T}}\tilde{\omega}_l\dot{l} \tag{5.74}$$

式中，$\tilde{\omega}_x = \omega_x - \hat{\omega}_x$，$\tilde{\omega}_l = \omega_l - \hat{\omega}_l$ 表示在线估计误差，进一步有

$$\dot{\tilde{\omega}}_x = -\dot{\hat{\omega}}_x, \quad \dot{\tilde{\omega}}_l = -\dot{\hat{\omega}}_l \tag{5.75}$$

为消除稳态误差，使 $e_x(t)$，$e_l(t)$ 收敛到零，设计在线估计 $\hat{\omega}_x(t)$，$\hat{\omega}_l(t)$ 的更新律如下：

$$\dot{\hat{\omega}}_x = -\Gamma_x\phi_x\left(\alpha\dot{x} + \beta\left(\frac{e_x}{2}\right)\right) \tag{5.76}$$

$$\dot{\hat{\omega}}_l = -\Gamma_l\phi_l\left(\alpha\dot{l} + \beta\left(\frac{e_l}{2}\right)\right) \tag{5.77}$$

式中，$\Gamma_x = \mathrm{diag}\{\gamma_{x1}, \gamma_{x2}, \gamma_{x3}\} > 0$，$\Gamma_l = \mathrm{diag}\{\gamma_{l1}, \gamma_{l2}\} > 0$ 为正定更新增益矩阵；$\alpha \in \mathbb{R}^+$ 为正的控制参数；$\beta(*)$ 表示如下饱和函数：

$$\beta(*) = \begin{cases} 1, & * > \pi/2, \\ \sin(*), & |*| \leqslant \pi/2, \\ -1, & * < -\pi/2, \end{cases} \Rightarrow |\beta(*)| \leqslant 1, \forall * \tag{5.78}$$

其关于 $*$ 的导数可计算如下：

$$\beta_*(*) = \frac{\mathrm{d}\beta(*)}{\mathrm{d}*} = \begin{cases} 0, & |*| > \pi/2, \\ \cos(*), & |*| \leqslant \pi/2, \end{cases} \Rightarrow |\beta_*(*)| \leqslant 1, \forall * \tag{5.79}$$

易知 $\beta(*)$ 满足如下性质：

$$\beta^2(*) \leqslant * \cdot \beta(*), \forall * \tag{5.80}$$

为保证控制器的性能，式（5.70）和式（5.71）中的控制增益及式（5.76）和式（5.77）中的更新增益满足如下条件：

$$k_{px} > \max\left\{\frac{1}{4}, \overline{mgl}\right\}, \quad k_{pl} > \max\left\{\frac{1}{4} + \frac{\overline{mg}}{2\underline{l}}, \overline{mgl}\right\} \tag{5.81}$$

$$\alpha > \max\left\{\frac{\sqrt{2}}{2}\sqrt{2\lambda_M + 2\overline{m}^2 + \overline{m}^2\overline{l}^2}, \sqrt{\lambda_M + 2}, \frac{\lambda_M + 4 + 2\overline{ml}}{2d_\theta}, \frac{\lambda_M}{2\sqrt{\lambda_m \cdot \underline{mgl}}}\right\} \tag{5.82}$$

$$k_{dx} = k_{dl} = \alpha, \quad k_c > 0 \tag{5.83}$$

式中，$\underline{l} = p_{dl} - \varepsilon$，$\overline{l} = p_{dl} + \varepsilon$。在实际吊车系统中，为保证安全性，台车与负载之间在竖直方向上有一定的初始距离，即存在 L_s 使得 $l(0) > L_s > 0$，在此选取 $\Delta_L < \varepsilon < L_s + \Delta_L$，故下述关系成立：

$$l = p_{dl} - \varepsilon = l(0) + \Delta_L - \varepsilon > L_s + \Delta_L - \varepsilon > 0 \tag{5.84}$$

注记 5.3　值得说明的是，相比常规自适应更新律，本章设计的更新律（5.76）和式（5.77）中包含 $\beta(e_x / 2)$ 与 $\beta(e_l / 2)$ 两项，目的是消除稳态定位误差。由式（5.76）和式（5.77）可知，通过引入 $\beta(e_x / 2)$ 与 $\beta(e_l / 2)$，未知参数的在线更新过程将持续进行，直至 $e_l(t)$，$e_x(t)$ 收敛至零为止。此外，这种新型自适应机制还实现了对未知负载质量的在线辨识。

注记 5.4　由于 Lyapunov 控制器设计方法的保守性，控制增益条件式（5.81）～式（5.83）仅为充分条件。即便在一些控制参数不满足式（5.81）～式（5.83）或 $\Delta_L < \varepsilon < L_s + \Delta_L$ 的情况下，通过大量的仿真与实验验证知，控制律（5.70）和（5.71）依然能取得良好的控制性能。因此，在实际应用中，可适当地放宽这些增益选取条件。

5.3.3　性能分析

为方便随后的分析过程，首先对 $\beta_v^{\mathrm{T}}(e/2)M_C(q)\ddot{q}$ 与 $\beta_v^{\mathrm{T}}(e/2)\dot{M}_C(q)\dot{q}$ 进行分析，其中 β_v 表示为

$$\beta_v\left(\frac{e}{2}\right) = \left[\begin{array}{ccc} \beta\left(\dfrac{e_x}{2}\right) & \beta\left(\dfrac{e_l}{2}\right) & \beta\left(\dfrac{\theta}{2}\right) \end{array}\right]^{\mathrm{T}}$$

式中，$\beta(*)$ 为式（5.78）定义的饱和函数。

具体而言，$\beta_v^{\mathrm{T}}(e/2)M_C(q)\ddot{q}$ 可重新表示为

$$
\begin{aligned}
& \beta_v^{\mathrm{T}}\left(\frac{e}{2}\right)M_C(q)\ddot{q} \\
&= -k_{px}e_x\beta\left(\frac{e_x}{2}\right) - k_{pl}e_l\beta\left(\frac{e_l}{2}\right) - k_\varepsilon\left(\frac{\sqrt{2}\varepsilon}{\varepsilon^2 - e_l^2}\right)^2 e_l \cdot \beta\left(\frac{e_l}{2}\right) \\
&\quad - k_{dx}\dot{x} \cdot \beta\left(\frac{e_x}{2}\right) - k_{dl}\dot{l} \cdot \beta\left(\frac{e_l}{2}\right) - \phi_x^{\mathrm{T}}\tilde{\omega}_x \cdot \beta\left(\frac{e_x}{2}\right) \\
&\quad - \phi_l^{\mathrm{T}}\tilde{\omega}_l \cdot \beta\left(\frac{e_l}{2}\right) - mgl\sin\theta \cdot \beta\left(\frac{\theta}{2}\right) - mg(1-\cos\theta) \cdot \beta\left(\frac{e_l}{2}\right) \\
&\quad - d_\theta\dot{\theta} \cdot \beta\left(\frac{\theta}{2}\right) - \beta_v^{\mathrm{T}}\left(\frac{e}{2}\right) \cdot C(q,\dot{q})\dot{q}
\end{aligned}
\tag{5.85}
$$

此外，利用性质 $\sin\theta\sin(\theta/2) = 2\sin^2(\theta/2)\cos(\theta/2) \geqslant 2\big(\sin(\theta/2)\cos(\theta/2)\big)^2$ 及 $\sin^2(\theta/2) < \big|\sin(\theta/2)\cos(\theta/2)\big|$，$\forall \theta(t) \in (-\pi/2, \pi/2)$，当 $|e_l(t)| < \varepsilon$ 时，可以求得

$$- mgl\sin\theta \cdot \beta\left(\frac{\theta}{2}\right) - mg(1-\cos\theta)\cdot\beta\left(\frac{e_l}{2}\right)$$

$$\leqslant -2mgl\sin^2\frac{\theta}{2}\cos\frac{\theta}{2} + 2mg\left|\beta\left(\frac{e_l}{2}\right)\right|\cdot\sin^2\frac{\theta}{2}$$

$$< -2mgl\left|\sin\frac{\theta}{2}\cos\frac{\theta}{2}\right|^2 + 2mg\left|\beta\left(\frac{e_l}{2}\right)\right|\cdot\left|\sin\frac{\theta}{2}\cos\frac{\theta}{2}\right| \qquad (5.86)$$

$$= -\left(\frac{mg}{\sqrt{mgl}}\left|\beta\left(\frac{e_l}{2}\right)\right| - \sqrt{mgl}\left|\sin\frac{\theta}{2}\cos\frac{\theta}{2}\right|\right)^2$$

$$-\frac{1}{4}mgl\sin^2\theta + \frac{mg}{l}\beta^2\left(\frac{e_l}{2}\right)$$

接下来，利用性质 5.2，可将 $\boldsymbol{\beta}_v^{\mathrm{T}}(\boldsymbol{e}/2)\cdot\dot{M}_C(q)\dot{q}$ 整理如下：

$$\beta_v^{\mathrm{T}}\left(\frac{e}{2}\right)\cdot\dot{M}_C(q)\dot{q} = \beta_v^{\mathrm{T}}\left(\frac{e}{2}\right)\cdot C(q,\dot{q})\dot{q} + \beta_v^{\mathrm{T}}\left(\frac{e}{2}\right)\cdot C^{\mathrm{T}}(q,\dot{q})\dot{q}$$

$$= \beta_v^{\mathrm{T}}\left(\frac{e}{2}\right)\cdot C(q,\dot{q})\dot{q} + \dot{q}^{\mathrm{T}}C(q,\dot{q})\cdot\beta_v\left(\frac{e}{2}\right) \qquad (5.87)$$

式（5.85）～式（5.87）的结论将用于随后的定理证明。

定理 5.2　在更新律（5.76）和（5.77）的作用下，自适应控制律（5.70）和（5.71）能使台车准确地运动到目标位置，绳长准确地收敛至期望长度，同时有效抑制并消除负载摆动，即

$$\lim_{t\to\infty}\|e(t)\| = \lim_{t\to\infty}\left\|[e_x\ \ e_l\ \ \theta(t)]^{\mathrm{T}}\right\| = 0$$

$$\lim_{t\to\infty}\|\dot{q}(t)\| = \lim_{t\to\infty}\left\|[\dot{x}(t)\ \ \dot{l}(t)\ \ \dot{\theta}(t)]^{\mathrm{T}}\right\| = 0$$

此外，吊绳长度始终在如下范围内变化：

$$|e_l(t)| < \varepsilon \Rightarrow l(t)\in(p_{dl}-\varepsilon, p_{dl}+\varepsilon) \qquad (5.88)$$

负载质量的在线估计值将渐近收敛于其真实值，即

$$\lim_{t\to\infty}\hat{m}g(t) = mg$$

证明　定义在 $|e_l(t)| < \varepsilon$ 上局部正定的标量函数 $V(t)$ 如下[①]：

$$V(t) = \frac{1}{2}\alpha\dot{q}^{\mathrm{T}}M_C(q)\dot{q} + \alpha mgl(1-\cos\theta) + \frac{1}{2}\alpha k_{px}e_x^2 + \frac{1}{2}\alpha k_{pl}e_l^2$$

$$+ \beta_v^{\mathrm{T}}\left(\frac{e}{2}\right)M_C(q)\dot{q} + \frac{k_\varepsilon\alpha}{\varepsilon^2-e_l^2}e_l^2 + \frac{1}{2}\tilde{\omega}_x^{\mathrm{T}}\Gamma_x^{-1}\tilde{\omega}_x + \frac{1}{2}\tilde{\omega}_l^{\mathrm{T}}\Gamma_l^{-1}\tilde{\omega}_l \qquad (5.89)$$

---

① 由式（5.84）可知，$|e_l(t)| < \varepsilon$ 意味着 $l(t)-p_{dl} > -\varepsilon \Rightarrow l(t) > p_{dl}-\varepsilon \Rightarrow l(t) > 0$，进一步可知，$E(t)$ 及 $V(t)$ 为正定标量函数。

对式（5.89）关于时间求导，将式（5.74）及式（5.76）和式（5.77）代入并进行整理，得

$$\dot{V} = -\alpha k_{dx}\dot{x}^2 - \alpha k_{dl}\dot{l}^2 - \alpha d_\theta\dot{\theta}^2 + \phi_x^{\mathrm{T}}\tilde{\omega}_x\beta\left(\frac{e_x}{2}\right) + \phi_l^{\mathrm{T}}\tilde{\omega}_l\beta\left(\frac{e_l}{2}\right)$$
$$+ \beta_v^{\mathrm{T}}\left(\frac{e}{2}\right)M_C(q)\ddot{q} + \beta_v^{\mathrm{T}}\left(\frac{e}{2}\right)\dot{M}_C(q)\dot{q} + \dot{\beta}_v^{\mathrm{T}}\left(\frac{e}{2}\right)M_C(q)\dot{q} \tag{5.90}$$

此外，将式（5.70）和式（5.71）与式（5.76）和式（5.77）代入式（5.54）～式（5.56），有

$$M_C(q)\ddot{q} = -\begin{bmatrix} k_{px}e_x + k_{dx}\dot{x} + \phi_x^{\mathrm{T}}\tilde{\omega}_x \\ k_{pl}e_l + k_\varepsilon\left(\frac{\sqrt{2}\varepsilon}{\varepsilon^2-e_l^2}\right)^2 e_l + k_{dl}\dot{l} + \phi_l^{\mathrm{T}}\tilde{\omega}_l \\ mgl\sin\theta + d_\theta\dot{\theta} \end{bmatrix} \tag{5.91}$$
$$+ [0 \quad -mg(1-\cos\theta) \quad 0]^{\mathrm{T}} - C(q,\dot{q})\dot{q}$$

把式（5.85）～式（5.87）代入式（5.90），利用式（5.80）中不等式关系进行整理，得如下结果：

$$\dot{V} \leqslant -\alpha k_{dx}\dot{x}^2 - \alpha k_{dl}\dot{l}^2 - \alpha d_\theta\dot{\theta}^2 - 2k_{px}\beta^2\left(\frac{e_x}{2}\right) - 2k_{pl}\beta^2\left(\frac{e_l}{2}\right)$$
$$-2k_\varepsilon\left(\frac{\sqrt{2}\varepsilon}{\varepsilon^2-e_l^2}\right)^2\beta^2\left(\frac{e_l}{2}\right) - \left[\frac{mg}{\sqrt{mgl}}\left|\beta\left(\frac{e_l}{2}\right)\right| - \sqrt{mgl}\left|\sin\frac{\theta}{2}\cos\frac{\theta}{2}\right|\right]^2 \tag{5.92}$$
$$-\frac{1}{4}mgl\sin^2\theta + \frac{mg}{l}\cdot\beta^2\left(\frac{e_l}{2}\right) - d_\theta\dot{\theta}\cdot\beta\left(\frac{\theta}{2}\right) + f_1(\cdot) + f_2(\cdot) + f_3(\cdot)$$

式中，$f_1(\cdot)$，$f_2(\cdot)$ 与 $f_3(\cdot)$ 分别表示为

$$\begin{cases} f_1(\cdot) = -k_{dx}\dot{x}\cdot\beta\left(\frac{e_x}{2}\right) - k_{dl}\dot{l}\cdot\beta\left(\frac{e_l}{2}\right) \\ f_2(\cdot) = \dot{q}^{\mathrm{T}}\cdot C(q,\dot{q})\cdot\beta_v\left(\frac{e}{2}\right) \\ f_3(\cdot) = \dot{\beta}_v^{\mathrm{T}}\left(\frac{e}{2}\right)\cdot M_C(q)\dot{q} \end{cases} \tag{5.93}$$

为更好地分析式（5.92），需要对其进行进一步整理。具体而言，利用代数-几何均值不等式性质，可将式（5.92）与式（5.93）中 $f_1(\cdot)$ 整理为如下形式：

$$f_1(\cdot) = -k_{dx}\dot{x}\cdot\beta\left(\frac{e_x}{2}\right) - k_{dl}\dot{l}\cdot\beta\left(\frac{e_l}{2}\right)$$
$$\leqslant \frac{k_{dx}^2}{2}\dot{x}^2 + \frac{1}{2}\beta^2\left(\frac{e_x}{2}\right) + \frac{k_{dl}^2}{2}\dot{l}^2 + \frac{1}{2}\beta^2\left(\frac{e_l}{2}\right) \tag{5.94}$$

类似地，利用式（5.58），可将式（5.92）与式（5.93）中 $f_2(\cdot)$ 放缩如下：

$$f_2(\cdot) = \dot{q}^{\mathrm{T}} \cdot C(q,\dot{q}) \cdot \beta_v\left(\frac{e}{2}\right)$$

$$= m\cos\theta\dot{x}\dot{\theta} \cdot \beta\left(\frac{e_l}{2}\right) + ml\dot{\theta}^2 \cdot \beta\left(\frac{e_l}{2}\right) + ml\dot{x}\cos\theta \cdot \beta\left(\frac{\theta}{2}\right) - ml\dot{x}\dot{\theta}\sin\theta \cdot \beta\left(\frac{\theta}{2}\right)$$

$$\leqslant m|\dot{x}|\cdot|\dot{\theta}| + ml\dot{\theta}^2 + m|\dot{l}|\cdot|\dot{x}| + ml|\dot{x}|\cdot|\dot{\theta}|$$

$$\leqslant \frac{m^2}{4}\dot{x}^2 + \dot{\theta}^2 + ml\dot{\theta}^2 + \frac{m^2}{4}\dot{x}^2 + \dot{l}^2 + \frac{m^2l^2}{4}\dot{x}^2 + \dot{\theta}^2$$

$$= \left(\frac{m^2}{2} + \frac{m^2l^2}{4}\right)\dot{x}^2 + (2+ml)\dot{\theta}^2 + \dot{l}^2$$

$$(5.95)$$

利用 $M_C(q)$ 的正定性及 $\beta_*(*)$ 的有界性，对式（5.92）及式（5.93）中 $f_3(\cdot)$ 进行放缩，有

$$f_3(\cdot) = \dot{\boldsymbol{\beta}}_v^{\mathrm{T}}\left(\frac{e}{2}\right) \cdot M_C(q)\dot{q}$$

$$\leqslant \frac{\max\left\{\beta_{\frac{e_x}{2}}\left(\frac{e_x}{2}\right), \beta_{\frac{e_l}{2}}\left(\frac{e_l}{2}\right), \beta_{\frac{\theta}{2}}\left(\frac{\theta}{2}\right)\right\}}{2} \cdot \lambda_M \cdot \|\dot{q}\|^2 \qquad (5.96)$$

$$\leqslant \frac{1}{2}\lambda_M \cdot (\dot{x}^2 + \dot{l}^2 + \dot{\theta}^2)$$

式中，λ_M 的定义见式（5.62）。最后，将式（5.94）～式（5.96）代入式（5.92），并进行整理，可以证明

$$\dot{V} \leqslant -\left(\alpha k_{dx} - \frac{1}{2}\lambda_M - \left(\frac{m^2}{2} + \frac{m^2l^2}{4}\right) - \frac{k_{dx}^2}{2}\right)\dot{x}^2$$

$$-\left(2k_{px} - \frac{1}{2}\right) \cdot \beta^2\left(\frac{e_x}{2}\right) - \left(\alpha k_{dl} - \frac{1}{2}\lambda_M - 1 - \frac{k_{dl}^2}{2}\right)\dot{l}^2$$

$$-\left(2k_{pl} + 2k_\varepsilon\left(\frac{\sqrt{2}\varepsilon}{\varepsilon^2 - e_l^2}\right)^2 - \frac{1}{2} - \frac{mg}{l}\right) \cdot \beta^2\left(\frac{e_l}{2}\right)$$

$$(5.97)$$

$$-\left(\alpha d_\theta - \frac{1}{2}\lambda_M - (2+ml)\right)\dot{\theta}^2 - \frac{1}{4}mgl\sin^2\theta$$

$$-\left(\frac{mg}{\sqrt{mgl}}\left|\beta\left(\frac{e_l}{2}\right)\right| - \sqrt{mgl}\left|\sin\frac{\theta}{2}\cos\frac{\theta}{2}\right|\right)^2 - d_\theta \cdot \beta\left(\frac{\theta}{2}\right) \cdot \dot{\theta}$$

$$= -\delta(e_x, e_l, \theta, \dot{x}, \dot{l}, \dot{\theta}) - d_\theta \cdot \beta\left(\frac{\theta}{2}\right) \cdot \dot{\theta}$$

式中，$-\delta(\cdot) \leqslant 0$ 表示不等式右边前七项，它为关于 $e_x(t)$, $e_l(t)$, $\theta(t)$, $\dot{x}(t)$, $\dot{l}(t)$ 及 $\dot{\theta}(t)$ 的负定标量函数（参见式（5.81）~式（5.83））。对式（5.97）两边关于时间求积分，利用 $-\int_0^t \delta(e_x, e_l, \theta, \dot{x}, \dot{l}, \dot{\theta}) \mathrm{d}\tau \leqslant 0$、$\beta(*)$ 的定义及假设 2.1 可得

$$V(t) \leqslant V(0) - \int_0^t \delta(e_x, e_l, \theta, \dot{x}, \dot{l}, \dot{\theta}) \mathrm{d}\tau + 2d_\theta \left(\cos\frac{\theta(t)}{2} - \cos\frac{\theta(0)}{2} \right) \quad (5.98)$$

$$\leqslant V(0) + 4d_\theta << +\infty$$

由式（5.72）易知 $|e_l(0)| = |l(0) - p_{dl}| < \varepsilon$。若 $|e_l(t)| \to \varepsilon^-$，那么由式（5.89）知 $V(t) \to +\infty$，显然这与式（5.98）的结论相矛盾。因此，

$$|e_l(t)| \nrightarrow \varepsilon^- \Rightarrow 0 < p_{dl} - \varepsilon < l(t) < p_{dl} + \varepsilon \quad (5.99)$$

进一步地

$$\frac{1}{\varepsilon^2 - e_l^2} > 0, \quad \forall t \geqslant 0 \quad (5.100)$$

结合式（5.89），由式（5.98）可推知

$$V(t) \in \mathcal{L}_\infty \Rightarrow \dot{x}, \dot{l}, \dot{\theta}, e_x, e_l, \frac{e_l^2}{\varepsilon^2 - e_l^2}, \tilde{\omega}_x, \tilde{\omega}_l \in \mathcal{L}_\infty \quad (5.101)$$

当 $e_l \nrightarrow 0$ 时，显然有 $e_l, e_l^2/(\varepsilon^2 - e_l^2) \in \mathcal{L}_\infty \Rightarrow 1/(\varepsilon^2 - e_l^2) \in \mathcal{L}_\infty$。此外，当 $e_l \to 0$ 时，有 $1/(\varepsilon^2 - e_l^2) \to 1/\varepsilon^2 \Rightarrow 1/(\varepsilon^2 - e_l^2) \in \mathcal{L}_\infty$。于是，可得如下结论：

$$\frac{1}{\varepsilon^2 - e_l^2} \in \mathcal{L}_\infty \quad (5.102)$$

进一步，结合式（5.101），有

$$F_{ax}, F_{al} \in \mathcal{L}_\infty \Rightarrow \ddot{x}, \ddot{l}, \ddot{\theta} \in \mathcal{L}_\infty \quad (5.103)$$

另外，重新对式（5.98）进行整理，可得

$$\int_0^t \delta(e_x, e_l, \theta, \dot{x}, \dot{l}, \dot{\theta}) \mathrm{d}\tau \leqslant 4d_\theta - V(t) + V(0) \in \mathcal{L}_\infty \quad (5.104)$$

因此

$$\beta\left(\frac{e_x}{2}\right), \beta\left(\frac{e_l}{2}\right), \dot{x}, \dot{l}, \dot{\theta}, \sin\theta \in \mathcal{L}_2 \quad (5.105)$$

引用 Barbalat 引理[27]可证得

$$\lim_{t\to\infty} \beta\left(\frac{e_x}{2}\right), \beta\left(\frac{e_l}{2}\right) = 0 \Rightarrow \lim_{t\to\infty} e_x(t), e_l(t) = 0$$

$$\lim_{t\to\infty} \sin\theta = 0 \Rightarrow \lim_{t\to\infty} l(t) = p_{dl}, \lim_{t\to\infty} \theta(t) = 0 \quad (5.106)$$

$$\lim_{t\to\infty} \dot{x}(t), \dot{l}(t), \dot{\theta}(t) = 0$$

进一步，结合式（5.68）及式（5.70），有

$$\lim_{t\to\infty} F_{ax}(t) = 0, \quad \lim_{t\to\infty} F_{rx}(t) = 0 \quad (5.107)$$

随后，将式（5.106）与式（5.107）代入式（5.54）及式（5.56），结合 $M>0$ 及 $l>0$（参见式（5.99）），得

$$\lim_{t\to\infty}(M+m)\ddot{x}+\lim_{t\to\infty}ml\ddot{\theta}=0,\quad \lim_{t\to\infty}ml\ddot{\theta}+\lim_{t\to\infty}m\ddot{x}=0 \tag{5.108}$$

$$\Rightarrow \lim_{t\to\infty}M\ddot{x}(t)=0 \Rightarrow \lim_{t\to\infty}\ddot{x}(t)=0 \Rightarrow \lim_{t\to\infty}\ddot{\theta}(t)=0$$

另外，$m\ddot{l}(t)$ 可整理如下：

$$m\ddot{l}=-k_{pl}e_l-k_{\varepsilon}\left(\frac{\sqrt{2}\varepsilon}{\varepsilon^2-e_l^2}\right)^2 e_l-k_{dl}\dot{l}-m\ddot{x}\sin\theta$$

$$-mg(1-\cos\theta)+ml\dot{\theta}^2-\tilde{d}_l\dot{l}+\tilde{m}g$$

$$=L_{aux}+\tilde{m}g \tag{5.109}$$

根据式（5.77）、式（5.101）、式（5.103）、式（5.106）及式（5.108），可求得

$$\lim_{t\to\infty}L_{aux}(t)=0,\quad \dot{\tilde{m}}g=-\gamma_{l1}\left(\alpha\dot{l}+\beta\left(\frac{e_l}{2}\right)\right)\in\mathcal{L}_{\infty} \tag{5.110}$$

进一步根据扩展 Barbalat 引理（参见引理 2.1），可直接得到如下结论：

$$\lim_{t\to\infty}\ddot{l}(t)=0,\quad \lim_{t\to\infty}\tilde{m}g(t)=0 \Rightarrow \lim_{t\to\infty}\hat{m}g(t)=mg \tag{5.111}$$

表明负载质量的在线估计值收敛于其真实值。至此，定理得证。

注记 5.5　除本章构造的饱和函数 $\beta(*)$ 之外，还有许多其他形式的饱和函数，如 tanh(*), sat(*), arctan(*) 等。但 $\beta(*)$ 的特殊结构对控制器的性能分析起着至关重要的作用，其在 $(-\pi/2,\pi/2)$ 区间上的三角函数形式为定理 5.2 的证明奠定了基础，详情可参见式（5.86）、式（5.97）、式（5.98）。

5.3.4　实验结果及分析

本小节通过实验验证所提方法的有效性、自适应性及鲁棒性。在实验中，台车的名义质量为 $M=6.5\text{kg}$，其上下界（范围）如下：

$$\underline{M}=6\text{kg},\quad \overline{M}=8\text{kg} \tag{5.112}$$

将分别使用质量为1kg与2kg的负载，然而，为测试本方法的自适应性，假设它们的质量未知，而仅知其上下界为

$$\underline{m}=0.8\text{kg},\quad \overline{m}=2.2\text{kg} \tag{5.113}$$

随后将进行三组实验测试[①]，具体而言，第一组实验将验证本方法在台车与负载质量未知时的控制性能，并将其与文献[23]中滑模控制方法进行对比；第二组

① 通过大量实验测试知，对伴有负载升/落吊运动的吊车控制过程，本章方法均能取得良好的控制效果。在此限于篇幅，仅给出落吊过程的实验结果。

实验将进一步改变负载质量，测试其对系统参数变化的自适应性；在第三组实验中，将对负载摆动添加干扰，验证控制系统的鲁棒性。

在三组实验中，台车初始位置 $x(0)$ 与吊绳初始绳长 $l(0)$ 分别为 $x(0)=0\text{m}$，$l(0)=0.45\text{m}$，期望位置与绳长分别设置为 $p_{dx}=0.6\text{m}, p_{dl}=0.7\text{m}$。在此，为保证平滑启动，将目标位置 p_{dx} 与 p_{dl} 替换为如下轨迹：

$$x_d(t)=0.6\left(1-\exp(-8.33t^3)\right),\ l_d(t)=0.25\left(1-\exp(-8.33t^3)\right)+0.45 \qquad (5.114)$$

此外，L_s 取为 0.4，式（5.72）中 ε 设置为 $\varepsilon=0.3$；因此式（5.81）与式（5.82）中 $\underline{l},\overline{l}$ 分别确定为 $\underline{l}=0.4,\overline{l}=1$。由式（5.112）与式（5.113），式（5.62）中 λ_M 及 λ_m 选为 $\lambda_M=12.4,\lambda_m=0.0427$。经离线测量，$d_\theta=0.05$。根据式（5.81）和式（5.83），经充分调试后，控制增益选为 $k_{px}=26, k_{pl}=85, k_{dx}=k_{dl}=\alpha=220, k_\varepsilon=0.1$；式（5.76）与式（5.77）中更新增益矩阵的参数确定为 $\hat{\omega}_x(0)=[0\ \ 0\ \ 0]^T, \hat{\omega}_l(0)=[0\ \ 0]^T$，$\Gamma_x=\text{diag}\{30,22.5,25\}, \Gamma_l=\text{diag}\{10,40\}$。对于文献[23]中滑模控制方法，其参考轨迹 $r_x(t), r_l(t)$ 选为式（5.114）中 $x_d(t),l_d(t)$，且 $r_\theta(t)=0$，控制增益调节为 $k_x=2.5, k_l=2, k_{as}=0.2, k_{li}=3, \eta_x=2.5,\ \eta_l=2$。为消除抖振，在实验时使用双曲正切函数替换对比滑模控制律中 $\text{sgn}(s)$ 项。

1. 第一组实验

本组实验中使用质量为 2kg 的负载。相应的结果如图 5.5～图 5.8 所示。由图 5.5 可见，台车位移与吊绳长度快速到达 p_{dx} 与 p_{dl}，定位误差均保持在 3mm 以内，同时摆角得以充分抑制与消除。图 5.6 中顶部两个子图分别刻画了施加在台车与吊绳上的控制量，底部子图显示的是未知参数在线估计曲线。可以看出，负载重力的在线估计值 $\hat{m}g$ 精确地收敛至其真实值，与理论分析的结果一致。通过比较图 5.5 和图 5.6 与图 5.7 和图 5.8 可以发现，在台车运行时间相近的情况下，本章方法在摆幅抑制与残摆消除方面表现出更好的控制性能。

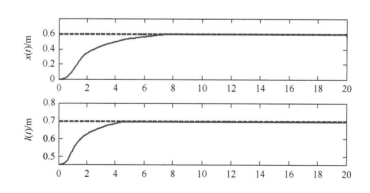

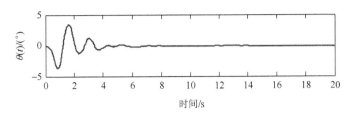

图 5.5　第一组实验-所提控制方法（5.70）和（5.71）：$x(t)$，$l(t)$ 与 $\theta(t)$

实线：实验结果；虚线：p_{dx}（顶子图）与 p_{dl}（中间子图）

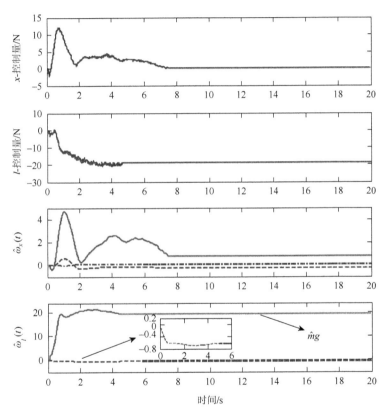

图 5.6　第一组实验-所提控制方法（5.70）和（5.71）：控制量及参数估计 $\hat{\omega}_x(t), \hat{\omega}_l(t)$

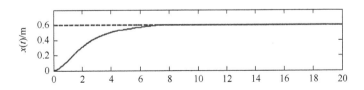

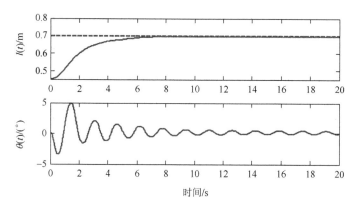

图 5.7　第一组实验-对比滑模控制方法[23]：$x(t)$，$l(t)$ 与 $\theta(t)$

实线：实验结果；虚线：p_{dx}（顶子图）与 p_{dl}（中间子图）

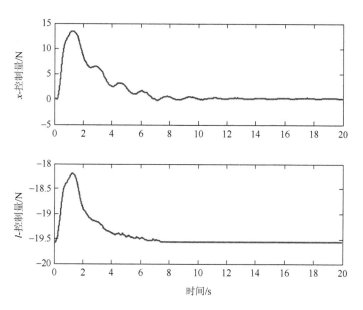

图 5.8　第一组实验-对比滑模控制方法[23]：控制量

2. 第二组实验

本组实验将负载质量更换为1kg，获得的结果如图 5.9 和图 5.10 所示。通过将其与图 5.5 和图 5.6 对比可知，本章方法的整体控制效果几乎未受到参数变化的影响。再次由图 5.10 能够看出，$\hat{m}g$ 快速收敛于其真实值9.8N。在此限于篇幅，在图 5.10 中未给出其他参数在线估计 $\hat{\omega}_x(t)$ 的曲线。

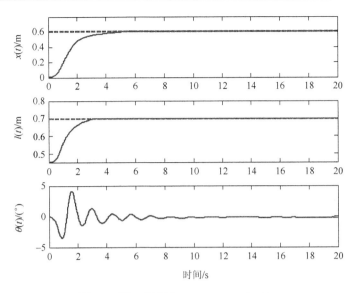

图 5.9　第二组实验：$x(t)$，$l(t)$ 与 $\theta(t)$

实线：实验结果；虚线：p_{dx}（顶子图）与 p_{dl}（中间子图）

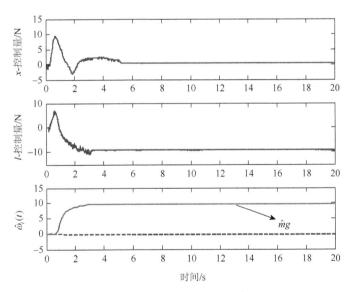

图 5.10　第二组实验：控制量及参数估计 $\hat{\omega}_l(t)$

3. 第三组实验

在本组实验中将验证控制系统对外界干扰的鲁棒性。在此，分别在第 4、9 与 14s 干扰负载摆动。控制系统的响应如图 5.11 与图 5.12 所示，可见本章方法能迅速消除这些干扰，保证良好的整体控制性能，且负载重力的在线估计准确收敛于其实际值，表明本章方法具有良好的鲁棒性。

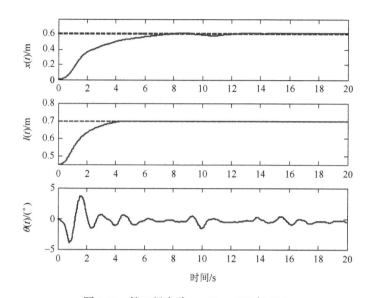

图 5.11　第三组实验：$x(t)$，$l(t)$ 与 $\theta(t)$

实线：实验结果；虚线：p_{dx}（顶子图）与 p_{dl}（中间子图）

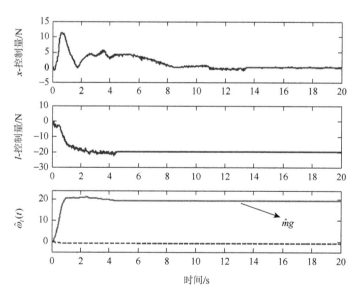

图 5.12　第三组实验：控制量及参数估计 $\hat{\omega}_l(t)$

5.4　本　章　小　结

本章考虑了伴有负载升/落吊过程的欠驱动吊车系统消摆定位控制问题。针对已有文献中方法须对非线性吊车模型作简化处理，无法保证跟踪误差变化范围，需要精确系统参数等诸多不足，本章分别提出了有界跟踪消摆控制方法与自适应耦合控制方法，具体内容如下。

对于有界跟踪消摆控制方法，它能够保证整个过程中跟踪误差始终保持在根据工程需要设定的范围内并趋于零，放宽了已有方法对摆角的假设，在设计与分析时无须任何线性化或近似处理。实验结果表明这种方法在轨迹跟踪与消摆控制方面，能取得优于已有文献中方法的控制效果，且对外界干扰具有非常好的鲁棒性。

随后所设计的自适应耦合控制方法能在模型参数、摩擦系数等存在不确定性时，取得良好的台车/绳长调节及消摆控制效果，无须精确系统参数，能在控制过程中辨识出未知负载质量的真实值。本章对其性能进行了严格的数学分析，不同于已有文献中方法，它不需要对非线性吊车模型作任何近似处理。最后通过实验将其与已有方法进行了对比，证明了其良好的暂态控制性能与鲁棒性。

参 考 文 献

[1]　Sun N, Fang Y, Zhang Y, et al. A novel kinematic coupling-based trajectory planning method for overhead cranes. IEEE/ASME Transactions on Mechatronics, 2012, 17（1）: 166-173.

[2]　Uchiyama N, Ouyang H, Sano S. Simple rotary crane dynamics modeling and open-loop control for residual load sway suppression by only horizontal boom motion. Mechatronics, 2013, 23（8）: 1223-1236.

[3]　Piazzi A, Visioli A. Optimal dynamic-inversion-based control of an overhead crane. IEE Proceedings-Control Theory and Applications, 2002, 149（5）: 405-411.

[4]　Van den Broeck L, Diehl M, Swevers J. A model predictive control approach for time optimal point-to-point motion control. Mechatronics, 2011, 21（7）: 1203-1212.

[5]　Yu X, Lin X, Lan W. Composite nonlinear feedback controller design for an overhead crane servo system. Transactions of the Institute of Measurement and Control, 2014, 36（5）: 662-672.

[6]　Fang Y, Dixon W E, Dawson D M, et al. Nonlinear coupling control laws for an underactuated overhead crane system. IEEE/ASME Transactions on Mechatronics, 2003, 8（3）: 418-423.

[7]　Sun N, Fang Y. Partially saturated nonlinear control for gantry cranes with hardware experiments. Nonlinear Dynamics, 2014, 77（3）: 655-666.

[8]　Chwa D. Nonlinear tracking control of 3-D overhead cranes against the initial swing angle and the variation of payload weight. IEEE Transactions on Control Systems Technology, 2009, 17（4）: 876-883.

[9]　Liu R, Li S, Ding S. Nested saturation control for overhead crane systems. Transactions of the Institute of Measurement and Control, 2012, 34（7）: 862-875.

[10] Yang J H，Yang K S. Adaptive coupling control for overhead crane systems. Mechatronics，2007，17（2）：143-152.

[11] Chang C Y. Adaptive fuzzy controller of the overhead cranes with nonlinear disturbance. IEEE Transactions on Industrial Informatics，2007，3（2）：164-172.

[12] Park M S，Chwa D，Hong S K. Antisway tracking control of overhead cranes with system uncertainty and actuator nonlinearity using an adaptive fuzzy sliding-mode control. IEEE Transactions on Industrial Electronics，2008，55（11）：3972-3984.

[13] Liu D，Yi J，Zhao D，et al. Adaptive sliding mode fuzzy control for a two-dimensional overhead crane. Mechatronics，2005，15（5）：505-522.

[14] Yu W，Moreno-Armendariz M A，Rodriguez F O. Stable adaptive compensation with fuzzy CMAC for an overhead crane. Information Sciences，2011，181（21）：4895-4907.

[15] Garrido S，Abderrahim M，Giménez A，et al. Anti-swinging input shaping control of an automatic construction crane. IEEE Transactions on Automation Science and Engineering，2008，5（3）：549-557.

[16] Corriga G，Giua A，Usai G. An implicit gain-scheduling controller for cranes. IEEE Transactions on Control Systems Technology，1998，6（1）：15-20.

[17] Banavar R，Kazi F，Ortega R，et al. The IDA-PBC methodology applied to a gantry crane. Proceedings of the International Symposium on Mathematical Theory of Networks and Systems，Kyoto，2006：143-147.

[18] Le T A，Kim G H，Kim M Y，et al. Partial feedback linearization control of overhead cranes with varying cable lengths. International Journal of Precision Engineering and Manufacturing，2012，13（4）：501-507.

[19] Zhao Y，Gao H. Fuzzy-model-based control of an overhead crane with input delay and actuator saturation. IEEE Transactions on Fuzzy Systems，2012，20（1）：181-186.

[20] Vázquez C，Collado J，Fridman L. Control of a parametrically excited crane：A vector Lyapunov approach. IEEE Transactions on Control Systems Technology，2013，21（6）：2332-2340.

[21] Bartolini G，Pisano A，Usai E. Second-order sliding-mode control of container cranes. Automatica，2002，38（10）：1783-1790.

[22] Trabia M B，Renno J M，Moustafa K A F. Generalized design of an antiswing fuzzy logic controller for an overhead crane with hoist. Journal of Vibration and Control，2008，14（3）：319-346.

[23] Lee H H，Liang Y，Segura D. A sliding-mode antiswing trajectory control for overhead cranes with high-speed load hoisting. ASME Journal of Dynamic Systems，Measurement，and Control，2006，128（4）：842-845.

[24] Ortega R，van der Schaft A J，Mareels I，et al. Putting energy back in control. IEEE Control Systems Magazine，2001，21（2）：18-33.

[25] Tee K P，Ge S S. Control of nonlinear systems with full state constraint using a barrier Lyapunov function. Proceedings of the Joint IEEE Conference on Decision and Control and Chinese Control Conference，Shanghai，2009：8618-8623.

[26] Ngo K B，Mahony R，Jiang Z P. Integrator backstepping using barrier functions for systems with multiple state constraints. Proceedings of the Joint IEEE Conference on Decision and Control and European Control Conference，Seville，2005：8306-8312.

[27] Khalil H K. Nonlinear Systems. 3rd ed. New Jersey：Prentice-Hall，2002.

[28] Singhose W，Kenison M，Kim D. Input shaping control of double-pendulum bridge crane oscillations. ASME Journal of Dynamic Systems，Measurement，and Control，2008，103（3）：034504-1-7.

[29] Hu Y，Wu B，Vaughan J，et al. Oscillation suppressing for an energy efficient bridge crane using input shaping. Proceedings of the Asian Control Conference，Istanbul，2013：1-5.

[30] Hong K T，Huh C D，Hong K S. Command shaping control for limiting the transient sway angle of crane systems. International Journal of Control，Automation，and Systems，2003，1（1）：43-53.

[31] 李伟，曹涛，王滨，等. 基于二次型最优控制的起重机开环消摆方法.电气传动，2007，37（3）：33-36.

[32] Masoud Z N，Nayfeh A H. Sway reduction on container cranes using delayed feedback controller. Nonlinear Dynamics，2003，34（3/4）：347-358.

[33] Erneux T，Kalmár-Nagy T. Nonlinear stability of a delayed feedback controlled container crane. Journal of Vibration and Control，2007，13（5）：603-616.

[34] Uchiyama N. Robust control for overhead cranes by partial state feedback. Proceedings of the Institution of Mechanical Engineers，Part I：Journal of Systems and Control Engineering，2009，223（4）：575-580.

[35] Uchiyama N. Robust control of rotary crane by partial-state feedback with integrator. Mechatronics，2009，19（8）：1294-1302.

[36] 翟军勇，费树岷. 集装箱桥吊防摇切换控制研究.电机与控制学报，2009，13（6）：933-936.

[37] Lee H H. A new design approach for the anti-swing trajectory control of overhead cranes with high-speed hoisting. International Journal of Control，2004，77（10）：931-940.

[38] Le T A，Lee S G，Moon S C. Partial feedback linearization and sliding mode techniques for 2D crane control. Transactions of the Institute of Measurement and Control，2014，36（1）：78-87.

[39] Tuan L A，Lee S G，Ko D H，et al. Combined control with sliding mode and partial feedback linearization for 3D overhead cranes. International Journal of Robust and Nonlinear Control，2014，24（18）：3372-3386.

[40] 孙宁，方勇纯，王鹏程，等. 欠驱动三维桥式吊车系统自适应跟踪控制器设计.自动化学报，2010，36（9）：1287-1294.

[41] Chang C Y，Hsu K C，Chiang K H，et al. Modified fuzzy variable structure control method to the crane system with control deadzone problem. Journal of Vibration and Control，2008，14（7）：953-969.

[42] Chang C Y，Chiang K H. Fuzzy projection control law and its application to the overhead crane. Mechatronics，2008，18（10）：607-615.

[43] Toxqui R，Yu W，Li X. Anti-swing control for overhead crane with neural compensation. Proceedings of the International Joint Conference on Neural Networks，Vancouver，2006：4697-4703.

[44] Panuncio F，Yu W，Li X. Stable neural PID anti-swing control for an overhead crane. Proceedings of the IEEE International Symposium on Intelligent Control，Hyderabad，2013：53-58.

[45] Saeidi H，Naraghi M，Raie A A. A neural network self tuner based on input shapers behavior for anti sway system of gantry cranes. Journal of Vibration and Control，2013，19（13）：1936-1949.

第6章　双摆桥式吊车控制

6.1　引　　言

对于桥式吊车系统而言，其控制目标分为两部分，即快速精确的台车定位和负载摆动的有效抑制与消除。为提高系统的工作效率，确保系统的安全，合适的控制方法应该对负载的摆动进行有效的抑制。负载摆动的产生是由于负载与台车之间通过吊绳连接，台车的运动与负载摆动之间存在着较强的耦合关系，不恰当的台车加减速运动可能会导致大幅度负载摆动的出现。同时，由于桥式吊车系统无法直接对负载进行控制，负载消摆的控制目标需要通过控制台车合理的运动间接实现。目前，针对桥式吊车系统的控制问题，已经提出了许多行之有效的控制策略，如轨迹规划方法[1-4]、输入整形方法[5]、自适应控制方法[6,7]、滑模鲁棒控制方法[8-10]、反馈线性化控制方法[11,12]等。这些方法均可以实现台车的精确定位与负载的快速消摆，完成桥式吊车系统的运送目标。

值得一提的是，上述绝大部分方法在设计的过程中，均把负载绕台车的摆动看作单摆系统，忽略吊钩的质量，将负载作为质点处理。这也符合常见的桥式吊车工作状态，是一种简单有效的处理方式。然而，在某些情况下，吊车所运送的负载可能质量较小，此时吊钩的质量无法简单忽略，或者负载尺寸较大，无法忽略其形状视其为质点，这些情况下均有可能出现负载绕吊钩的摆动，也就是二级摆动。此时，桥式吊车系统将呈现出双摆系统的特性，无法将负载摆动看作单摆系统。因此，绝大多数基于单摆吊车系统所设计的方法控制效果往往会大打折扣，不再适用于此种情况。对于双摆吊车系统，由于增加了一维系统状态，同时所增加状态为欠驱动系统状态，且系统的控制输入保持不变，这也就导致双摆吊车系统与单摆吊车系统相比，其欠驱动程度更高，系统状态量之间的耦合更强，控制难度更大。为了解决上述问题，许多学者致力于双摆桥式吊车（double pendulum overhead crane，DPOC）的自动化研究。

由于多了一个无驱动自由度，DPOC 的动力学比单摆桥式吊车的动力学复杂得多，这使得相应的控制问题更具挑战性，特别是当考虑到负载的升降运动和参数不确定性时。目前，仅有少数针对该系统的控制方法。在文献[13]中，输入整形方法被成功应用于双摆吊车系统的控制上，通过对系统两个固有频率进行深入分析并进行相关卷积处理，可以对两级负载摆动进行有效的抑制，得到较好的控制效果。文献[14]则提出了一种基于滑模的双摆吊车系统控制方法，并对其进行了一定的改进，设计了一种改进型控制方法。这两种方法的效果均通过仿真进行了有效验证。文献[15]和[16]分别提出了两种自适应控制器。然而，它们只能处理一些与摩擦有关的不确定参数，而未能考虑更重要的负载质量不确定性（在绳长变化的情况下）。此外，由于摆动反馈不足，这两种方法的抗摆能力相对较弱。由于不需要精确模型，近年来，多种智能方法被应用于 DPOC 的控制[17-19]，并通过仿真验证了绳长恒定时的性能。为了避免执行器饱和问题，Sun 等最近提出了一种只需要位置信息的 DPOC 饱和非线性控制器[20]。然而，该文献必须假设系统参数是已知的。但实际上，一些参数如负载质量通常是未知的。此外，该方法不能处理考虑负载升降的情况。

　　尽管已经出现了部分针对双摆桥式吊车系统的控制方法，也取得了一定的控制效果，但针对该系统的控制研究仍处于起步阶段，还有许多控制难点需要解决。对于这种大尺寸负载的运送过程，考虑到负载形状较大，当负载摆动幅度较大时，更容易发生碰撞；大尺寸的货物质量往往也比较大，如果发生过于突然的大幅度货物摆动，由于其惯性过大，会通过吊绳对吊车施加较大的牵引力，甚至导致吊车倾倒，造成严重的事故。这均表明，相比于普通的货物运送过程，大尺寸货物运送的难度更大，危险性更高。

　　针对双摆吊车系统的控制问题，结合桥式吊车系统工作过程中的效率要求，本章将提出两种时间最优轨迹规划方法与一种考虑负载升降运动的非线性控制策略。具体而言，两种轨迹规划方法均通过对双摆吊车系统的动力学模型的深入分析，设计合适的时间最优台车轨迹，同时考虑两级摆动抑制目标，将运送过程中的两级摆角均限制在一定的安全范围内，在保证安全的前提下，使系统的工作效率达到最高。其中，带有状态约束的双摆效应吊车轨迹规划方法，通过分析系统运动学模型，验证了双摆吊车系统的微分平坦特性，并将台车轨迹规划问题转化为针对系统平坦输出的轨迹规划问题，接着在考虑一系列物理约束的前提下，构建了时间最优问题，并利用多项式曲线实现了轨迹参数化，利用二分法实现了优化问题求解并得到了对应的时间最优轨迹，提高了双摆吊车系统的工作效率；基于高斯伪谱法的时间最优轨迹规划方法则是利用高斯伪谱法（Gauss-pseudospectral method）对系统动力学模型进行处理，接着建立相关优化问题，考虑一系列安全约束，利用勒让德多项式、高斯积分等一系列数学手段，规划出时间最优台车轨迹，最终实现双摆吊车系统的安全高效控制。此外，考虑负载升降的双摆吊车增强耦合自适应控制则针对负载质量不确定的情况，设计了一种自适应律对其进行精确辨识，并消除了相应的不利影响，在未采用线性化或近似处理的前提下，利用李雅普诺夫方法和拉塞尔不变性原理，证明了闭环系统在期望平衡点处渐近稳定。

　　本章的剩余部分组织如下：6.2 节介绍了带有状态约束的双摆效应吊车轨迹规

划；6.3 节给出了基于高斯伪谱法的时间最优轨迹规划方法的具体流程；6.4 节提出了一种考虑负载升降的双摆吊车增强耦合自适应控制；6.5 节对本章的相关内容进行了总结。

6.2　带有状态约束的双摆效应吊车轨迹规划

本节将针对具有双摆效应的欠驱动吊车系统，提出一种具有解析表达式的消摆轨迹规划方法。通过与已有方法进行仿真对比，可见本节方法不仅简单易行，且在工作效率与摆动抑制方面均具有更为良好的控制性能。

6.2.1　问题描述

具有双摆效应的桥式吊车模型如图 6.1 所示，其动态特性可用如下方程描述：

$$(m+m_1+m_2)\ddot{x}+(m_1+m_2)l_1(\cos\theta_1\ddot{\theta}_1-\dot{\theta}_1^2\sin\theta_1)+m_2l_2\ddot{\theta}_2\cos\theta_2-m_2l_2\dot{\theta}_2^2\sin\theta_2=F$$

（6.1）

$$(m_1+m_2)l_1\cos\theta_1\ddot{x}+(m_1+m_2)l_1^2\ddot{\theta}_1+m_2l_1l_2\cos(\theta_1-\theta_2)\ddot{\theta}_2$$
$$+m_2l_1l_2\sin(\theta_1-\theta_2)\dot{\theta}_2^2+(m_1+m_2)gl_1\sin\theta_1=0$$

（6.2）

$$m_2l_2\cos\theta_2\ddot{x}+m_2l_1l_2\cos(\theta_1-\theta_2)\ddot{\theta}_1+m_2l_2^2\ddot{\theta}_2-m_2l_1l_2\dot{\theta}_1^2\sin(\theta_1-\theta_2)+m_2gl_2\sin\theta_2=0$$

（6.3）

式中，x，θ_1，θ_2 分别表示台车位移、吊钩摆角（第一级摆角）以及负载绕吊钩的摆角（第二级摆角）；m，m_1，m_2 分别表示台车、吊钩及负载的质量；l_1，l_2 分别表示吊绳长度及负载重心到吊钩重心的距离；F 表示作用在台车上的驱动力。

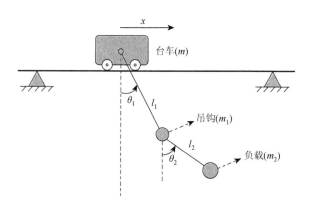

图 6.1　具有双摆效应的吊车模型示意图

对式（6.2）两边除以 $(m_1 + m_2)l_1$，同时对式（6.3）两边除以 $m_2 l_2$，并整理可得

$$\cos\theta_1 \ddot{x} + l_1\ddot{\theta}_1 + \frac{m_2 l_2}{m_1 + m_2}\cos(\theta_1 - \theta_2)\ddot{\theta}_2 + \frac{m_2 l_2}{m_1 + m_2}\sin(\theta_1 - \theta_2)\dot{\theta}_2^{\,2} + g\sin\theta_1 = 0$$

（6.4）

$$\cos\theta_2 \ddot{x} + l_1\cos(\theta_1 - \theta_2)\ddot{\theta}_1 + l_2\ddot{\theta}_2 - l_1\dot{\theta}_1^2\sin(\theta_1 - \theta_2) + g\sin\theta_2 = 0 \quad （6.5）$$

式（6.4）、式（6.5）描述了台车运动 $x(t)$ 与系统的两级摆动 $\theta_1(t)$, $\theta_2(t)$ 之间的动态耦合关系，即台车的运动会对系统的两级摆动产生何种影响。对于全驱动机电系统而言，如机器人关节的控制，可方便地为每个关节的运动规划合理的轨迹，且能在兼顾各种物理约束，如最大速度、最大加速度等的同时，实现高精度、平滑的控制效果。然而，由于双摆吊车系统的强欠驱动特性，仅能为台车进行运动规划，而无法直接为两级摆动 $\theta_1(t)$ 与 $\theta_2(t)$ 进行规划；因此，在对台车运行轨迹进行规划时，必须充分利用耦合关系（6.4）、（6.5），使 $\theta_1(t)$, $\theta_2(t)$ 满足相应的约束，实现定位与消摆的双重控制任务。

考虑到实际吊车系统的安全性、工作效率及物理约束，本节将针对具有双摆效应的欠驱动吊车系统规划一条具有解析表达式的台车轨迹，具体要实现的控制目标如下。

（1）台车在时间 T 内到达并停止在目标位置 p_d 处，且在整个运行过程中，台车最大速度、加速度及加加速度应始终保持在允许的范围内，即

$$x(0) = \dot{x}(0) = \ddot{x}(0) = x^{(3)}(0) = 0 \quad （6.6）$$

$$x(T) = p_d, \ \dot{x}(T) = \ddot{x}(T) = x^{(3)}(T) = 0 \quad （6.7）$$

$$|\dot{x}(t)| \leqslant v_{\max}, \ |\ddot{x}(t)| \leqslant a_{\max}, \ |x^{(3)}(t)| \leqslant j_{\max} \quad （6.8）$$

式中，$v_{\max}, a_{\max}, j_{\max} \in \mathbb{R}^+$ 分别表示由执行器的能力所决定的台车最大速度/加速度/加加速度上限值。

（2）在整个运行过程中，吊车系统的两级摆动 $\theta_1(t)$, $\theta_2(t)$ 及其角速度 $\dot{\theta}_1(t)$, $\dot{\theta}_2(t)$ 始终保持在合理的范围内，且当台车到达目标位置后无残余摆动，即

$$\theta_1(0) = \theta_2(0) = 0, \ \dot{\theta}_1(0) = \dot{\theta}_2(0) = 0 \quad （6.9）$$

$$\theta_1(T) = \theta_2(T) = 0, \ \dot{\theta}_1(T) = \dot{\theta}_2(T) = 0 \quad （6.10）$$

$$|\theta_1(t)| \leqslant \theta_{1\max}, \ |\theta_2(t)| \leqslant \theta_{2\max} \quad （6.11）$$

$$|\dot{\theta}_1(t)| \leqslant \omega_{1\max}, \ |\dot{\theta}_2(t)| \leqslant \omega_{2\max} \quad （6.12）$$

式中，$\theta_{1\max}, \theta_{2\max}, \omega_{1\max}, \omega_{2\max} \in \mathbb{R}^+$ 分别为系统的两级摆动 $\theta_1(t)$, $\theta_2(t)$ 及相应角速度 $\dot{\theta}_1(t)$, $\dot{\theta}_2(t)$ 的幅值上限。

6.2.2 主要结果

本节将详述轨迹规划的过程。具体而言，首先通过坐标变换，构造一个新颖的平坦输出信号，将台车运动与两级摆动用其不同阶导数（之和）表示，从而将约束条件等效转化为对平坦输出的约束；随后规划一条多项式轨迹，根据约束条件，利用二分法对轨迹参数进行优化求解。

1. 模型变换

在吊车的工作过程中，负载的大幅摆动不仅能带来安全隐患，还会降低系统的工作效率。因此，在实际应用中应使吊车系统的两级摆动 $\theta_{1\max}$，$\theta_{2\max}$ 保持在 5° 以内，$\omega_{1\max}$，$\omega_{2\max}$ 也应在较小的范围内变化。在这种情况下，$\cos\theta_i \approx 1, \cos(\theta_1-\theta_2)\approx 1$，$\sin(\theta_1-\theta_2)\dot{\theta}_i^2\approx 0$，$\sin\theta_i\approx\theta_i$，$i=1,2$。相应地，系统的运动学方程（6.4）和（6.5）可改写如下[①]：

$$\ddot{x}+l_1\ddot{\theta}_1+\frac{m_2l_2}{m_1+m_2}\ddot{\theta}_2+g\theta_1=0 \qquad (6.13)$$

$$\ddot{x}+l_1\ddot{\theta}_1+l_2\ddot{\theta}_2+g\theta_2=0 \qquad (6.14)$$

联立式（6.13）与式（6.14）并进行整理，可得

$$\frac{m_1l_2}{m_1+m_2}\ddot{\theta}_2+g(\theta_2-\theta_1)=0 \qquad (6.15)$$

此外，由图 6.1 可知，负载的水平位移信号可表示为 $x_p(t)=x(t)+l_1\sin\theta_1(t)+l_2\sin\theta_2(t)$。考虑到上述近似关系，在此定义如下信号 $\chi_p(t)$：

$$\chi_p=x+l_1\theta_1+l_2\theta_2 \qquad (6.16)$$

结合式（6.14）、式（6.16）知

$$\theta_2=-\frac{1}{g}\ddot{\chi}_p \Rightarrow \dot{\theta}_2=-\frac{1}{g}\chi_p^{(3)}, \quad \ddot{\theta}_2=-\frac{1}{g}\chi_p^{(4)} \qquad (6.17)$$

将式（6.17）的结论代入式（6.15）并整理，可以得出

$$\theta_1=-\frac{1}{g}\ddot{\chi}_p-\frac{m_1l_2}{(m_1+m_2)g^2}\chi_p^{(4)} \qquad (6.18)$$

进一步有

---

① 随后的轨迹规划可保证系统的两级摆动 θ_1,θ_2 及其角速度 $\dot{\theta}_1(t),\dot{\theta}_2(t)$ 保持在式（6.11）、式（6.12）所示范围内。

$$\dot{\theta}_1 = -\frac{1}{g}\chi_p^{(3)} - \frac{m_1 l_2}{(m_1 + m_2)g^2}\chi_p^{(5)} \qquad (6.19)$$

把式（6.17）及式（6.18）的结论代入式（6.16），可将 $x(t)$ 表示为如下形式：

$$x = \chi_p + \frac{l_1 + l_2}{g}\ddot{\chi}_p + \frac{m_1 l_1 l_2}{(m_1 + m_2)g^2}\chi_p^{(4)} \qquad (6.20)$$

进一步可得

$$x^{(i)} = \chi_p^{(i)} + \frac{l_1 + l_2}{g}\chi_p^{(i+2)} + \frac{m_1 l_1 l_2}{(m_1 + m_2)g^2}\chi_p^{(4+i)} \qquad (6.21)$$

式中，上标 $(i)(i = 1,2,3)$ 表示 $x(t)$ 关于时间的第 i 阶导数。

从式（6.17）～式（6.21）可以看出，所有系统状态均可以表示为 $\chi_p(t)$ 及其不同阶导数的代数和形式。因此以 $\chi_p(t)$ 为输出，由式（6.13）～式（6.15）组成的吊车运动学系统是微分平坦的[21]，$\chi_p(t)$ 则为相应的平坦输出。接下来，将通过规划 $\chi_p(t)$ 来实现前面所述的控制目标（6.6）～（6.12），将施加在台车运动 $x(t)$ 及两级摆动 $\theta_1(t)$, $\theta_2(t)$ 上的约束等价地转化为对 $\chi_p(t)$ 的约束，进而降低轨迹规划的复杂度。

2. 轨迹规划

选取 $\chi_p(t)$ 为如下的 15 次多项式曲线①：

$$\chi_p(t) = p_d\left(\alpha_0 + \sum_{i=1}^{15}\alpha_i \tau^i\right) = p_d\left(\alpha_0 + \sum_{i=1}^{15}\alpha_i \left(\frac{t}{T}\right)^i\right) \qquad (6.22)$$

式中，$0 \leqslant t \leqslant T$，$\tau = t/T$ 为归一化的时间量，易知

$$\dot{\tau}^i = \frac{i}{T}\left(\frac{t}{T}\right)^{i-1}, \quad i = 1,2,\cdots,15 \qquad (6.23)$$

将式（6.17）～式（6.21）代入式（6.6）～式（6.12），可将施加在 $x(t)$, $\theta_1(t)$, $\theta_2(t)$ 及其导数上的约束转化为如下关于 $\chi_p(t)$ 及其导数的约束条件：

$$\begin{cases} \chi_p^{(i)}(0) = 0, & i = 0,1,\cdots,7 \\ \chi_p^{(j)}(T) = 0, & j = 1,2,\cdots,7 \\ \chi_p(T) = p_d \end{cases} \qquad (6.24)$$

_____

① 值得说明的是，$\chi_p(t)$ 的选择并不唯一，可选用其他形式的轨迹，如三角多项式轨迹等。

$$\begin{cases} \left| \dot{\chi}_p + \dfrac{l_1 + l_2}{g} \chi_p^{(3)} + \dfrac{m_1 l_1 l_2}{(m_1 + m_2)g^2} \chi_p^{(5)} \right| \leqslant v_{\max} \\[3mm] \left| \ddot{\chi}_p + \dfrac{l_1 + l_2}{g} \chi_p^{(4)} + \dfrac{m_1 l_1 l_2}{(m_1 + m_2)g^2} \chi_p^{(6)} \right| \leqslant a_{\max} \\[3mm] \left| \chi_p^{(3)} + \dfrac{l_1 + l_2}{g} \chi_p^{(5)} + \dfrac{m_1 l_1 l_2}{(m_1 + m_2)g^2} \chi_p^{(7)} \right| \leqslant j_{\max} \\[3mm] \left| -\dfrac{1}{g} \ddot{\chi}_p - \dfrac{m_1 l_2}{(m_1 + m_2)g^2} \chi_p^{(4)} \right| \leqslant \theta_{1\max} \\[3mm] \left| -\dfrac{1}{g} \ddot{\chi}_p \right| \leqslant \theta_{2\max} \\[3mm] \left| -\dfrac{1}{g} \chi_p^{(3)} - \dfrac{m_1 l_2}{(m_1 + m_2)g^2} \chi_p^{(5)} \right| \leqslant \omega_{1\max} \\[3mm] \left| -\dfrac{1}{g} \chi_p^{(3)} \right| \leqslant \omega_{2\max} \end{cases} \tag{6.25}$$

利用式(6.23),计算式(6.22)所示 $\chi_p(t)$ 关于 t 的前 7 阶导数,并代入式(6.24)中第 1 行所示的初始条件,经整理可求得

$$\alpha_0 = \alpha_1 = \cdots = \alpha_7 = 0 \tag{6.26}$$

在此基础上,$\chi_p(t)$ 的表达式变为

$$\chi_p(t) = p_d \sum_{i=8}^{15} \alpha_i \tau^i \tag{6.27}$$

相应地,$\chi_p(t)$ 关于时间 t 的前 7 阶导数的表达式如下:

$$\chi_p^{(r)} = p_d \sum_{i=8}^{15} \alpha_i \frac{i!}{(i-r)!} \left(\frac{1}{T} \right)^r \tau^{i-r} \tag{6.28}$$

式中,$r = 1, 2, \cdots, 7$。类似地,将式(6.24)中第 2、3 行所述的约束代入式(6.28)并整理,可得一个关于 α_8, α_9, $\cdots$, α_{15} 的八元一次线性方程组。求解该方程组,可得式(6.22)中 α_8, α_9, $\cdots$, α_{15} 如下:

$$\begin{cases} \alpha_8 = 6435, \ \alpha_9 = -40040, \ \alpha_{10} = 108108 \\ \alpha_{11} = -163800, \ \alpha_{12} = 150150, \ \alpha_{13} = -83160 \\ \alpha_{14} = 25740, \ \alpha_{15} = -3432 \end{cases} \tag{6.29}$$

在求得 $\alpha_0, \alpha_1, \alpha_2, \cdots, \alpha_{15}$ 的值后,对于式(6.22)所示轨迹 $\chi_p(t)$,还需确定 T 以完成整个轨迹规划过程。接下来通过调节 T,使所规划的轨迹满足式(6.25)中的不等式约束。另外,考虑到 T 为台车的运行时间,为提高整个系统的工作效率,应使 T 尽可能小。此外,易知式(6.25)中不等式约束均为凸约束。因此,参数 T

的选取可归结为如下凸优化问题:

$$\begin{cases} \min T \\ \text{s.t. 式(6.25)} \end{cases} \tag{6.30}$$

对于式（6.30）所示的凸优化问题，在此利用二分法进行求解，具体求解算法如图 6.2 中的伪代码所示，其中，T_l，$T_u \in \mathbb{R}^+$ 分别表示待优化参数 T 的下限值与上限值，ε 为优化容许误差，作为优化结束的判断标准，可根据实际需要设定；$v_{\max}$，$a_{\max}$，$j_{\max}$，$\theta_{1\max}$，$\theta_{2\max}$，$\omega_{1\max}$，$\omega_{2\max}$ 为式（6.25）中所定义的状态上限值，T^* 为满足式（6.25）中约束的参数 T 的最优值。

```
Input: T_l, T_u, v_max, a_max, j_max, θ_1max, θ_2max,
       ω_1max, ω_2max
Output: T*
    repeat
        set T_m= (T_l+T_u)/2
        if the constraints in (25) are satisfied then
            T_u ⟵ T_m
        else{the constraints in (25) are not satisfied}
            T_l ⟵ T_m
        end if
    until |T_u−T_l|⩽ε
    T* ⟵ T_m
```

图 6.2　凸优化问题（6.30）的求解算法

将上述计算得到的 $\alpha_0, \alpha_1, \cdots, \alpha_{15}$ 值及优化所得的 T^* 代入式（6.20），可得最终的规划轨迹为

$$x = \begin{cases} \chi_p + \dfrac{l_1+l_2}{g}\ddot{\chi}_p + \dfrac{m_1 l_1 l_2}{(m_1+m_2)g^2}\chi_p^{(4)}, & t \in [0, T^*] \\ p_d, & t > T^* \end{cases} \tag{6.31}$$

至此，整个轨迹规划过程完成。

注记 6.1　离线轨迹规划方法（包括本节方法）所面临的一个共同难题是它们难以有效应对不可预知的外界干扰[1, 2, 22-24]。对于受干扰影响的吊车系统，可将它们与反馈跟踪控制器，如比例-微分（proportional derivative，PD）控制器相结合，提高控制系统的鲁棒性。

注记 6.2　由于已经得到了 $\alpha_0 \sim \alpha_{15}$ 的取值（参见式（6.26）与式（6.29）），由式（6.31）可知，还有 2 个须确定的参数，即 p_d 与 T^*。p_d 可直接根据目标位置设定，T^* 则须通过图 6.2 所示的算法获取。由于规划的轨迹表达式解析,且式（6.25）所示的不等式约束均较简单，图 6.2 所示算法具有较高的运行效率。

6.2.3 仿真与分析

本节将通过数值仿真验证所提方法的有效性，并与文献[25]中的无源性控制方法进行对比分析。在仿真中，吊车参数设置如下：

$$\begin{cases} m = 20\text{kg}, \quad m_1 = 5\text{kg}, \quad m_2 = 5\text{kg} \\ l_1 = 2\text{m}, \quad l_2 = 0.2\text{m}, \quad g = 9.8\text{m/s}^2 \end{cases} \quad (6.32)$$

台车目标位置及系统状态的约束取为

$$\begin{cases} p_d = 1.5\text{m}, \quad v_{max} = 0.5\text{m/s}, \quad a_{max} = 0.5\text{m/s}^2 \\ j_{max} = 0.5\text{m/s}^3, \quad \theta_{1max} = \theta_{2max} = 2° \\ \omega_{1max} = \omega_{2max} = 5°/\text{s} \end{cases} \quad (6.33)$$

对于本节方法，图 6.2 所示优化算法的参数选取为 $\varepsilon = 0.0005\text{s}$, $T_l = 0\text{s}$, $T_u = 40\text{s}$，根据约束条件(6.33)，经优化可得 $T^* = 8.1360\text{s}$；在处理器为 Intel i5-2300 (2.8GHz)，内存为 4GB，操作系统为 Windows 7（64 位），MATLAB 版本为 R2008a 的运行环境中，整体的耗时约为 1.71s。将 T^* 的值及式（6.26）、式（6.29）所示的 α_0, α_1, α_2, ···, α_{15} 值代入式（6.31）可得最终规划的台车轨迹。对于文献[25]提出的无源控制方法，其控制参数选为 $k_p = 15, k = 43.5$, 限于篇幅，在此略去该控制器的具体表达式。

相应的仿真结果如图 6.3 与图 6.4 所示，实线与点划线分别表示本节方法与文献[25]中方法对应的控制效果，虚线则表示各状态的约束条件；由于对比方法对应的台车加加速度在 $t = 0$ 时的取值为无穷大，在图 6.3 中未给出其曲线。此外，表 6.1 对两种方法是否满足状态约束条件的情况进行了统计，其中，"√"表示满足该约束/指标，"×"则表示不满足；以 a_{max} 为例，表 6.1 中的统计信息表明本节方法保证了整个过程中的台车加速度幅值始终保持在 a_{max} 以内，而对比方法[25]则未能满足该约束，如图 6.3 所示。

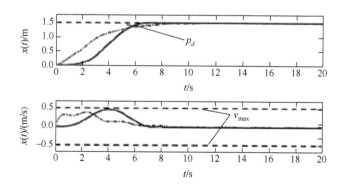

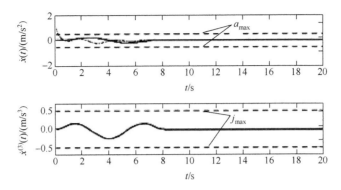

图 6.3　台车运动 $x(t)$, $\dot{x}(t)$, $\ddot{x}(t)$ 及 $x^{(3)}(t)$

实线：本节方法；点划线：对比方法[25]；虚线：状态约束

从图 6.3 与图 6.4 所示的结果及表 6.1 中的信息可知，本节方法能在保证所有状态约束条件的前提下，实现台车的快速、准确定位，并充分抑制与消除系统的两级摆动，与理论分析保持完全一致；相比之下，文献[25]中的无源控制方法则无法保证绝大多数的约束条件，在实际吊车系统中，受限于驱动电机的最大转速等约束，台车能提供的最大运行速度/加速度是有限的，而文献中已有方法均仅假设台车能达到所需的任意速度/加速度值（只要不发散），极有可能会导致饱和，从而使控制效果恶化。

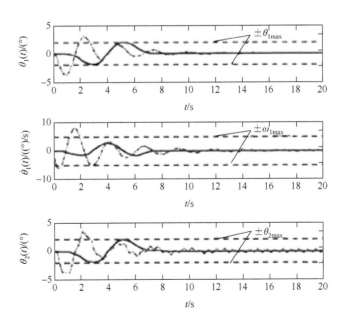

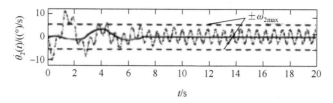

图 6.4 两级摆动 $\theta_1(t)$, $\dot\theta_1(t)$, $\theta_2(t)$ 及 $\dot\theta_2(t)$

实线：本节方法；点划线：对比方法[25]；虚线：状态约束

表 6.1 性能指标

控制方法	p_d	v_{max}	a_{max}	j_{max}	θ_{1max}	θ_{2max}	ω_{1max}	ω_{2max}
本节方法	√	√	√	√	√	√	√	√
对比方法[25]	√	√	×	×	×	×	×	×

接下来比较两种方法在消摆与定位方面的控制性能。对比图 6.3 与图 6.4 中两者的曲线可知，本节方法能更快地将台车定位到目标位置处，其两级摆动 $\theta_1(t)$，$\theta_2(t)$ 的最大幅值分别为对比方法[25]相应摆角的 51%和 52%。此外，由图 6.4 还可看出，对于本节方法，当台车到达目标位置后，无任何残余摆动；相比之下，文献[25]的无源控制方法则有着明显的残余摆动，降低了系统工作效率。综上所述，本节方法在定位、摆角抑制方面均能取得更为良好的控制效果。

注记 6.3 本节方法适用于驱动电机工作在不同模式下的吊车系统。对于驱动电机工作在速度控制模式下的吊车系统，该方法规划的（速度）轨迹可直接用作输入信号；而对于驱动电机工作于力矩控制模式的吊车系统，本节所规划的轨迹光滑易跟踪，可使用常规的 PD 控制器使台车跟踪规划的轨迹，将位移/速度信号转化为相应的力矩信号[1, 2, 26]。

6.3 基于高斯伪谱法的时间最优轨迹规划方法

本节将介绍具体的基于高斯伪谱法时间最优轨迹规划方法的设计步骤，并进行相应的仿真与实验测试，以验证所提方法的有效性。

6.3.1 轨迹规划方法具体流程

接下来，将详细阐述所提轨迹规划方法相关步骤。具体而言，首先考虑相关约束，建立优化问题。接着，对原始的双摆吊车系统运动学模型进行一定的处理，引入相关虚拟控制输入，将其转化为一种新的形式。进一步，基于处理后的运动学模型，将上面建立的优化问题进行转化。随后，基于高斯伪谱法的思想，将优化问题进一步转化为非线性规划问题。最后，求解上述非线性规划问题，便可得最短的吊车系统运送时间，以及对应的时间最优台车轨迹。

1. 优化问题建立及转化

根据桥式吊车系统实际工作过程中的安全性、工作目标、环境等因素，在轨迹规划过程中需要考虑一系列的约束，以保证所得轨迹的有效性。具体约束如下。

（1）为完成台车的精确定位，需要其从初始位置 x_0，运动到目标位置 x_d，消耗时间为 T_c。为方便分析，不失一般性，约定台车初始位置为 0，且运送的起始时刻也为 0。此外，为保证台车轨迹的平滑性，要求起始与结束时刻的台车速度及加速度信号均为 0。具体如下：

$$x(0) = \dot{x}(0) = \ddot{x}(0) = 0$$
$$x(T_c) = x_d, \quad \dot{x}(T_c) = \ddot{x}(T_c) = 0$$

（2）为方便运送完成时对负载进行下一步的操作与处理，运送开始与结束时，两级摆角均为 0，此外，对应的摆角角速度也应为 0，即

$$\theta_1(0) = \dot{\theta}_1(0) = 0, \quad \theta_1(T_c) = \dot{\theta}_1(T_c) = 0$$
$$\theta_2(0) = \dot{\theta}_2(0) = 0, \quad \theta_2(T_c) = \dot{\theta}_2(T_c) = 0$$

（3）考虑到台车驱动电机输出存在上限，为避免吊车系统输入饱和问题，需要将运送过程中的台车速度及加速度限制在相应的合理范围内，具体而言

$$|\dot{x}(t)| \leqslant v_{\max}, \quad |\ddot{x}(t)| \leqslant a_{\max}$$

式中，$v_{\max}$ 与 $a_{\max}$ 分别代表允许的台车速度与加速度上限值。

（4）为确保整个工作过程中的安全性，避免可能出现的碰撞等风险，需要将两级摆角及对应的角速度均约束在可接受的范围内，即

$$|\theta_1(t)| \leqslant \theta_{1\max}, \quad |\theta_2(t)| \leqslant \theta_{2\max} \tag{6.34}$$

$$|\dot{\theta}_1(t)| \leqslant \omega_{1\max}, \quad |\dot{\theta}_2(t)| \leqslant \omega_{2\max} \tag{6.35}$$

式中，$\theta_{1\max}, \theta_{2\max}, \omega_{1\max}, \omega_{2\max}$ 分别表示能够保证安全的一级与二级摆角上限值，以及对应的角速度上限值。

综上所述，为实现时间最优的控制目标，同时考虑包括安全性在内的一系列因素，可建立如下的优化问题：

$$\begin{cases} \min T_c \\ \text{s.t. } x(0) = \dot{x}(0) = \ddot{x}(0) = 0 \\ \quad x(T_c) = x_d, \dot{x}(T_c) = \ddot{x}(T_c) = 0 \\ \quad |\dot{x}(t)| \leqslant v_{\max}, |\ddot{x}(t)| \leqslant a_{\max} \\ \quad \theta_1(0) = \dot{\theta}_1(0) = 0, \theta_1(T_c) = \dot{\theta}_1(T_c) = 0 \\ \quad \theta_2(0) = \dot{\theta}_2(0) = 0, \theta_2(T_c) = \dot{\theta}_2(T_c) = 0 \\ \quad |\theta_1(t)| \leqslant \theta_{1\max}, |\theta_2(t)| \leqslant \theta_{2\max} \\ \quad |\dot{\theta}_1(t)| \leqslant \omega_{1\max}, |\dot{\theta}_2(t)| \leqslant \omega_{2\max} \end{cases} \tag{6.36}$$

为方便轨迹规划问题求解，这里需要对双摆吊车系统的运动学模型进行一定的转化。首先定义系统状态向量为 $\xi(t) \in R^{6 \times 1}$，具体形式如下：

$$\xi = [x \quad \dot{x} \quad \theta_1 \quad \dot{\theta}_1 \quad \theta_2 \quad \dot{\theta}_2]^T$$

接着，将台车加速度信号作为吊车系统的虚拟输入信号，结合系统状态向量，可将系统运动学模型转化成如下的形式：

$$\dot{\xi} = f(\xi) + h(\xi)u \tag{6.37}$$

式中，$u(t) = \ddot{x}(t)$ 即为虚拟输入信号；$f(\xi), h(\xi)$ 表示关于 $\xi(t)$ 的辅助函数，具体的形式如下：

$$f(\xi) = \begin{bmatrix} \dot{x} & 0 & \dot{\theta}_1 & A & \dot{\theta}_2 & B \end{bmatrix}^T$$

$$h(\xi) = \begin{bmatrix} 0 & 1 & 0 & C & 0 & D \end{bmatrix}^T$$

其中，为方便描述，引入了辅助变量 D_1, D_2, D_3, D_4，它们的具体形式如下所示：

$$D_1 = -\frac{m_2 C_{1-2}}{l_1(m_1 + m_2) - m_2 l_1 C_{1-2}^2}\left(l_1 S_{1-2}\dot{\theta}_1^2 + \frac{m_2 l_2}{m_1 + m_2}S_{1-2}C_{1-2}\dot{\theta}_2^2 - g(S_2 - S_1 C_{1-2})\right)$$
$$\quad -\frac{1}{l_1}g S_1 - \frac{m_2 l_2}{l_1(m_1 + m_2)}S_{1-2}\dot{\theta}_2^2$$

$$D_2 = \frac{m_1 + m_2}{l_2(m_1 + m_2) - m_2 l_2 C_{1-2}^2}\left(\frac{m_2 l_2}{m_1 + m_2}S_{1-2}C_{1-2}\dot{\theta}_2^2 + l_1 S_{1-2}\dot{\theta}_1^2 - g(S_2 - S_1 C_{1-2})\right)$$

$$D_3 = \frac{m_2 C_{1-2}}{l_1(m_1 + m_2) - m_2 l_1 C_{1-2}^2}(C_2 - C_1 C_{1-2}) - \frac{1}{l_1}C_1$$

$$D_4 = -\frac{m_1 + m_2}{l_2(m_1 + m_2) - m_2 l_2 C_{1-2}^2}(C_2 - C_1 C_{1-2})$$

根据上述吊车系统运动学模型转化后的结果(6.37)，可以将原优化问题(6.36)转化成如下的形式：

$$\min T_c \tag{6.38}$$

$$\text{s.t. } \dot{\xi} = f(\xi) + h(\xi)u \tag{6.39}$$

$$\xi(0) = [0 \quad 0 \quad 0 \quad 0 \quad 0 \quad 0]^{\mathrm{T}} \tag{6.40}$$

$$\xi(T_c) = [x_d \quad 0 \quad 0 \quad 0 \quad 0 \quad 0]^{\mathrm{T}} \tag{6.41}$$

$$|\dot{x}(t)| \leqslant v_{\max}, \quad |u(t)| \leqslant a_{\max} \tag{6.42}$$

$$|\theta_1(t)| \leqslant \theta_{1\max}, \quad |\theta_2(t)| \leqslant \theta_{2\max} \tag{6.43}$$

$$|\dot{\theta}_1(t)| \leqslant \omega_{1\max}, \quad |\dot{\theta}_2(t)| \leqslant \omega_{2\max} \tag{6.44}$$

求解上述优化问题，即可得到最优的吊车系统运送时间，同时得到对应的时间最优台车轨迹。

2. 优化问题求解

为完成吊车系统轨迹规划，需要求解相关优化问题。这里利用高斯伪谱法的思想，可以方便地求解该优化问题。与现有方法不同的是，本节方法无须对复杂的双摆吊车系统运动学模型进行线性化处理，所得结果更为精确，同时可以得到全局时间最优解。

本节方法的相关步骤如图 6.5 所示，具体而言，首先采用拉格朗日插值方法，选取勒让德-高斯点（Legendre-Gauss points）处的系统状态及系统输入，利用拉格朗日插值多项式（Lagrange interpolating polynomials），可近似表示吊车系统状态轨迹及输入轨迹。接着，对状态轨迹进行求导，可将系统状态导数通过拉格朗日多项式导数表示。下一步，利用近似的系统状态轨迹及其导数，可将优化问题中的系统模型约束转化为一系列的多项式方程。此外，利用高斯积分，相关边界条件约束也可以转化为多项式方程的形式。这样一来，所有的约束条件均可看作代数约束，原优化问题即转化为带有一系列代数约束的非线性规划问题，便于求解。

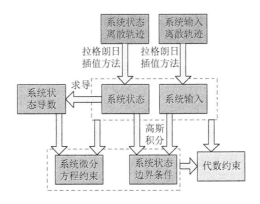

图 6.5　高斯伪谱法具体流程示意图

基于高斯伪谱法的要求，首先需要对时间 t 进行相应的坐标变换，将轨迹对应的时间由 $t \in [0, T_c]$ 变换到 $\tau \in [-1, 1]$，具体的变换公式为

$$\tau = \frac{2t}{T_c} - 1 \tag{6.45}$$

接下来，选取点列 $\{\tau_1, \tau_2, \cdots, \tau_K\} \in (-1,1)$，这里 $K \in \mathbb{N}^+$ 表示节点，即勒让德-高斯点的个数。勒让德-高斯点的选取是通过求解 K 阶勒让德-高斯多项式（Legendre polynomial）的零点获得。此外，在点列的前方加入 $\tau_0 = -1$。则待规划的系统状态量轨迹及输入轨迹在该点列处的离散值分别为

$$\xi(\tau_0), \xi(\tau_1), \xi(\tau_2), \cdots, \xi(\tau_K)$$
$$u(\tau_0), u(\tau_1), u(\tau_2), \cdots, u(\tau_K)$$

基于该 $K+1$ 个节点，可以构造出如下 $K+1$ 个拉格朗日插值多项式：

$$\mathcal{L}_i(\tau) = \prod_{j=0, j \neq i}^{K} \frac{\tau - \tau_j}{\tau_i - \tau_j} \tag{6.46}$$

式中，$\tau \in [-1,1]$；$\mathcal{L}_i(\tau)$ 表示标号为 i 的拉格朗日插值多项式函数，$i \in 0,1,\cdots, K$。根据式（6.46），利用拉格朗日插值方法，结合待规划轨迹在勒让德-高斯点处的离散值，可将相关待规划轨迹近似表示成如下的形式：

$$\xi(\tau) \approx \sum_{i=0}^{K} \xi(\tau_i) \mathcal{L}_i(\tau), \quad u(\tau) \approx \sum_{i=0}^{K} u(\tau_i) \mathcal{L}_i(\tau) \tag{6.47}$$

式中，$\xi(\tau_i), u(\tau_i)$ 分别表示节点 $\tau = \tau_i$ 处的系统状态量以及输入量。进一步对式（6.47）求导，结合拉格朗日多项式（6.46）的具体形式，并进行一定的数学运算与整理，可得状态量轨迹的导数为

$$\dot{\xi}(\tau_k) = \sum_{i=0}^{K} \mathcal{D}_{ki}(\tau_k) \xi(\tau_i) \tag{6.48}$$

式中，$\dot{\xi}(\tau_k)$ 表示 $\tau = \tau_k$ 处的状态轨迹导数值；$\mathcal{D}_{ki}(\tau_k)$ 代表节点 $\tau = \tau_k$ 处，拉格朗日插值多项式 $\mathcal{L}_i$ 的导数值，具体形式如下：

$$\mathcal{D}_{ki}(\tau_k) = \dot{\mathcal{L}}_i(\tau_k) = \sum_{l=0, l \neq i}^{K} \frac{\prod\limits_{j=0, j \neq i,l}^{K} (\tau_k - \tau_j)}{\prod\limits_{j=0, j \neq i}^{K} (\tau_i - \tau_j)} \tag{6.49}$$

利用式（6.48）和式（6.49），以及系统状态和输入轨迹在各节点处的离散值，可对优化问题中的微分方程约束条件（6.39）进行离散化与近似化处理，具体结果如下：

$$\sum_{i=0}^{K} \mathcal{D}_{ki}(\tau_k) \xi(\tau_i) - \frac{2}{T_c} \big(f(\xi(\tau_k)) + h(\xi(\tau_k)) u(\tau_k) \big) = 0 \tag{6.50}$$

式中，$k \in \{0,1,2,\cdots, K\}$。可以看出，通过相关变换，微分方程约束条件（6.39）已被转化为代数约束。同样的，需要将优化问题中的其他约束转化为类似的代数约束，其中约束（6.40）可以直接改写成如下形式：

$$\xi(\tau_0) = [0 \quad 0 \quad 0 \quad 0 \quad 0 \quad 0]^{\mathrm{T}} \tag{6.51}$$

为处理货物运送结束时刻对应的边界约束转化问题，引入节点 $\tau_{K+1} = 1$ 以对应货物运送结束时刻。利用高斯积分（Gauss quadrature），可得如下的关系：

$$\xi(\tau_{K+1}) = \xi(\tau_0) + \frac{2}{T_c} \sum_{k=1}^{K} w_k \left(f(\xi(\tau_k)) + h(\xi(\tau_k)) u(\tau_k) \right)$$

式中，$\xi(\tau_0)$ 具体定义见式（6.51）；w_k 表示节点 τ_k 对应的勒让德权值，其具体值在求解节点值时可同时求得。

目前为止，相关的约束转化过程已经完成，优化问题对应的所有约束均已转化为代数约束的形式，转化后的优化问题具体如下：

$$\begin{cases} \min \quad T_c \\ \text{s.t.} \\ \sum_{i=0}^{K} \mathcal{D}_{ki}(\tau_k) \xi(\tau_i) - \frac{2}{T_c} \left(f(\xi(\tau_k)) + h(\xi(\tau_k)) u(\tau_k) \right) = 0,\ k \in \{0,1,2,\cdots,K\} \\ \xi(\tau_0) = [0 \quad 0 \quad 0 \quad 0 \quad 0 \quad 0]^{\mathrm{T}} \\ \xi(\tau_0) + \frac{2}{T_c} \sum_{k=1}^{K} w_k \left(f(\xi(\tau_k)) + h(\xi(\tau_k)) u(\tau_k) \right) = [x_f \quad 0 \quad 0 \quad 0 \quad 0 \quad 0]^{\mathrm{T}} \\ \xi(\tau) - \gamma \leqslant 0, -\xi(\tau) - \gamma \leqslant 0 \\ u(\tau) - a_{\max} \leqslant 0, -u(\tau) - a_{\max} \leqslant 0 \end{cases} \tag{6.52}$$

式中，向量 γ 的定义如下：

$$\gamma = [\infty \quad v_{\max} \quad \theta_{1\max} \quad \omega_{1\max} \quad \theta_{2\max} \quad \omega_{2\max}]^{\mathrm{T}}$$

从式（6.52）中可以看出，转化后的优化问题具有非线性规划问题的形式，且相应约束均为代数约束。对于该问题，可以采取二次型规划方法（sequential quadratic programming，SQP）求解，得到时间最优状态序列如下：

$$\xi(\tau_0), \xi(\tau_1), \xi(\tau_2), \cdots, \xi(\tau_K), \xi(\tau_{K+1})$$

即为离散的吊车系统时间最优状态轨迹。取该向量序列中，每个向量的前两个元素，进行插值处理，便可进一步得到台车的时间最优位移及速度轨迹。

6.3.2　仿真与实验结果分析

本节将进行一系列的仿真与实验测试，以验证所提双摆吊车系统轨迹规划方法的有效性。具体而言，首先，利用 MATLAB 及相关工具箱，根据所提方法的具体步骤进行离线计算，得到具体的时间最优台车轨迹；接着，利用 MATLAB/Simulink 仿真环境，在自主编写的双摆吊车系统仿真软件上，对所得轨迹进行仿真测试；最后，为进一步验证本节方法的有效性，将所得轨迹在双摆吊车实验平台上进行测试，同时与已有方法进行对比。仿真及实验测试的结果，均验证了本节方法的有效性。

1. 仿真结果及其分析

为实现所提基于伪谱法的双摆吊车轨迹规划策略，选择 GPOPS 软件工具箱[27]结合 SNOPT 工具箱[28]离线求解相关优化问题，得到对应的时间最优台车轨迹。为方便接下来的实验测试，这里的参数按照实验平台实际数据进行选择，具体如下：

$$M = 6.5\text{kg}, \quad m_1 = 2.003\text{kg}, \quad m_2 = 0.559\text{kg}$$

$$g = 9.8\text{m/s}^2, \quad l_1 = 0.53\text{m}, \quad l_2 = 0.4\text{m}$$

此外，台车的目标位置设为 $x_d = 0.6$ m，相应的轨迹约束设定如下：

$$\theta_{1\max} = \theta_{2\max} = 2°, \quad v_{\max} = 0.3 \text{ m/s}$$

$$\omega_{1\max} = \omega_{2\max} = 5°/\text{s}, \quad a_{\max} = 0.15 \text{ m/s}^2$$

具体的仿真结果如图 6.6 与图 6.7 所示。从图 6.6 中可以看出，利用所提轨迹规划方法，双摆吊车系统完成负载的运送过程总耗时为 $T_c = 4.2776\text{s}$，这也充分体现了本节方法的时间最优特性。通过该方法，台车可以精确快速地收敛到目标位置 $x_d = 0.6\text{m}$，且过程中，台车速度满足给定的速度约束，避免了驱动器饱和问题的产生。另外，从图 6.7 中可以看出，该方法可以对系统两级摆动进行有效的抑制，整个过程中的一级和二级摆角均处在给定的范围内，可以有效避免发生碰撞等风险。此外，对应的角速度约束也得到了满足，充分说明了本节方法处理各种系统约束的能力。综上，仿真结果验证了本节方法的高效性及安全性。

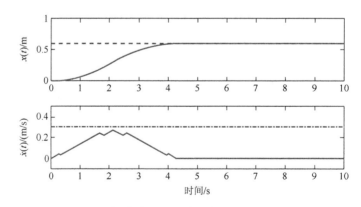

图 6.6　基于高斯伪谱法轨迹规划仿真结果（台车位移与速度）

实线：仿真结果；虚线：台车目标位置 $x_d = 0.6\text{m}$；点划线：台车速度约束 $v_{\max} = 0.3\text{m/s}$

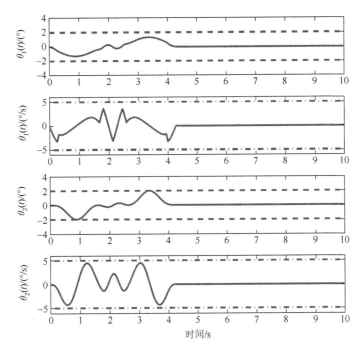

图 6.7　基于高斯伪谱法轨迹规划仿真结果（两级摆角及角速度）

实线：仿真结果；虚线：摆角约束 $\theta_{1\max} = \theta_{2\max} = 2°$；点划线：角速度约束

2. 实验结果及其分析

为进一步验证所提基于高斯伪谱法轨迹规划的有效性，在双摆吊车系统实验平台上进行相关实验验证。具体的双摆吊车系统实验平台机械结构如图 6.8 所示，这里的一级吊绳与二级吊绳分别对应系统动力学方程中的 l_1 与 l_2。台车运动由电机驱动，同时电机中装配的码盘可用于实时测量台车的位移。与单摆吊车系统实验平台不同的是，这里为了实时测量二级摆动，将传统的吊钩替换为一种自主设计的新型"吊钩"。从图 6.9 中可以看到，新型"吊钩"由编码器、金属半弧等组成，并通过一段吊绳与负载连接。出现负载绕"吊钩"的二级摆动时，吊绳将带动"吊钩"上的金属半圆弧跟随负载摆动，同时，摆角即可利用固定在圆弧轴向上的角度编码器实时测得。而对于控制系统，利用 MATLAB/Simulink RTWT（real-time windows target）软件计算实时的控制命令，并通过运动控制卡传给相关电机驱动器；同时电机码盘及角度编码器测得的实时位置信号也通过运动控制卡，传递给 PC（personal computer，个人计算机）。根据具体的软件以及硬件特点，设定实验系统的控制周期为 5ms。

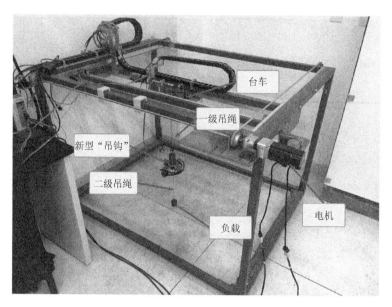

图 6.8 具有双摆效应桥式吊车系统实验平台（机械结构）

图 6.9 实验平台"吊钩"机械结构

实验测试中，本节方法具体的轨迹规划及跟踪控制流程如图 6.10 所示。这里，为了驱动台车按照离线计算的最优轨迹运动，选择工业最常用的 PD 控制器作为吊车系统的跟踪控制器。同时，该实验平台具体物理参数与仿真测试中所选取的系统参数相同，因此待跟踪轨迹即为仿真测试中的相关轨迹。此外，为充分验证所提基于高斯伪谱法轨迹规划策略的有效性，这里选择常用的线性二次型调节器方法作为对比方法，并给出了其对应的实验结果。具体而言，针对线性二次型调节器方法，其对应的具体控制器表达式如下：

$$F = -k_1(x - x_d) - k_2\dot{x} - k_3\theta_1 - k_4\dot{\theta}_1 - k_5\theta_2 - k_6\dot{\theta}_2$$

该方法中用到的代价函数，选取如下：

$$J = \int_0^\infty (X^{\mathrm{T}}QX + RF^2)\mathrm{d}t$$

式中，向量 X 的具体定义如下：

$$X = [e(t) \quad \dot{x}(t) \quad \theta_1(t) \quad \dot{\theta}_1(t) \quad \theta_2(t) \quad \dot{\theta}_2(t)]^{\mathrm{T}}$$

其中，$e(t)$ 表示台车定位误差，$e(t) \triangleq x(t) - x_d$；经过多次仔细测试，代价函数中的权重矩阵 Q, R 设定为

$$Q = \mathrm{diag}\{200, 1, 200, 1, 200, 1\}, \quad R = 0.05$$

利用 MATLAB 控制系统工具箱（control system toolbox），计算得到具体的线性二次型调节器控制增益，具体如下：

$$k_1 = 63.2456, \quad k_2 = 50.7765, \quad k_3 = -129.3086$$
$$k_4 = -6.9634, \quad k_5 = 19.9137, \quad k_6 = -6.7856$$

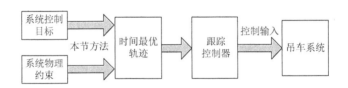

图 6.10　轨迹规划与跟踪控制相关流程图

所提方法实验结果与线性二次型调节器方法实验结果如图 6.11 和图 6.12 所示。从图 6.11 中可以看出，利用所提基于高斯伪谱法轨迹规划策略，当台车按照离线计算所得最优轨迹运动时，完成货物的运送工作耗时仅为 4.095s，且过程中的系统两级摆动均限制在给定约束 2° 的范围内，运送完成后几乎不存在残余摆动。而对于线性二次型调节器方法，耗时达到 7.425s。

此外，从图 6.12 中可以看出，线性二次型调节器方法会导致较大的两级负载摆动。具体而言，一级摆动最大摆角达到 6.5°，二级摆动最大摆角达到 11.5°，远大于本节所提方法的摆角，无法满足摆角约束，实际使用过程中可能会导致碰撞等风险的发生。综上可得，所提基于高斯伪谱法轨迹规划策略，可以实现双摆吊车系统台车快速精确定位，以及两级负载摆动有效抑制与消除的控制目标，且对比现有方法，本节方法的控制效果具有一定的优势。

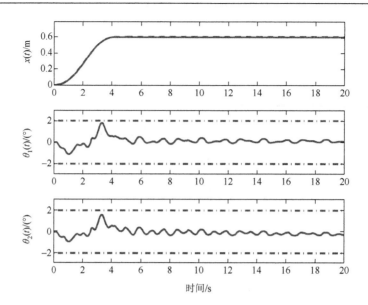

图 6.11　基于高斯伪谱法轨迹规划策略实验结果

实线：实验结果；虚线：待跟踪最优台车轨迹；点划线：摆角约束 $\theta_{1\max} = \theta_{2\max} = 2°$

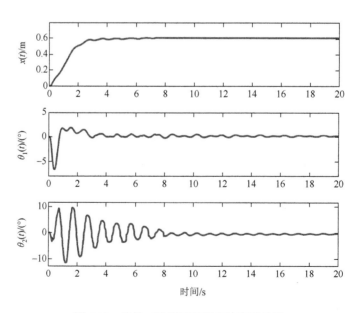

图 6.12　线性二次型调节器方法实验结果

6.4 考虑负载升降的双摆吊车增强耦合自适应控制

6.4.1 问题描述

DPOC 系统如图 6.1 所示。从图中可以看出，m, m_1, m_2 分别表示台车、吊钩和负载的质量，$x(t)$ 表示台车位移，$l_1(t)$ 表示连接台车和吊钩的吊绳长度，l_2 表示连接吊钩和负载的吊绳长度，$\theta_1(t)$ 和 $\theta_2(t)$ 分别表示吊钩和负载的摆动角度，$F_x(t), F_l(t)$ 分别代表施加于台车和吊绳上的驱动力。

DPOC 系统的动力学方程可表示为

$$(m + m_1 + m_2)\ddot{x} + (m_1 + m_2)\sin\theta_1 \ddot{l}_1 + (m_1 + m_2)l_1 \cdot \ddot{\theta}_1 \cos\theta_1 + m_2 l_2 \ddot{\theta}_2 \cos\theta_2 \tag{6.53}$$
$$+2(m_1 + m_2)\dot{\theta}_1 \dot{l}_1 \cos\theta_1 - (m_1 + m_2)l_1\dot{\theta}_1^2 \sin\theta_1 - m_2 l_2 \dot{\theta}_2^2 \sin\theta_2 = F_x$$

$$(m_1 + m_2)\sin\theta_1 \ddot{x} + (m_1 + m_2)\ddot{l}_1 + m_2 l_2 \sin(\theta_1 - \theta_2)\ddot{\theta}_2 \tag{6.54}$$
$$-(m_1 + m_2)l_1\dot{\theta}_1^2 - m_2 l_2 \cos(\theta_1 - \theta_2)\dot{\theta}_2^2 - (m_1 + m_2) \cdot g\cos\theta_1 = F_l$$

$$(m_1 + m_2)l_1 \cos\theta_1 \ddot{x} + (m_1 + m_2)l_1^2 \ddot{\theta}_1 + m_2 l_1 l_2 \cos(\theta_1 - \theta_2) \cdot \ddot{\theta}_2 \tag{6.55}$$
$$+2(m_1 + m_2)l_1\dot{\theta}_1 \dot{l}_1 + m_2 l_1 l_2 \sin(\theta_1 - \theta_2)\dot{\theta}_2^2 + (m_1 + m_2) \cdot gl_1 \sin\theta_1 = -d_1\dot{\theta}_1$$

$$m_2 l_2 \cos\theta_2 \ddot{x} + m_2 l_2 \sin(\theta_1 - \theta_2)\ddot{l}_1 + m_2 l_1 l_2 \cos(\theta_1 - \theta_2)\ddot{\theta}_1 + m_2 l_2^2 \ddot{\theta}_2 \tag{6.56}$$
$$+2m_2 l_2 \cos(\theta_1 - \theta_2)\dot{\theta}_1 \dot{l}_1 - m_2 l_1 l_2 \sin(\theta_1 - \theta_2)\dot{\theta}_1^2 + m_2 gl_2 \sin\theta_2 = -d_2\dot{\theta}_2$$

式中，g 表示重力加速度；$-d_1\dot{\theta}_1, -d_2\dot{\theta}_2$ 表示吊钩和负载所受的空气阻力；$d_1, d_2 > 0$ 为相应的系数。为了方便之后的分析，式（6.53）～式（6.56）可以进一步整理为如下矩阵形式：

$$M(q)\ddot{q} + C(q, \dot{q})\dot{q} + G(q) = u \tag{6.57}$$

式中，$q(t) = [x(t)\ l_1(t)\ \theta_1(t)\ \theta_2(t)]^T$ 表示系统状态向量；$M(q), C(q, \dot{q}) \in R^{4\times 4}$；$G(q), u \in R^4$ 分别表示惯性矩阵，向心-科氏力矩阵，重力向量以及控制输入向量。式（6.57）中的矩阵和向量如下所示：

$$M = \begin{bmatrix} m_{11} & m_{12} & m_{13} & m_{14} \\ m_{12} & m_1 + m_2 & 0 & m_{24} \\ m_{13} & 0 & (m_1 + m_2)l_1^2 & m_{34} \\ m_{14} & m_{24} & m_{34} & m_2 l_2^2 \end{bmatrix}, \quad G = \begin{bmatrix} 0 \\ -(m_1 + m_2)g\cos\theta_1 \\ (m_1 + m_2)gl_1 \sin\theta_1 \\ m_2 gl_2 \sin\theta_2 \end{bmatrix}$$

$$C = \begin{bmatrix} 0 & (m_1 + m_2)\cos\theta_1 \dot{\theta}_1 & c_{13} & c_{14} \\ 0 & 0 & -(m_1 + m_2)l_1\dot{\theta}_1 & c_{24} \\ 0 & (m_1 + m_2)l_1\dot{\theta}_1 & (m_1 + m_2)l_1\dot{l}_1 & c_{34} \\ 0 & m_2 l_2 \cos(\theta_1 - \theta_2)\dot{\theta}_1 & c_{43} & 0 \end{bmatrix}, \quad u = \begin{bmatrix} F_x \\ F_l \\ -d_1\dot{\theta}_1 \\ -d_2\dot{\theta}_2 \end{bmatrix}$$

式中

$$\begin{cases} m_{11} = m + m_1 + m_2 \\ m_{12} = (m_1 + m_2)\sin\theta_1 \\ m_{13} = (m_1 + m_2)l_1\cos\theta_1 \\ m_{14} = m_2 l_2 \cos\theta_2 \\ m_{24} = m_2 l_2 \sin(\theta_1 - \theta_2) \\ m_{34} = m_2 l_1 l_2 \cos(\theta_1 - \theta_2) \end{cases}, \quad \begin{cases} c_{13} = (m_1 + m_2)(\cos\theta_1 \dot{l}_1 - l_1 \sin\theta_1 \dot{\theta}_1) \\ c_{14} = -m_2 l_2 \sin\theta_2 \dot{\theta}_2 \\ c_{24} = -m_2 l_2 \cos(\theta_1 - \theta_2)\dot{\theta}_2 \\ c_{34} = m_2 l_1 l_2 \sin(\theta_1 - \theta_2)\dot{\theta}_2 \\ c_{43} = m_2 l_2 \cos(\theta_1 - \theta_2)\dot{l}_1 - m_2 l_1 l_2 \sin(\theta_1 - \theta_2)\dot{\theta}_1 \end{cases}$$

对于式（6.57）中的欠驱动系统，有如下性质成立：

$$x^T\left(\frac{1}{2}\dot{M}(q) - C(q,\dot{q})\right)x = 0, \quad \forall x \in R^4 \tag{6.58}$$

在进行后续分析之前，做出如下假设。

假设 6.1 吊钩和负载的摆动角度均为有界的，即 $-\pi/2 < \theta_1, \theta_2 < \pi/2$。

假设 6.2 初始吊绳长度 $l_1(0)$ 和期望吊绳长度 l_{1d} 在合理的区间内，即 $0 < l_1(0)$, $l_{1d} < L$，其中 $L > 0$ 表示一个足够大的常数。

此外，为了便于描述，定义以下简写形式：

$$s_i = \sin\theta_i, \quad c_i = \cos\theta_i, \quad s_{i\pm j} = \sin(\theta_i \pm \theta_j), \quad c_{i\pm j} = \cos(\theta_i \pm \theta_j), \quad i,j = 1,2 \ (i \neq j)$$

6.4.2 控制器设计与稳定性分析

本节为 DPOC 系统设计了一种增强耦合自适应控制器，并考虑了负载的升降运动。此外，利用李雅普诺夫方法和拉塞尔不变性原理对系统期望平衡点的稳定性进行了严格分析。

首先构建以下复合信号：

$$\xi = x - \lambda_1 l_1 s_1 - \lambda_2 l_2 s_2, \quad e_\xi = \xi - x_d \tag{6.59}$$

式中，x_d 是期望的台车位置；$\lambda_i(i=1,2)$ 是待确定的参数。为了便于描述，进一步定义：

$$e_x = x - x_d, \ e_1 = l_1 - l_{1d}, \ \Delta = \lambda_1 l_1 s_1 + \lambda_2 l_2 s_2$$
$$\Rightarrow \dot{e}_x = \dot{x}, \ \dot{e}_1 = \dot{l}_1, \ \xi = x - \Delta, \ e_\xi = e_x - \Delta \tag{6.60}$$

式中，l_{1d} 是期望的吊绳长度。经过大量分析，将参数选择如下：

$$\lambda_1 = k(m_1 + m_2), \quad \lambda_2 = km_2 \tag{6.61}$$

式中，$k > 0$ 是待确定的控制参数。

从式（6.59）和式（6.61）中可以看出，为了获得更好的控制性能（特别是摆动抑制），新设计的反馈信号需要负载质量 m_2 的精确值。然而，在实际应用中，负载质量通常无法准确确定，这给所提出方法的应用带来很大困难。此外，在考虑负载升降运动时，负载质量的不确定性也会导致垂直方向的定位误差，有时甚至会引起不稳定。为了解决这一问题，考虑引入一种自适应律来辨识 m_2，这样控制器的设计就只需要 m_2 的近似值。为此，定义以下误差信号：

$$\tilde{m}_{2p} = m_2 - \hat{m}_{2p} \Rightarrow \dot{\tilde{m}}_{2p} = -\dot{\hat{m}}_{2p} \qquad (6.62)$$

式中，$\hat{m}_{2p}$ 是 m_2 的初步估算值。进一步定义

$$
\begin{aligned}
&\hat{\lambda}_1 = k(m_1 + \hat{m}_{2p}), \quad \hat{\lambda}_2 = k\hat{m}_{2p} \\
&\hat{\xi} = x - \hat{\lambda}_1 l_1 s_1 - \hat{\lambda}_2 l_2 s_2, \quad \hat{e}_\xi = \hat{\xi} - x_d \\
&\Rightarrow \xi - \hat{\xi} = e_\xi - \hat{e}_\xi = -k\tilde{m}_{2p}(l_1 s_1 + l_2 s_2) = -k\tilde{m}_{2p}\varXi \\
&\dot{e}_\xi = \dot{\hat{e}}_\xi - k\dot{\hat{m}}_{2p}\varXi - k\tilde{m}_{2p}\dot{\varXi} = H - k\tilde{m}_{2p}\dot{\varXi}
\end{aligned}
\qquad (6.63)
$$

为了表述更加简洁，用 $\varXi$ 表示 $l_1 s_1 + l_2 s_2$，同时用 H 表示以下函数：

$$H = \dot{\hat{e}}_\xi - k\dot{\hat{m}}_{2p}\varXi = \dot{x} - \hat{\lambda}_1(\dot{l}_1 s_1 + l_1 c_1 \dot{\theta}_1) - \hat{\lambda}_2 l_2 c_2 \dot{\theta}_2$$

基于此，控制输入可以设计如下：

$$
\begin{cases}
F_x = -Kk_{\alpha 1}\hat{e}_\xi - Kk_{\beta 1}H \\
F_l = -k_{\alpha 2}e_1 - k_{\beta 2}\dot{e}_1 - (m_1 + \hat{m}_{2p} + \hat{m}_{2s})g - f
\end{cases}
\qquad (6.64)
$$

式中，K 表示 $1 + km_{11} > 0$；f 代表如下函数：

$$f(l_1) = \lambda \frac{e_1\big((L - 2l_1)l_{1d} + Ll_1\big)}{l_1^2(L - l_1)^2}$$

$k_{\alpha 1}, k_{\alpha 2}, k_{\beta 1}, k_{\beta 2}, \lambda$ 为正的控制增益，$\hat{m}_{2s}$ 为 m_2 的补充估计，可以表示为以下形式：

$$\hat{m}_{2s} = \frac{k_\gamma \chi_1}{1 + \left(\int_0^t \chi_1 \dot{e}_1 \mathrm{d}t\right)^2} \qquad (6.65)$$

其中，$k_\gamma > 0$ 也是一个控制参数，$\chi_1 = \int_0^t e_1 \mathrm{d}t$，$\hat{m}_{2p}$ 由以下自适应律生成：

$$\dot{\hat{m}}_{2p} = -\dot{\tilde{m}}_{2p} = -\frac{k(k_{\alpha 1}\varXi - k_{\beta 1}\dot{\varXi})H - g\dot{e}_1}{k_\delta - k_{\alpha 1}k^2\varXi^2} \qquad (6.66)$$

其中，k_δ 表示更新增益，设计为满足以下性质：

$$k_\delta > k_{\alpha 1}k^2(L + l_2)^2 \qquad (6.67)$$

$\hat{m}_{2p}$ 和 $\hat{m}_{2s}$ 构成 m_2 的最终估计，即

$$\hat{m}_2 = \hat{m}_{2p} + \hat{m}_{2s}$$

在随后的分析中将证明，$\hat{m}_2$ 可以精确收敛到 m_2 的真值。

定理 6.1　对于欠驱动系统（6.57），设计的控制输入（6.64）可以保证系统在期望平衡点处渐近稳定，其数学表达式如下：

$$\lim_{t \to \infty} [x \ l_1 \ \theta_1 \ \theta_2 \ \dot{x} \ \dot{l}_1 \ \dot{\theta}_1 \ \dot{\theta}_2]^T = [x_d \ l_{1d} \ 0 \ 0 \ 0 \ 0 \ 0 \ 0]^T$$

证明 首先设计李雅普诺夫候选函数如下：

$$V(t) = \frac{1}{2}\dot{q}^T M \dot{q} + K\big((m_1 + m_2)gl_1(1 - c_1) + m_2gl_2 \cdot (1 - c_2)\big)$$

$$+ \frac{km_{11}}{2}\dot{q}_2^T M_{22}\dot{q}_2 - \frac{1}{2k}\dot{\Delta}^2 + K\frac{k_{\alpha1}}{2}e_\xi^2 + K\left(\frac{k_{\alpha2}}{2}e_1^2 + \frac{\lambda e_1^2}{l_1(L - l_1)}\right)$$

$$+ K\frac{(k_\delta - k_{\alpha1}k^2\Xi^2)}{2}\tilde{m}_{2p}^2 + Kk_\gamma g \cdot \left(\arctan\left(\int_0^t \chi_1\dot{e}_1 dt\right) + \frac{\pi}{2}\right)$$

式中，$q_2 = [l_1(t) \ \theta_1(t) \ \theta_2(t)]^T$；$M_{22} \in R^{3 \times 3}$ 是惯性矩阵 M 的一部分，可表示为

$$M_{22} = \begin{bmatrix} m_1 + m_2 & 0 & m_{24} \\ 0 & (m_1 + m_2)l_1^2 & m_{34} \\ m_{24} & m_{34} & m_2l_2^2 \end{bmatrix}$$

需要指出的是，$V(t)$ 实际上是非负的，因此可以作为李雅普诺夫候选函数。相应的证明将在式（6.72）～式（6.74）中详细说明。将 $V(t)$ 关于时间求导可以得到

$$\dot{V}(t) = \dot{q}^T\left(M\ddot{q} + \frac{1}{2}\dot{M}\dot{q}\right) + K\big((m_1 + m_2)gl_1s_1\dot{\theta}_1 + (m_1 + m_2)g\dot{l}_1(1 - c_1) + m_2gl_2s_2\dot{\theta}_2\big)$$

$$+ km_{11}\dot{q}_2^T\left(M_{22}\ddot{q}_2 + \frac{1}{2}\dot{M}_{22}\dot{q}_2^T\right) - \frac{\dot{\Delta} \cdot \ddot{\Delta}}{k} + Kk_{\alpha1}e_\xi\dot{e}_\xi$$

$$+ K\big(k_{\alpha2}e_1\dot{e}_1 + f\tilde{e}_1\big) + Kk_\delta\tilde{m}_{2p}\dot{\tilde{m}}_{2p} - Kk_{\alpha1}k^2\Xi\tilde{m}_{2p}(\Xi\tilde{m}_{2p})'$$

$$+ \frac{Kk_\gamma g \chi_1\dot{e}_1}{1 + \left(\int_0^t \chi_1\dot{e}_1 dt\right)^2}$$

$$(6.68)$$

利用式（6.58），可以得到 $\frac{1}{2}x^T\dot{M}x = x^T Cx, \forall x \in R^4$。从而可以推导得出

$$\dot{q}^T\left(M\ddot{q} + \frac{1}{2}\dot{M}\dot{q}\right) = \dot{q}^T(M\ddot{q} + C\dot{q}) = \dot{q}^T(u - G)$$

$$= F_x\dot{x} + \big(F_l + (m_1 + m_2)gc_1\big)\dot{l}_1 - (m_1 + m_2)gl_1s_1\dot{\theta}_1 \qquad (6.69)$$

$$- m_2gl_2s_2\dot{\theta}_2 - d_1\dot{\theta}_1^2 - d_2\dot{\theta}_2^2$$

相应地，可以得出 $\frac{1}{2}x^T\dot{M}_{22}x = x^T C_{22}x, \forall x \in R^3$，其中

$$C_{22} = \begin{bmatrix} 0 & -(m_1 + m_2)l_1\dot{\theta}_1 & c_{24} \\ (m_1 + m_2)l_1\dot{\theta}_1 & (m_1 + m_2)l_1\dot{l}_1 & c_{34} \\ m_2l_2\cos(\theta_1 - \theta_2)\dot{\theta}_1 & 0 & 0 \end{bmatrix}$$

因此，经过计算可以得出以下结论：

$$\dot{q}_2^{\mathrm{T}}\left(M_{22}\ddot{q}_2+\frac{1}{2}\dot{M}_{22}\dot{q}_2^{\mathrm{T}}\right)=\dot{q}_2^{\mathrm{T}}(M_{22}\ddot{q}_2+C_{22}\dot{q}_2)$$

$$=\left(F_l+(m_1+m_2)gc_1\right)\dot{l}_1-(m_1+m_2)gl_1s_1\dot{\theta}_1-m_2gl_2s_2\dot{\theta}_2$$

$$-\ddot{x}(m_{12}\dot{l}_1+m_{13}\dot{\theta}_1+m_{14}\dot{\theta}_2)$$

$$=\left(F_l+(m_1+m_2)gc_1\right)\dot{l}_1-(m_1+m_2)gl_1s_1\dot{\theta}_1 n-m_2gl_2s_2\dot{\theta}_2$$

$$-\frac{\varDelta}{k}\cdot\ddot{x}-d_1\dot{\theta}_1^2-d_2\dot{\theta}_2^2$$

(6.70)

将式（6.69）及式（6.70）代入式（6.68），整理后可以得到

$$\dot{V}(t)=F_x\dot{x}+K\left(F_l+(m_1+m_2)g\right)\dot{l}_1-\left(m_{11}\ddot{x}+\frac{\ddot{\varDelta}}{k}\right)\varDelta+Kk_{\alpha1}e_\xi\dot{e}_\xi+K(k_{\alpha2}e_1+f)\dot{e}_1$$

$$+Kk_\delta\tilde{m}_{2p}\dot{\tilde{m}}_{2p}+\frac{Kk_\gamma g\chi_1\dot{e}_1}{1+\left(\int_0^t\chi_1\dot{e}_1\mathrm{d}t\right)^2}-Kk_{\alpha1}k^2\varXi\tilde{m}_{2p}(\varXi\tilde{m}_{2p})'-K(d_1\dot{\theta}_1^2+d_2\dot{\theta}_2^2)$$

通过计算发现，$m_{11}\ddot{x}+\dfrac{\ddot{\varDelta}}{k}=F_x$（相应的证明见附录 A）。因此，$\dot{V}(t)$ 可以进一步简化为

$$\dot{V}(t)=F_x(\dot{x}-\varDelta)+K\left(F_l+(m_1+m_2)g\right)\dot{l}_1+Kk_{\alpha1}e_\xi\dot{e}_\xi+K(k_{\alpha2}e_1+f)\dot{e}_1$$

$$+Kk_\delta\tilde{m}_{2p}\dot{\tilde{m}}_{2p}+\frac{Kk_\gamma g\chi_1\dot{e}_1}{1+\left(\int_0^t\chi_1\dot{e}_1\mathrm{d}t\right)^2}-Kk_{\alpha1}k^2\varXi\tilde{m}_{2p}(\varXi\tilde{m}_{2p})'-K(d_1\dot{\theta}_1^2+d_2\dot{\theta}_2^2)$$

$$=(F_x+Kk_{\alpha1}e_\xi)\dot{e}_\xi+K\left(F_l+(m_1+m_2)g+k_{\alpha2}e_1+f+\frac{k_\gamma g\chi_1}{1+\left(\int_0^t\chi_1\dot{e}_1\mathrm{d}t\right)^2}\right)\dot{e}_1$$

$$+Kk_\delta\tilde{m}_{2p}\dot{\tilde{m}}_{2p}-Kk_{\alpha1}k^2\varXi\tilde{m}_{2p}(\varXi\tilde{m}_{2p})'-K(d_1\dot{\theta}_1^2+d_2\dot{\theta}_2^2)$$

(6.71)

式中，利用了 $\dot{e}_\xi=\dot{x}-\varDelta$ 的结果（见式（6.60））。将控制输入（6.64）和自适应律（6.65）代入式（6.71），整理后得到

$$\dot{V}(t)=K\left(k_{\alpha1}(e_\xi-\hat{e}_\xi)-k_{\beta1}H\right)\dot{e}_\xi+K(-k_{\beta2}\dot{e}_1+\tilde{m}_{2p}g)\dot{e}_1+Kk_\delta\tilde{m}_{2p}\dot{\tilde{m}}_{2p}$$

$$-Kk_{\alpha1}k^2\varXi^2\tilde{m}_{2p}\dot{\tilde{m}}_{2p}-Kk_{\alpha1}k^2\tilde{m}_{2p}^2\varXi\dot{\varXi}-K(d_1\dot{\theta}_1^2+d_2\dot{\theta}_2^2)$$

$$=K(-k_{\alpha1}k\tilde{m}_{2p}\varXi-k_{\beta1}H)(H-k\tilde{m}_{2p}\dot{\varXi})-Kk_{\beta2}\dot{e}_1^2 n+K\tilde{m}_{2p}g\dot{e}_1$$

$$+K(k_\delta-k_{\alpha1}k^2\varXi^2)\tilde{m}_{2p}\dot{\tilde{m}}_{2p}-Kk_{\alpha1}k^2\tilde{m}_{2p}^2\varXi\dot{\varXi}-K(d_1\dot{\theta}_1^2+d_2\dot{\theta}_2^2)$$

$$=-Kk_{\beta1}H^2-Kk_{\beta2}\dot{e}_1^2+K\tilde{m}_{2p}\left((k_\delta-k_{\alpha1}k^2\varXi^2)\dot{\tilde{m}}_{2p}\right.$$

$$-k(k_{\alpha1}\varXi-k_{\beta1}\dot{\varXi})H+g\dot{e}_1\right)-K(d_1\dot{\theta}_1^2+d_2\dot{\theta}_2^2)$$

式中，利用了 $e_\xi - \hat{e}_\xi = -k\tilde{m}_{2p}\varXi$，$\dot{e}_\xi = H - k\tilde{m}_{2p}\dot{\varXi}$ 的结果（见式（6.63））。进一步将式（6.66）代入上式，可以得到

$$\dot{V}(t) = -Kk_{\beta 1}H^2 - Kk_{\beta 2}\dot{e}_1^2 - K(d_1\dot{\theta}_1^2 + d_2\dot{\theta}_2^2) \leqslant 0 \qquad (6.72)$$

为了证明 $V(t)$ 是非负的，首先需要证明 $\dfrac{km_{11}}{2}\dot{q}_2^{\mathrm{T}}M_{22}\dot{q}_2 - \dfrac{1}{2k}\dot{\varDelta}^2 \geqslant 0$（详见附录 B）。

因为 M 正定对称，可得 $\dfrac{1}{2}\dot{q}^{\mathrm{T}}M\dot{q} \geqslant 0$。此外，不难得出 $\dfrac{km_{11}}{2}\dot{q}_2^{\mathrm{T}}M_{22}\dot{q}_2 - \dfrac{1}{2k}\dot{\varDelta}^2$，$\dfrac{k_{\alpha 2}}{2}e_1^2$，

$\arctan\left(\displaystyle\int_0^t \chi_1\dot{e}_1\mathrm{d}t\right) + \dfrac{\pi}{2}$，$\dfrac{k_{\alpha 1}}{2}e_\xi^2$，$K\big((m_1 + m_2)gl_1(1 - c_1) + m_2gl_2 \cdot (1 - c_2)\big)$ 都是非负的。因此，只需要证明

$$\frac{\lambda e_1^2}{l_1(L - l_1)}, \quad \frac{(k_\delta - k_{\alpha 1}k^2\varXi^2)}{2} > 0$$

根据假设 6.2，有 $0 < l_1(0) < L$，这表示 $l_1(L - l_1), k_\delta - k_{\alpha 1}k^2\varXi^2 \geqslant k_\delta - k_{\alpha 1}k^2(L + l_2)^2$ 的初始值均为非负的（见式（6.67））。因此，可以得出以下结论：

$$0 \leqslant V(0) << +\infty$$

结合式（6.72）中的结论，可以得到

$$V(t) \leqslant V(0) << +\infty, \quad \forall t \geqslant 0 \qquad (6.73)$$

随后将证明吊绳长度始终在 $(0, L)$ 的区间内。从假设 6.2 中可以推断出 $0 < l_1(0) < L$。假设吊绳长度趋向于超过 L，则可以得出结论，必然存在某一时刻使得 $l_1 \to L^-$，这意味着

$$\frac{\lambda e_1^2}{l_1(L - l_1)} \to +\infty \Rightarrow V(t) \to +\infty$$

然而，这与式（6.73）中的结论相矛盾。当 $l_1 \to 0^+$ 时，可以得到类似的结论。因此，可以推断以下性质始终成立：

$$0 < l_1(t) < L \Rightarrow \frac{\lambda e_1^2}{l_1(L - l_1)}, \frac{(k_\delta - k_{\alpha 1}k^2\varXi^2)}{2} > 0 \Rightarrow 0 \leqslant V(t) \leqslant V(0) \quad (6.74)$$

因此，$V(t)$ 始终非负，可以作为李雅普诺夫候选函数。此外，式（6.74）中的结论也表明：

$$\dot{x}, \dot{l}_1(\dot{e}_1), \dot{\theta}_1, \dot{\theta}_2, e_\xi, x, e_1, l_1, \tilde{m}_{2p} \in \mathcal{L}_\infty \qquad (6.75)$$

为了完成定理 6.1 的证明，定义如下集合：

$$\varOmega = \left\{(q, \dot{q}) \,\middle|\, \dot{V}(t) = 0\right\}$$

此外，定义 $\varPhi$ 为 $\varOmega$ 中包含的最大不变集。从式（6.72）中可以得到，在集合 $\varPhi$ 中，有

$$H, \dot{e}_1, \dot{\theta}_1, \dot{\theta}_2 = 0 \Rightarrow \ddot{e}_1(\ddot{l}_1), \dot{l}_1, \ddot{\theta}_1, \ddot{\theta}_2 = 0, \dot{\varXi} = \dot{l}_1s_1 + l_1c_1\dot{\theta}_1 + l_2c_2\dot{\theta}_2 = 0, e_1 = \gamma_1 \quad (6.76)$$

式中，γ_1 为待定常数。结合式（6.76）中 $H, \dot{e}_1 = 0$ 的结论，可以从式（6.66）得出：

$$\dot{\hat{m}}_{2p} = -\dot{\tilde{m}}_{2p} = 0 \Rightarrow \dot{\hat{e}}_{\xi} = H + k\dot{\hat{m}}_{2p}\varXi = 0$$

$$\Rightarrow \hat{e}_{\xi} = \frac{\gamma_2}{K}, F_x = -k_{\alpha 1}\gamma_2 \tag{6.77}$$

式中，γ_2 是常数。然后根据式（6.76）得到

$$\dot{e}_{\xi} = H - k\dot{\tilde{m}}_{2p}\varXi = 0$$

这表明

$$\ddot{e}_{\xi} = \ddot{x} - \ddot{\varDelta} = 0 \tag{6.78}$$

同时，由式（6.53）可推导出

$$m_{11}\ddot{x} + \frac{1}{k}\ddot{\varDelta} = F_x = -k_{\alpha 1}\gamma_2 \tag{6.79}$$

将式（6.78）和式（6.79）中的结果结合起来，得出

$$\left(m_{11} + \frac{1}{k}\right)\ddot{x} = -k_{\alpha 1}\gamma_2 \Rightarrow \ddot{x} = \frac{-k_{\alpha 1}\gamma_2}{m_{11} + \dfrac{1}{k}} \tag{6.80}$$

对式（6.80）两端积分可以得到

$$\dot{x} = \frac{-k_{\alpha 1}\gamma_2}{m_{11} + \dfrac{1}{k}}t + \gamma_3 \tag{6.81}$$

式中，γ_3 是待定的常数。根据式（6.81）可以推导出，如果 $\gamma_2 \neq 0$，那么 $t \to \infty$ 时 $\dot{x} \to \infty$，这显然与式（6.75）中 $\dot{x} \in \mathcal{L}_{\infty}$ 的结论相矛盾。因此，在 $\varPhi$ 中有如下结论成立：

$$\gamma_2 = 0 \Rightarrow \hat{e}_{\xi}, \ddot{x}, \ddot{\varDelta}, F_x = 0 \tag{6.82}$$

此外，$\dot{e}_x = \dot{x} = \gamma_3$ 可以积分如下：

$$e_x = \gamma_3 t + \gamma_4$$

式中，γ_4 也是一个常数。同样，如果 $\gamma_3 \neq 0$，那么 $t \to \infty$ 时 $x \to \infty$，这同样与式（6.75）中的结论 $x \in \mathcal{L}_{\infty}$ 相矛盾，因此得到

$$\dot{x} = \dot{e}_x = \gamma_3 = 0 \tag{6.83}$$

将式（6.76）、式（6.82）和式（6.83）中 $\ddot{x}, \ddot{l}_1, \ddot{\theta}_1, \ddot{\theta}_2, \dot{x}, \dot{l}_1, \dot{\theta}_1, \dot{\theta}_2 = 0$ 的结论代入式（6.55）和式（6.56）中得到

$$(m_1 + m_2)gl_1 s_1 = 0, m_2 gl_2 s_2 = 0 \Rightarrow \theta_1, \theta_2 = 0 \tag{6.84}$$

从式（6.82）中可以推断

$$\hat{e}_{\xi} = e_x - \hat{\lambda}_1 s_1 - \hat{\lambda}_2 s_2 = 0$$

因此，式（6.84）表明

$$e_x = \hat{e}_{\xi} + \hat{\lambda}_1 s_1 + \hat{\lambda}_2 s_2 = 0 \Rightarrow x = x_d \tag{6.85}$$

将式（6.64）和式（6.84）代入式（6.54）中可以得到

$$-(m_1+m_2)g = -k_{\alpha 2}\gamma_1 - (m_1+\hat{m}_2)g - \lambda\frac{(L-2l_1)l_{1d}+Ll_1}{l_1^2(L-l_1)^2}\gamma_1$$

$$\Rightarrow \left(k_{\alpha 2}+\lambda\frac{(L-2l_1)l_{1d}+Ll_1}{l_1^2(L-l_1)^2}\right)\gamma_1 = (m_2-\hat{m}_2)g$$

（6.86）

式中

$$\hat{m}_2 = \hat{m}_{2p}+\hat{m}_{2s} = \hat{m}_{2p}+\frac{k_\gamma\chi_1}{1+\left(\int_0^t\chi_1\dot{e}_1\mathrm{d}t\right)^2}$$

由于 $\dot{\hat{m}}_{2p}=0$（见式（6.77）），可以得出 $\hat{m}_{2p}$ 为一个常数。假设 $e_1=\gamma_1\neq0$，可以推导出 $\chi_1=\int_0^t e_1\mathrm{d}t\to\infty$。此外，$\int_0^t\chi_1\dot{e}_1\mathrm{d}t=\int_0^t\chi_1\cdot0\mathrm{d}t=\gamma_5$，其中 γ_5 也为常数。由此得出以下结论：

$$\frac{k_\gamma\chi_1}{1+\left(\int_0^t\chi_1\dot{e}_1\mathrm{d}t\right)^2}\to\infty \Rightarrow \hat{m}_2\to\infty$$

这显然与式（6.86）相矛盾。因此，可以得出

$$e_1=\gamma_1=0 \qquad (6.87)$$

将这一结果代入式（6.86），得出如下结论：

$$(m_2-\hat{m}_2)g=0 \Rightarrow \hat{m}_2=m_2 \qquad (6.88)$$

这意味着通过该算法可以精确地识别负载质量。

综合式（6.76），式（6.83）～式（6.85）及式（6.87）中的结论，最大不变集中只包含期望平衡点。因此，根据拉塞尔不变性原理，闭环系统在期望平衡点处渐近稳定。

6.4.3 实验结果

本节将进行硬件实验来验证所提方法的性能。

自建的 DPOC 实验台如图 6.13 所示。从图中可以看出，为了更好地获得二级摆动 $\theta_2(t)$，采用了便于编码器固定的钢板与负载相连。因为该"吊钩"的尺寸很大，所以它需要由两条相互平行的吊绳共同吊起。两根吊绳分别连接到两个台车上，台车下方固定编码器，实时检测一级摆动 $\theta_1(t)$。需要指出的是，这两辆台车连接在一起，仅由一个电机驱动。因此，在实验中，它们实际上可以等效为一个更大的台车。在实验中，两根吊绳具有相同的摆动幅度。换言之，仅需测量其中一个的摆动运动，然后把它看作 θ_1 即可。

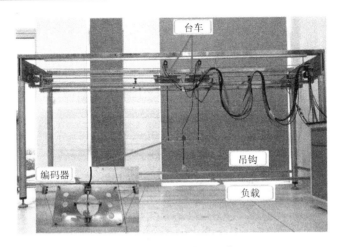

图 6.13　DPOC 实验平台

实验台的系统参数配置如下：

$$m = 9.20\text{kg}, \quad m_1 = 2.0\text{kg}, \quad m_2 = 1.0\text{kg}, \quad l_2 = 0.25\text{m}$$

除非另有说明，否则状态变量的初始值设置为

$$x(0) = 0\text{m}, \quad l_1(0) = 0.4\text{m}, \quad \theta_1(0) = \theta_2(0) = 0°$$

此外，台车位移和吊绳长度的期望值设置为

$$x_d = 2\text{m}, \quad l_{1d} = 1\text{m}$$

所提出方法的控制增益如下所示：

$$k_{\alpha 1} = 10.6, \quad k_{\beta 1} = 21.2, \quad k_{\alpha 2} = 70, \quad k_{\beta 2} = 120$$
$$k_\delta = 50, \quad k = 0.15, \quad k_r = 10, \quad \lambda = 0.01, \quad L = 2$$

值得指出的是，在本节所有实验中均假设负载质量未知，并将其标称值确定为 2kg（实际值为 1kg）。相应地，$\hat{m}_{2p}, \hat{m}_{2s}$ 初始设置为

$$\hat{m}_{2p}(0) = 2\text{kg}, \quad \hat{m}_{2s}(0) = 0\text{kg}$$

为了全面验证所提方法的可行性和有效性，进行了两组实验测试。具体来说，首先与现有的一些方法进行了比较，来验证所提方法的性能。在此基础上，进一步验证了所提方法对各种干扰的鲁棒性。

在第一组实验中，将所提方法与文献[14]中的滑模控制器和文献[20]中的饱和控制方法进行了性能比较。具体地说，滑模控制器的控制增益被精心调节为 $\lambda = 0.4$，$\alpha = 1$，$\beta = -0.5$，$k = 20$，饱和控制方法的控制增益则设置为 $k_p = 40$，$k_d = 80$，$\alpha = -1$。值得注意的是，上述两种对比方法都没有考虑吊绳长度的变化。为了便于比较，实验中采用 PD 控制器实现负载升降运动，即

$$F_l = -70e_1 - 150\dot{e}_1 - (m_1 + m_2)g$$

第一组实验结果记录在图6.14、图6.15和表6.2中。从图6.14可以看出，本节方法可以将负载精确地运送到指定位置，而对比方法在定位方面表现较差。具体来说，滑模控制器和饱和控制方法在垂直方向上的定位误差分别为5.0cm和3.4cm（见表6.2）。通过进一步的观察发现，本节方法在抑制摆动方面要优于对比方法。具体地说，通过引入更多的摆动反馈，所提方法成功地将吊钩摆动抑制在3.9°以内，同时负载摆动被抑制在3.47°以内，并且没有明显的残余摆动。然而，对于滑模控制器，在运输过程中存在相当大的负载摆动，甚至在台车停止后仍然有较大的残余摆动（见表6.2）。关于文献[20]中的饱和控制方法，尽管它也将摆动相关信息融入到控制输入中，但其要求负载质量必须非常精确。因此，当负载质量不确定时，控制性能可能会下降。实验中，负载质量的标称值为2kg，实际值为1kg。在这样的情况下，吊钩的摆动幅度达到5.00°，负载的摆动幅度达到5.43°。此外，还存在明显的剩余摆动。从图6.15可以看出，本节所提出的自适应律可以精确地识别负载质量，这有助于减小定位误差，增强鲁棒性。

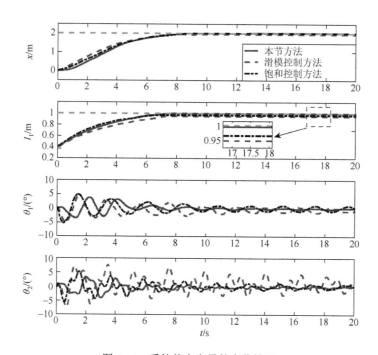

图6.14 系统状态变量的变化情况

实线：本节方法实验结果；虚线：滑模控制器实验结果；点划线：饱和控制器实验结果；
水平虚线：系统状态期望值

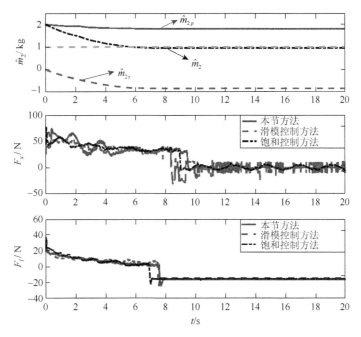

图 6.15　负载质量估计及控制输入曲线

实线：本节方法实验结果；虚线：滑模控制器实验结果；点划线：饱和控制器实验结果；
水平虚线：真实负载质量

表 6.2　几种方法的效果对比

所用方法	θ_{1max} /(°)	θ_{2max} /(°)	θ_{1res} /(°)	θ_{2res} /(°)	e_{1f} /m
所提出方法	3.90	3.47	0.14	0.32	0.003
滑模控制方法	4.90	7.45	1.42	4.75	0.050
饱和控制方法	5.00	5.43	1.04	1.21	0.034

　　为了测试本节方法对各种干扰的鲁棒性,进一步进行了以下三种情况的实验。

　　情形 1：参数不确定性。系统参数的标称值更改为 $m = 10.0\text{kg}, l_2 = 0.2\text{m}$ ，而实际值仍为 $m = 9.2\text{kg}, l_2 = 0.25\text{m}$ 。

　　情形 2：非零初始条件。在吊钩和负载上施加初始摆动干扰。

　　情形 3：外部干扰。在大约 17s 时对负载施加突然的扰动。

　　第二组实验结果记录在图 6.16～图 6.18 中。从图 6.16 可以清楚地看到,即使存在一些参数不确定性,本节方法仍然能够保证负载精准到位并消除吊钩/负载摆动。此外,从图 6.17 可以得出结论,本节方法对初始摆动扰动不敏感。最后,对于图 6.18 中的突然外部扰动,台车对其响应迅速,所引起的吊钩/负载摆动被有效地减弱,并在大约 5 s 内最终消除。因此,可以得出结论,本节方法对各种干扰具有很强的鲁棒性。

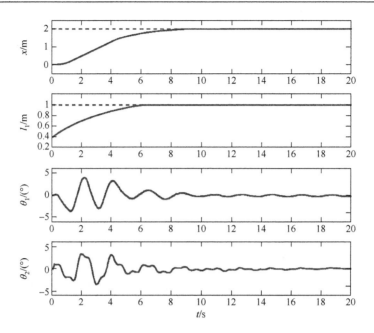

图 6.16 存在参数不确定性时的实验结果

实线：本节方法实验结果；水平虚线：系统状态期望值

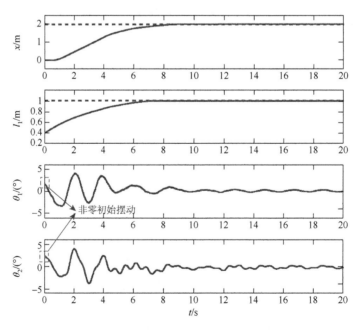

图 6.17 存在非零初始摆动时的实验结果

实线：本节方法实验结果；水平虚线：系统状态期望值

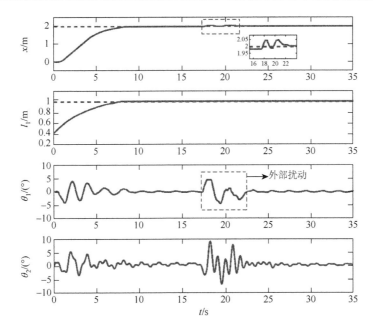

图 6.18　存在外部扰动时的实验结果

实线：本节方法实验结果；水平虚线：系统状态期望值

6.5　本　章　小　结

　　本章针对双摆桥式吊车，首先在绳长不变的前提下提出了两种时间最优轨迹规划方法，可以处理一系列物理约束，极大地提高了系统的工作效率。在此基础上，为了提高控制性能和鲁棒性，进一步提出了一种考虑负载升降的增强耦合控制器，并实现了未知负载质量的在线辨识。经过李雅普诺夫方法和拉塞尔不变性原理的严格证明，系统在期望平衡点处渐近稳定。大量的实验结果也验证了本章所提方法的有效性。

参 考 文 献

[1]　Sun N，Fang Y，Zhang X，et al. Transportation task-oriented trajectory planning for underactuated overhead cranes using geometric analysis. IET Control Theory & Applications，2012，6（10）：1410-1423.

[2]　Sun N，Fang Y，Zhang Y，et al. A novel kinematic coupling-based trajectory planning method for overhead cranes. IEEE/ASME Transactions on Mechatronics，2012，17（1）：166-173.

[3]　Chen H，Fang Y，Sun N. Optimal trajectory planning and tracking control method for overhead cranes. IET Control Theory & Applications，2016，10（6）：692-699.

[4]　Wu Z，Xia X. Optimal motion planning for overhead cranes. IET Control Theory & Applications，2014，8（17）：1833-1842.

[5]   Blackburn D，Singhose W，Kitchen J，et al. Command shaping for nonlinear crane dynamics. Journal of Vibration and Control，2010，16（4）：477-501.

[6]   Yang J H，Yang K S. Adaptive coupling control for overhead crane systems. Mechatronics，2007，17（2/3）：143-152.

[7]   Yang J H，Shen S H. Novel approach for adaptive tracking control of a 3-D overhead crane system. Journal of Intelligent & Robotic Systems，2011，62（1）：59-80.

[8]   向博，高丙团，张晓华. 桥式吊车的滑模变结构控制. 控制工程，2006，13（5）：426-428.

[9]   Almutairi N B，Zribi M. Sliding mode control of a three-dimensional overhead crane. Journal of Vibration and Control，2009，15（11）：1679-1730.

[10] Sun N，Fang Y，Chen H. A new antiswing control method for underactuated cranes with unmodeled uncertainties：Theoretical design and hardware experiments. IEEE Transactions on Industrial Electronics，2015，62（1）：453-465.

[11] Tuan L A，Lee S G，Dang V H，et al. Partial feedback linearization control of a three-dimensional overhead crane. International Journal of Control，Automation and Systems，2013，11（4）：718-727.

[12] Le T A，Kim G H，Kim M Y，et al. Partial feedback linearization control of overhead cranes with varying cable lengths. International Journal of Precision Engineering and Manufacturing，2012，13（4）：501-507.

[13] Singhose W，Kim D，Kenison M. Input shaping control of double-pendulum bridge crane oscillations. Journal of Dynamic Systems，Measurement，and Control，2008，130（3）：034504.

[14] Tuan L A，Lee S G. Sliding mode controls of double-pendulum crane systems. Journal of Mechanical Science and Technology，2013，27（6）：1863-1873.

[15] Zhang M，Ma X，Rong X，et al. Adaptive tracking control for double-pendulum overhead cranes subject to tracking error limitation，parametric uncertainties and external disturbances. Mechanical Systems and Signal Processing，2016，76（77）：15-32.

[16] Sun N，Fang Y，Wu Y，et al. Adaptive positioning and swing suppression control of underactuated cranes exhibiting double-pendulum dynamics：Theory and experimentation. IEEE 31st Annual Conference of Chinese Association of Automation，Wuhan，2017：87-92.

[17] Adeli M，Zarabadi S，Zarabadipour H，et al. Design of a parallel distributed fuzzy LQR controller for double-pendulum-type overhead cranes. IEEE International Conference on Control System，Computing and Engineering，Penang，2012：62-67.

[18] Qian D，Tong S，Lee S G. Fuzzy-logic-based control of payloads subjected to double-pendulum motion in overhead cranes. Automation in Construction，2016，65：133-143.

[19] Liu D，Guo W，Yi J. Dynamics and ga-based stable control for a class of underactuated mechanical systems. International Journal of Control Automation and Systems，2008，6（1）：35-43.

[20] Sun N，Fang Y，Chen H，et al. Amplitude-saturated nonlinear output feedback antiswing control for underactuated cranes with double-pendulum cargo dynamics. IEEE Transactions on Industrial Electronics，2017，64（3）：2135-2146.

[21] Rouchon P，Fliess M，Lévine J，et al. Flatness，motion planning and trailer systems. Proceedings of the 32nd IEEE Conference on Decision and Control，San Antonio，1993：2700-2705.

[22] Uchiyama N，Ouyang H，Sano S. Simple rotary crane dynamics modeling and open-loop control for residual load sway suppression by only horizontal boom motion. Mechatronics，2013，23（8）：1223-1236.

[23] Sorensen K，Singhose W. Command-induced vibration analysis using input shaping principles. Automatica，2008，

44（9）：2392-2397.

[24]　Xie X，Huang J，Liang Z. Vibration reduction for flexible systems by command smoothing. Mechanical Systems and Signal Processing，2013，39（1/2）：461-470.

[25]　郭卫平，刘殿通. 二级摆型吊车系统动态及基于无源的控制. 系统仿真学报，2008，20（18）：4945-4948.

[26]　Sun N，Fang Y. An efficient online trajectory generating method for underactuated crane systems. International Journal of Robust and Nonlinear Control，2014，24（11）：1653-1663.

[27]　Garg D，Patterson M，Hager W W，et al. A unified framework for the numerical solution of optimal control problems using pseudospectral methods. Automatica，2010，46（11）：1843-1851.

[28]　Gill P E，Murray W，Saunders M A. SNOPT：An SQP algorithm for largescale constrained optimization. SIAM Review，2005，47：99-131.

附录 A　证明 $m_{11}\ddot{x} + \dfrac{\ddot{\Delta}}{k} = F_x$

将 Δ 关于时间进行二次求导得到

$$\ddot{\Delta} = k\Big((m_1 + m_2)\sin\theta_1 \ddot{l}_1 + (m_1 + m_2)l_1\ddot{\theta}_1 \cos\theta_1 + m_2 l_2 \ddot{\theta}_2 \cos\theta_2$$
$$+ 2(m_1 + m_2)\dot{\theta}_1 \dot{l}_1 \cos\theta_1 - (m_1 + m_2)l_1\dot{\theta}_1^2 \sin\theta_1 - m_2 l_2 \dot{\theta}_2^2 \sin\theta_2 \Big)$$

因为 $m_{11} = m + m_1 + m_2$，结合式（6.53），可以得到

$$m_{11}\ddot{x} + \frac{\ddot{\Delta}}{k} = F_x$$

附录 B　证明 $\dfrac{km_{11}}{2}\dot{q}_2^{\mathrm{T}} M_{22}\dot{q}_2 - \dfrac{1}{2k}\dot{\Delta}^2 \geqslant 0$

将 $\dot{q}_2^{\mathrm{T}} M_{22}\dot{q}_2$ 展开可以得到

$$\dot{q}_2^{\mathrm{T}} M_{22}\dot{q}_2 = (m_1 + m_2)\dot{l}_1^2 + (m_1 + m_2)l_1^2\dot{\theta}_1^2 + m_2 l_2^2\dot{\theta}_2^2 + 2m_2 l_2 s_{1-2}\dot{\theta}_2\dot{l}_1 + 2m_2 l_1 l_2 c_{1-2}\dot{\theta}_1\dot{\theta}_2$$

另外，将 Δ 关于时间进行求导得到

$$\dot{\Delta} = k\Big((m_1 + m_2)(\dot{l}_1 s_1 + l_1 c_1 \dot{\theta}_1) + m_2 l_2 c_2 \dot{\theta}_2 \Big)$$

因为 M 是正定的，那么 M_{22} 也是正定的，这意味着 $\dot{q}_2^{\mathrm{T}} M_{22}\dot{q}_2 \geqslant 0$。此外，注意到 $k > 0$ 且 m, m_1, m_2 都是正数，可以得出以下推论：

$$\frac{km_{11}}{2}\dot{q}_2^{\mathrm{T}}M_{22}\dot{q}_2 - \frac{1}{2k}\dot{\Delta}^2$$

$$\geqslant \frac{k(m_1+m_2)}{2}\dot{q}_2^{\mathrm{T}}M_{22}\dot{q}_2 - \frac{1}{2k}\dot{\Delta}^2$$

$$= \frac{k}{2}\Big((m_1+m_2)^2\dot{l}_1^2c_1^2 + (m_1+m_2)^2l_1^2s_1^2\dot{\theta}_1^2 + m_2^2s_2^2l_2^2\dot{\theta}_2^2 - 2m_2(m_1+m_2)l_2s_2c_1\dot{\theta}_2\dot{l}_1$$

$$+ 2m_2(m_1+m_2)l_1l_2s_1s_2\dot{\theta}_1\dot{\theta}_2 - 2(m_1+m_2)^2l_1s_1c_1\dot{\theta}_1\dot{l}_1 + m_1m_2l_2^2\dot{\theta}_2^2\Big)$$

$$= \frac{k}{2}\Big((m_1+m_2)\dot{l}_1c_1 - (m_1+m_2)l_1s_1\dot{\theta}_1 - m_2s_2l_2\dot{\theta}_2\Big)^2 + \frac{k}{2}m_1m_2l_2^2\dot{\theta}_2^2 \geqslant 0$$

至此，证明结束。

第7章　多吊绳及双吊车协作控制

7.1　引　　言

对于普通桥式吊车系统，经过数十年的努力，其自动控制问题的研究取得了很大的进展。现有文献中已经发表了大量的结果，包括开环方法和闭环方法，并且证明了它们在桥式吊车控制方面非常有效。但仍有许多问题有待进一步研究。特别是随着生产力的发展，对吊车运输能力的要求不断提高。在许多情况下，货物可能太大太重，这超出了单组吊绳或者单个吊车的能力。因此，厂家通常需要使用多组吊绳或者多个吊车来协同运送一个大型/重型货物。

然而到目前为止，已知文献中还很少有关于多绳吊车的精确模型，现有的多绳吊车的成果通常是基于线性化或近似方法。在文献[1]中，多绳集装箱吊车被简单地视为单绳吊车，这也是当前研究多绳吊车的主流方法，尽管这种简化没有理论保证。文献[2]，通过将集装箱吊车悬挂机构简化为倒三角形式，提出了一种具有模糊不确定性补偿的防摆控制方案。基于更精确模型的控制器设计通常能改善控制效果的思想，文献[3]提出了一个更精确的多绳吊车双摆模型，并在此基础上进一步构造了延迟反馈控制器。但是这些结果仍然是基于一系列的线性化，降低了模型的精度，导致控制效果无法达到预期。

对于双吊车系统，其典型作业场景至少需要三个人，即两个人操作吊车，第三个人负责协调操作人员以避免可能的风险，这造成了人力资源的极大浪费。此外，由于工业现场的噪声等诸多实际原因，操作者之间往往难以进行交流。因此，双桥式吊车的工作效率通常远低于预期。在某些极端情况下，甚至可能因协调失误而发生致命事故。近年来，人们对双桥式吊车系统的研究越来越感兴趣[4-6]。但双桥式吊车系统的研究目前仍然面临许多其他挑战，如协调问题、完整约束等。此外，复杂的动力学特性也使得双桥式吊车系统的控制器开发和稳定性分析变得非常困难。在文献[7]中，通过详细研究多台吊车运行的动态响应，开发了一个仿真程序，并通过与实测数据的比较，验证了该程序的有效性。然而，该文献未能提供一种有效的双桥式吊车控制方法。为了避免烦琐的数学分析和方便应用，文献[8]、[9]将双吊车系统简化为两个单吊车来控制，并设计了多种输入整形器。然而，这种处理方法忽略了两台吊车之间的相互作用，往往导致瞬态控制性能不理想。另外，与其他开环策略类似，输入整形器通常对外部干扰和系统不确定性的鲁棒性较差。最后，它们很难处理初始摆动扰动，这也是实际应用中的一个缺点。文献[10]中详细考虑了双吊车协同起重问题，其目的是在多个约束条件下自动生成最优搬运路径。该方法考虑了系统的动态特性，对干扰具有较强的鲁棒性。类似的结果也可以在文献[11]中找到。然而，这些工作只研究负载的提升运动，而没有讨论负载运输过程。除了上述关于双桥式吊车的工作外，文献[12]~[14]中还对双悬臂吊车和移动式吊车等进行了广泛的研究。

为了推动相关的研究进展，本章将首先针对多绳吊车系统展开分析，通过引入隐函数的方式处理系统中存在的完整约束，并以此为基础进行准确建模。在7.3节和7.4节中，将进一步研究双桥式吊车的控制问题，并通过大量实验对所提出的方法进行有效性验证。

7.2 多绳吊车控制

7.2.1 多绳吊车系统介绍

图 7.1 所示为集装箱吊车示意图。和一般的吊车不同，它采用多组吊绳来共同悬挂负载，以此达到更好的承重能力和稳定效果。吊绳的长度为l，其在台车上的距离为$2d$，在负载上的距离为$2a$，一般情况下满足$d>a$的条件。负载质心P到直线AB间的距离为b，A和B为吊绳在负载上的两个吊点。为了准确描述负载的运动状况，引入了三个角度变量。具体来说，$\theta_1(t)$和$\theta_2(t)$分别表示两个

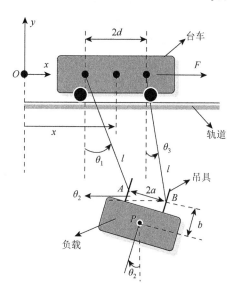

图 7.1 集装箱吊车示意图

吊绳与竖直方向的夹角，$\theta_3(t)$ 表示负载的倾角。台车的质量为 m_t，在驱动力 $F(t)$ 的作用下向前行进，前进距离为 x。负载的质量用 m 表示。

从图 7.1 可以清楚地看出，系统具有以下几何约束：

$$l\sin\theta_1 - l\sin\theta_2 + 2a\cos\theta_3 - 2d = 0 \tag{7.1}$$

$$l\cos\theta_1 - l\cos\theta_2 + 2a\sin\theta_3 = 0 \tag{7.2}$$

根据式（7.1）和式（7.2）可得，$\theta_1(t)$，$\theta_2(t)$，$\theta_3(t)$ 中只有一个是独立的。一般的处理方式为对其进行线性化等近似处理。例如，假设两个吊绳平行，那么有 $\theta_1 \approx \theta_2, \theta_3 = 0$。但是这种处理方式是非常粗放的，以此为基础建立数学模型的准确性将大幅降低。相应地，根据近似模型设计的控制器性能也无法得到充分保障。为了解决这个问题，提出了一种新型的模型建立方案。具体来说，假设角度变量之一的 $\theta_1(t)$ 是独立变量，$\theta_2(t), \theta_3(t)$ 是独立变量 $\theta_1(t)$ 的隐函数，即

$$\theta_2 = g(\theta_1), \quad \theta_3 = h(\theta_1) \quad \Rightarrow \quad \dot\theta_2 = g_1\dot\theta_1, \quad \dot\theta_3 = h_1\dot\theta_1 \tag{7.3}$$

式中，g_1, h_1 分别表示 $\theta_2(t), \theta_3(t)$ 对于 $\theta_1(t)$ 的偏导数。尽管 $g(\theta_1)$ 与 $h(\theta_1)$ 都是未知函数，但这并不影响接下来的分析。对式（7.1）和式（7.2）关于 $\theta_1(t)$ 求偏导，可得如下方程：

$$\begin{cases} l\cos\theta_1 - l\cos\theta_2 \cdot g_1 - 2a\sin\theta_3 \cdot h_1 = 0 \\ -l\sin\theta_1 + l\sin\theta_2 \cdot g_1 + 2a\cos\theta_3 \cdot h_1 = 0 \end{cases} \tag{7.4}$$

求解上述关于 g_1, h_1 的方程组可得

$$g_1 = \frac{\cos(\theta_1 + \theta_3)}{\cos(\theta_2 + \theta_3)}, \quad h_1 = \frac{l\sin(\theta_1 - \theta_2)}{2a\cos(\theta_2 + \theta_3)} \tag{7.5}$$

由于多绳吊车的对称性，负载最终将在中间停止。因此，可以得出结论，在系统的期望平衡点，状态变量将取以下值：

$$x = x_d, \quad \theta_1 = \arcsin\left(\frac{d-a}{l}\right) = -\theta_3, \quad \theta_2 = 0°, \quad \dot x = \dot\theta_1 = \dot\theta_2 = \dot\theta_3 = 0 \tag{7.6}$$

式中，x_d 代表台车的期望位置。

在进行后续分析之前，做出以下合理假设：负载摆角均有界，具体来说：

$$-\frac{\pi}{2} < \theta_1, \theta_2, \theta_3, (\theta_1 + \theta_2), (\theta_2 + \theta_3) < \frac{\pi}{2} \tag{7.7}$$

为了便于描述，下面采用如下简写方式：

$$S_i = \sin\theta_i, \quad C_i = \cos\theta_i, \quad S_{i\pm j} = \sin(\theta_i \pm \theta_j)$$

$$C_{i\pm j} = \cos(\theta_i \pm \theta_j), \quad i, j = 1, 2, 3 (i \neq j)$$

7.2.2 模型建立与分析

针对带有完整约束的集装箱吊车系统，利用如下拉格朗日方程建立其准确数学模型：

$$\frac{\mathrm{d}}{\mathrm{d}t}\left(\frac{\partial L}{\partial \dot{q}_k}\right) - \frac{\partial L}{\partial q_k} = Q_k \tag{7.8}$$

式中，$L(t) = T(t) - U(t)$ 代表拉格朗日算子，其中 $T(t), U(t)$ 分别表示系统动能与势能；q_k 与 $Q_k (k=1,2)$ 为系统状态与广义力。经过大量计算，得到了 $T(t)$ 的具体表达式如下：

$$T = \frac{1}{2}(m_t + m)\dot{x}^2 + \frac{1}{8}ml^2\dot{\theta}_1^2 + \frac{1}{8}ml^2\dot{\theta}_2^2 + \frac{1}{2}mb^2\dot{\theta}_3^2 + \frac{1}{4}ml^2C_{1-2}\dot{\theta}_1\dot{\theta}_2$$

$$- \frac{1}{2}mblC_{1+3}\dot{\theta}_1\dot{\theta}_3 - mbC_3\dot{\theta}_3\dot{x} - \frac{1}{2}mblC_{2+3}\dot{\theta}_2\dot{\theta}_3 + \frac{1}{2}mlC_1\dot{\theta}_1\dot{x} + \frac{1}{2}mlC_2\dot{\theta}_2\dot{x}$$

另外，系统势能可表示为

$$U = mg\left(\frac{l}{2}(1-C_1) + \frac{l}{2}(1-C_2) + b(1-C_3)\right)$$

综上，拉格朗日函数 $L(t) = T(t) - U(t)$ 是一个多变量复合函数。如果集装箱吊车系统不存在完整约束，那么可以非常方便地计算出下列函数：

$$\begin{cases} A_1 = \dfrac{\mathrm{d}}{\mathrm{d}t}\left(\dfrac{\partial L}{\partial \dot{x}}\right) - \dfrac{\partial L}{\partial x} = \dfrac{\mathrm{d}}{\mathrm{d}t}\left(\dfrac{\partial f}{\partial \dot{x}}\right) - \dfrac{\partial f}{\partial x} \\[2mm] A_2 = \dfrac{\mathrm{d}}{\mathrm{d}t}\left(\dfrac{\partial L}{\partial \dot{\theta}_1}\right) - \dfrac{\partial L}{\partial \theta_1} = \dfrac{\mathrm{d}}{\mathrm{d}t}\left(\dfrac{\partial f}{\partial \dot{\theta}_1}\right) - \dfrac{\partial f}{\partial \theta_1} \\[2mm] A_3 = \dfrac{\mathrm{d}}{\mathrm{d}t}\left(\dfrac{\partial L}{\partial \dot{\theta}_2}\right) - \dfrac{\partial L}{\partial \theta_2} = \dfrac{\mathrm{d}}{\mathrm{d}t}\left(\dfrac{\partial f}{\partial \dot{\theta}_2}\right) - \dfrac{\partial f}{\partial \theta_2} \\[2mm] A_4 = \dfrac{\mathrm{d}}{\mathrm{d}t}\left(\dfrac{\partial L}{\partial \dot{\theta}_3}\right) - \dfrac{\partial L}{\partial \theta_3} = \dfrac{\mathrm{d}}{\mathrm{d}t}\left(\dfrac{\partial f}{\partial \dot{\theta}_3}\right) - \dfrac{\partial f}{\partial \theta_3} \end{cases} \tag{7.9}$$

从而系统的动力学方程可表示为

$$A_1 = (m_t + m)\ddot{x} + \frac{1}{2}mlC_1\ddot{\theta}_1 + \frac{1}{2}mlC_2\ddot{\theta}_2 - mbC_3\ddot{\theta}_3 - \frac{1}{2}mlS_1\dot{\theta}_1^2 - \frac{1}{2}mlS_2\dot{\theta}_2^2$$

$$+ mbS_3\dot{\theta}_3^2 = F$$

$$A_2 = \frac{1}{2}mlC_1\ddot{x} + \frac{1}{4}ml^2\ddot{\theta}_1 + \frac{1}{4}ml^2C_{1-2}\ddot{\theta}_2 - \frac{1}{2}mblC_{1+3}\ddot{\theta}_3 + \frac{1}{4}ml^2S_{1-2}\dot{\theta}_2^2$$

$$+ \frac{1}{2}mblS_{1+3}\dot{\theta}_3^2 + \frac{1}{2}mglS_1 = 0$$

$$A_3 = \frac{1}{2}mlC_2\ddot{x} + \frac{1}{4}ml^2C_{1-2}\ddot{\theta}_1 + \frac{1}{4}ml^2\ddot{\theta}_2 - \frac{1}{2}mblC_{2+3}\ddot{\theta}_3 - \frac{1}{4}ml^2S_{1-2}\dot{\theta}_1^2$$

$$+ \frac{1}{2}mblS_{2+3}\dot{\theta}_3^2 + \frac{1}{2}mglS_2 = 0$$

$$A_4 = -mbC_3\ddot{x} - \frac{1}{2}mblC_{1+3}\ddot{\theta}_1 - \frac{1}{2}mblC_{2+3}\ddot{\theta}_2 + mb^2\ddot{\theta}_3 + \frac{1}{2}mblS_{1+3}\dot{\theta}_1^2$$

$$+ \frac{1}{2}mblS_{2+3}\dot{\theta}_2^2 + mgbS_3 = 0$$

将其整理为矩阵形式如下：

$$M_1(q_1)\ddot{q}_1 + C_1(q_1,\dot{q}_1)\dot{q}_1 + G_1(q_1) = u_1$$

式中，$q_1(t) = [x(t)\ \theta_1(t)\ \theta_2(t)\ \theta_3(t)]^{\mathrm{T}}$ 为广义状态向量；而 M_1, C_1, G_1, u_1 的具体形式如下：

$$
\left\{
\begin{aligned}
&G_1 = \begin{bmatrix} 0 \\ \dfrac{1}{2}mglS_1 \\ \dfrac{1}{2}mglS_2 \\ mgbS_3 \end{bmatrix},\quad
M_1 = \begin{bmatrix}
m_t + m & \dfrac{1}{2}mlC_1 & \dfrac{1}{2}mlC_2 & -mbC_3 \\[2mm]
\dfrac{1}{2}mlC_1 & \dfrac{1}{4}ml^2 & \dfrac{1}{4}ml^2C_{1-2} & -\dfrac{1}{2}mblC_{1+3} \\[2mm]
\dfrac{1}{2}mlC_2 & \dfrac{1}{4}ml^2C_{1-2} & \dfrac{1}{4}ml^2 & -\dfrac{1}{2}mblC_{2+3} \\[2mm]
-mbC_3 & -\dfrac{1}{2}mblC_{1+3} & -\dfrac{1}{2}mblC_{2+3} & mb^2
\end{bmatrix} \\[4mm]
&u_1 = \begin{bmatrix} F \\ 0 \\ 0 \\ 0 \end{bmatrix},\quad
C_1 = \begin{bmatrix}
0 & -\dfrac{1}{2}mlS_1\dot{\theta}_1 & -\dfrac{1}{2}mlS_2\dot{\theta}_2 & mbS_3\dot{\theta}_3 \\[2mm]
0 & 0 & \dfrac{1}{4}ml^2S_{1-2}\dot{\theta}_2 & \dfrac{1}{2}mblS_{1+3}\dot{\theta}_3 \\[2mm]
0 & -\dfrac{1}{4}ml^2S_{1-2}\dot{\theta}_1 & 0 & \dfrac{1}{2}mblS_{2+3}\dot{\theta}_3 \\[2mm]
0 & \dfrac{1}{2}mblS_{1+3}\dot{\theta}_1 & \dfrac{1}{2}mblS_{2+3}\dot{\theta}_2 & 0
\end{bmatrix}
\end{aligned}
\right.
$$

$$(7.10)$$

到此为止，传统意义上的欠驱动系统模型已经建立，它同样满足很多固有性质，如 $M_1(q)$ 正定对称，并且

$$x_1^{\mathrm{T}}\left(\frac{1}{2}\dot{M}_1(q) - C_1(q_1,\dot{q}_1)\right)x_1 = 0,\quad \forall x_1 \in R^4$$

然而，实际上只有 $x(t)$ 和 $\theta_1(t)$ 是独立的，上述建立的模型并没有反映出集装箱吊车的真实动力学特性。根据式（7.3）~式（7.5）的条件，将 $L(t)$ 对独立变量 $x(t), \theta_1(t), \dot{x}(t), \dot{\theta}_1(t)$ 的偏导数求解如下：

$$\frac{\partial L}{\partial \dot{x}} = \frac{\partial f}{\partial \dot{x}}, \quad \frac{\partial L}{\partial x} = \frac{\partial f}{\partial x}, \quad \frac{\partial L}{\partial \dot{\theta}_1} = \frac{\partial f}{\partial \dot{\theta}_1} + \frac{\partial f}{\partial \dot{\theta}_2}\frac{\partial \dot{\theta}_2}{\partial \dot{\theta}_1} + \frac{\partial f}{\partial \dot{\theta}_3}\frac{\partial \dot{\theta}_3}{\partial \dot{\theta}_1}$$

$$\frac{\partial L}{\partial \theta_1} = \frac{\partial f}{\partial \theta_1} + \frac{\partial f}{\partial \theta_2}\frac{\mathrm{d}\theta_2}{\mathrm{d}\theta_1} + \frac{\partial f}{\partial \theta_3}\frac{\mathrm{d}\theta_3}{\mathrm{d}\theta_1} + \frac{\partial f}{\partial \dot{\theta}_2}\frac{\partial \dot{\theta}_2}{\partial \theta_1} + \frac{\partial f}{\partial \dot{\theta}_3}\frac{\partial \dot{\theta}_3}{\partial \theta_1}$$

（7.11）

由式（7.3）可得 $\dfrac{\partial \dot{\theta}_2}{\partial \dot{\theta}_1} = \dfrac{\mathrm{d}\theta_2}{\mathrm{d}\theta_1} = g_1$，$\dfrac{\partial \dot{\theta}_3}{\partial \dot{\theta}_1} = \dfrac{\mathrm{d}\theta_3}{\mathrm{d}\theta_1} = h_1$。将上述结果代入式（7.11）并整理可得

$$\frac{\mathrm{d}}{\mathrm{d}t}\left(\frac{\partial L}{\partial \dot{x}}\right) - \frac{\partial L}{\partial x} = A_1, \quad \frac{\mathrm{d}}{\mathrm{d}t}\left(\frac{\partial L}{\partial \dot{\theta}_1}\right) - \frac{\partial L}{\partial \theta_1} = A_2 + g_1 A_3 + h_1 A_4$$

那么集装箱吊车的模型可最终建立为

$$A_1 = F, \quad A_2 + g_1 A_3 + h_1 A_4 = 0$$

将其转化为矩阵形式即为

$$N^{\mathrm{T}} M_1(q_1)\ddot{q}_1 + N^{\mathrm{T}} C(q_1,\dot{q}_1)\dot{q}_1 + N^{\mathrm{T}} G(q_1) = N^{\mathrm{T}} u_1 \qquad （7.12）$$

式中

$$N = \begin{bmatrix} 1 & 0 \\ 0 & 1 \\ 0 & g_1 \\ 0 & h_1 \end{bmatrix}$$

上述模型仍采用 q_1 作为状态，其中包含非独立变量，并且式（7.12）的形式也不符合欠驱动系统模型的常见形式。为了解决这个问题，拟通过如下关系用 q 代替 q_1：

$$\dot{q}_1 = N\dot{q} \Rightarrow \ddot{q}_1 = N\ddot{q} + \dot{N}\dot{q}$$

将上述结果代入式（7.12）可最终得到

$$M(q)\ddot{q} + C(q,\dot{q})\dot{q} + G(q) = u \qquad （7.13）$$

式中，$M(q), C(q,\dot{q}), G(q)$ 和 u 分别表示为

$$M(q) = N^{\mathrm{T}} M_1 N, \quad C(q,\dot{q}) = N^{\mathrm{T}} M_1 \dot{N} + N^{\mathrm{T}} C_1 N, \quad G(q) = N^{\mathrm{T}} G_1, \quad u = N^{\mathrm{T}} u_1 \qquad （7.14）$$

综上，本小节通过对完整约束（7.1）和（7.2）的妥善处理，在不做近似的情况下准确地描述了集装箱吊车的真实动力学特性，极大地方便了后续相关研究的开展。此外，因为模型的准确性提高，基于式（7.13）设计的控制器也将具有更加可靠的性能。

7.2.3　控制器设计与稳定性分析

本小节详细介绍控制器的设计过程，并利用李雅普诺夫方法和拉塞尔不变性原理证明了闭环系统的平衡点是渐近稳定的。

多绳吊车系统的机械能可表示为

$$E = \frac{1}{2}\dot{q}^{\mathrm{T}}M(q)\dot{q} + mg\left(\frac{l}{2}(1-C_1) + \frac{l}{2}(1-C_3) + b(1-C_2)\right) \geqslant 0 \quad (7.15)$$

结合式（7.13），对式（7.15）求导得到

$$\dot{E} = F\dot{x} \quad (7.16)$$

式（7.16）清楚地表明了多绳吊车系统的无源性。

为了完成控制器设计，首先构造以下复合信号：

$$\chi_p = x + \lambda_1 S_1 + \lambda_2 S_2 + \lambda_3 S_3 \quad (7.17)$$

式中，$S_i, i=1,2,3$ 用于表示 $\sin\theta_i, i=1,2,3$，$\lambda_1,\lambda_2,\lambda_3$ 为控制增益，定义为

$$\lambda_1 = \lambda_3 = k\frac{\frac{1}{2}ml}{M+m}, \quad \lambda_2 = k\frac{-mb}{M+m} \quad (7.18)$$

式中，$k<0$ 表示控制增益。由式（7.6）可知，在期望平衡点有以下结论成立：

$$\chi_p = x_d \quad (7.19)$$

根据式（7.19），进一步定义以下误差信号：

$$\epsilon_p = \chi_p - x_d \quad (7.20)$$

首先，构造一个满足以下性质的非负函数 $E_n(t)$：

$$\dot{E}_n = F\dot{\chi}_p = F(\dot{x} + \lambda_1 C_1\dot{\theta}_1 + \lambda_2 C_2\dot{\theta}_2 + \lambda_3 C_3\dot{\theta}_3) = \dot{E} + \underbrace{F(\lambda_1 C_1\dot{\theta}_1 + \lambda_2 C_2\dot{\theta}_2 + \lambda_3 C_3\dot{\theta}_3)}_{\dot{E}_a}$$

$$(7.21)$$

由式（7.21）可以得到

$$E_n = E + E_a \quad (7.22)$$

随后，将计算 $E_a(t)$ 的显式表达式，然后证明它是非负的。将式（7.13）代入式（7.21）并进行整理，可得到如下结果：

$$\dot{E}_a = \dot{D}_1 + \dot{D}_2 \quad (7.23)$$

式中

$$\dot{D}_1 = \lambda_1 mb S_2 C_1\dot{\theta}_1\dot{\theta}_2^2 - \lambda_1 mb C_1 C_2\dot{\theta}_1\ddot{\theta}_2 + \frac{1}{2}\lambda_2 ml C_1 C_2\ddot{\theta}_1\dot{\theta}_2 - \frac{1}{2}\lambda_2 ml S_1 C_2\dot{\theta}_1^2\dot{\theta}_2 + \frac{1}{2}\lambda_1 ml C_1 C_3\dot{\theta}_1\ddot{\theta}_3$$

$$- \frac{1}{2}\lambda_1 ml S_3 C_1\dot{\theta}_1\dot{\theta}_3^2 + \frac{1}{2}\lambda_3 ml C_1 C_3\ddot{\theta}_1\dot{\theta}_3 - \frac{1}{2}\lambda_3 ml S_1 C_3\dot{\theta}_1^2\dot{\theta}_3 + \frac{1}{2}\lambda_2 ml C_2 C_3\dot{\theta}_2\ddot{\theta}_3$$

$$- \frac{1}{2}\lambda_2 ml S_3 C_2\dot{\theta}_2\dot{\theta}_3^2 - \lambda_3 mb C_2 C_3\ddot{\theta}_2\dot{\theta}_3 + \lambda_3 mb S_2 C_3\dot{\theta}_2^2\dot{\theta}_3 + \frac{1}{2}\lambda_1 ml C_1^2\dot{\theta}_1\ddot{\theta}_1 - \frac{1}{2}\lambda_1 ml S_1 C_1\dot{\theta}_1^3$$

$$+ \frac{1}{2}\lambda_3 ml C_3^2\dot{\theta}_3\ddot{\theta}_3 - \frac{1}{2}\lambda_3 ml S_3 C_3\dot{\theta}_3^3 + \lambda_2 mb S_2 C_2\dot{\theta}_2^3 - \lambda_2 mb C_2^2\dot{\theta}_2\ddot{\theta}_2$$

$$\dot{D}_2 = \lambda_1(M+m)C_1\dot{\theta}_1\ddot{x} + \lambda_2(M+m)C_2\dot{\theta}_2\ddot{x} + \lambda_3(M+m)C_3\dot{\theta}_3\ddot{x}$$

·236· 机电系统自动控制——欠驱动吊运系统的控制方法设计、分析及应用

经过计算，$\dot{D}_1(t)$ 可以积分如下：

$$D_1 = \frac{km}{M+m}\left(\frac{1}{8}ml^2C_1^2\dot{\theta}_1^2 + \frac{1}{2}mb^2C_2^2\dot{\theta}_2^2 + \frac{1}{8}ml^2C_3^2\dot{\theta}_3^2 - \frac{1}{2}mblC_1C_2\dot{\theta}_1\dot{\theta}_2\right.$$
$$\left. + \frac{1}{4}ml^2C_1C_3\dot{\theta}_1\dot{\theta}_3 - \frac{1}{2}mblC_2C_3\dot{\theta}_2\dot{\theta}_3\right) \tag{7.24}$$

类似地，结合式（7.3）和式（7.13），可以得到 $D_2(t)$ 如下：

$$D_2 = -k\left(\frac{1}{8}ml^2(\dot{\theta}_1^2 + \dot{\theta}_3^2) + \frac{1}{2}mb^2\dot{\theta}_2^2 - \frac{1}{2}mblC_{1+2}\dot{\theta}_1\dot{\theta}_2 + \frac{1}{4}ml^2C_{1-3}\dot{\theta}_1\dot{\theta}_3\right.$$
$$\left. - \frac{1}{2}mblC_{2+3}\dot{\theta}_2\dot{\theta}_3 + mg\left(l+b-\frac{l}{2}C_1-\frac{l}{2}C_3-bC_2\right)\right) \tag{7.25}$$

由于 $0 < \dfrac{m}{M+m} < 1$ 且 $k < 0$，可以得出以下结论：

$$E_a = D_1 + D_2 \geqslant -k\left(\frac{1}{8}ml^2S_1^2\dot{\theta}_1^2 + \frac{1}{2}mb^2S_2^2\dot{\theta}_2^2 + \frac{1}{8}ml^2S_3^2\dot{\theta}_3^2 + \frac{1}{2}mblS_1S_2\dot{\theta}_1\dot{\theta}_2\right.$$
$$\left. + \frac{1}{4}ml^2S_1S_3\dot{\theta}_1\dot{\theta}_3 + \frac{1}{2}mblS_2S_3\dot{\theta}_2\dot{\theta}_3\right) - kmg\left(l+b-\frac{l}{2}C_1-\frac{l}{2}C_3-bC_2\right)$$
$$\tag{7.26}$$

通过进一步的整理，式（7.26）可以简化为

$$E_a \geqslant -\frac{km}{2}\left(\frac{1}{2}lS_1\dot{\theta}_1 + bS_2\dot{\theta}_2 + \frac{1}{2}lS_3\dot{\theta}_3\right)^2 - kmg\left(\frac{l}{2}(1-C_1)+\frac{l}{2}(1-C_3)+b(1-C_2)\right)$$
$$\tag{7.27}$$

再结合 $k < 0$ 的条件可得

$$E_a \geqslant 0 \Rightarrow E_n = E + E_a \geqslant 0 \tag{7.28}$$

根据式（7.28）的结果，选择以下非负李雅普诺夫候选函数：

$$V = E_n + \frac{1}{2}k_\alpha\epsilon_p^2 \tag{7.29}$$

式中，k_α 表示正的控制增益。求 $V(t)$ 的时间导数得到

$$\dot{V} = (F + k_\alpha\epsilon_p)\dot{\epsilon}_p \tag{7.30}$$

基于式（7.30）的结构，将控制输入设计为

$$F = -k_\alpha\epsilon_p - k_\beta\dot{\epsilon}_p = -k_\alpha(x - x_d + \lambda_1S_1 + \lambda_2S_2 + \lambda_3S_3)$$
$$- k_\beta(\dot{x} + \lambda_1C_1\dot{\theta}_1 + \lambda_2C_2\dot{\theta}_2 + \lambda_3C_3\dot{\theta}_3) \tag{7.31}$$

式中，k_β 也是正控制增益。

定理 7.1 对于式（7.13）所示的多绳吊车系统，所提出的非线性控制器（7.31）

能够保证系统在期望平衡点 $[x\ \theta_1\ \dot{x}\ \dot{\theta}_1]^{\mathrm{T}} = \left[x_d\ \arcsin\left(\dfrac{d-a}{l}\right)\ 0\ 0\right]^{\mathrm{T}}$ 处渐近稳定。

证明 将控制律（7.31）代入式（7.30）得到

$$\dot{V} = -k_\beta \epsilon_p^2 \leqslant 0 \tag{7.32}$$

这进一步说明

$$V \in \mathcal{L}_\infty \Rightarrow \dot{x}, \dot{\theta}_1, \dot{\theta}_2, \dot{\theta}_3, x, \epsilon_p \in \mathcal{L}_\infty \tag{7.33}$$

为了完成定理 7.1 的证明，定义下列集合：

$$\Omega = \left\{(x, \theta_1, \theta_2, \theta_3, \dot{x}, \dot{\theta}_1, \dot{\theta}_2, \dot{\theta}_3) \mid \dot{V}(t) = 0\right\} \tag{7.34}$$

进一步定义 Φ 为 Ω 中包含的最大不变集。在随后的分析中，可以得到 Φ 只包含期望的平衡点。为清楚起见，证明分两步完成。

第一步首先证明 Φ 中 $\epsilon_p(t) = 0$，$\dot{x}(t) = 0$。根据式（7.34），推断出在 Φ 中有 $\dot{V}(t) = 0$，这与式（7.32）一起表明：

$$\dot{\epsilon}_p = \dot{x} + \lambda_1 C_1 \dot{\theta}_1 + \lambda_2 C_2 \dot{\theta}_2 + \lambda_3 C_3 \dot{\theta}_3 = 0 \tag{7.35}$$

随后，可根据式（7.35）在 Φ 中进行以下推导：

$$\epsilon_p = \chi_p - x_d = \gamma_1, \quad \ddot{\epsilon}_p = 0 \tag{7.36}$$

式中，γ_1 表示待确定的常数。将式（7.35）和式（7.36）代入式（7.31）得到

$$F = -k_\alpha \gamma_1 \tag{7.37}$$

结合式（7.20）中的定义，可以将式（7.36）中的 $\ddot{\epsilon}_p$ 扩展为

$$\ddot{\epsilon}_p = \ddot{x} + \lambda_1 C_1 \ddot{\theta}_1 + \lambda_2 C_2 \ddot{\theta}_2 + \lambda_3 C_3 \ddot{\theta}_3 - \lambda_1 S_1 \dot{\theta}_1^2 - \lambda_2 S_2 \dot{\theta}_2^2 - \lambda_3 S_3 \dot{\theta}_3^2 = 0 \tag{7.38}$$

将式（7.18）代入式（7.38）并重新整合所得到的公式可得

$$\frac{1}{2} mlC_1 \ddot{\theta}_1 - mbC_2 \ddot{\theta}_2 + \frac{1}{2} mlC_3 \ddot{\theta}_3 - \frac{1}{2} mlS_1 \dot{\theta}_1^2 + mbS_2 \dot{\theta}_2^2 - \frac{1}{2} mlS_3 \dot{\theta}_3^2 = -\frac{M+m}{k} \ddot{x} \tag{7.39}$$

另外，根据式（7.13），可以进一步导出以下结果：

$$\frac{1}{2} mlC_1 \ddot{\theta}_1 - mbC_2 \ddot{\theta}_2 + \frac{1}{2} mlC_3 \ddot{\theta}_3 - \frac{1}{2} mlS_1 \dot{\theta}_1^2 + mbS_2 \dot{\theta}_2^2 - \frac{1}{2} mlS_3 \dot{\theta}_3^2 = F - (M+m)\ddot{x} \tag{7.40}$$

综合式（7.37）、式（7.39）和式（7.40）中的结论，得到

$$\ddot{x} = -\frac{k}{(k-1)(M+m)} k_\alpha \gamma_1 \tag{7.41}$$

将式（7.41）两边关于时间积分，可以得出

$$\dot{x} = -\frac{k}{(k-1)(M+m)}k_\alpha \gamma_1 t + \gamma_2 \tag{7.42}$$

式中，γ_2 表示待确定的常数。如果 $\gamma_1 \neq 0$，则 $t \to \infty$ 时有 $\dot{x}(t) \to \infty$，这与式（7.33）中的事实 $\dot{x}(t) \in \mathcal{L}_\infty$ 明显矛盾。因此，可以从式（7.42）中得出

$$\gamma_1 = 0 \Rightarrow \ddot{x}, \quad \epsilon_p = 0, \quad \dot{x} = \gamma_2 \Rightarrow F = 0 \tag{7.43}$$

同样，将 $\dot{x}(t)$ 关于时间积分得

$$x = \gamma_2 t + \gamma_3 \tag{7.44}$$

式中，γ_3 也是待确定的常数。与式（7.41）～式（7.43）中的分析类似，不难得到 $\varPhi$ 中有

$$\dot{x} = \gamma_2 = 0, \quad x = \gamma_3 \tag{7.45}$$

为了完成证明，在随后的分析中将进一步证明 $\dot{\theta}_1(t) = \dot{\theta}_2(t) = \dot{\theta}_3(t) = 0$，$\theta_2(t) = 0$，$x(t) = x_d$，$\theta_1(t) = \arcsin\left(\dfrac{d-a}{l}\right) = -\theta_3(t)$，由式（7.18）、式（7.35）和式（7.45）可以得出

$$lC_1\dot{\theta}_1 - 2bC_2\dot{\theta}_2 + lC_3\dot{\theta}_3 = 0 \tag{7.46}$$

在将 $\ddot{x}(t) = 0$ 代入式（7.13）中并将所得公式的两边乘以 $\dot{\theta}_1(t)$，得到以下结果：

$$\frac{\mathrm{d}}{\mathrm{d}t}\left(\frac{1}{8}ml^2(\dot{\theta}_1^2 + \dot{\theta}_3^2) + \frac{1}{2}mb^2\dot{\theta}_2^2 - \frac{1}{2}mblC_{1+2}\dot{\theta}_1\dot{\theta}_2 + \frac{1}{4}ml^2 C_{1-3}\dot{\theta}_1\dot{\theta}_3 - \frac{1}{2}mblC_{2+3}\dot{\theta}_2\dot{\theta}_3\right)$$
$$+mg\left(\frac{1}{2}lS_1\dot{\theta}_1 + bS_2\dot{\theta}_2 + \frac{1}{2}lS_3\dot{\theta}_3\right) = 0 \tag{7.47}$$

式（7.47）可以进一步简化为

$$\frac{\mathrm{d}}{\mathrm{d}t}((lC_1\dot{\theta}_1 - 2bC_2\dot{\theta}_2 + lC_3\dot{\theta}_3)^2 + (lS_1\dot{\theta}_1 + 2bS_2\dot{\theta}_2 + lS_3\dot{\theta}_3)^2)$$
$$+4g(lS_1\dot{\theta}_1 + 2bS_2\dot{\theta}_2 + lS_3\dot{\theta}_3) = 0 \tag{7.48}$$

将式（7.46）代入式（7.48）得到

$$\frac{\mathrm{d}}{\mathrm{d}t}\left((lS_1\dot{\theta}_1 + 2bS_2\dot{\theta}_2 + lS_3\dot{\theta}_3)^2\right) + 4g(lS_1\dot{\theta}_1 + 2bS_2\dot{\theta}_2 + lS_3\dot{\theta}_3) = 0 \tag{7.49}$$

为了便于后续分析，定义以下辅助变量：

$$D = lS_1\dot{\theta}_1 + 2bS_2\dot{\theta}_2 + lS_3\dot{\theta}_3 \in \mathcal{L}_\infty \tag{7.50}$$

则式（7.49）可以整理为

$$2D\dot{D} + 4gD = 0 \tag{7.51}$$

如果 $D(t) \neq 0$，则从式（7.51）可以得出结论：

$$\dot{D} = -2g \tag{7.52}$$

将式（7.52）的两边积分得到

$$D = -2gt + \gamma_4 \tag{7.53}$$

这进一步表明 $t \to \infty$ 时有 $D(t) \to \infty$。这与式（7.50）中的结果明显矛盾。由此得出如下结论：

$$D = 0 \Rightarrow lS_1\dot{\theta}_1 + 2bS_2\dot{\theta}_2 + lS_3\dot{\theta}_3 = (lS_1 + 2bS_2g_1 + lS_3h_1)\dot{\theta}_1 = 0 \tag{7.54}$$

根据式（7.54）推断，$lS_1 + 2bS_2g_1 + lS_3h_1 = 0$ 或 $\dot{\theta}_1(t) = 0$。假设 $\dot{\theta}_1(t) = 0$，则由式（7.3）得出

$$\dot{\theta}_1, \dot{\theta}_2, \dot{\theta}_3 = 0 \Rightarrow \ddot{\theta}_1, \ddot{\theta}_2, \ddot{\theta}_3 = 0 \tag{7.55}$$

将式（7.55）结合 $\ddot{x}(t) = 0$ 的结论代入式（7.13）得到

$$lS_1 + 2bS_2g_1 + lS_3h_1 = 0 \tag{7.56}$$

因此，无论何种情况，式（7.56）中的结论总是成立的。将式（7.5）代入式（7.56）得到

$$(aS_1C_{2+3} + aS_3C_{1+2} + bS_2S_{1-3}) / C_{2+3} = 0 \tag{7.57}$$

根据式（7.7）有 $c_{2+3} > 0$。因此，式（7.57）意味着

$$aS_1C_{2+3} + aS_3C_{1+2} + bS_2S_{1-3} = a(S_1C_{2+3} + S_3C_{1+2}) + bS_2S_{1-3} = 0 \tag{7.58}$$

综合式（7.58）与式（7.1）和式（7.2）中的条件，推导出以下非线性代数方程组：

$$\begin{cases} lS_1 + 2aC_2 - 2d - lS_3 = 0 \\ lC_1 + 2aS_2 - lC_3 = 0 \\ a(S_1C_{2+3} + S_3C_{1+2}) + bS_2S_{1-3} = 0 \end{cases} \tag{7.59}$$

关于式（7.59），可以证明它只有在 $\theta_2(t) = 0$ 时才有解。假设 $\theta_2(t) \neq 0$，在不失一般性的前提下，假设 $\theta_2(t) > 0$，可以进一步导出：

$$lC_3 - lC_1 = 2aS_2 > 0 \Rightarrow |\theta_3| < |\theta_1| \tag{7.60}$$

因为 $d > a > 0$，那么可以从式（7.1）中得出

$$l(S_1 - S_3) = 2(d - aC_2) > 0 \Rightarrow \theta_1 > \theta_3 \tag{7.61}$$

根据式（7.60）、式（7.61）的结论和 $\theta_2(t) > 0$ 的假设，得出如下结论：

$$S_{1-3} > 0, \ S_1C_{2+3} + S_3C_{1+2} > 0 \Rightarrow a(S_1C_{2+3} + S_3C_{1+2}) + bS_2S_{1-3} > 0 \tag{7.62}$$

这与式（7.58）的结论相矛盾。结果表明，当 $\theta_2(t) > 0$ 时，式（7.59）无解。类似地，$\theta_2(t) < 0$ 时，有 $a(S_1C_{2+3} + S_3C_{1+2}) + bS_2S_{1-3} < 0$，这同样与式（7.58）的结论

相矛盾。因此，可以得出，当 $\theta_2(t) \neq 0$ 时，式（7.59）无解。另外，当 $\theta_2(t) = 0$ 时，不难得出式（7.59）有以下唯一解：

$$\theta_1 = \arcsin\left(\frac{d-a}{l}\right) = -\theta_3, \quad \theta_2 = 0 \tag{7.63}$$

因为 $\theta_1(t), \theta_2(t), \theta_3(t)$ 都是常数，所以可以进行如下推论：

$$\dot{\theta}_1, \dot{\theta}_2, \dot{\theta}_3, \ddot{\theta}_1, \ddot{\theta}_2, \ddot{\theta}_3 = 0 \tag{7.64}$$

此外，根据式（7.63）中的结论，再结合式（7.43）中的 $\epsilon_p(t) = 0$，得出以下结果：

$$x = x_d \tag{7.65}$$

综合式（7.45）、式（7.63）～式（7.65）中的结论，可以得出，$\varPhi$ 仅包含所需的平衡点。根据拉塞尔不变性原理，闭环系统的期望平衡点是渐近稳定的。

7.2.4 实验结果

在本节中，进行了一些硬件实验测试，以验证所提出控制器的性能。

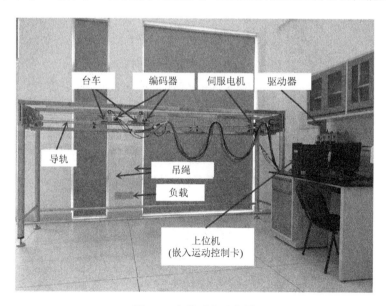

图 7.2 实验平台示意图

自建的多绳吊车实验台如图 7.2 所示。从图中可以看出，负载是一个具有较大尺寸的金属板，而不是常用的可以简化为质点的小尺寸负载。此外，负载由来自台车不同位置的两根吊绳悬挂，因此可以很好地反映实际多绳吊车的动态特性。

每个连接点下方都有一个固定在台车上的编码器，因此可以方便地实时捕捉吊绳的摆动运动。台车位移由嵌入伺服电机内的编码器测量。控制算法运行在 Windows XP 操作系统下的 MATLAB/Simulink 2012b RTWT 环境下，控制周期为 5ms。在上位机中嵌入了一块 Googol GTS-800-PV-PCI 八轴运动控制卡，用于采集传感器的数据，同时将上位机产生的控制命令传送给伺服电机。由于 $\theta_1(t), \theta_2(t), \theta_3(t)$ 受几何关系式（7.1）和式（7.2）的约束，只要测量其中一个，就可以相应地计算出另外两个。在实验中，考虑到应用的方便性和信息采集的准确性，采用了两个编码器来测量吊绳的摆动角 $\theta_1(t)$ 和 $\theta_3(t)$。而摆角 $\theta_2(t)$，可以利用下式方便地计算：

$$\theta_2 = \arcsin\left(\frac{lC_3 - lC_1}{2a}\right)$$

除非另有说明，所有实验的系统参数确定如下：

$$M = 9.3\text{kg}, \ m = 1.5\text{kg}, \ l = 1\text{m}, \ 2a = 0.18\text{m}, \ 2d = 0.405\text{m}, \ b = 0.06\text{m}$$

$$（7.66）$$

目标位置设定为 $x_d = 1.8\text{m}$。根据式（7.6）可以得出状态变量在期望平衡点处取以下值：

$$x = x_d = 1.8\text{m}, \ \theta_1 = \arcsin\left(\frac{d-a}{l}\right) = 6.46° = -\theta_3, \ \theta_2 = 0°, \ \dot{x} = \dot{\theta}_1 = \dot{\theta}_2 = \dot{\theta}_3 = 0$$

为了全面验证控制器的性能，进行了两组实验测试。具体而言，在第 1 组中，对所提出的控制器的性能进行了测试，并与一些现有的控制方法进行了比较。第 2 组进一步验证了所提方法对不同干扰的鲁棒性。此外，为了使实验结果更清楚，接下来只提供误差曲线，即

$$e_x = x - x_d, \quad e_i = \theta_i - \theta_{id}, \quad i = 1, 2, 3 \qquad （7.67）$$

式中，$\theta_{id}, i = 1, 2, 3$ 是 $\theta_i, i = 1, 2, 3$ 的期望值。

在第 1 组实验中，首先与线性二次型调节器（linear quadratic regulator，LQR）方法和文献[1]中的反馈线性化方法进行了性能比较。LQR 方法的显式表达式为

$$F_c = -K_1(x - x_d) - K_2(\dot{x} - \dot{x}_d) - K_3\theta - K_4\dot{\theta} \qquad （7.68）$$

选择 $J = \int_0^\infty (x^\mathrm{T}Qx + RF^2)\mathrm{d}t$ 为代价函数，其中 $x = [x(t) - x_d(t) \ \dot{x}(t) - \dot{x}_d(t) \ \theta(t) \ \dot{\theta}(t)]$，$Q = \mathrm{diag}\{150, 10, 250, 0\}$，$R = 0.2$。相应地，控制增益计算为 $K_1 = 27.3861, K_2 = 27.6508$，$K_3 = -22.0119, K_4 = -3.4748$。对于反馈线性化方法，控制增益被仔细调整为 $k_x = 5, k_\theta = 6, c^* = 7, \alpha = \beta = \eta = 0.5, T_f = 10$。为了简洁起见，控制器的显式表达式

被省略。所提出方法的控制增益调整为

$$k_\alpha = 400, \quad k_\beta = 500, \quad k = -15 \qquad (7.69)$$

由于 $\theta_1(t), \theta_2(t), \theta_3(t)$ 中只有一个是独立的,在不失一般性的前提下,选择 $\theta_2(t)$ 作为后续分析中的摆动抑制性能指标。所提出的方法和对比方法的实验结果如图 7.3 所示。从图中可以看出,这三种方法都能精确地将台车驱动到所需的位置。然而,在抑制负载摆动方面,所提出的方法取得了优于对比方法的性能。具体而言,所提出方法的最大负载摆角(即 $\theta_2(t)$)约为 0.5°,远小于 LQR 方法(约 3.5°)和反馈线性化方法(约 3°)。此外,所提出的控制器不存在残余摆动,而对比方法可以观察到明显的残余摆动。

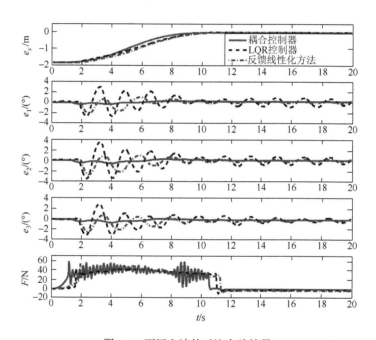

图 7.3　不同方法的对比实验结果

实线:耦合控制器实验结果;虚线:LQR 控制器实验结果;点划线:反馈线性化控制器实验结果

为了验证所提出的控制方法的鲁棒性,进一步进行了以下三种情形的实验。

情形 1:在约 13s 的时刻向负载添加外部干扰。

情形 2:实际系统参数更改为 $l = 1.28\text{m}, \ 2d = 0.5\text{m}, \ M = 10\text{kg}$,而它们的标称值和控制增益仍分别与式(7.66)和式(7.69)相同。

情形 3:系统的初始条件设置为 $\theta_1(0) = 4.2°, \theta_2(0) = -2.2°, \theta_3(0) = -8.0°$,而控制增益仍与式(7.69)中的相同。

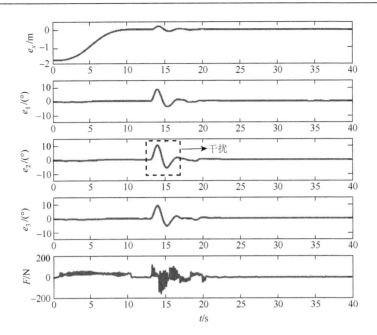

图 7.4　引入干扰的实验结果

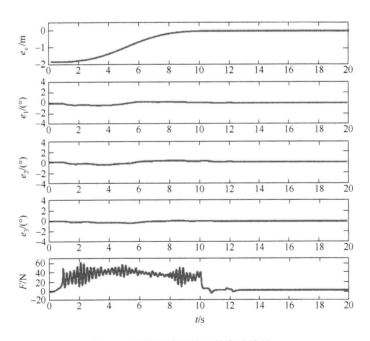

图 7.5　参数不确定性下的实验结果

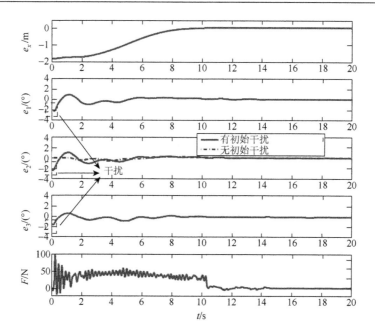

图 7.6　非零初始摆动条件下的实验结果

实线：有初始干扰实验结果；点划线：无初始干扰实验结果

对于第 2 组实验测试，所得结果如图 7.4～图 7.6 所示。从图 7.4 可以看出，在负载受到严重的外部干扰后，系统迅速恢复稳定，并且所有状态变量都收敛到期望值，这表明了所提方法对外部干扰具有很强的鲁棒性。此外，通过比较图 7.5 和图 7.3，可以得出结论，所提出的控制器即使在面对参数不确定性时也可以得到满意的控制效果。最后，从图 7.6 可以看出，非零初始摆动条件几乎对所提出的控制律的性能没有影响。

7.3　双吊车自适应输出反馈控制

7.3.1　问题描述

图 7.7 描述了具有负载升降运动的典型双吊车系统结构。m_t 表示吊车的质量，而负载质量用 m 表示。负载由两条吊绳 $l_1(t)$, $l_2(t)$ 共同悬挂，吊绳在负载上的两个连接点 A_1, A_2 之间的距离为 $2a$。b 表示负载重心 P 和线段 A_1A_2 之间的距离。$\theta_1(t)$, $\theta_2(t)$ 分别表示两条吊绳的摆动角度，而负载倾角用 $\theta_3(t)$ 表示。$x_1(t)$, $x_2(t)$ 代表台车的行驶距离。台车上的驱动力和吊绳上的提升力分别用 $F_{x1}(t)$, $F_{x2}(t)$, $F_{l1}(t)$, $F_{l2}(t)$ 表示。

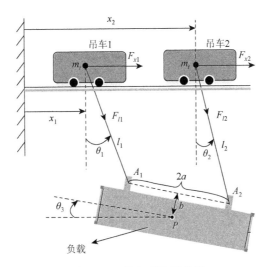

图 7.7　双吊车系统示意图

在进行后续分析之前，进行以下合理假设。

假设 7.1　吊绳的摆角和负载倾角都是有界的，即

$$-\pi/2 < \theta_1, \theta_2, \theta_3, (\theta_1 + \theta_3), (\theta_2 + \theta_3) < \pi/2$$

从图 7.7 中得知，双吊车系统具有下列几何约束：

$$\begin{cases} l_1 S_1 - l_2 S_2 + 2a C_3 - (x_2 - x_1) = 0 \\ l_1 C_1 - l_2 C_2 + 2a S_3 = 0 \end{cases} \tag{7.70}$$

这表明七个变量中只有五个是独立的。假设 $x_1(t), x_2(t), l_1(t), l_2(t), \theta_1(t)$ 是独立的，而 $\theta_2(t), \theta_3(t)$ 是独立变量的隐函数，即

$$\begin{aligned} &\theta_2 = g(x_1, x_2, l_1, l_2, \theta_1), \ \theta_3 = h(x_1, x_2, l_1, l_2, \theta_1) \\ &\Rightarrow \dot{\theta}_2 = g_{x1} \dot{x}_1 + g_{x2} \dot{x}_2 + g_{l1} \dot{l}_1 + g_{l2} \dot{l}_2 + g_{\theta 1} \dot{\theta}_1 \\ &\quad\ \ \dot{\theta}_3 = h_{x1} \dot{x}_1 + h_{x2} \dot{x}_2 + h_{l1} \dot{l}_1 + h_{l2} \dot{l}_2 + h_{\theta 1} \dot{\theta}_1 \end{aligned} \tag{7.71}$$

式中，$g_{xi}, g_{li}, g_{\theta 1}, h_{xi}, h_{li}, h_{\theta 1}, i = 1,2$ 为相应的偏导数：

$$\begin{cases} g_{x1} = \dfrac{C_3}{l_2 C_{2+3}} = -g_{x2}, \quad h_{x1} = -\dfrac{S_2}{2a C_{2+3}} = -h_{x2}, \quad g_{l1} = \dfrac{S_{1+3}}{l_2 C_{2+3}}, \quad g_{l2} = -\dfrac{S_{2+3}}{l_2 C_{2+3}} \\ h_{l1} = -\dfrac{C_{1-2}}{2a C_{2+3}}, \quad h_{l2} = \dfrac{1}{2a C_{2+3}}, \quad g_{\theta 1} = \dfrac{l_1 C_{1+3}}{l_2 C_{2+3}}, \quad h_{\theta 1} = \dfrac{l_1 S_{1-2}}{2a C_{2+3}} \end{cases} \tag{7.72}$$

为了安全起见，通常希望在台车停止时将负载水平放置。为此，需保证吊绳的长度相同。为了便于描述，提供图 7.8 来说明期望平衡点处的系统状态。

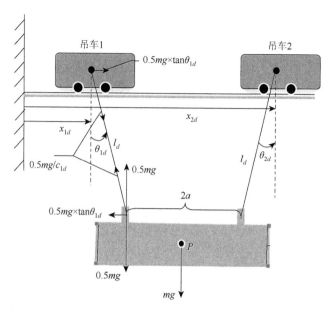

图 7.8　期望平衡点处的系统状态

如图所示，系统状态的期望平衡点确定为

$$[x_1 \ x_2 \ l_1 \ l_2 \ \theta_1 \ \theta_2 \ \theta_3]^T = [x_{1d} \ x_{2d} \ l_d \ l_d \ \theta_{1d} \ \theta_{2d} \ 0]^T \qquad （7.73）$$

式中，l_d 表示吊绳 1 和 2 的期望长度；$x_{id}(i=1,2)$ 是吊车 i 的期望位置。类似地，$\theta_{jd}(j=1,2)$ 代表 θ_j 的期望值，其表示如下：

$$\theta_{1d} = \arcsin\left(\frac{x_{2d}-x_{1d}-2a}{2l_d}\right) = -\theta_{2d} \qquad （7.74）$$

双桥式吊车协作系统的动力学方程如下：

$$M(q)\ddot{q} + C(q,\dot{q})\dot{q} + G(q) = u \qquad （7.75）$$

式中，$q(t)=[x_1(t) \ x_2(t) \ l_1(t) \ l_2(t) \ \theta_1(t)]^T$ 表示系统状态向量；$M(q),C(q,\dot{q}) \in R^{5\times5}$，$G(q),u \in R^5$ 分别表示惯性矩阵、向心-科氏力矩阵、重力向量和控制输入向量。为了便于描述，$M(q),C(q,\dot{q}),G(q)$ 和 u 表示如下：

$$\begin{cases} M(q) = N^T M_1 N, \quad C(q,\dot{q}) = N^T M_1 \dot{N} + N^T C_1 N \\ G(q) = N^T G_1, \quad u = N^T u_1 \end{cases} \qquad （7.76）$$

式（7.76）中矩阵的具体表达式为

$$N = \begin{bmatrix} 1 & 0 & 0 & 0 & 0 \\ 0 & 1 & 0 & 0 & 0 \\ 0 & 0 & 1 & 0 & 0 \\ 0 & 0 & 0 & 1 & 0 \\ 0 & 0 & 0 & 0 & 1 \\ g_{x1} & g_{x2} & g_{l1} & g_{l2} & g_{\theta1} \\ h_{x1} & h_{x2} & h_{l1} & h_{l2} & h_{\theta1} \end{bmatrix}, \quad G_1 = \begin{bmatrix} 0 \\ 0 \\ -\dfrac{1}{2}mgC_1 \\ -\dfrac{1}{2}mgC_2 \\ \dfrac{1}{2}mgl_1S_1 \\ \dfrac{1}{2}mgl_2S_2 \\ mgbS_3 \end{bmatrix}, \quad u_1 = \begin{bmatrix} F_{x1} \\ F_{x2} \\ F_{l1} \\ F_{l2} \\ 0 \\ 0 \\ 0 \end{bmatrix}$$

$$M_1 = \begin{bmatrix} m_t + \dfrac{1}{4}m & \dfrac{1}{4}m & \dfrac{1}{4}mS_1 & \dfrac{1}{4}mS_2 & \dfrac{1}{4}ml_1C_1 & \dfrac{1}{4}ml_2C_2 & -\dfrac{1}{2}mbC_3 \\ \dfrac{1}{4}m & m_t + \dfrac{1}{4}m & \dfrac{1}{4}mS_1 & \dfrac{1}{4}mS_2 & \dfrac{1}{4}ml_1C_1 & \dfrac{1}{4}ml_2C_2 & -\dfrac{1}{2}mbC_3 \\ \dfrac{1}{4}mS_1 & \dfrac{1}{4}mS_1 & \dfrac{1}{4}m & \dfrac{1}{4}mC_{1-2} & 0 & \dfrac{1}{4}ml_2S_{1-2} & -\dfrac{1}{2}mbS_{1+3} \\ \dfrac{1}{4}mS_2 & \dfrac{1}{4}mS_2 & \dfrac{1}{4}mC_{1-2} & \dfrac{1}{4}m & -\dfrac{1}{4}ml_1S_{1-2} & 0 & -\dfrac{1}{2}mbS_{2+3} \\ \dfrac{1}{4}ml_1C_1 & \dfrac{1}{4}ml_1C_1 & 0 & -\dfrac{1}{4}ml_1S_{1-2} & \dfrac{1}{4}ml_1^2 & \dfrac{1}{4}ml_1l_2C_{1-2} & -\dfrac{1}{2}mbl_1C_{1+3} \\ \dfrac{1}{4}ml_2C_2 & \dfrac{1}{4}ml_2C_2 & \dfrac{1}{4}ml_2S_{1-2} & 0 & \dfrac{1}{4}ml_1l_2C_{1-2} & \dfrac{1}{4}ml_2^2 & -\dfrac{1}{2}mbl_2C_{2+3} \\ -\dfrac{1}{2}mbC_3 & -\dfrac{1}{2}mbC_3 & -\dfrac{1}{2}mbS_{1+3} & -\dfrac{1}{2}mbS_{2+3} & -\dfrac{1}{2}mbl_1C_{1+3} & -\dfrac{1}{2}mbl_2C_{2+3} & mb^2 \end{bmatrix}$$

$$C_1 = \begin{bmatrix} 0 & 0 & \dfrac{1}{4}mC_1\dot{\theta}_1 & \dfrac{1}{4}mC_2\dot{\theta}_2 & \dfrac{1}{4}mC_1\dot{l}_1 - \dfrac{1}{4}ml_1S_1\dot{\theta}_1 & \dfrac{1}{4}mC_2\dot{l}_2 - \dfrac{1}{4}ml_2S_2\dot{\theta}_2 & \dfrac{1}{2}mbS_3\dot{\theta}_3 \\ 0 & 0 & \dfrac{1}{4}mC_1\dot{\theta}_1 & \dfrac{1}{4}mC_2\dot{\theta}_2 & \dfrac{1}{4}mC_1\dot{l}_1 - \dfrac{1}{4}ml_1S_1\dot{\theta}_1 & \dfrac{1}{4}mC_2\dot{l}_2 - \dfrac{1}{4}ml_2S_2\dot{\theta}_2 & \dfrac{1}{2}mbS_3\dot{\theta}_3 \\ 0 & 0 & 0 & \dfrac{1}{4}mS_{1-2}\dot{\theta}_2 & -\dfrac{1}{4}ml_1\dot{\theta}_1 & \dfrac{1}{4}mS_{1-2}\dot{l}_2 - \dfrac{1}{4}ml_2C_{1-2}\dot{\theta}_2 & -\dfrac{1}{2}mbC_{1+3}\dot{\theta}_3 \\ 0 & 0 & -\dfrac{1}{4}mS_{1-2}\dot{\theta}_1 & 0 & -\dfrac{1}{4}mS_{1-2}\dot{l}_1 - \dfrac{1}{4}ml_1C_{1-2}\dot{\theta}_1 & -\dfrac{1}{4}ml_2\dot{\theta}_2 & -\dfrac{1}{2}mbC_{2+3}\dot{\theta}_3 \\ 0 & 0 & \dfrac{1}{4}ml_1\dot{\theta}_1 & \dfrac{1}{4}ml_1C_{1-2}\dot{\theta}_2 & \dfrac{1}{4}ml_1\dot{l}_1 & \dfrac{1}{4}ml_1C_{1-2}\dot{l}_2 + \dfrac{1}{4}ml_1l_2S_{1-2}\dot{\theta}_2 & \dfrac{1}{2}mbl_1S_{1+3}\dot{\theta}_3 \\ 0 & 0 & \dfrac{1}{4}ml_2C_{1-2}\dot{\theta}_1 & \dfrac{1}{4}ml_2\dot{\theta}_2 & \dfrac{1}{4}ml_2C_{1-2}\dot{l}_1 - \dfrac{1}{4}ml_1l_2S_{1-2}\dot{\theta}_1 & \dfrac{1}{4}ml_2\dot{l}_2 & \dfrac{1}{2}mbl_2S_{2+3}\dot{\theta}_3 \\ 0 & 0 & -\dfrac{1}{2}mbC_{1+3}\dot{\theta}_1 & -\dfrac{1}{2}mbC_{2+3}\dot{\theta}_2 & \dfrac{1}{2}mbl_1S_{1+3}\dot{\theta}_1 - \dfrac{1}{2}mbC_{1+3}\dot{l}_1 & \dfrac{1}{2}mbl_2S_{2+3}\dot{\theta}_2 - \dfrac{1}{2}mbC_{2+3}\dot{l}_2 & 0 \end{bmatrix}$$

与其他欠驱动系统机电类似，$M(q)$ 是正定的，并且 $M(q)$ 和 $C(q,\dot{q})$ 具有以下反对称属性：

$$x^{\mathrm{T}}\left(\frac{1}{2}\dot{M}(q)-C(q,\dot{q})\right)x=0,\quad \forall x\in R^5$$

7.3.2 控制器设计

本小节设计了一个非线性输出反馈控制器实现双吊车系统的有效控制。更具体地说,为了提高系统的抗摆和鲁棒性能,在控制律中加入了更多的摆幅相关信息和吊车协调项。此外,还构造了一种新的自适应律来识别未知的负载质量,从而消除相应的负面影响。为了更好地说明控制器的设计过程,将它分为以下三个步骤。

1. 未知负载质量的自适应

在实践中,负载质量往往不是完全已知的。相应地,不确定性被引入到控制律的构造中,这可能会显著降低所设计方法的性能。更糟糕的是,因为负载质量无法精确补偿,可能还会导致水平和垂直方向的定位误差(在某些情况下甚至会造成系统不稳定)。为了解决这一实际问题,引入自适应律在线估计负载质量。为此,首先定义以下变量:

$$\tilde{m}=m-\hat{m}\Rightarrow \dot{\tilde{m}}=-\dot{\hat{m}} \tag{7.77}$$

式中,$\hat{m}$ 表示负载质量的估计,$\tilde{m}$ 是估计误差。为了实现对负载质量的准确估计,将 $\hat{m}$ 精心设计为如下形式:

$$\hat{m}=\hat{m}_p+\hat{m}_s \tag{7.78}$$

式中,$\hat{m}_p$,$\hat{m}_s$ 分别表示负载质量 m 的初步和补充估计值。更具体地说,根据系统动态响应在线更新 $\hat{m}_p$,以消除参数不确定性带来的不利影响。在此基础上,为了保证负载在垂直方向上的精确定位,进一步补充了 $\hat{m}_s$,通过引入积分相关项来抵消 $\hat{m}_p$ 的估计误差,这两部分实际上是互补的。接下来会证明,这种双层估计策略取得了良好的效果。

2. 摆动抑制性能增强

首先,定义以下误差变量:

$$e_{x_i}=x_i-x_{id},\quad e_{l_i}=l_i-l_{id}\Rightarrow \dot{e}_{x_i}=\dot{x}_i,\quad \dot{e}_{l_i}=\dot{l}_i,\quad i=1,2 \tag{7.79}$$

许多吊车相关控制方法直接利用上述误差信号构造控制器,缺乏足够的负载摆动反馈和吊车间的协调反馈。因此,虽然这些方法在理论上可以证明渐近稳定,但在实际应用中,往往无法获得满意的暂态控制性能。此外,由于无法对负载摆动做出有效反应,使得闭环系统的鲁棒性不够好。为了解决这个问题,设计以下复合信号:

$$\zeta_1 = e_{x_1} - k(\alpha \Lambda_c + \Lambda_s), \quad \zeta_2 = e_{x_2} - k(-\alpha \Lambda_c + \Lambda_s) \quad (7.80)$$

式中，k 表示正的控制增益；$\alpha = \dfrac{2m_t + m}{m}$ 为正的常数；Λ_c, Λ_s 分别表示协调和摆动相关反馈项，其表达式如下：

$$\Lambda_c = e_{x_2} - e_{x_1}, \quad \Lambda_s = l_1 S_1 + l_2 S_2 - 2b S_3 \quad (7.81)$$

如上所述，要获得良好的暂态性能，代价是需要更多的系统信息。在这种情况下，必须准确知道负载质量才能获得 α。然而，由于 m 是不确定的，因此式（7.80）中的信号在构造控制器时必须进行修改。假设 m 的下界已知，则得到

$$\bar{\alpha} = \frac{2m_t + \underline{m}}{\underline{m}} > \alpha \quad (7.82)$$

式中，$\bar{\alpha}$ 是 α 的上限。在此基础上，设计以下修正信号：

$$\hat{\zeta}_1 = e_{x_1} - k(\bar{\alpha} \Lambda_c + \Lambda_s), \quad \hat{\zeta}_2 = e_{x_2} - k(-\bar{\alpha} \Lambda_c + \Lambda_s) \quad (7.83)$$

随后将证明，即使在负载质量不确定的情况下，所设计的控制器也能够在不影响抗摆性能和定位精度的情况下稳定系统。

3. 输出反馈

另外，在许多实际应用中，由于成本、维修难度等原因，吊车系统无法获得速度信号，使得许多全状态反馈控制器无法使用。为了克服这一缺陷，进一步设计了输出反馈控制器。具体地，在控制器构造中生成如下的辅助信号来代替真实的速度信号：

$$\begin{cases} \xi_{xi} = \omega_{xi} + k_{\beta i} \chi_i, \quad \dot{\omega}_{xi} = -k_{\beta i}(\omega_{xi} + k_{\beta i} \chi_i) = -k_{\beta i} \xi_{xi} \\ \xi_{l_i} = \omega_{l_i} + k_{\gamma i} e_{l_i}, \quad \dot{\omega}_{l_i} = -k_{\gamma i}(\omega_{l_i} + k_{\gamma i} e_{l_i}) = -k_{\gamma i} \xi_{l_i} \end{cases} \quad (7.84)$$

式中，$\xi_{xi}, \omega_{xi}, \xi_{l_i}, \omega_{l_i}, i = 1,2$ 为辅助信号；$k_{\beta i}, k_{\gamma i}, i = 1,2$ 为正的控制增益，$\chi_i, i = 1,2$ 是已知的变量，可以表示为

$$\chi_1 = \zeta_1 + \zeta_2 = \hat{\zeta}_1 + \hat{\zeta}_2 = e_{x_1} + e_{x_2} - 2k\Lambda_s, \quad \chi_2 = \hat{\zeta}_2 - \hat{\zeta}_1 = (1 + 2k\bar{\alpha})\Lambda_c \quad (7.85)$$

值得注意的是，χ_i 被精心设计为式（7.85）中的形式，以避免使用未知的负载质量。式（7.84）则进一步表明

$$\dot{\xi}_{xi} = -k_{\beta i} \xi_{xi} + k_{\beta i} \dot{\chi}_i, \quad \dot{\xi}_{l_i} = -k_{\gamma i} \xi_{l_i} + k_{\gamma i} \dot{l}_i \quad (7.86)$$

为了进行稳定性分析，必须构造合适的李雅普诺夫候选函数。一个直观的想法是基于系统能量 $E(t)$ 来合成该函数，这在许多吊车相关的工作中被广泛采用。由于系统的无源性，可以得出以下性质：

$$\dot{E} = F_{x1} \dot{x}_1 + F_{x2} \dot{x}_2 + \left(F_{l1} + \frac{mg}{2C_{1d}}\right)\dot{l}_1 + \left(F_{l2} + \frac{mg}{2C_{2d}}\right)\dot{l}_2 \quad (7.87)$$

E 的具体表达式如下：

$$E = mg\left(\frac{l_1}{2}\left(\frac{1}{C_{1d}} - C_1\right) + \frac{l_2}{2}\left(\frac{1}{C_{2d}} - C_2\right) + b(1 - C_3)\right) + \frac{1}{2}\dot{q}^{\mathrm{T}}M\dot{q}$$

式中，C_{1d}, C_{2d} 分别为 $\cos\theta_{1d}, \cos\theta_{2d}$ 的简写。结果表明，$E(t)$ 的时间导数没有引入足够的负载摆角相关信息，这使得设计具有良好抗摇摆性能的控制器变得更为困难。因此，在构造李雅普诺夫候选函数之前，对系统能量进行以下修改：

$$\dot{E}_m = F_{x1}\dot{\zeta}_1 + F_{x2}\dot{\zeta}_2 + (1 + 2\alpha k)\left(\left(F_{l1} + \frac{mg}{2C_{1d}}\right)\dot{l}_1 + \left(F_{l2} + \frac{mg}{2C_{2d}}\right)\dot{l}_2\right) \quad (7.88)$$

由于 ζ_1, ζ_2 同时包含有驱动状态变量 x_1, x_2，以及额外的耦合项 Λ_c, Λ_s，基于它们构造的控制器将对负载摆动、不确定性、干扰等产生更有效的反应。另外，附加耦合项（包含绳长信息）的加入将影响 l_1, l_2 的控制。为了解决这个问题，将第三项乘以系数 $(1 + 2\alpha k)$。这样一来，$V(t)$（详细信息请参见式（7.89））的时间导数在施加所设计的控制器后保证为非正。这一点将在后面内容中详细说明。

定理 7.2　构造的函数 $\dot{E}_m(t)$ 是可积的，且 $E_m(t)$ 是非负的。

证明　详细证明见附录。

基于以上分析，构造李雅普诺夫候选函数如下：

$$\begin{aligned}
V(t) = {} & E_m + \frac{\beta mg}{2}\left(|\tan\theta_{2d}| \cdot \Delta_x + \tan\theta_{2d}(\hat{\zeta}_2 - \hat{\zeta}_1)\right) + \frac{\xi_{x1}^2 + \beta\xi_{x2}^2}{2} \\
& + \frac{1}{2}\sum_{i=1}^{2}\left(k_\alpha\zeta_i^2 + (1 + 2\alpha k)\left(\xi_{li}^2 + k_{li}e_{l_i}^2\right)\right) + \frac{\beta\lambda_x(\hat{\zeta}_2 - \hat{\zeta}_1)^2}{2\left(\Delta_x^2 - (\hat{\zeta}_2 - \hat{\zeta}_1)^2\right)} \\
& + \frac{(1 + 2\alpha k)\lambda_l(e_{l_2} - e_{l_1})^2}{2\left(\Delta_l^2 - (e_{l_2} - e_{l_1})^2\right)} + \frac{1 + 2\alpha k}{2}\left(\frac{\tau_1 e_{l_1}^2}{l_1^2} + \frac{\tau_2 e_{l_2}^2}{l_2^2} + k_\alpha k(\bar{\alpha} - \alpha)\Lambda_c^2\right) \\
& + \frac{\beta k_\eta g}{2}\left(\arctan\left(\int_0^t\sum_{i=1}^{4}\varrho_i^2 \cdot \Lambda\mathrm{d}t\right) + \frac{\pi}{2}\right) + \frac{\beta}{2}\tilde{m}_p^2
\end{aligned} \quad (7.89)$$

式中

$$\beta = \frac{1 + 2\alpha k}{1 + 2\bar{\alpha}k} \in (0,1), \quad \tilde{m}_p = m - \hat{m}_p$$

Δ_x, Δ_l 为满足如下条件的正数：

$$|\hat{\zeta}_2(0) - \hat{\zeta}_1(0)| < \Delta_x, \quad |e_{l_2}(0) - e_{l_1}(0)| < \Delta_l \quad (7.90)$$

在式（7.89）中，Λ 表示为 $\Lambda = \tan\theta_{2d}\left(\dot{\hat{\zeta}}_2 - \dot{\hat{\zeta}}_1\right) + \frac{1 + 2\bar{\alpha}k}{c_{1d}}(\dot{e}_{l_1} + \dot{e}_{l_2})$，而 $\varrho_i, i = 1,2,3,4$

定义为

$$\varrho_1 = \int \hat{\zeta}_1 \mathrm{d}t, \quad \varrho_2 = \int \hat{\zeta}_2 \mathrm{d}t, \quad \varrho_3 = \int e_{l_1} \mathrm{d}t, \quad \varrho_4 = \int e_{l_2} \mathrm{d}t \quad (7.91)$$

对 $V(t)$ 关于时间求导可得

$$
\begin{aligned}
\dot{V}(t) = & \left(F_{x1} + k_\alpha \zeta_1 + k_{\beta 1}\xi_{x1} - k_{\beta 2}\xi_{x2} - \frac{1}{2}mg\tan\theta_{2d} \right.\\[2mm]
& \left. -\frac{\lambda_x \Delta_x^2(\hat{\zeta}_2 - \hat{\zeta}_1)}{\left(\Delta_x^2 - (\hat{\zeta}_2 - \hat{\zeta}_1)^2\right)^2} - \frac{\dfrac{1}{2}k_\eta \sum_{i=1}^4 \varrho_i^2 \cdot g\tan\theta_{2d}}{1 + \left(\int_0^t \sum_{i=1}^4 \varrho_i^2 \cdot \Lambda \mathrm{d}t\right)^2} \right)\dot{\zeta}_1 \\[2mm]
& + \left(F_{x2} + k_\alpha \zeta_2 + k_{\beta 1}\xi_{x1} + k_{\beta 2}\xi_{x2} + \frac{1}{2}mg\tan\theta_{2d} \right.\\[2mm]
& \left. +\frac{\lambda_x \Delta_x^2(\hat{\zeta}_2 - \hat{\zeta}_1)}{\left(\Delta_x^2 - (\hat{\zeta}_2 - \hat{\zeta}_1)^2\right)^2} + \frac{\dfrac{1}{2}k_\eta \sum_{i=1}^4 \varrho_i^2 \cdot g\tan\theta_{2d}}{1 + \left(\int_0^t \sum_{i=1}^4 \varrho_i^2 \cdot \Lambda \mathrm{d}t\right)^2} \right)\dot{\zeta}_2 \\[2mm]
& + (1 + 2\alpha k)\left(F_{l1} + k_{l1}e_{l_1} + k_{\gamma 1}\xi_{l1} + \frac{mg}{2c_{1d}} + \frac{\tau_1 e_{l_1} l_{1d}}{l_1^3} \right.\\[2mm]
& \left. -\frac{\lambda_l \Delta_l^2(e_{l_2} - e_{l_1})}{\left(\Delta_l^2 - (e_{l_2} - e_{l_1})^2\right)^2} + \frac{\dfrac{1}{2}k_\eta \sum_{i=1}^4 \varrho_i^2 \cdot g\dfrac{1}{c_{1d}}}{1 + \left(\int_0^t \sum_{i=1}^4 \varrho_i^2 \cdot \Lambda \mathrm{d}t\right)^2} \right)\dot{l}_1 \\[2mm]
& + (1 + 2\alpha k)\left(F_{l2} + \frac{mg}{2c_{2d}} + k_{l2}e_{l_2} + k_{\gamma 2}\xi_{l2} + \frac{\tau_2 e_{l_2} l_{2d}}{l_2^3} \right. \quad (7.92) \\[2mm]
& \left. +\frac{\lambda_l \Delta_l^2(e_{l_2} - e_{l_1})}{\left(\Delta_l^2 - (e_{l_2} - e_{l_1})^2\right)^2} + \frac{\dfrac{1}{2}k_\eta \sum_{i=1}^4 \varrho_i^2 \cdot g\dfrac{1}{c_{2d}}}{1 + \left(\int_0^t \sum_{i=1}^4 \varrho_i^2 \cdot \Lambda \mathrm{d}t\right)^2} \right)\dot{l}_2 \\[2mm]
& - k_{\beta 1}\xi_{x1}^2 - k_{\beta 2}\beta\xi_{x2}^2 - (1 + 2\alpha k)(k_{\gamma 1}\xi_{l1}^2 + k_{\gamma 2}\xi_{l2}^2) \\[2mm]
& - \beta\tilde{m}_p \dot{\hat{m}}_p + k_\alpha k(1 + 2\alpha k)(\bar{\alpha} - \alpha)\Lambda_c \dot{\Lambda}_c
\end{aligned}
$$

其中用到了如下结论（请见式（7.80）与式（7.83））：

$$\dot{\zeta}_2 - \dot{\zeta}_1 = \beta(\dot{\hat{\zeta}}_2 - \dot{\hat{\zeta}}_1), \quad \dot{\zeta}_2 + \dot{\zeta}_1 = \dot{\hat{\zeta}}_2 + \dot{\hat{\zeta}}_1 \tag{7.93}$$

基于以上分析，将双吊车系统的控制输入构造如下：

$$F_{xi} = -k_\alpha \hat{\zeta}_i - k_{\beta 1}\xi_{x1} + (-1)^{i+1}\left(\frac{\lambda_x \varDelta_x^2 (\hat{\zeta}_2 - \hat{\zeta}_1)}{\left(\varDelta_x^2 - (\hat{\zeta}_2 - \hat{\zeta}_1)^2\right)^2} + \frac{1}{2}\hat{m}g\tan\theta_{2d} + k_{\beta 2}\xi_{x2} \right) \tag{7.94}$$

$$F_{li} = -k_{li}e_{l_i} - k_{\gamma i}\xi_{l_i} - \frac{\hat{m}g}{2C_{id}} - \frac{\tau_i e_{l_i} l_{id}}{l_i^3} + (-1)^{i+1}\cdot\frac{\lambda_l \varDelta_l^2 (e_{l_2} - e_{l_1})}{\left(\varDelta_l^2 - (e_{l_2} - e_{l_1})^2\right)^2}, \quad i=1,2$$

式中，$k_\alpha, k_{li}, k_{\beta i}, k_{\gamma i}, \tau_i, \lambda_x, \lambda_l, i=1,2$ 是正的控制增益。$\hat{m}_p$ 的更新律设计如下：

$$\dot{\hat{m}}_p = \frac{1}{2}g\tan\theta_{2d}\cdot(\dot{\hat{\zeta}}_2 - \dot{\hat{\zeta}}_1) + \frac{(1+2\bar{\alpha}k)g}{2C_{1d}}(\dot{e}_{l_1} + \dot{e}_{l_2})$$

$$\Rightarrow \hat{m}_p = \frac{1}{2}g\tan\theta_{2d}\cdot(\hat{\zeta}_2 - \hat{\zeta}_1) + \frac{(1+2\bar{\alpha}k)g}{2C_{1d}}(e_{l_1} + e_{l_2}) + C \tag{7.95}$$

式中，C 表示待定的常数。在实际应用中，可以根据实际需要选择 C。设计 $\hat{m}_s$ 为如下形式：

$$\hat{m}_s = \frac{k_\eta \sum_{i=1}^4 \varrho_i^2}{1 + \left(\int_0^t \sum_{i=1}^4 \varrho_i^2 \cdot \varLambda \mathrm{d}t\right)^2} \tag{7.96}$$

7.3.3　稳定性分析

定理 7.3　对于欠驱动的双吊车系统（7.75），所设计的控制器（7.94）保证式（7.73）中所示的系统期望平衡点是渐近稳定的。

证明　将控制输入（7.94）、更新律（7.95）和（7.96）代入式（7.92）并消除相同项可得

$$\dot{V}(t) = \left(k_\alpha \zeta_1 - k_\alpha \hat{\zeta}_1 + \frac{1}{2}\hat{m}g\tan\theta_{2d} - \frac{1}{2}mg\tan\theta_{2d} - \frac{1}{2}\hat{m}_s g\tan\theta_{2d} \right)\dot{\zeta}_1$$

$$- k_{\beta 1}\xi_{x1}^2 + \left(k_\alpha \zeta_2 - k_\alpha \hat{\zeta}_2 + \frac{1}{2}mg\tan\theta_{2d} - \frac{1}{2}\hat{m}g\tan\theta_{2d} + \frac{1}{2}\hat{m}_s g\tan\theta_{2d} \right)\dot{\zeta}_2$$

$$- k_{\beta 2}\beta\xi_{x2}^2 + (1+2\alpha k)\left(\frac{mg}{2C_{1d}} - \frac{\hat{m}g}{2C_{1d}} + \frac{\hat{m}_s g}{2C_{1d}} \right)\dot{l}_1$$

$$+ (1 + 2\alpha k)\left(\frac{mg}{2C_{2d}} - \frac{\hat{m}g}{2C_{2d}} + \frac{\hat{m}_s g}{2C_{2d}}\right)\dot{l}_2 - (1 + 2\alpha k)(k_{\gamma 1}\xi_{l1}^2 + k_{\gamma 2}\xi_{l2}^2)$$

$$- \beta \tilde{m}_p \dot{\hat{m}}_p - k_\alpha k (1 + 2\alpha k)(\bar{\alpha} - \alpha)\Lambda_c \dot{\Lambda}_c$$

$$= \left(k_\alpha \zeta_1 - k_\alpha \hat{\zeta}_1 - \frac{1}{2}\tilde{m}_p g \tan\theta_{2d}\right)\dot{\zeta}_1 + \left(k_\alpha \zeta_2 - k_\alpha \hat{\zeta}_2 + \frac{1}{2}\tilde{m}_p g \tan\theta_{2d}\right)\dot{\zeta}_2$$

$$+ (1 + 2\alpha k) \cdot \frac{\tilde{m}_p g}{2C_{1d}}\dot{l}_1 + (1 + 2\alpha k) \cdot \frac{\tilde{m}_p g}{2C_{2d}}\dot{l}_2 - k_{\beta 1}\xi_{x1}^2 - k_{\beta 2}\beta\xi_{x2}^2$$

$$- (1 + 2\alpha k)(k_{\gamma 1}\xi_{l1}^2 + k_{\gamma 2}\xi_{l2}^2) - \beta \tilde{m}_p \dot{\hat{m}}_p + k_\alpha k(1 + 2\alpha k)(\bar{\alpha} - \alpha)\Lambda_c \dot{\Lambda}_c$$

整理 $\dot{V}(t)$ 中的 $\tilde{m}_p$ 相关项，可以得到

$$\dot{V}(t) = k_\alpha\left((\zeta_1 - \hat{\zeta}_1)\dot{\zeta}_1 + (\zeta_2 - \hat{\zeta}_2)\dot{\zeta}_2\right) + \frac{1}{2}\tilde{m}_p g \tan\theta_{2d}(\dot{\zeta}_2 - \dot{\zeta}_1)$$

$$+ \frac{(1 + 2\alpha k)\tilde{m}_p g}{2C_{1d}}(\dot{l}_1 + \dot{l}_2) - \beta \tilde{m}_p \dot{\hat{m}}_p - k_{\beta 1}\xi_{x1}^2 - k_{\beta 2}\beta\xi_{x2}^2$$

$$- (1 + 2\alpha k)(k_{\gamma 1}\xi_{l1}^2 + k_{\gamma 2}\xi_{l2}^2) + k_\alpha k(1 + 2\alpha k)(\bar{\alpha} - \alpha)\Lambda_c \dot{\Lambda}_c$$

从式（7.80）和式（7.83）中可以推导得出

$$\zeta_1 - \hat{\zeta}_1 = k(\bar{\alpha} - \alpha)\Lambda_c = -(\zeta_2 - \hat{\zeta}_2)$$

将此结果代入 $\dot{V}(t)$，并对公式重新整理如下：

$$\dot{V}(t) = k_\alpha k(\bar{\alpha} - \alpha)\Lambda_c(\dot{\zeta}_1 - \dot{\zeta}_2) + k_\alpha k(1 + 2\alpha k)(\bar{\alpha} - \alpha)\Lambda_c \dot{\Lambda}_c$$

$$+ \beta \tilde{m}_p\left(\frac{1}{2}g \tan\theta_{2d}\left(\dot{\zeta}_2 - \dot{\zeta}_1\right) + \frac{(1 + 2\bar{\alpha}k)g}{2c_{1d}}(\dot{l}_1 + \dot{l}_2) - \dot{\hat{m}}_p\right)$$

$$- k_{\beta 1}\xi_{x1}^2 - k_{\beta 2}\beta\xi_{x2}^2 - (1 + 2\alpha k)\left(k_{\gamma 1}\xi_{l1}^2 + k_{\gamma 2}\xi_{l2}^2\right)$$

进一步利用 $\dot{\zeta}_1 - \dot{\zeta}_2 = -(1 + 2\alpha k)\dot{\Lambda}_c$ 的结论，可将 $\dot{V}(t)$ 简化为

$$\dot{V}(t) = -k_{\beta 1}\xi_{x1}^2 - k_{\beta 2}\beta\xi_{x2}^2 - (1 + 2\alpha k)\left(k_{\gamma 1}\xi_{l1}^2 + k_{\gamma 2}\xi_{l2}^2\right) \leqslant 0 \qquad （7.97）$$

根据式（7.90），可得 $V(0) \geqslant 0$。那么式（7.97）进一步表明

$$V(t) \leqslant V(0) << +\infty \qquad （7.98）$$

接下来，进一步证明 $|\hat{\zeta}_2 - \hat{\zeta}_1| < \Delta_x$ 总是成立的。具体来说，假设 $|\hat{\zeta}_2 - \hat{\zeta}_1|$ 趋于 Δ_x，

那么可得 $\dfrac{\beta\lambda_x(\hat{\zeta}_2 - \hat{\zeta}_1)^2}{2\left(\Delta_x^2 - (\hat{\zeta}_2 - \hat{\zeta}_1)^2\right)} \to +\infty \Rightarrow V \to +\infty$，这与式（7.98）中的结论矛盾。因

此可得

$$|\hat{\zeta}_2 - \hat{\zeta}_1| < \Delta_x \Rightarrow (1 + 2\bar{\alpha}k)|\Lambda_c| < \Delta_x$$

$$\Rightarrow x_{2d} - x_{1d} - \frac{\Delta_x}{1 + 2\bar{\alpha}k} < x_2 - x_1 < x_{2d} - x_{1d} + \frac{\Delta_x}{1 + 2\bar{\alpha}k} \qquad （7.99）$$

类似地，也可以证明以下性质始终成立：

$$|e_{l_2} - e_{l_1}| < \Delta_l, l_1, l_2 > 0 \Rightarrow -\Delta_l < l_2 - l_1 < \Delta_l \tag{7.100}$$

式（7.99）和式（7.100）中的结果表明$V(t)$总是非负的，因此它是符合条件的李雅普诺夫候选函数。综合这个结论和式（7.98）中的结果，可以得出

$$V \in \mathcal{L}_\infty \Rightarrow e_{x_i}, e_{l_i}, \xi_{xi}, \xi_{li}, \tilde{m}_p, \dot{x}_i, \dot{l}_i, \dot{\theta}_j \in \mathcal{L}_\infty, \quad i=1,2; j=1,2,3 \tag{7.101}$$

为了完成定理 7.3 的证明，随后利用拉塞尔不变性原理进行分析。首先，定义以下集合：

$$\Omega = \left\{ (q, \dot{q}) \mid \dot{V}(t) = 0 \right\}$$

进一步定义Φ为Ω中的最大不变集。然后可从式（7.97）得出在Φ中有如下性质成立：

$$\xi_{x1}, \xi_{x2}, \xi_{l1}, \xi_{l2} = 0 \Rightarrow \dot{\xi}_{x1}, \dot{\xi}_{x2}, \dot{\xi}_{l1}, \dot{\xi}_{l2} = 0 \tag{7.102}$$

通过式（7.86），可进一步得出

$$\dot{\chi}_1, \dot{\chi}_2, \dot{l}_1, \dot{l}_2 = 0 \Rightarrow \ddot{\chi}_1, \ddot{\chi}_2, \ddot{l}_1, \ddot{l}_2 = 0, \quad \chi_1 = \varpi_1, \quad \chi_2 = \varpi_2, \quad e_{l_1} = \varpi_3, \quad e_{l_2} = \varpi_4 \tag{7.103}$$

式中，$\varpi_1 \sim \varpi_4$为待定常数。将式（7.102）和式（7.103）代入式（7.125）和式（7.126），然后将两个公式相加可得

$$\left(m_t + \frac{1}{2}m \right)(\ddot{x}_1 + \ddot{x}_2) + \frac{1}{2}m\ddot{\Lambda}_s = -k_\alpha(\hat{\zeta}_1 + \hat{\zeta}_2) = -k_\alpha\varpi_1 \tag{7.104}$$

其中，用到了式（7.85）中的结果。此外，可扩展$\ddot{\chi}_1 = 0$如下：

$$(\ddot{x}_1 + \ddot{x}_2) - 2k\ddot{\Lambda}_s = 0 \Rightarrow \ddot{x}_1 + \ddot{x}_2 = 2k\ddot{\Lambda}_s \tag{7.105}$$

将式（7.105）代入式（7.104）可得

$$\left(2km_t + \left(k + \frac{1}{2} \right)m \right)\ddot{\Lambda}_s = -k_\alpha\varpi_1 \Rightarrow \ddot{\Lambda}_s = \frac{-k_\alpha\varpi_1}{2km_t + \left(k + \frac{1}{2} \right)m}$$

对$\ddot{\Lambda}_s$关于时间积分得到

$$\dot{\Lambda}_s = \frac{-k_\alpha\varpi_1}{2km_t + \left(k + \frac{1}{2} \right)m}t + \varpi_5 \tag{7.106}$$

其中，ϖ_5为待定常数。如果$\varpi_1 \neq 0$，那么有时间t趋于无穷时，$\dot{\Lambda}_s$也趋于无穷。然而，从式（7.101）可以得出$\dot{\theta}_j \in \mathcal{L}_\infty \Rightarrow \dot{\Lambda}_s \in \mathcal{L}_\infty$，这二者是矛盾的。因此，可以得到结论：

$$\varpi_1 = 0 \Rightarrow \ddot{\Lambda}_s, \quad \ddot{x}_1 + \ddot{x}_2 = 0, \quad \dot{\Lambda}_s = \varpi_5, \quad \dot{x}_1 + \dot{x}_2 = \dot{\chi}_1 + 2k\dot{\Lambda}_s = 2k\varpi_5 \tag{7.107}$$

与式（7.106）和式（7.107）中的证明类似，由于$x_1 + x_2, \Lambda_s \in \mathcal{L}_\infty$，那么有

$$\begin{cases} \varpi_5 = 0 \Rightarrow \dot{\Lambda}_s, \quad \dot{x}_1 + \dot{x}_2 = 0, \quad \Lambda_s = \varpi_6 \\ x_1 + x_2 = \chi_1 + 2k\Lambda_s = \varpi_1 + 2k\varpi_6 + x_{2d} + x_{1d} \end{cases} \tag{7.108}$$

其中，ϖ_6 为待定常数。根据式（7.85）与式（7.103），可以得到

$$\dot{\chi}_2 = (1 + 2\bar{\alpha}k)\dot{\Lambda}_c = 0 \Rightarrow \dot{\Lambda}_c = \dot{x}_2 - \dot{x}_1 = 0$$

这与式（7.108）中 $\dot{x}_1 + \dot{x}_2 = 0$ 共同说明

$$\dot{x}_1 = \dot{x}_2 = 0 \Rightarrow \ddot{x}_1 = \ddot{x}_2 = 0, \quad x_1 = \varpi_7, \quad x_2 = \varpi_8, \quad e_{x_1} = \varpi_9, \quad e_{x_2} = \varpi_{10} \quad (7.109)$$

其中，$\varpi_7 \sim \varpi_{10}$ 均为待定常数。此外，可以根据式（7.85），式（7.103）与式（7.107）进行如下推导：

$$\chi_1 = \varpi_1 = \hat{\zeta}_2 + \hat{\zeta}_1 = 0, \quad \chi_2 = \varpi_2 = \hat{\zeta}_2 - \hat{\zeta}_1 \Rightarrow \hat{\zeta}_2 = \frac{\varpi_2}{2} = -\hat{\zeta}_1 \Rightarrow \dot{\hat{\zeta}}_1, \quad \dot{\hat{\zeta}}_2 = 0 \quad (7.110)$$

将式（7.103），式（7.110）代入式（7.95）可得

$$\dot{\hat{m}}_p = 0 \Rightarrow \hat{m}_p = \varpi_{11} \quad (7.111)$$

其中，ϖ_{11} 也是一个待定常数。

由于 $\dot{x}_1, \dot{x}_2, \dot{l}_1, \dot{l}_2 = 0$（请见式（7.103）与式（7.109）），可从式（7.71）得出

$$\dot{\theta}_2 = g_{\theta 1}\dot{\theta}_1, \quad \dot{\theta}_3 = h_{\theta 1}\dot{\theta}_1 \quad (7.112)$$

根据式（7.112），对式（7.129）两侧同时乘以 $\dot{\theta}_1$ 可得

$$\dot{\theta}_1(v_5 + \psi_5) + \dot{\theta}_2(v_6 + \psi_6) + \dot{\theta}_3(v_7 + \psi_7) = 0$$

上式的左侧实际上表示 $\dot{q}_1^{\mathrm{T}}(M_1\ddot{q}_1 + C_1\dot{q}_1 + G_1)$ 在 $\ddot{x}_i, \dot{x}_i, \ddot{l}_i, \dot{l}_i = 0, i = 1,2$ 条件下的值，其中 $q_1 = [x_1 \ x_2 \ l_1 \ l_2 \ \theta_1 \ \theta_2 \ \theta_3]^{\mathrm{T}}$。进一步利用 M_1 与 C_1 的反对称性质，可得出如下结论：

$$\begin{aligned}
\frac{\mathrm{d}}{\mathrm{d}t}\Bigg(\frac{1}{8}ml_1^2\dot{\theta}_1^2 + \frac{1}{8}ml_2^2\dot{\theta}_2^2 + \frac{1}{2}mb^2\dot{\theta}_3^2 + \frac{1}{4}ml_1l_2C_{1-2}\dot{\theta}_1\dot{\theta}_2 - \frac{1}{2}mbl_1C_{1+3}\dot{\theta}_1\dot{\theta}_3 \\
-\frac{1}{2}mbl_2C_{2+3}\dot{\theta}_2\dot{\theta}_3\Bigg) + mg\Bigg(\frac{1}{2}l_1S_1\dot{\theta}_1 + \frac{1}{2}l_2S_2\dot{\theta}_2 + bs_3\dot{\theta}_3\Bigg) = 0
\end{aligned} \quad (7.113)$$

为了简洁起见，这里省略了对式（7.113）推导过程的详细分析。最终得到如下非线性代数方程组：

$$\begin{cases} l_1S_1 - l_2S_2 + 2aC_3 - (x_2 - x_1) = 0 \\ l_1C_1 - l_2C_2 + 2aS_3 = 0 \\ a(S_1C_{2+3} + S_2C_{1+3}) + bS_3S_{1-2} = 0 \end{cases} \quad (7.114)$$

式中，l_1, l_2, x_1, x_2 均为常数（请见式（7.103）与式（7.109））。关于式（7.114），这三个方程实际上是独立的。因此，它仅具有有限数量的解。特别地，当 $l_1 = l_2 = l$ 时，可得式（7.114）的解如下：

$$\theta_3 = 0, \quad \theta_1 = \arcsin\left(\frac{\alpha_8 - \alpha_7 - 2a}{2l}\right) = -\theta_2 \quad (7.115)$$

另外，考虑到更一般的情况，由于式（7.114）的解的数量是有限的，那么 $\theta_i (i=1,2,3)$ 都是常数，这进一步导出了以下结论：

$$\dot{\theta}_1, \dot{\theta}_2, \dot{\theta}_3, \ddot{\theta}_1, \ddot{\theta}_2, \ddot{\theta}_3 = 0 \quad (7.116)$$

将式（7.109），式（7.116）代入式（7.75）中的第三个式子可得

$$-\frac{1}{2}mg(C_1 - l_2 S_2 g_{l1} - 2bS_3 h_{l1}) = -k_{l1}\varpi_3 - \frac{\tau_1 \varpi_3 l_{1d}}{(\varpi_3 + l_{1d})^3}$$
$$+ \frac{\lambda_1 \Delta_l^2 (\varpi_4 - \varpi_3)}{(\Delta_l^2 - (\varpi_4 - \varpi_3)^2)^2} - \frac{\hat{m}_p g}{2C_{1d}} - \frac{\hat{m}_s g}{2C_{1d}} \qquad (7.117)$$

对于式（7.117），其左侧是有界的，右侧的前四个项是常量。至于第五项，由于 $\dot{\hat{\zeta}}_i, \dot{e}_{l_i} = 0, i=1,2$，可以推出 $\Lambda = 0$。因此，最终得到 $1 + \left(\int_0^t \sum_{i=1}^4 \varrho_i^2 \cdot \Lambda \mathrm{d}t\right)^2$ 是一个常量。另外，$\hat{\zeta}_i, e_{l_i}, i=1,2$ 都是常量。如果其中任何一个不为零，那么有

$$\sum_{i=1}^4 \varrho_i^2 \to \infty \Rightarrow m_s \to \infty \qquad (7.118)$$

这与式（7.117）相矛盾。因此，可作如下推断：

$$\hat{\zeta}_i, e_{l_i} = 0 \Rightarrow \varpi_2, \varpi_3, \varpi_4 = 0, \quad l_i = l_d, \quad i=1,2 \qquad (7.119)$$

根据前面的分析，由于 $l_1 = l_2 = l_d$，得出以下结论：

$$\theta_3 = 0, \quad \theta_1 = \arcsin\left(\frac{\alpha_8 - \alpha_7 - 2a}{2l_d}\right) = -\theta_2 \qquad (7.120)$$

式（7.108），式（7.119）及式（7.120）进一步表明

$$\Lambda_s = l_1 S_1 + l_2 S_2 - 2bS_3 = 0 \Rightarrow \varpi_6 = 0 \Rightarrow x_1 + x_2 = x_{1d} + x_{2d} \qquad (7.121)$$

式中，用到了式（7.110）中 $\varpi_1 = 0$ 的结论。另外，由于 $\chi_2 = \varpi_2 = 0$（请见式（7.119）），可从式（7.110）中推导得出

$$\hat{\zeta}_1, \hat{\zeta}_2 = 0 \Rightarrow \Lambda_c = e_{x_2} - e_{x_1} = 0 \Rightarrow x_2 - x_1 = x_{2d} - x_{1d} \qquad (7.122)$$

结合式（7.121）与式（7.122）中的结果，最终得到

$$x_2 = x_{2d}, \quad x_1 = x_{1d} \Rightarrow e_{x_i} = 0, \quad \theta_i = \theta_{id}, \quad i=1,2 \qquad (7.123)$$

将式（7.119）～式（7.123）代入式（7.117），可得

$$-\frac{mg}{2C_{1d}} = -\frac{\hat{m}_p g}{2C_{1d}} - \frac{\hat{m}_s g}{2C_{1d}} = -\frac{\hat{m}g}{2C_{1d}} \Rightarrow \hat{m} = m \qquad (7.124)$$

综合式（7.109），式（7.116），式（7.119）和式（7.120），式（7.123）和式（7.124）中的结果，可最终得出结论：最大不变集只包含期望的平衡点。因此定理 7.3 得证。

7.3.4　实验结果

双吊车系统物理参数设置如下：

$$m_t = 4.6\text{kg}, \quad m = 4.12\text{kg}, \quad a = 0.45\text{m}, \quad b = 0.05\text{m}$$

在实验中，负载质量的下界被确定为 $m = 3.5\text{kg}$，而其确切值被假设为未知。系统状态变量初始化为

$$x_1(0) = 0\text{m}, \quad x_2(0) = 0.9\text{m}, \quad l_1(0) = l_2(0) = 1.0\text{m}$$

上述变量的期望值选取为

$$x_{1d} = 1.5\text{m}, \quad x_{2d} = 2.4\text{m}, \quad l_{1d} = l_{2d} = 0.6\text{m} \Rightarrow \theta_{id} = 0, \quad i = 1,2,3$$

调整控制增益如下：

$$k = 0.2, \quad \varDelta_x = 0.04, \quad \varDelta_l = 0.03, \quad k_\alpha = 10, \quad k_{\beta 1} = 2$$

$$k_{\beta 2} = 6, \quad k_{\gamma 1} = 4, \quad k_{\gamma 2} = 4, \quad k_\eta = 7, \quad \lambda_x = 0.6, \quad \lambda_l = 0.4$$

$$k_{l1} = 20, \quad k_{l2} = 20, \quad \tau_1 = 0.5, \quad \tau_2 = 0.5$$

为了充分说明所提出控制器的有效性，进行了两组实验测试。更具体来说，在第 1 组实验中，将所提出的方法与现有方法进行比较。之后，在第 2 组实验中进一步测试了所提方法的鲁棒性。

为了说明所提出方法的优越性，在本小节中，使用了经典的比例微分（proportional derivative，PD）控制器和文献[15]中的协调控制器作为比较。PD 控制器形式如下：

$$F_{xi} = -20e_{x_i} - 40\dot{e}_{x_i}, \quad F_{li} = -36e_{l_i} - 50\dot{e}_{l_i} - 0.5mg, \quad i = 1,2$$

文献[15]中协调控制器的控制参数选取为：$\lambda = 1, k = 4, k_{pi} = 18, k_{di} = 30, k_{ai} = 200,$ $i = 1,2$。然而，由于文献[15]中的方法不考虑负载的升降运动，因此在垂直方向上为其补充 PD 控制器如下：

$$F_{li} = -36e_{l_i} - 50\dot{e}_{l_i} - 0.5mg, \quad i = 1,2$$

为了便于描述控制性能，定义了如下性能指标。

（1）$\delta_{x\max}, \delta_{l\max}$：两个吊车/吊绳间距与期望距离的最大偏差，即

$$\delta_{x\max} = \max_{t \in \mathbb{R}^+}\{|e_{x_2}(t) - e_{x_1}(t)|\}, \quad \delta_{l\max} = \max_{t \in \mathbb{R}^+}\{|e_{l_2}(t) - e_{l_1}(t)|\}$$

（2）e_{lf}：负载在垂直方向上的定位误差；

（3）$\theta_{i\max}, i = 1,2,3$：最大摆角幅值，即 $\theta_{i\max} = \max_{t \in \mathbb{R}^+}\{|\theta_i(t)|\}$；

（4）$\theta_{ires}, i = 1,2,3$：最大残余摆角，即 $\theta_{ires} = \max_{\dot{x}_1 = \dot{x}_2 = 0}\{|\theta_i(t)|\}$。

第 1 组实验的结果记录在图 7.9、图 7.10 和表 7.1 中。如图 7.9 所示，即使在没有速度信号的情况下，所提出的方法也能像对比方法一样，将台车驱动到期望位置。然而，由于负载质量的不确定性，两种对比方法都未能在竖直方向上精确定位负载。具体来说，PD 控制器只将负载提升到 0.668m，其定位误差为 0.088m。类似地，协调控制器的定位误差也有 0.072m。相比之下，所提出的方法通过自适应律成功地解决了这个问题，该自适应律能够准确地辨识负载质量（参见图 7.10 最上面的子图）。此外，还可以发现，与对比方法相比，所提出方法具有更好的抗

摆性能。具体地说，在运输过程中，PD 控制器引起的最大负载摆角约为 $4.85°,4.04°,1.02°$（分别对应 $\theta_1,\theta_2,\theta_3$，下同）。对于协调控制器，这些角度稍小一些，但仍然达到了 $3.10°,3.07°,0.75°$。而对于所提出的控制器，摆角被充分抑制在 $2.07°,1.85°,0.30°$ 的较小范围内。且在台车停止后，负载几乎不再发生摆动。两种对比方法则均会导致明显的残余摆动（有关详细数据信息，请参见表 7.1）。

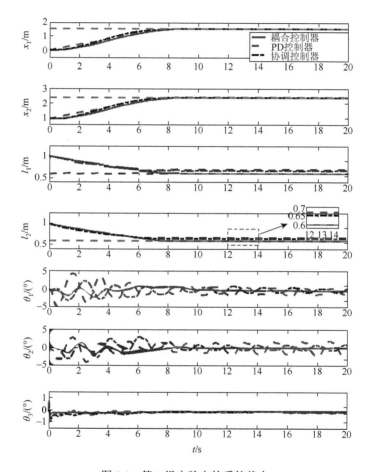

图 7.9　第 1 组实验中的系统状态

实线：耦合控制器实验结果；虚线：PD 控制器实验结果；点划线：协调控制器实验结果；水平虚线：系统状态期望值

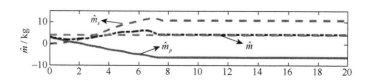

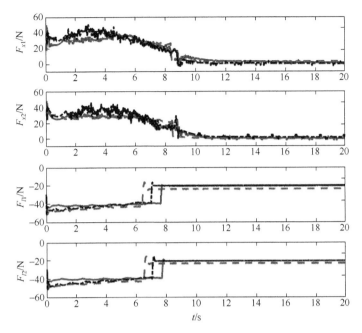

图 7.10　第 1 组实验中的估计结果与控制输入

实线：耦合控制器实验结果；虚线：PD 控制器实验结果；点划线：协调控制器实验结果；水平虚线：真实负载质量

表 7.1　不同方法的效果对比

方法类别	$\theta_{1\max}$ /(°)	$\theta_{2\max}$ /(°)	$\theta_{3\max}$ /(°)	$\theta_{1\mathrm{res}}$ /(°)	$\theta_{2\mathrm{res}}$ /(°)	$\theta_{3\mathrm{res}}$ /(°)	$\delta_{x\max}$ /m	$\delta_{l\max}$ /m	e_{lf} /m
所提出方法	2.07	1.85	0.30	0.10	0.12	0.01	0.033	0.012	0.005
PD 控制器	4.85	4.04	1.02	1.08	1.41	0.04	0.051	0.035	0.088
协调控制器	3.10	3.07	0.75	0.91	0.77	0.04	0.023	0.028	0.072

接下来，进一步对系统施加各种干扰，以测试所提出方法的鲁棒性。具体来说，设计了以下三组情形实验。

情形 1：用初始负载摆角干扰系统。具体来说，$\theta_i, i = 1, 2$ 的初始值被设置为 $\theta_1 = \theta_2 = 2.8°$。

情形 2：系统参数的标称值被修改为 $m_t = 4.0\mathrm{kg}$, $b = 0.075\mathrm{m}$，而其实际值保持不变。

情形 3：在大约 16s 时，对负载施加突然的外部干扰。

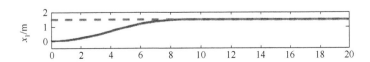

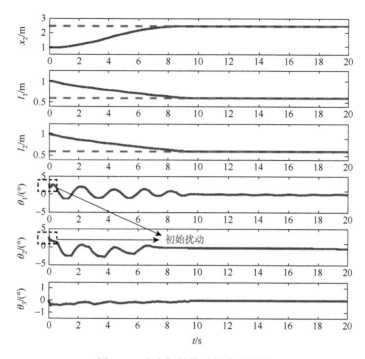

图 7.11　存在初始扰动的实验结果

实线：耦合控制器实验结果；水平虚线：系统状态期望值

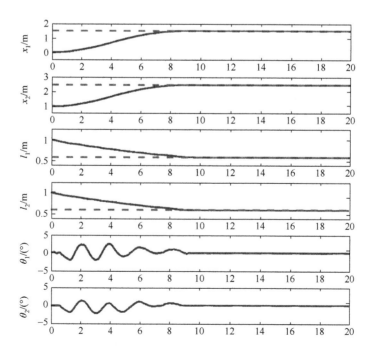

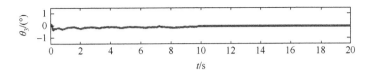

图 7.12　存在参数不确定性的实验结果

实线：耦合控制器实验结果；水平虚线：系统状态期望值

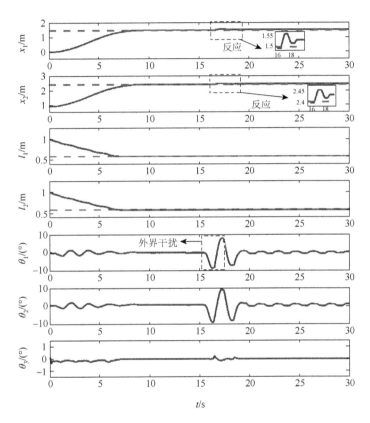

图 7.13　存在外界干扰的实验结果

实线：耦合控制器实验结果；水平虚线：系统状态期望值

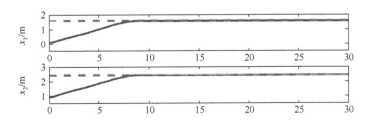

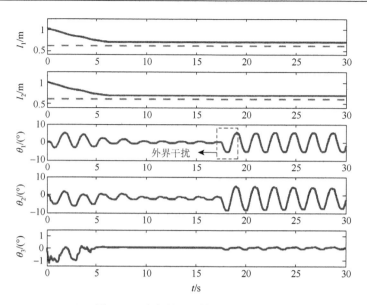

图 7.14　存在外界干扰的实验结果

实线：PD 控制器实验结果；水平虚线：系统状态期望值

　　所提出方法的鲁棒性实验结果记录在图 7.11～图 7.13 中。从图 7.11 中可以看出，即使存在明显的初始摆幅，所提出的方法仍能稳定双吊车系统，实现了满意的抗摆性能。此外，在某些系统参数的标称值发生变化的情况下，所提出方法的控制性能基本不受影响，这表明所提出的方法对这些不确定性不敏感。最后，在负载受到突然的外部干扰后，可以看到所提出的方法能够快速有效地对其做出响应，并在大约 4s 内重新稳定系统。为了对比，PD 控制器也在外部干扰下进行了测试。然而，由于控制力中没有直接包含摆动反馈，台车无法对摆动作出有效反应，因而未能消除摆动（见图 7.14）。综上所述，发现控制输入中额外的摆动相关信息赋予了所提方法优越的瞬态控制性能，而且即使没有速度反馈，对各种扰动也具有很强的鲁棒性。

7.4　双吊车非线性协调控制

7.4.1　问题描述

　　为便于说明，本节采用以下简写符号：

$$S_i = \sin\theta_i, \quad C_i = \cos\theta_i, \quad S_{i\pm j} = \sin(\theta_i \pm \theta_j)$$
$$C_{i\pm j} = \cos(\theta_i \pm \theta_j), \quad i, j = 1, 2, 3(i \neq j)$$

　　如图 7.15 所示，大型负载由两台吊车协同吊运。每个吊车都有一根连接台车和负载的吊绳。负载上的吊绳距离为 $2a$，吊车上的吊绳距离为 $x_2(t)-x_1(t)$（$x_2(t)-x_1(t)>0$），其中 $x_1(t),x_2(t)$ 分别表示吊车 1 和吊车 2 的水平位移。$\theta_1(t)$ 和 $\theta_2(t)$ 表示两条吊绳的摆动角度，$\theta_3(t)$ 表示负载相对于垂直方向的摆动。l 表示吊绳长度，b 表示负载重心 P 和线段 A_1A_2 之间的距离，A_1,A_2 表示两个连接点。m_1,m_2 和 m 分别表示吊车 1、吊车 2 和负载的质量。$F_1(t),F_2(t)$ 分别是第 1 台和第 2 台吊车的驱动力。

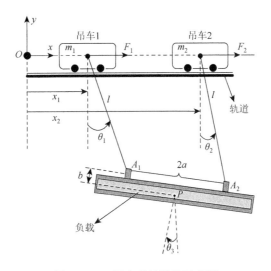

图 7.15　双吊车系统结构示意图

　　与其他吊车相关的工作一样，本节采用了以下合理假设：
$$-\pi/2<\theta_1,\theta_2,\theta_3,(\theta_1+\theta_3),(\theta_2+\theta_3)<\pi/2 \qquad (7.134)^{①}$$
从图 7.15 可以看出，双吊车系统具有以下几何约束：
$$\begin{cases} lS_1-lS_2+2aC_3-(x_2-x_1)=0 \\ lC_1-lC_2+2aS_3=0 \end{cases} \qquad (7.135)$$
根据式（7.135）推断，$x_1(t),x_2(t),\theta_1(t),\theta_2(t)$ 和 $\theta_3(t)$ 五个变量中并非所有都是独立的。因此，如何在不进行近似的前提下正确处理这些非独立变量之间的关系，是后续建模及分析过程中的主要挑战。这五个变量受两个方程的约束。因此，如果获得其中三个，则可以相应地计算另外两个。换句话说，这五个变量的值实际上是相互依赖的。首先，假设 $x_1(t),x_2(t),\theta_1(t)$ 是独立的，而 $\theta_2(t),\theta_3(t)$ 则是 $x_1(t),x_2(t),\theta_1(t)$ 的隐函数：

$$\theta_2 = g(x_1, x_2, \theta_1), \ \theta_3 = h(x_1, x_2, \theta_1)$$
$$\Rightarrow \dot{\theta}_2 = g_1\dot{x}_1 + g_2\dot{x}_2 + g_\theta\dot{\theta}_1, \ \dot{\theta}_3 = h_1\dot{x}_1 + h_2\dot{x}_2 + h_\theta\dot{\theta}_1 \tag{7.136}$$

式中，g_1, g_2, g_θ 分别表示 $\theta_2(t)$ 对 $x_1(t), x_2(t), \theta_1(t)$ 的偏导数。类似地，h_1, h_2, h_θ 分别表示 $\theta_3(t)$ 对 $x_1(t), x_2(t), \theta_1(t)$ 的偏导数。将式（7.135）关于 $\theta_1(t)$ 求导，可以得出

$$\begin{cases} lC_1 - lC_2 g_\theta - 2aS_3 h_\theta = 0 \\ -lS_1 + lS_2 g_\theta + 2aC_3 h_\theta = 0 \end{cases} \tag{7.137}$$

求解上述方程组则可以进一步得到

$$g_\theta = \frac{C_{1+3}}{C_{2+3}}, \ h_\theta = \frac{lS_{1-2}}{2aC_{2+3}} \tag{7.138}$$

类似地，g_1, g_2, h_1, h_2 可计算如下：

$$g_1 = \frac{C_3}{lC_{2+3}} = -g_2, \ h_1 = -\frac{S_2}{2aC_{2+3}} = -h_2 \tag{7.139}$$

由于双吊车系统的对称性，在理想情况下，负载最终会停在两台吊车中间。因此，系统状态的期望平衡点可以确定为

$$[x_1 \ x_2 \ \theta_1 \ \theta_2 \ \theta_3 \ \dot{x}_1 \ \dot{x}_2 \ \dot{\theta}_1 \ \dot{\theta}_2 \ \dot{\theta}_3]^{\mathrm{T}} = [x_{d1} \ x_{d2} \ \theta_{1d} \ \theta_{2d} \ 0 \ 0 \ 0 \ 0 \ 0 \ 0]^{\mathrm{T}} \tag{7.140}$$

式中，x_{d1}, x_{d2} 分别表示吊车 1 和吊车 2 的期望位置；θ_1, θ_2 的期望值，即 θ_{1d}, θ_{2d} 相应地计算如下：

$$\theta_{1d} = \arcsin\left(\frac{x_{d2} - x_{d1} - 2a}{2l}\right) = -\theta_{2d} \tag{7.141}$$

7.4.2 模型的建立

利用拉格朗日方法，经过详细计算，建立了双吊车系统的动力学方程如下：

$$\begin{cases} \chi_1 + g_1\chi_4 + h_1\chi_5 = F_1 \\ \chi_2 + g_2\chi_4 + h_2\chi_5 = F_2 \\ \chi_3 + g_\theta\chi_4 + h_\theta\chi_5 = 0 \end{cases} \tag{7.142}$$

式中，$\chi_1 \sim \chi_5$ 的显式表达式如下：

$$
\left\{
\begin{aligned}
\chi_1 =& \left(m_1 + \frac{1}{4}m\right)\ddot{x}_1 + \frac{1}{4}m\ddot{x}_2 + \frac{1}{4}mlC_1\ddot{\theta}_1 + \frac{1}{4}mlC_2\ddot{\theta}_2 - \frac{1}{2}mbC_3\ddot{\theta}_3 \\
& - \frac{1}{4}mlS_1\dot{\theta}_1^{\,2} - \frac{1}{4}mlS_2\dot{\theta}_2^{\,2} + \frac{1}{2}mbS_3\dot{\theta}_3^{\,2} \\
\chi_2 =& \frac{1}{4}m\ddot{x}_1 + \left(m_2 + \frac{1}{4}m\right)\ddot{x}_2 + \frac{1}{4}mlC_1\ddot{\theta}_1 + \frac{1}{4}mlC_2\ddot{\theta}_2 - \frac{1}{2}mbC_3\ddot{\theta}_3 \\
& - \frac{1}{4}mlS_1\dot{\theta}_1^{\,2} - \frac{1}{4}mlS_2\dot{\theta}_2^{\,2} + \frac{1}{2}mbS_3\dot{\theta}_3^{\,2} \\
\chi_3 =& \frac{1}{4}mlC_1\ddot{x}_1 + \frac{1}{4}mlC_1\ddot{x}_2 + \frac{1}{4}ml^2\ddot{\theta}_1 + \frac{1}{4}ml^2C_{1-2}\ddot{\theta}_2 - \frac{1}{2}mblC_{1+3}\ddot{\theta}_3 \\
& + \frac{1}{4}ml^2S_{1-2}\dot{\theta}_2^{\,2} + \frac{1}{2}mblS_{1+3}\dot{\theta}_3^{\,2} + \frac{1}{2}mglS_1 \\
\chi_4 =& \frac{1}{4}mlC_2\ddot{x}_1 + \frac{1}{4}mlC_2\ddot{x}_2 + \frac{1}{4}ml^2C_{1-2}\ddot{\theta}_1 + \frac{1}{4}ml^2\ddot{\theta}_2 - \frac{1}{2}mblC_{2+3}\ddot{\theta}_3 \\
& - \frac{1}{4}ml^2S_{1-2}\dot{\theta}_1^{\,2} + \frac{1}{2}mblS_{2+3}\dot{\theta}_3^{\,2} + \frac{1}{2}mglS_2 \\
\chi_5 =& -\frac{1}{2}mbC_3\ddot{x}_1 - \frac{1}{2}mbC_3\ddot{x}_2 - \frac{1}{2}mblC_{1+3}\ddot{\theta}_1 + mb^2\ddot{\theta}_3 - \frac{1}{2}mblC_{2+3}\ddot{\theta}_2 \\
& + \frac{1}{2}mblS_{1+3}\dot{\theta}_1^{\,2} + \frac{1}{2}mblS_{2+3}\dot{\theta}_2^{\,2} + mgbS_3
\end{aligned}
\right.
\tag{7.143}
$$

为了便于描述，将动力学方程（7.142）进一步重写为以下形式：

$$
M(q)\ddot{q} + C(q,\dot{q})\dot{q} + G(q) = u
\tag{7.144}
$$

式中，$q(t) = [x_1(t)\ \ x_2(t)\ \ \theta_1(t)]^{\mathrm{T}}$ 表示系统状态向量；$M(q), C(q,\dot{q}) \in R^{3\times3}, G(q), u \in R^3$ 分别表示惯性矩阵，向心-科氏力矩阵，重力矢量以及控制输入向量。经过整理，$M(q), C(q,\dot{q}), G(q), u$ 可以用以下形式表示：

$$
\left\{
\begin{aligned}
& M(q) = N^{\mathrm{T}}M_1 N, \quad C(q,\dot{q}) = N^{\mathrm{T}}M_1\dot{N} + N^{\mathrm{T}}C_1 N \\
& G(q) = N^{\mathrm{T}}G_1, \quad u = N^{\mathrm{T}}u_1
\end{aligned}
\right.
\tag{7.145}
$$

此外，式（7.145）中矩阵的显式表达式如下：

$$
N = \begin{bmatrix} 1 & 0 & 0 \\ 0 & 1 & 0 \\ 0 & 0 & 1 \\ g_1 & g_2 & g_\theta \\ h_1 & h_2 & h_\theta \end{bmatrix}, \quad
G_1 = \begin{bmatrix} 0 \\ 0 \\ \dfrac{1}{2}mglS_1 \\ \dfrac{1}{2}mglS_2 \\ mgbS_3 \end{bmatrix}, \quad
u_1 = \begin{bmatrix} F_1 \\ F_2 \\ 0 \\ 0 \\ 0 \end{bmatrix}
$$

$$M_1 = \begin{bmatrix} M_{11} & \dfrac{1}{4}m & \dfrac{1}{4}mlC_1 & \dfrac{1}{4}mlC_2 & -\dfrac{1}{2}mbC_3 \\[2mm] \dfrac{1}{4}m & M_{22} & \dfrac{1}{4}mlC_1 & \dfrac{1}{4}mlC_2 & -\dfrac{1}{2}mbC_3 \\[2mm] \dfrac{1}{4}mlC_1 & \dfrac{1}{4}mlC_1 & \dfrac{1}{4}ml^2 & M_{34} & M_{35} \\[2mm] \dfrac{1}{4}mlC_2 & \dfrac{1}{4}mlC_2 & M_{34} & \dfrac{1}{4}ml^2 & M_{45} \\[2mm] -\dfrac{1}{2}mbC_3 & -\dfrac{1}{2}mbC_3 & M_{35} & M_{45} & mb^2 \end{bmatrix}$$

$$C_1 = \begin{bmatrix} 0 & 0 & -\dfrac{1}{4}mlS_1\dot\theta_1 & -\dfrac{1}{4}mlS_2\dot\theta_2 & \dfrac{1}{2}mbS_3\dot\theta_3 \\[2mm] 0 & 0 & -\dfrac{1}{4}mlS_1\dot\theta_1 & -\dfrac{1}{4}mlS_2\dot\theta_2 & \dfrac{1}{2}mbS_3\dot\theta_3 \\[2mm] 0 & 0 & 0 & \dfrac{1}{4}ml^2S_{1-2}\dot\theta_2 & \dfrac{1}{2}mblS_{1+3}\dot\theta_3 \\[2mm] 0 & 0 & -\dfrac{1}{4}ml^2S_{1-2}\dot\theta_1 & 0 & \dfrac{1}{2}mblS_{2+3}\dot\theta_3 \\[2mm] 0 & 0 & \dfrac{1}{2}mblS_{1+3}\dot\theta_1 & \dfrac{1}{2}mblS_{2+3}\dot\theta_2 & 0 \end{bmatrix}$$

式中

$$M_{11} = m_1 + \frac{1}{4}m, \quad M_{22} = m_2 + \frac{1}{4}m, \quad M_{34} = \frac{1}{4}ml^2C_{1-2},$$

$$M_{35} = -\frac{1}{2}mblC_{1+3}, \quad M_{45} = -\frac{1}{2}mblC_{2+3}$$

7.4.3 控制器设计与稳定性分析

本节详细介绍了控制器的设计过程和稳定性分析。利用李雅普诺夫方法和拉塞尔不变性原理，严格保证了系统在期望平衡点处的渐近稳定性。

首先，定义以下误差信号：

$$e_{x_1} = x_1 - x_{d1}, e_{x_2} = x_2 - x_{d2}$$
$$\Rightarrow \dot{e}_{x_1} = \dot{x}_1, \dot{e}_{x_2} = \dot{x}_2$$

（7.146）

选择如下非负函数作为李雅普诺夫候选函数：

$$V(t) = \frac{1}{2}\dot{q}^\mathrm{T} M\dot{q} + \frac{1}{2}mg\tan\theta_{2d}(e_{x_2} - e_{x_1}) + \frac{1}{2}k_{p1}e_{x_1}^2 + \frac{1}{2}k_{p2}e_{x_2}^2$$

$$+ \frac{\lambda(e_{x_2} - e_{x_1})^2}{2(\Delta^2 - (e_{x_2} - e_{x_1})^2)} + mg\left(\frac{l}{2}(C_{1d} - C_1) + \frac{l}{2}(C_{2d} - C_2) + b(1 - C_3)\right)$$

式中，C_{1d},C_{2d} 表示 $\cos\theta_{1d},\cos\theta_{2d}$；$\lambda,k_{p1},k_{p2}$ 表示待确定的正控制增益；θ_{2d} 表示 θ_2 的期望值，并且 $\Delta>0$ 为满足如下条件的常数：

$$|e_{x_2}(0)-e_{x_1}(0)|<\Delta \tag{7.147}$$

将 $V(t)$ 关于时间求导得出

$$\dot V(t)=\left(F_1+k_{p1}e_{x_1}-\frac{\lambda\Delta^2(e_{x_2}-e_{x_1})}{\left(\Delta^2-(e_{x_2}-e_{x_1})^2\right)^2}-\frac12 mg\tan\theta_{2d}\right)\dot x_1$$
$$+\left(F_2+k_{p2}e_{x_2}+\frac12 mg\tan\theta_{2d}+\frac{\lambda\Delta^2(e_{x_2}-e_{x_1})}{\left(\Delta^2-(e_{x_2}-e_{x_1})^2\right)^2}\right)\dot x_2 \tag{7.148}$$

根据式（7.148），控制输入构造如下：

$$F_1=-k_{p1}e_{x_1}+\frac{\lambda\Delta^2(e_{x_2}-e_{x_1})}{\left(\Delta^2-(e_{x_2}-e_{x_1})^2\right)^2}-k_{d1}\dot x_1+\frac12 mg\tan\theta_{2d}$$
$$-k_{a1}(\dot\theta_1^2+\dot\theta_2^2+\dot\theta_3^2)\dot x_1-k\cdot\tau_1(\tau_1\dot x_1-\tau_2\dot x_2) \tag{7.149}$$

$$F_2=-k_{p2}e_{x_2}-\frac{\lambda\Delta^2(e_{x_2}-e_{x_1})}{\left(\Delta^2-(e_{x_2}-e_{x_1})^2\right)^2}-k_{d2}\dot x_2-\frac12 mg\tan\theta_{2d}$$
$$-k_{a2}(\dot\theta_1^2+\dot\theta_2^2+\dot\theta_3^2)\dot x_2+k\cdot\tau_2(\tau_1\dot x_1-\tau_2\dot x_2) \tag{7.150}$$

式中，$k_{d1},k_{d2},k_{a1},k_{a2},k$ 为正的控制增益；τ_1,τ_2 为常数，定义为

$$\tau_1=x_{d2}-x_2(0),\quad \tau_2=x_{d1}-x_1(0)$$

式中，$x_1(0),x_2(0)$ 是 x_1,x_2 的初始值。

定理 7.4　对于非线性欠驱动系统（7.144），所提出的控制器（7.149）和（7.150）能够保证式（7.140）中描述的期望平衡点是渐近稳定的，即

$$\lim_{t\to\infty}[x_1\ x_2\ \dot x_1\ \dot x_2]^{\mathrm T}=[x_{d1}\ x_{d2}\ 0\ 0]^{\mathrm T}$$
$$\lim_{t\to\infty}[\theta_1\ \theta_2\ \theta_3\ \dot\theta_1\ \dot\theta_2\ \dot\theta_3]^{\mathrm T}=[\theta_{1d}\ \theta_{2d}\ 0\ 0\ 0\ 0]^{\mathrm T}$$

证明　将式（7.149）和式（7.150）代入式（7.148）得到

$$\dot V(t)=-k_{d1}\dot x_1^2-k_{d2}\dot x_2^2-k_{a1}(\dot\theta_1^2+\dot\theta_2^2+\dot\theta_3^2)\dot x_1^2$$
$$-k_{a2}(\dot\theta_1^2+\dot\theta_2^2+\dot\theta_3^2)\dot x_2^2-k(\tau_1\dot x_1-\tau_2\dot x_2)^2\leqslant0 \tag{7.151}$$

从式（7.147）可以推断 $\Delta|\tan\theta_{2d}|+\tan\theta_{2d}[e_{x_2}(0)-e_{x_1}(0)]>0$，$\Delta^2-[e_{x_2}(0)-e_{x_1}(0)]^2>0$，这进一步表明 $0<V(0)\in\mathcal L_\infty$。因此，式（7.151）意味着

$$V(t)\leqslant V(0)<+\infty \tag{7.152}$$

根据式（7.147），有 $|e_{x_2}(0)-e_{x_1}(0)|<\Delta$，假设 $|e_{x_2}-e_{x_1}|$ 将要超出 Δ 的边界，则一

定存在某一时刻使得 $|e_{x_2}-e_{x_1}|\to\Delta^- \Rightarrow \dfrac{(e_{x_2}-e_{x_1})^2}{\left(\Delta^2-(e_{x_2}-e_{x_1})^2\right)}\to+\infty \Rightarrow V(t)\to+\infty$，这与式（7.152）矛盾。因此，可以得出以下结论：

$$|e_{x_2}-e_{x_1}|<\Delta \Rightarrow -\Delta<x_2-x_1-(x_{2d}-x_{1d})<\Delta$$
$$\Rightarrow (x_{2d}-x_{1d})-\Delta<\delta_x<(x_{2d}-x_{1d})+\Delta \tag{7.153}$$

式中，δ_x 表示 x_2-x_1。因为 M 是正定的，所以有 $\frac{1}{2}\dot{q}^{\mathrm{T}}M\dot{q}\geqslant 0$。此外，由于 k_{p1},k_{p2},λ 是正控制增益并且 $C_1,C_2,C_3\leqslant 1$，因此得出结论：

$$\frac{1}{2}k_{p1}e_{x_1}^2,\frac{1}{2}k_{p2}e_{x_2}^2,\frac{\lambda(e_{x_2}-e_{x_1})^2}{2\left(\Delta^2-(e_{x_2}-e_{x_1})^2\right)}\geqslant 0$$

$$mg\left(\frac{l}{2}(C_{1d}-C_1)+\frac{l}{2}(C_{2d}-C_2)+b(1-C_3)\right)\geqslant mg\left(\frac{l}{2}(C_{1d}-1)+\frac{l}{2}(C_{2d}-1)\right)$$

再结合式（7.153）中 $|e_{x_2}-e_{x_1}|<\Delta$ 的结果，可以得到

$$\frac{1}{2}mg\tan\theta_{2d}(e_{x_2}-e_{x_1})\geqslant -\frac{1}{2}mg|\tan\theta_{2d}|\Delta$$

因为 $V(t)$ 的所有项都是下界的，所以得出结论 $V(t)$ 也是有下界的，这与式（7.152）中的结论一起说明：

$$V\in\mathcal{L}_\infty \Rightarrow \dot{x}_1,\dot{x}_2,\dot{\theta}_1,\dot{\theta}_2,\dot{\theta}_3,e_{x_1},e_{x_2},x_1,x_2,\frac{(e_{x_2}-e_{x_1})^2}{\left(\Delta^2-(e_{x_2}-e_{x_1})^2\right)}\in\mathcal{L}_\infty \tag{7.154}$$

为了完成定理 7.4 的证明，定义了以下集合：

$$\Omega=\{(q,\dot{q})|\dot{V}(t)=0\} \tag{7.155}$$

基于式（7.155），进一步将 Ψ 定义为 Ω 中包含的最大不变集。然后由式（7.151）得出在 Ψ 中，有如下结论成立：

$$\begin{cases}\dot{x}_1=\dot{x}_2=0 \Rightarrow \ddot{x}_1,\ddot{x}_2,\ddot{e}_{x_1},\ddot{e}_{x_2},\dot{e}_{x_1},\dot{e}_{x_2}=0,e_{x_1}=\alpha_1\\ e_{x_2}=\alpha_2 \Rightarrow x_1=x_{d1}+\alpha_1=\alpha_3,x_2=x_{d2}+\alpha_2=\alpha_4\end{cases} \tag{7.156}$$

式中，$\alpha_1\sim\alpha_4$ 是待确定的常数。将式（7.149）和式（7.150）以及式（7.156）代入式（7.142）得到

$$\chi_1+g_1\chi_4+h_1\chi_5=-k_{p1}\alpha_1+\frac{\lambda\Delta^2(\alpha_2-\alpha_1)}{\left(\Delta^2-(\alpha_2-\alpha_1)^2\right)^2}+\frac{1}{2}mg\tan\theta_{2d} \tag{7.157}$$

$$\chi_2+g_2\chi_4+h_2\chi_5=-k_{p2}\alpha_2-\frac{\lambda\Delta^2(\alpha_2-\alpha_1)}{\left(\Delta^2-(\alpha_2-\alpha_1)^2\right)^2}-\frac{1}{2}mg\tan\theta_{2d} \tag{7.158}$$

注意到 $g_1=-g_2,h_1=-h_2$，那么将式（7.157）与式（7.158）相加可以得到

$$\chi_1 + \chi_2 = -k_{p1}\alpha_1 - k_{p2}\alpha_2 \tag{7.159}$$

结合式（7.143）可以进一步扩展如下：

$$\frac{1}{2}ml(C_1\ddot{\theta}_1 - S_1\dot{\theta}_1^2) + \frac{1}{2}ml(C_2\ddot{\theta}_2 - S_2\dot{\theta}_2^2) - mb(C_3\ddot{\theta}_3 - S_3\dot{\theta}_3^2) = -k_{p1}\alpha_1 - k_{p2}\alpha_2 \tag{7.160}$$

将式（7.160）两边关于时间积分得到

$$\frac{1}{2}mlC_1\dot{\theta}_1 + \frac{1}{2}mlC_2\dot{\theta}_2 - mbC_3\dot{\theta}_3 = -(k_{p1}\alpha_1 + k_{p2}\alpha_2)t + \beta_1 \tag{7.161}$$

式中，β_1 表示待确定的常数。如果 $(k_{p1}\alpha_1 + k_{p2}\alpha_2) \neq 0$，那么 $t \to \infty$ 时会有

$\frac{1}{2}mlC_1\dot{\theta}_1 + \frac{1}{2}mlC_2\dot{\theta}_2 - mbC_3\dot{\theta}_3 \to \infty$，然而从式（7.154）中可以得到 $\dot{\theta}_1, \dot{\theta}_2, \dot{\theta}_3 \in \mathcal{L}_\infty$，

进一步说明 $\frac{1}{2}mlC_1\dot{\theta}_1 + \frac{1}{2}mlC_2\dot{\theta}_2 - mbC_3\dot{\theta}_3 \in \mathcal{L}_\infty$，这明显是矛盾的。因此，式（7.161）

可以进一步整理为

$$k_{p1}\alpha_1 + k_{p2}\alpha_2 = 0 \Rightarrow \frac{1}{2}mlC_1\dot{\theta}_1 + \frac{1}{2}mlC_2\dot{\theta}_2 - mbC_3\dot{\theta}_3 = \beta_1 \tag{7.162}$$

类似地，积分式（7.162）的两边得到

$$\frac{1}{2}mlS_1 + \frac{1}{2}mlS_2 - mbS_3 = \beta_1 t + \beta_2 \tag{7.163}$$

式中，β_2 也是一个常量。类似于式（7.160）～式（7.162）中的分析，进一步得出

$$\beta_1 = 0 \Rightarrow lC_1\dot{\theta}_1 + lC_2\dot{\theta}_2 - 2bC_3\dot{\theta}_3 = 0 \tag{7.164}$$

将式（7.156）中的结果代入式（7.136）得出

$$\dot{\theta}_2 = g_\theta \dot{\theta}_1, \quad \dot{\theta}_3 = h_\theta \dot{\theta}_1 \tag{7.165}$$

基于式（7.165）中的结果，将 $\ddot{x}_1(t) = \ddot{x}_2(t) = 0$ 代入式（7.142），并将所得公式的两边乘以 $\dot{\theta}_1(t)$ 得到

$$\frac{\mathrm{d}}{\mathrm{d}t}\left(\frac{1}{8}ml^2\dot{\theta}_1^2 + \frac{1}{8}ml^2\dot{\theta}_2^2 + \frac{1}{2}mb^2\dot{\theta}_3^2 + \frac{1}{4}ml^2C_{1-2}\dot{\theta}_1\dot{\theta}_2 - \frac{1}{2}mblC_{1+3}\dot{\theta}_1\dot{\theta}_3\right.$$
$$\left. - \frac{1}{2}mblC_{2+3}\dot{\theta}_2\dot{\theta}_3\right) + mg\left(\frac{1}{2}lS_1\dot{\theta}_1 + \frac{1}{2}lS_2\dot{\theta}_2 + bS_3\dot{\theta}_3\right) = 0 \tag{7.166}$$

式（7.166）可以被简化为

$$\frac{\mathrm{d}}{\mathrm{d}t}\left((lC_1\dot{\theta}_1 + lC_2\dot{\theta}_2 - 2bC_3\dot{\theta}_3)^2 + (lS_1\dot{\theta}_1 + lS_2\dot{\theta}_2 + 2bS_3\dot{\theta}_3)^2\right)$$
$$+ 4g(lS_1\dot{\theta}_1 + lS_2\dot{\theta}_2 + 2bS_3\dot{\theta}_3) = 0 \tag{7.167}$$

通过将式（7.164）代入式（7.167），进一步得出以下结论：

$$\frac{\mathrm{d}}{\mathrm{d}t}\left((lS_1\dot{\theta}_1 + lS_2\dot{\theta}_2 + 2bS_3\dot{\theta}_3)^2\right) + 4g(lS_1\dot{\theta}_1 + lS_2\dot{\theta}_2 + 2bS_3\dot{\theta}_3) = 0 \tag{7.168}$$

随后将证明 $lS_1\dot{\theta}_1 + lS_2\dot{\theta}_2 + 2bS_3\dot{\theta}_3 = 0$ 的结论始终成立。为此，首先定义以下辅助变

量以简化表达式：

$$\Sigma = lS_1\dot{\theta}_1 + lS_2\dot{\theta}_2 + 2bS_3\dot{\theta}_3 \in \mathcal{L}_\infty \quad (7.169)$$

那么式（7.168）可以重新表示如下：

$$2\Sigma\dot{\Sigma} + 4g\Sigma = 0 \quad (7.170)$$

如果 $\Sigma(t) \neq 0$，则可以通过式（7.170）得到以下结论：

$$\dot{\Sigma} = -2g \quad (7.171)$$

将式（7.171）的两边关于时间积分得到：

$$\Sigma = -2gt + \gamma \quad (7.172)$$

式中，γ 表示待确定的常数。式（7.172）进一步表明 $t \to \infty$ 时 $\Sigma(t) \to \infty$，这显然与式（7.169）中的结果相矛盾。因此，可以得出以下结论：

$$\Sigma = 0 \Rightarrow lS_1\dot{\theta}_1 + lS_2\dot{\theta}_2 + 2bS_3\dot{\theta}_3 = (lS_1 + lS_2g_\theta + 2bS_3h_\theta)\dot{\theta}_1 = 0 \quad (7.173)$$

式（7.173）表明，$lS_1 + lS_2g_\theta + 2bS_3h_\theta = 0$ 或 $\dot{\theta}_1(t) = 0$。假设 $\dot{\theta}_1(t) = 0$，则由式（7.165）得出

$$\dot{\theta}_1, \dot{\theta}_2, \dot{\theta}_3 = 0 \Rightarrow \ddot{\theta}_1, \ddot{\theta}_2, \ddot{\theta}_3 = 0 \quad (7.174)$$

将式（7.174）和式（7.156）中的结果代入式（7.142）并进行整理可以得到

$$lS_1 + lS_2g_\theta + 2bS_3h_\theta = 0 \quad (7.175)$$

因此，可以得出结论式（7.175）恒成立。将式（7.138）代入式（7.175），得出如下结论：

$$aS_1C_{2+3} + aS_2C_{1+3} + bS_3S_{1-2} = a(S_1C_{2+3} + S_2C_{1+3}) + bS_3S_{1-2} = 0 \quad (7.176)$$

它与式（7.135）共同构成了如下非线性代数方程组：

$$\begin{cases} lS_1 - lS_2 + 2aC_3 - (x_2 - x_1) = 0 \\ lC_1 - lC_2 + 2aS_3 = 0 \\ a(S_1C_{2+3} + S_2C_{1+3}) + bS_3S_{1-2} = 0 \end{cases} \quad (7.177)$$

定理7.5 式（7.177）的唯一解是 $\theta_3 = 0$。

证明 详情请参见附录。

将定理7.5的结果代入式（7.177），不难得出 θ_1, θ_2 取以下值：

$$\theta_1 = \arcsin\left(\frac{\alpha_4 - \alpha_3 - 2a}{2l}\right) = -\theta_2 \quad (7.178)$$

由于 $\theta_1(t), \theta_2(t), \theta_3(t)$ 都是常数，因此得出以下结论：

$$\dot{\theta}_1, \dot{\theta}_2, \dot{\theta}_3, \ddot{\theta}_1, \ddot{\theta}_2, \ddot{\theta}_3 = 0 \quad (7.179)$$

将式（7.156）、式（7.179）和 $\theta_3 = 0$ 代入式（7.157），则可得出结论：

$$\frac{1}{2}mg(\tan\theta_2 - \tan\theta_{2d}) = -k_{p1}\alpha_1 + \frac{\lambda\Delta^2(\alpha_2 - \alpha_1)}{\left(\Delta^2 - (\alpha_2 - \alpha_1)^2\right)^2} \quad (7.180)$$

根据式（7.162），可以推断出

$$\alpha_2 = -\frac{k_{p1}}{k_{p2}}\alpha_1 \qquad (7.181)$$

将式（7.181）代入式（7.180）并整理可以得到

$$\frac{1}{2}mg(\tan\theta_2 - \tan\theta_{2d}) = -\left(k_{p1} + \frac{\lambda\Delta^2(1 + k_{p1}/k_{p2})}{(\Delta^2 - (\alpha_2 - \alpha_1)^2)^2}\right)\alpha_1 \qquad (7.182)$$

关于式（7.182）的左侧，可以进行以下推导：

$$\text{sgn}(\tan\theta_2 - \tan\theta_{2d}) = \text{sgn}(\theta_2 - \theta_{2d}) \qquad (7.183)$$

此外，结合式（7.156）与式（7.181）的结果，再根据式（7.141）和式（7.178）进一步得到

$$\text{sgn}(\theta_2 - \theta_{2d}) = \text{sgn}\left(\arcsin\left(\frac{x_{d2} - x_{d1} - 2a}{2l}\right) - \arcsin\left(\frac{\alpha_4 - \alpha_3 - 2a}{2l}\right)\right)$$

$$= \text{sgn}\left((x_{d2} - x_{d1} - 2a) - (\alpha_4 - \alpha_3 - 2a)\right) = \text{sgn}(\alpha_1 - \alpha_2) \qquad (7.184)$$

$$= \text{sgn}\left(\left(1 + \frac{k_{p1}}{k_{p2}}\right)\alpha_1\right) = \text{sgn}(\alpha_1)$$

综合式（7.183）和式（7.184）的结论，可以得出如果 $\alpha_1 > 0$，那么有 $\tan\theta_2 - \tan\theta_{2d} > 0$，进一步不难得出 $-\left(k_{p1} + \dfrac{\lambda\Delta^2(1 + k_{p1}/k_{p2})}{(\Delta^2 - (\alpha_2 - \alpha_1)^2)^2}\right)\alpha_1 < 0$，这与式（7.182）中的结论相矛盾。当 $\alpha_1 < 0$ 时，类似的推断同样成立。因此，式（7.182）的结论意味着

$$\alpha_1 = 0 \Rightarrow \alpha_2 = 0 \Rightarrow x_1 = \alpha_3 = x_{d1}, \quad x_2 = \alpha_4 = x_{d2} \qquad (7.185)$$

将式（7.185）代入式（7.178），进一步得到

$$\theta_1 = \arcsin\left(\frac{x_{d2} - x_{d1} - 2a}{2l}\right) = -\theta_2, \quad \theta_3 = 0 \qquad (7.186)$$

综合式（7.156）、式（7.179）、式（7.185）和式（7.186）中的结果，可以得出，$\dot{V}(t) = 0$ 的唯一解即为期望平衡点。而 $V(t)$ 只有在期望的平衡点处才能取得最小值 $V(t) = 0$，这说明 $V(t)$ 可以作为李雅普诺夫候选函数。在此基础上，综合式（7.151）～式（7.186）中的结果，从式（7.154）得出闭环系统是稳定的，并且最大不变集 Ψ 只包含期望的平衡点。根据拉塞尔不变性原理，得到了系统在期望平衡点处渐近稳定的结论。

7.4.4 实验结果

在本小节中，给出了硬件实验结果，验证了所提方法的可行性和有效性。

双吊车系统自建实验台如图 7.16 所示。从图中可以看出，负载分别由两台吊车的两根吊绳悬挂。对于每台吊车，下面固定一个编码器，以便实时捕捉钢丝绳的摆动运动。此外，吊车的位移由嵌入伺服电机的编码器检测。采用在 Windows XP 环境下运行的 MATLAB/Simulink 2012b RTWT（real time windows target）执行控制算法，控制周期设定为 5ms。最后，采用 Googol-GTS-800-PV-PCI 八轴运动控制板对传感器进行数据采集，同时将 PC 产生的控制命令传递给伺服电机。

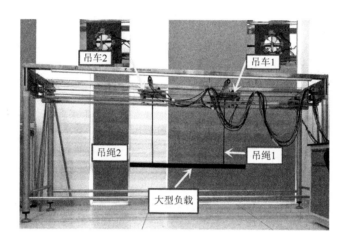

图 7.16　双吊车系统实验平台

除非另有说明，实验台的物理参数设置如下：
$$m_1 = m_2 = 4.6\text{kg}, \quad m = 2.2\text{kg}, \quad l = 0.9\text{m}, \quad a = 0.45\text{m}, \quad b = 0.05\text{m}$$
除第 2 组实验中的第四部分外，吊车的初始位置和目标位置确定为
$$x_1(0) = 0\text{m}, \quad x_2(0) = 0.9\text{m}, \quad x_{d1} = 1.2\text{m}, \quad x_{d2} = 2.1\text{m}$$
$$\Rightarrow \theta_{1d} = \theta_{2d} = \theta_{3d} = 0°$$
选择 $\varDelta = 0.05\text{m}$，结合式（7.153），得到吊车之间的安全距离范围为
$$0.85 < x_2(t) - x_1(t) < 0.95$$

为了全面说明该控制器的有效性，进行了两组实验测试。在第 1 组实验中，所提方法的性能与现有方法进行了比较。在第 2 组中，进一步测试了所提方法的鲁棒性。

由于双吊车系统的相关研究成果较少，适合比较的控制方法的数量非常有限。在本节中，比较了所提出的方法与经典比例积分微分（proportional integral derivative，PID）控制器和 LQR 控制器的性能。具体地说，PID 控制器被设计为

$$F_i = -25(x_i - x_{di}) - 2\int_0^t (x_i - x_{di})\mathrm{d}t - 40\dot{x}_i, \quad i = 1,2$$

LQR 方法的控制输入则被设计为

$$F_i = -\kappa_{ai}(x_i - x_{di}) - \kappa_{bi}\dot{x}_i - \kappa_{ci}\theta_i - \kappa_{di}\dot{\theta}_i, \quad i = 1,2$$

代价函数为 $J_i = \int_0^\infty (X_i^{\mathrm{T}} Q_i X_i + R_i F_i^2)\mathrm{d}t, i = 1,2$，其中 $X_i = [x_i(t) - x_{di}\ \dot{x}_i(t)\ \theta_i(t)\ \dot{\theta}_i(t)]$。经过仔细的调整，选择 $Q_i = \mathrm{diag}\{100, 15, 200, 0\}$，$R_i = 0.15$，$i = 1,2$。相应地，控制增益计算为 $\kappa_{ai} = 25.82$，$\kappa_{bi} = 23.16$，$\kappa_{ci} = -27.00$，$\kappa_{di} = -1.44$，$i = 1,2$。对于本节所提出的方法，控制增益选择为

$$\lambda = 1, \quad k = 5, \quad k_{pi} = 15, \quad k_{di} = 25, \quad k_{ai} = 200, \quad i = 1,2$$

为了更好地说明所提出方法和对比方法的控制性能，定义了以下性能指标。

（1）$\theta_{imax}, i = 1,2,3$：最大摆角幅值，即 $\theta_{imax} = \max\limits_{t \in \mathbb{R}^+}\{|\theta_i(t)|\}$。

（2）$\theta_{ires}, i = 1,2,3$：最大残余摆角，即 $\theta_{ires} = \max\limits_{\dot{x}_1 = \dot{x}_2 = 0}\{|\theta_i(t)|\}$。

（3）$\delta_{xmax}, \delta_{xmin}$：两个吊车之间的最大与最小距离，即

$$\delta_{xmax} = \max\limits_{t \in \mathbb{R}^+}\{x_2(t) - x_1(t)\}, \quad \delta_{xmin} = \min\limits_{t \in \mathbb{R}^+}\{x_2(t) - x_1(t)\}$$

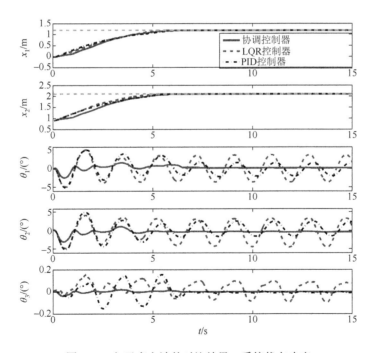

图 7.17　与已有方法的对比结果：系统状态响应

实线：协调控制器实验结果；虚线：LQR 控制器实验结果；点划线：PID 控制器实验结果；
水平虚线：系统状态期望值

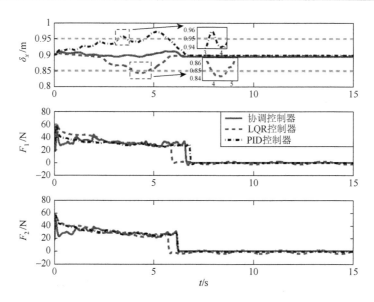

图 7.18　与已有方法的对比结果：控制输入

实线：协调控制器实验结果；虚线：LQR 控制器实验结果；点划线：PID 控制器实验结果；
水平虚线：台车安全距离范围

　　第 1 组实验测试的结果如图 7.17 和图 7.18 所示，所有控制器的性能指标均记录在表 7.2 中。从图中可以看出，所提出的方法和对比方法都能将吊车驱动到期望的位置。然而，本节提出的方法在吊车协调和摆动抑制方面有更好的效果。具体地说，对于所提出的方法，两台吊车之间的距离始终保持在安全范围内，即 0.85～0.95m，而对比 LQR 方法和 PID 控制器都不能做到这一点（见图 7.18）。此外，本节方法的最大摆角远小于 LQR 和 PID 控制器的最大摆动角（见表 7.2）。最后，吊车停止后，本节方法的负载和吊绳几乎没有摆动，而对比方法则可以观察到明显的残余摆动角。

表 7.2　不同对比方法实验结果

所用方法	θ_{1max} /(°)	θ_{2max} /(°)	θ_{3max} /(°)	θ_{1res} /(°)	θ_{2res} /(°)	θ_{3res} (°)	δ_{xmax} /m	δ_{xmin} /m
本节方法	2.60	3.05	0.04	0.08	0.14	0.002	0.911	0.894
LQR 方法	4.95	5.05	0.16	3.50	3.60	0.08	0.904	0.844
PID 方法	5.05	5.25	0.15	2.00	2.10	0.005	0.972	0.900

　　在第 2 组实验测试中，进一步验证所提出方法的鲁棒性。为此，进行了以下 4 种情形的实验。

情形 1：参数不确定性 1：系统参数改为 $m_1 = m_2 = 5.5\text{kg}, b = 0.06\text{m}$，而其标称值仍为 $m_1 = m_2 = 4.6\text{kg}, b = 0.05\text{m}$。

情形 2：参数不确定性 2：两个吊绳的长度分别改为 $l_1 = l + \delta_{l1} = 0.93\text{m}$，$l_2 = l + \delta_{l2} = 0.86\text{m}$，此外，有意移动负载上吊绳的连接点：①使其与负载重心不对称；②将其距离改为 $2a = 0.83\text{m}$。

情形 3：非零初始条件：引入负载的初始摆动以干扰双吊车系统。

情形 4：其他类型运输任务：吊车的初始位置和目标位置更改为

$$x_1(0) = 0\text{m}, \quad x_2(0) = 0.84\text{m}, \quad x_{d1} = 1.2\text{m}, \quad x_{d2} = 2.16\text{m}$$

此外，$\varDelta$ 被确定为 0.16m。

情形 1～情形 4 的实验结果如图 7.19～图 7.22 所示。从图 7.19 和图 7.20 中可以看出，即使在存在各种参数不确定性，或者在负载不对称悬挂的情况下，所提出的方法仍然能获得满意的控制性能。此外，从图 7.21 中的结果可以得出结论，所提出方法对非零初始条件不敏感。最后，在情形 4 中进行了一个额外的实验，进一步验证了本节方法对不同运输任务的适应性。具体来说，两个吊车之间的初始距离为 $0.84\text{m} < 2a = 0.9\text{m}$，两个吊车之间的最终期望距离为 $0.96\text{m} > 2a = 0.9\text{m}$。相应地，有 $\theta_1(0) = -1.9° = -\theta_2(0), \theta_{1d} = 1.9° = -\theta_{2d}, \theta_3(0) = \theta_{3d} = 0°$。从图 7.22 可以看出，所有的状态变量都被成功调节到期望值。此外，吊车之间的距离也保持在期望的范围内，即 0.8～1.12m。综上，可以说明所提出方法对各种干扰具有良好的鲁棒性。

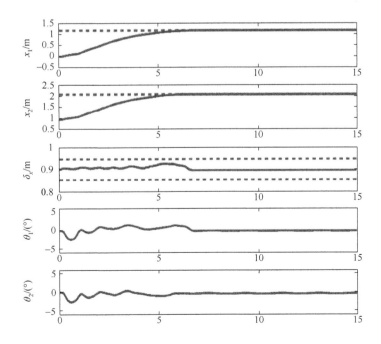

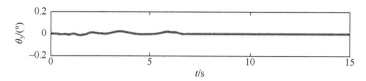

图 7.19 参数不确定性 1 实验结果

实线：协调控制器实验结果；水平虚线：系统状态期望值/台车安全距离范围

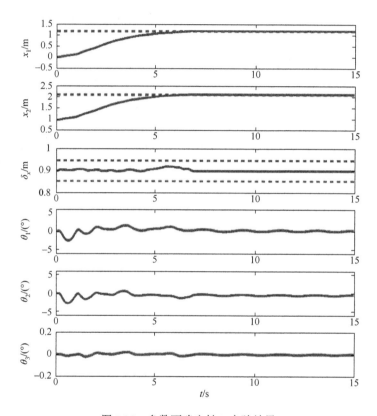

图 7.20 参数不确定性 2 实验结果

实线：协调控制器实验结果；水平虚线：系统状态期望值/台车安全距离范围

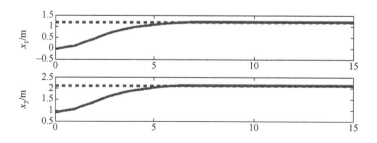

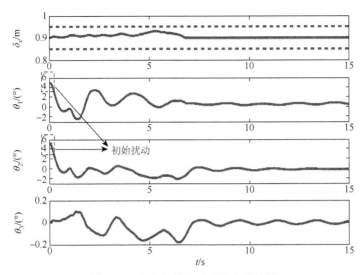

图 7.21　存在初始扰动时的实验结果

实线：协调控制器实验结果；水平虚线：系统状态期望值/台车安全距离范围

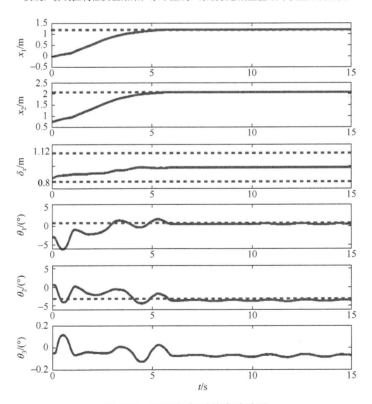

图 7.22　不同任务时的实验结果

实线：协调控制器实验结果；水平虚线：系统状态期望值/台车安全距离范围

7.5　本 章 小 结

　　为了促进多绳吊车和双吊车相关的研究，本章首先利用拉格朗日方法建立了多绳吊车的精确动力学模型。在此基础上，设计了一种非线性反馈控制器。通过李雅普诺夫方法和拉塞尔不变性原理可以严格证明，该控制器能保证系统在期望平衡点处的渐近稳定性。最后，通过在自行搭建的实验台上进行大量的硬件实验，验证了本章方法的有效性。而对于欠驱动双吊车系统，本章分别设计了协调控制器以及自适应输出反馈控制器。通过这两个例子，详细阐述了此类系统的稳定性分析方法。大量实验结果表明，本章的处理方法可以实现双吊车系统的有效控制。

参 考 文 献

[1]　Park H，Chwa D，Hong K S. A feedback linearization control of container cranes. International Journal of Control Automation and Systems，2005，19（19）：379-387.

[2]　Xu W，Gu W，Shen A，et al. Anti-swing control of a new container crane with fuzzy uncertainties compensation. IEEE International Conference on Fuzzy Systems，2011：1648-1655.

[3]　Masoud Z N，Nayfeh A H. Sway reduction on container cranes using delayed feedback controller. Nonlinear Dynamics，2003，34（3/4）：347-358.

[4]　Leban A，Diaz-Gonzalez J，Parker G G，et al. Inverse kinematic control of a dual crane system experiencing base motion. IEEE Transactions on Control Systems Technology，2015，23（1）：331-339.

[5]　Bin Z. Dynamic modeling and analysis of cable parallel manipulator for dual automobile cranes during luffing motion. Journal of Mechanical Engineering，2017，53（7）：55-61.

[6]　Li Y，Xi X，Xie J，et al. Study and implementation of a cooperative hoisting for two crawler cranes. Journal of Intelligent and Robotic Systems，2016，83（2）：165-178.

[7]　Ku N，Ha S. Dynamic response analysis of heavy load lifting operation in shipyard using multi-cranes. Ocean Engineering，2014，83（2）：63-75.

[8]　Vaughan J，Yoo J，Knight N，et al. Multi-input shaping control for multi-hoist cranes. American Control Conference，2013：3449-3454.

[9]　Miller A S，Sarvepalli P，Singhose W. Dynamics and control of dual-hoist cranes moving triangular payloads. ASME Dynamic Systems and Control Conference，San Antonio，2014：1-9.

[10]　Cai P，Chandrasekaran I，Zheng J，et al. Automatic path planning for dual-crane lifting in complex environments using a prioritized multi-objective pga. IEEE Transactions on Industrial Informatics，2018，14（3）：829-845.

[11]　Chang Y C，Hung W H，Kang S C. A fast path planning method for single and dual crane erections. Automation in Construction，2012，22（4）：468-480.

[12]　Chi H L，Hung W H，Kang S C. A physics based simulation for crane manipulation and cooperation. American Society of Civil Engineers，2014：777-784.

[13]　Qian S，Zi B，Ding H. Dynamics and trajectory tracking control of cooperative multiple mobile cranes. Nonlinear Dynamics，2016，83（1/2）：89-108.

[14] Leban A. Coordinated Control of a Planar Dual-Crane Non-fully Restrained System. Monterey：Monterey California Naval Postgraduate School，2008.

[15] Lu B，Fang Y，Sun N. Modeling and nonlinear coordination control for an underactuated dual overhead crane system. Automatica，2018，91：244-255.

附　录　A

为了便于描述，首先将式（7.75）重写为如下形式：

$$v_1 + \psi_1 + g_{x1}(v_6 + \psi_6) + h_{x1}(v_7 + \psi_7) = F_{x1} \quad (7.125)^{①}$$

$$v_2 + \psi_2 + g_{x2}(v_6 + \psi_6) + h_{x2}(v_7 + \psi_7) = F_{x2} \quad (7.126)$$

$$v_3 + \psi_3 + g_{l1}(v_6 + \psi_6) + h_{l1}(v_7 + \psi_7) = F_{l1} \quad (7.127)$$

$$v_4 + \psi_4 + g_{l2}(v_6 + \psi_6) + h_{l2}(v_7 + \psi_7) = F_{l2} \quad (7.128)$$

$$v_5 + \psi_5 + g_{\theta1}(v_6 + \psi_6) + h_{\theta1}(v_7 + \psi_7) = 0 \quad (7.129)$$

式中，$v_1 \sim v_7, \psi_1 \sim \psi_7$ 的具体表达式如下：

$$v_1 = (m_t + \frac{1}{4}m)\ddot{x}_1 + \frac{1}{4}m\ddot{x}_2, \quad v_2 = \frac{1}{4}m\ddot{x}_1 + (m_t + \frac{1}{4}m)\ddot{x}_2$$

$$v_3 = \frac{1}{4}mS_1\ddot{x}_1 + \frac{1}{4}mS_1\ddot{x}_2, \quad v_4 = \frac{1}{4}mS_2\ddot{x}_1 + \frac{1}{4}mS_2\ddot{x}_2$$

$$v_5 = \frac{1}{4}ml_1C_1\ddot{x}_1 + \frac{1}{4}ml_1C_1\ddot{x}_2, \quad v_6 = \frac{1}{4}ml_2C_2\ddot{x}_1 + \frac{1}{4}ml_2C_2\ddot{x}_2$$

$$v_7 = -\frac{1}{2}mbC_3\ddot{x}_1 - \frac{1}{2}mbC_3\ddot{x}_2$$

$$\psi_1 = \psi_2 = \frac{1}{4}m\ddot{\Lambda}_s = \frac{1}{4}mS_1\ddot{l}_1 + \frac{1}{4}mS_2\ddot{l}_2 + \frac{1}{4}ml_1C_1\ddot{\theta}_1 + \frac{1}{4}ml_2C_2\ddot{\theta}_2$$

$$- \frac{1}{2}mbC_3\ddot{\theta}_3 + \frac{1}{2}mC_1\dot{\theta}_1\dot{l}_1 + \frac{1}{2}mC_2\dot{\theta}_2\dot{l}_2 - \frac{1}{4}ml_1S_1\dot{\theta}_1^2 - \frac{1}{4}ml_2S_2\dot{\theta}_2^2 + \frac{1}{2}mbS_3\dot{\theta}_3^2$$

$$\psi_3 = \frac{1}{4}m\ddot{l}_1 + \frac{1}{4}mC_{1-2}\ddot{l}_2 + \frac{1}{4}ml_2S_{1-2}\ddot{\theta}_2 - \frac{1}{2}mbS_{1+3}\ddot{\theta}_3 + \frac{1}{2}mS_{1-2}\dot{\theta}_2\dot{l}_2$$

$$- \frac{1}{4}ml_1\dot{\theta}_1^2 - \frac{1}{4}ml_2C_{1-2}\dot{\theta}_2^2 - \frac{1}{2}mbC_{1+3}\dot{\theta}_3^2 - \frac{1}{2}mgC_1$$

$$\psi_4 = \frac{1}{4}mC_{1-2}\ddot{l}_1 + \frac{1}{4}m\ddot{l}_2 - \frac{1}{4}ml_1S_{1-2}\ddot{\theta}_1 - \frac{1}{2}mbS_{2+3}\ddot{\theta}_3 - \frac{1}{2}mS_{1-2}\dot{\theta}_1\dot{l}_1$$

$$- \frac{1}{4}ml_1C_{1-2}\dot{\theta}_1^2 - \frac{1}{4}ml_2\dot{\theta}_2^2 - \frac{1}{2}mbC_{2+3}\dot{\theta}_3^2 - \frac{1}{2}mgC_2$$

---

① 本附录的公式号顺接 7.3.3 节的公式号。

$$\psi_5 = -\frac{1}{4}ml_1S_{1-2}\ddot{l}_2 + \frac{1}{4}ml_1^2\ddot{\theta}_1 + \frac{1}{4}ml_1l_2C_{1-2}\ddot{\theta}_2 - \frac{1}{2}mbl_1C_{1+3}\ddot{\theta}_3 + \frac{1}{2}ml_1\dot{\theta}_1\dot{l}_1$$

$$+ \frac{1}{2}ml_1C_{1-2}\dot{\theta}_2\dot{l}_2 + \frac{1}{4}ml_1l_2S_{1-2}\dot{\theta}_2^2 + \frac{1}{2}mbl_1S_{1+3}\dot{\theta}_3^2 + \frac{1}{2}mgl_1S_1$$

$$\psi_6 = \frac{1}{4}ml_2S_{1-2}\ddot{l}_1 + \frac{1}{4}ml_1l_2C_{1-2}\ddot{\theta}_1 + \frac{1}{4}ml_2^2\ddot{\theta}_2 - \frac{1}{2}mbl_2C_{2+3}\ddot{\theta}_3 + \frac{1}{2}ml_2C_{1-2}\dot{\theta}_1\dot{l}_1$$

$$+ \frac{1}{2}ml_2\dot{\theta}_2\dot{l}_2 - \frac{1}{4}ml_1l_2S_{1-2}\dot{\theta}_1^2 + \frac{1}{2}mbl_2S_{2+3}\dot{\theta}_3^2 + \frac{1}{2}mgl_2S_2$$

$$\psi_7 = -\frac{1}{2}mbS_{1+3}\ddot{l}_1 - \frac{1}{2}mbS_{2+3}\ddot{l}_2 - \frac{1}{2}mbl_1C_{1+3}\ddot{\theta}_1 - \frac{1}{2}mbl_2C_{2+3}\ddot{\theta}_2 + mb^2\ddot{\theta}_3$$

$$- mbC_{1+3}\dot{\theta}_1\dot{l}_1 - mbC_{2+3}\dot{\theta}_2\dot{l}_2 + \frac{1}{2}mbl_1S_{1+3}\dot{\theta}_1^2 + \frac{1}{2}mbl_2S_{2+3}\dot{\theta}_2^2 + mgbS_3$$

将式（7.88）展开可得

$$\dot{E}_m = \dot{E} + \dot{\Sigma}$$

式中，$\dot{\Sigma}$ 可表示为

$$\dot{\Sigma} = -\alpha k(F_{x1} - F_{x2})\dot{\Lambda}_c - k(F_{x1} + F_{x2})\dot{\Lambda}_s + 2\alpha kF_{l1}\dot{l}_1 + 2\alpha kF_{l2}\dot{l}_2 + \frac{\alpha kmg}{C_{1d}}\dot{l}_1 + \frac{\alpha kmg}{C_{2d}}\dot{l}_2$$

（7.130）

很明显，$\dot{E}(t)$ 是可积的并且 $E(t)$ 是非负的。因此，只需证明对于 $\dot{\Sigma}(t)$ 同样的结论也是成立的即可，根据式（7.125）和式（7.126）可推导出

$$\begin{cases} F_{x1} - F_{x2} = -m_t\ddot{\Lambda}_c + 2\left(g_{x1}(v_6 + \psi_6) + h_{x1}(v_7 + \psi_7)\right) \\ \qquad\quad = -m_t\ddot{\Lambda}_c - 2\left(g_{x2}(v_6 + \psi_6) + h_{x2}(v_7 + \psi_7)\right) \\ F_{x1} + F_{x2} = \left(m_t + \frac{1}{2}m\right)(\ddot{x}_1 + \ddot{x}_2) + \frac{1}{2}m\ddot{\Lambda}_s \end{cases}$$

（7.131）

其中用到了式（7.72）中 $g_{x1} = -g_{x2}, h_{x1} = -h_{x2}$ 的结论。将式（7.131）代入式（7.130）可得

$$\dot{\Sigma} = \alpha km_t\dot{\Lambda}_c\ddot{\Lambda}_c + 2\alpha k\left(g_{x1}\dot{x}_1(v_6 + \psi_6) + h_{x1}\dot{x}_1(v_7 + \psi_7)\right)$$

$$+ 2\alpha k\left(g_{x2}\dot{x}_2(v_6 + \psi_6) + h_{x2}\dot{x}_2(v_7 + \psi_7)\right) - \frac{mk}{2}\dot{\Lambda}_s\ddot{\Lambda}_s$$

（7.132）

$$- k(m_t + \frac{1}{2}m)(\ddot{x}_1 + \ddot{x}_2)\dot{\Lambda}_s + 2\alpha kF_{l1}\dot{l}_1 + 2\alpha kF_{l2}\dot{l}_2 + \frac{\alpha kmg}{C_{1d}}\dot{l}_1 + \frac{\alpha kmg}{C_{2d}}\dot{l}_2$$

对于 $k\left(m_t + \dfrac{1}{2}m\right)(\ddot{x}_1 + \ddot{x}_2)\dot{\Lambda}_s$，它可被整合为

$$\Pi = k\left(m_t + \frac{1}{2}m\right)(\ddot{x}_1 + \ddot{x}_2)\dot{\Lambda}_s = 2\alpha k \cdot \frac{m}{4}(\ddot{x}_1 + \ddot{x}_2)\dot{\Lambda}_s$$

$$= 2\alpha k \cdot (\dot{l}_1 v_3 + \dot{l}_2 v_4 + \dot{\theta}_1 v_5 + \dot{\theta}_2 v_6 + \dot{\theta}_3 v_7)$$

而根据式（7.127）～式（7.129），上述公式可进一步扩展为

$$\Pi = 2\alpha k \cdot \big(\dot{l}_1 \left(F_{l1} - \psi_3 - g_{l1}(v_6 + \psi_6) - h_{l1}(v_7 + \psi_7) \right)$$

$$+ \dot{l}_2 \left(F_{l2} - \psi_4 - g_{l2}(v_6 + \psi_6) - h_{l2}(v_7 + \psi_7) \right)$$

$$- \dot{\theta}_1 \left(\psi_5 + g_{\theta1}(v_6 + \psi_6) + h_{\theta1}(v_7 + \psi_7) \right) + \dot{\theta}_2 v_6 + \dot{\theta}_3 v_7 \big)$$

将上述结果代入式（7.132）可得

$$\dot{\Sigma} = \alpha k m_t \dot{\Lambda}_c \ddot{\Lambda}_c - \frac{mk}{2}\dot{\Lambda}_s \ddot{\Lambda}_s + 2\alpha k(\dot{l}_1 \psi_3 + \dot{l}_2 \psi_4 + \dot{\theta}_1 \psi_5$$

$$+ (g_{x1}\dot{x}_1 + g_{x2}\dot{x}_2 + g_{l1}\dot{l}_1 + g_{l2}\dot{l}_2 + g_{\theta1}\dot{\theta}_1)(v_6 + \psi_6)$$

$$+ (h_{x1}\dot{x}_1 + h_{x2}\dot{x}_2 + h_{l1}\dot{l}_1 + h_{l2}\dot{l}_2 + h_{\theta1}\dot{\theta}_1)(v_7 + \psi_7) - \dot{\theta}_2 v_6 - \dot{\theta}_3 v_7)$$

$$+ \frac{\alpha k m g}{C_{1d}}\dot{l}_1 + \frac{\alpha k m g}{C_{2d}}\dot{l}_2 \qquad\qquad (7.133)$$

$$= \alpha k m_t \dot{\Lambda}_c \ddot{\Lambda}_c - \frac{mk}{2}\dot{\Lambda}_s \ddot{\Lambda}_s + 2\alpha k(\dot{l}_1 \psi_3 + \dot{l}_2 \psi_4 + \dot{\theta}_1 \psi_5 + \dot{\theta}_2 \psi_6 + \dot{\theta}_3 \psi_7)$$

$$+ \frac{\alpha k m g}{C_{1d}}\dot{l}_1 + \frac{\alpha k m g}{C_{2d}}\dot{l}_2$$

式（7.133）中的前两项和最后两项积分可得

$$\Sigma_1 = \frac{1}{2}\alpha k m_t \dot{\Lambda}_c^2 - \frac{mk}{4}\dot{\Lambda}_s^2 + \frac{\alpha k m g}{C_{1d}}l_1 + \frac{\alpha k m g}{C_{2d}}l_2$$

式（7.133）第三项代表 $2\alpha k \cdot \dot{q}_1^{\mathrm{T}}(M_1 \ddot{q}_1 + C_1 \dot{q}_1 + G_1)$ 在 $\ddot{x}_i, \dot{x}_i = 0, i = 1,2$ 情况下的取值。对其进行积分可得 $\alpha k \dot{q}_1^{\mathrm{T}} M_1 \dot{q}_1 + 2\alpha k \int \dot{q}_1^{\mathrm{T}} G_1 \mathrm{d}t$。将上述结果展开并重新整理可得

$$\Sigma_2 = \frac{\alpha k m}{4} \cdot \left((\dot{l}_1 S_1 + l_1 C_1 \dot{\theta}_1 + \dot{l}_2 S_2 + l_2 C_2 \dot{\theta}_2 - 2bC_3 \dot{\theta}_3)^2 + (\dot{l}_1 C_1 - l_1 S_1 \dot{\theta}_1 + \dot{l}_2 C_2 - l_2 S_2 \dot{\theta}_2 - 2bS_3 \dot{\theta}_3)^2 \right)$$

$$+ \alpha k m g\left(l_1(1 - C_1) + l_2(1 - C_2) + 2b(1 - C_3) \right)$$

由于 $\dot{\Lambda}_s = \dot{l}_1 S_1 + l_1 C_1 \dot{\theta}_1 + \dot{l}_2 S_2 + l_2 C_2 \dot{\theta}_2 - 2bC_3 \dot{\theta}_3$，那么将 Σ_1 与 Σ_2 相加可得

$$\Sigma = \Sigma_1 + \Sigma_2$$

$$= \frac{1}{2}\alpha k m_t \dot{\Lambda}_c^2 - \frac{mk}{4}\dot{\Lambda}_s^2 + \frac{\alpha km}{4}\dot{\Lambda}_s^2 + \frac{\alpha km}{4}(\dot{l}_1 C_1 - l_1 S_1 \dot{\theta}_1 + \dot{l}_2 C_2 - l_2 S_2 \dot{\theta}_2 - 2b S_3 \dot{\theta}_3)^2$$

$$+ \alpha kmg\left(l_1(1-C_1) + l_2(1-C_2) + 2b(1-C_3)\right) + \frac{\alpha kmg}{C_{1d}}l_1 + \frac{\alpha kmg}{C_{2d}}l_2$$

$$\geqslant \frac{1}{2}\alpha k m_t \dot{\Lambda}_c^2 + \alpha kmg\left(l_1(1-C_1) + l_2(1-C_2) + 2b(1-C_3)\right)$$

$$+ \frac{\alpha km}{4}(\dot{l}_1 C_1 - l_1 S_1 \dot{\theta}_1 + \dot{l}_2 C_2 - l_2 S_2 \dot{\theta}_2 - 2b S_3 \dot{\theta}_3)^2 + \frac{\alpha kmg}{C_{1d}}l_1 + \frac{\alpha kmg}{C_{2d}}l_2 \geqslant 0$$

综上，由于 E 和 Σ 均非负，可得 E_m 也是非负的。

附 录 B

由式（7.156）可知，$x_1 = \alpha_3, x_2 = \alpha_4$。随后，将用反证法证明 $\theta_3 = 0$ 为式（7.177）的唯一解。根据 α_3 和 α_4 的值，分以下三种情况进行分析。

1. $\alpha_4 - \alpha_3 = 2a$

如果 $\alpha_4 - \alpha_3 = 2a$，则可以得出两条吊绳彼此平行。因此，可以进一步从式（7.135）中得出

$$\theta_1 = \theta_2 \Rightarrow 2a S_3 = lC_2 - lC_1 = 0 \Rightarrow \theta_3 = 0 \qquad (7.187)^{[①]}$$

因此，对于 $\alpha_4 - \alpha_3 = 2a$，$\theta_3 = 0$。

2. $\alpha_4 - \alpha_3 > 2a$

假设 $\theta_3(t) \neq 0$，在不失一般性的情况下，假设 $\theta_3(t) > 0$，这进一步说明：

$$lC_2 - lC_1 = 2a S_3 > 0 \Rightarrow |\theta_2| < |\theta_1| \qquad (7.188)$$

由于 $\alpha_4 - \alpha_3 > 2a > 0$，从式（7.135）中可以得到

$$l(S_1 - S_2) = \alpha_4 - \alpha_3 - 2a C_3 > 0 \Rightarrow \theta_1 > \theta_2 \qquad (7.189)$$

根据式（7.188）、式（7.189）和 $\theta_3(t) > 0$ 的结果，得出如下结论：

$$S_{1-2} > 0, \quad S_1 C_{2+3} + S_2 C_{1+3} > 0 \Rightarrow a(S_1 C_{2+3} + S_2 C_{1+3}) + b S_3 S_{1-2} > 0 \quad (7.190)$$

这与式（7.176）的结论相矛盾。同样，当 $\theta_3(t) < 0$ 时，可以得出 $a(S_1 C_{2+3} + S_2 C_{1+3}) + b S_3 S_{1-2} < 0$，这也与式（7.176）中的结论矛盾。因此，当 $\theta_3(t) \neq 0$ 时，可以得出在 $\alpha_4 - \alpha_3 > 2a$ 的情况下，式（7.177）无解。

---

① 本附录公式号顺接 7.4.3 节公式号。

3. $\alpha_4 - \alpha_3 < 2a$

在这种情况下，如果 $\alpha_4 - \alpha_3 - 2aC_3 = 0$，则由式（7.135）推断出 $l(S_1 - S_2) = \alpha_4 - \alpha_3 - 2aC_3 = 0 \Rightarrow \theta_1 = \theta_2$，类似于前面的分析，可以得出 $\theta_3 = 0$ 总是成立的。如果 $\alpha_4 - \alpha_3 - 2aC_3 > 0$，则可以进行前面相同的推导，得并出相同的结论。随后将进一步详细说明，在 $\alpha_4 - \alpha_3 - 2aC_3 < 0$ 的条件下，当 $\theta_3(t) \neq 0$ 时，式（7.177）无解。为此，首先假设 $\theta_3(t) > 0$，这进一步导出

$$lC_2 - lC_1 = 2aS_3 > 0 \Rightarrow |\theta_2| < |\theta_1| \tag{7.191}$$

此外，可以推断得到

$$l(S_1 - S_2) = \alpha_4 - \alpha_3 - 2aC_3 < 0 \Rightarrow \theta_1 < \theta_2 \tag{7.192}$$

结合式（7.191）和式（7.192），可以分为以下两种情形。

情形 1：

$$\theta_1 < \theta_2 < 0 \tag{7.193}$$

情形 2：

$$\theta_1 < 0 < \theta_2, \quad |\theta_2| < |\theta_1| \tag{7.194}$$

若情形 1 成立，则可得出

$$S_1 C_{2+3} + S_2 C_{1+3} < 0, \quad S_{1-2} < 0 \Rightarrow a(S_1 C_{2+3} + S_2 C_{1+3}) + bS_3 S_{1-2} < 0$$

这与式（7.176）中的结论相矛盾。因此，情形 1 不成立。若情形 2 成立，可将 $S_1 C_{2+3} + S_2 C_{1+3}$ 写为

$$S_1 C_{2+3} + S_2 C_{1+3} = (S_1 C_2 + S_2 C_1)C_3 - 2S_1 S_2 S_3 \tag{7.195}$$

再结合式（7.135）得到

$$C_3 = \frac{lS_2 - lS_1 + (x_2 - x_1)}{2a} > \frac{lS_2 - lS_1}{2a}, \quad S_3 = \frac{lC_2 - lC_1}{2a} \tag{7.196}$$

根据式（7.194），得出 $S_1 C_2 + S_2 C_1 = S_{1+2} < 0$。在此基础上，对式（7.195）进行以下推导：

$$
\begin{aligned}
\left((S_1 C_2 + S_2 C_1)C_3 - 2S_1 S_2 S_3\right)\frac{2a}{l} &< (S_1 C_2 + S_2 C_1)(S_2 - S_1) - 2S_1 S_2 (C_2 - C_1) \\
&= S_1 S_2 C_1 - S_1 S_2 C_2 - S_1^2 C_2 + S_2^2 C_1 \\
&= (S_1 S_2 + S_2^2)C_1 - (S_1 S_2 + S_1^2)C_2
\end{aligned} \tag{7.197}
$$

关于式（7.197），根据式（7.194）进一步进行以下推导：

$$S_1 < 0 < S_2, |S_2| < |S_1| \Rightarrow S_1S_2 + S_2^2 < 0, S_1S_2 + s_1^2 > 0$$
$$\Rightarrow (S_1S_2 + S_2^2)C_1 - (S_1S_2 + S_1^2)C_2 < 0 \Rightarrow S_1C_{2+3} + S_2C_{1+3} < 0$$

$$(7.198)$$

此外，由于 $\theta_3 > 0, \theta_1 < 0 < \theta_2$，因此可以得出

$$S_3S_{1-2} < 0 \Rightarrow a(S_1C_{2+3} + S_2C_{1+3}) + bS_3S_{1-2} < 0$$

从而与式（7.176）的结论矛盾。因此，情形 2 也不可能。因此，只要 $\theta_3(t) > 0$，式（7.177）就无解。当 $\theta_3(t) < 0$ 时也有同样结论。因此，在 $\alpha_4 - \alpha_3 < 2a$ 的情况下，当 $\theta_3 \neq 0$ 时，式（7.177）没有解。根据上述分析，式（7.177）的唯一可能解是 $\theta_3 = 0$。

第8章 吊车制动控制

8.1 引   言

工业桥式吊车系统往往工作在较为复杂的环境下，如港口码头、建筑工地等。这些工作环境一般是开放的，导致在吊车系统工作的过程中，易受到一些外界因素的干扰。例如，某些厂房内部可能较为拥挤，到处都堆放着不少杂物；或者是在吊车系统工作过程中，需要一些工作人员在吊车工作空间内部，对部分运送货物进行一定的处理；也可能在吊车系统工作时，为提高整体操作效率，运输车辆会停在吊车系统工作空间内部进行装卸操作。诸如此类的情况还有很多，它们都会对桥式吊车系统的正常且顺利的运送过程带来不小的影响，极大地增加了控制的难度，并可能导致事故的发生。例如，吊车系统工作过程中，突然在其台车/负载运行的路线上出现了闯入的人或物，这也就造成了运送过程中出现障碍物。此时，如果无法控制吊车系统紧急制动停车，台车或者负载与障碍物之间易发生严重的碰撞，引起安全事故，造成人身财产损失。

根据上述分析，当紧急情况出现时，特别是当吊车工作空间内部突然出现人或物时，此时需要吊车系统紧急制动，以避免与障碍物发生碰撞，以确保系统安全。目前，为处理该问题，在工业中应用最广泛的紧急制动策略即为通过机械手段，将台车车轮抱死（类似于汽车的制动操作）。很明显，利用此种方式，可以保证台车车轮停转，进一步确保台车快速制动停车。然而，这种操作同样会带来较大的安全隐患。由于桥式吊车系统的动力学特性，台车运动与负载摆动之间存在着极强的耦合关系。突然的台车停止，很可能导致较大的负载摆动，增大碰撞的风险，造成人身财产损失。因此，工业采用的此种紧急制动策略并非上策，仅为最简单易行的无奈之举。

近几年来，桥式吊车系统的控制问题已经得到了业界相关学者的广泛关注，同时针对桥式吊车运送过程的控制问题已提出了大量且有效的控制方法，包括输入整形[1-3]、离线轨迹规划方法[4-6]、最优控制[7,8]、基于能量与无源性的控制方法[9-11]、自适应控制策略[12-14]、滑模鲁棒控制策略[15,16]、智能控制策略[17,18]等。但目前来看，针对突发情况下桥式吊车系统紧急制动策略的研究，仍处在较为初级的阶段。究其原因，此问题与常规的负载运送问题有着很大的区别，导致其难度较大，常规的控制策略均无法使用。具体而言，桥式吊车系统的紧急制动问题要求台车尽可能快地制动停车，同时要求对制动过程中的负载摆动进行有效抑制。整个过程中，不存在台车的目标位置。从此紧急制动控制目标就可以看出，该问题与负载运送差别较大。同时，该问题要求过程中台车位移不能达到或超过某一安全限制，以避免可能发生的碰撞，即对系统的暂态特性有所要求，而一般常用控制方法仅能保证系统的稳态特性，这进一步导致控制难度增大。基于诸多原因，目前仅提出了少量桥式吊车紧急制动控制方法。在文献[19]中，Ma 等提出了一种基于切换的桥式吊车紧急制动控制策略，并通过数学分析证明了其有效性。该方法将吊车系统的紧急制动问题划分成两部分，即台车停车与负载摆动抑制，然后对这两部分进行分别处理。然而，该方法通过切换的方式，先后完成这两部分控制目标，并不能保证台车制动过程中对负载摆动进行有效抑制。

　　基于上述分析，本章将针对桥式吊车系统的紧急制动问题，从提高系统安全性角度出发，提出相应的有效控制策略，避免与障碍物发生碰撞。具体而言，首先对吊车系统的机械能进行分析，验证了该系统的无源性特性；接着，考虑相关紧急制动控制目标，构造合适的 Lyapunov 候选函数，并进一步设计紧急制动控制器；利用 Lyapunov 稳定性理论以及 LaSalle 不变性原理，对闭环系统进行严格的数学分析，可以证明所提紧急制动方法可以实现吊车系统的紧急制动控制目标，提高制动过程中的系统安全性；进一步，通过数值仿真对所提方法进行测试，验证了其有效性。为获得更好的负载摆动抑制效果，对所提紧急制动控制器进行一定的改进，设计了一种改进后带摆角反馈的紧急制动控制策略，同时，引入模糊逻辑的思想，对该控制策略中所需要用到的控制增益进行调节与选取，进一步改善控制效果。通过大量的仿真与实验测试，充分验证了所提改进后紧急制动控制策略针对不同初始控制方法以及不同场景下的有效性。

　　本章的剩余内容组织如下：8.2 节将对具体的桥式吊车系统紧急制动控制目标进行描述；8.3 节将利用 Lyapunov 稳定性理论，为系统设计合适的紧急制动方法，并通过严格的数学分析证明闭环系统的收敛性，此外，给出了相关仿真结果，以进一步验证所提方法的有效性；8.4 节中，基于摆动抑制的控制目标，对 8.3 节中提出的紧急制动方法进行改进，得到带摆角反馈的紧急制动控制方法，通过大量的仿真与实验测试，验证了改进后方法的有效性；8.5 节对本章内容进行总结。

8.2　问 题 描 述

　　本章主要对桥式吊车系统的紧急制动问题进行研究，该系统的具体动力学模型如下所示：

$$(M+m)\ddot{x}+ml\ddot{\theta}\cos\theta-ml\dot{\theta}^2\sin\theta=F \tag{8.1}$$

$$ml^2\ddot{\theta}+ml\cos\theta\ddot{x}+mgl\sin\theta=0 \tag{8.2}$$

式中，x 表示台车的位移；θ 代表负载摆角；F 表示作用在台车上的驱动力；M、m 分别代表台车质量与负载质量；l 表示吊绳长度；g 代表重力加速度。从该动力学模型可以看出，桥式吊车系统包括两个待控状态量 $x(t),\theta(t)$，但仅有一个控制输入量 $F(t)$。这也就意味着，该系统是一种典型的欠驱动系统。此外，系统状态量之间存在着较强的耦合关系，同时该系统是一种典型的非线性系统。这些因素均增大了该系统的控制难度。

对于正在运行的吊车系统，假定在 τ 位置存在障碍物，为避免吊车与障碍物发生碰撞导致危险，需要对其进行紧急制动。制动开始时刻，吊车系统的状态量表示为 $[x_0 \quad \dot{x}_0 \quad \theta_0 \quad \dot{\theta}_0]^{\mathrm{T}}$，则一定满足 $x_0<\tau$。对于紧急制动问题而言，其控制目标要求台车迅速减速停车，同时，也需要抑制过程中的负载摆动，避免发生危险。即要求台车速度、负载摆角以及对应角速度，快速收敛到零，以实现系统的快速停车。利用数学表达式，表示如下：

$$\dot{x}(t)\rightarrow 0, \quad \theta(t)\rightarrow 0, \quad \dot{\theta}(t)\rightarrow 0 \tag{8.3}$$

此外，为了避免台车/负载与前方的障碍物发生碰撞，导致危险，需要系统满足如下的安全约束条件：

$$x(t)<\tau \tag{8.4}$$

式中，τ 代表可避免碰撞发生的安全界限。

为实现制动的目标，要求台车尽可能快地停车，以避免与前方障碍物发生碰撞，同时需要抑制负载摆动，确保系统安全。根据上述要求，可将控制目标分为两部分，一是台车的快速减速停车，二是有效的负载摆动抑制。然而，由于系统状态量之间存在着较强的耦合关系，突然的台车停止很容易引发较大幅度的负载摆动，进一步可能导致危险发生。因此，同时实现这两部分控制目标难度极大，急需设计合适的紧急制动策略，以应对突发情况，避免碰撞，减小损失。

考虑实际应用中桥式吊车的工作特性，为方便后续控制器设计与分析，首先给出如下常见假设[20, 21]。

假设 8.1　一般来说，桥式吊车工作过程中，负载均保持在台车下方，即负载摆角 $\theta(t)$ 满足如下条件：

$$-\pi/2<\theta(t)<\pi/2$$

8.3　紧急制动控制器设计与分析

本节将给出一种桥式吊车系统紧急制动控制器的设计与分析过程。利用该控制器，吊车系统的台车速度将很快收敛到零，实现台车的快速停车。同时，过程中将对负载摆角进行有效的抑制与消除，避免台车制动造成的大幅度负载摆动。此外，为避免与前方障碍物发生碰撞，控制器设计的过程中对相应的安全约束进行了考虑，可以从理论上确保安全约束的满足，避免发生危险。具体而言，首先对桥式吊车系统的机械能进行仔细分析，同时结合相应安全约束，构造合适的Lyapunov候选函数，进一步设计紧急制动控制器；接着，利用 Lyapunov 稳定性理论，以及 LaSalle 不变性原理，对所提方法进行分析，从理论上证明了所提方法可以实现紧急制动的控制目标；最后，给出了相关仿真与实验测试的结果，进一步验证了所提方法的有效性。

8.3.1　紧急制动控制器设计

对桥式吊车系统进行深入分析，可构造出其机械能表达式，具体如下：

$$E = \frac{1}{2}(M+m)\dot{x}^2 + ml\dot{x}\dot{\theta}\cos\theta + \frac{1}{2}ml^2\dot{\theta}^2 + mgl(1-\cos\theta) \tag{8.5}$$

式中，E 表示系统机械能。对桥式吊车系统而言，系统紧急制动的过程可以看作其机械能衰减到零的过程。基于此思想，对式（8.5）关于时间进行求导，同时结合系统动力学模型（8.1）、（8.2），可得如下关系：

$$\dot{E} = F\dot{x} \tag{8.6}$$

从式（8.6）中可以看出，桥式吊车系统是一种典型的无源性系统。为避免与前方障碍物发生碰撞，考虑安全性约束，构建如下的标量函数 $V(t)$：

$$V = E + \frac{\alpha\dot{x}^2}{2(\tau^2 - x^2)} \tag{8.7}$$

式中，$\alpha \in \mathbb{R}^+$ 表示正的控制参数。对式（8.7）关于时间求导，可得

$$\begin{aligned}\dot{V} &= \dot{E} + \frac{\alpha\dot{x}}{(\tau^2-x^2)^2}\Big(\ddot{x}(\tau^2-x^2) + x\dot{x}^2\Big) \\ &= \left(F + \frac{\alpha}{(\tau^2-x^2)^2}\Big(\ddot{x}(\tau^2-x^2) + x\dot{x}^2\Big)\right)\dot{x}\end{aligned} \tag{8.8}$$

根据式（8.1）、式（8.2），存在如下关系：

$$\ddot{x} = \frac{1}{m+m\sin^2\theta}\Big(F + m\sin\theta(l\dot{\theta}^2 + g\cos\theta)\Big) \tag{8.9}$$

进一步，将式（8.9）代入式（8.8），整理可得

$$\dot{V} = \left(\left(1 + \frac{\alpha}{(\tau^2-x^2)(m+m\sin^2\theta)}\right)F + \frac{\alpha m\sin\theta(l\dot{\theta}^2 + g\cos\theta)}{(\tau^2-x^2)(m+m\sin^2\theta)} + \frac{\alpha x\dot{x}^2}{(\tau^2-x^2)^2}\right)\dot{x}$$

$$\tag{8.10}$$

基于式（8.10），可设计紧急制动控制器，其表达式具体如下：

$$F = \frac{(\tau^2 - x^2)(m + m\sin^2\theta)}{(\tau^2 - x^2)(m + m\sin^2\theta) + \alpha} \left(-k\dot{x} - \frac{\alpha m \sin\theta(l\dot{\theta}^2 + g\cos\theta)}{(\tau^2 - x^2)(m + m\sin^2\theta)} - \frac{\alpha x \dot{x}^2}{(\tau^2 - x^2)^2} \right)$$

$$(8.11)$$

式中，$k \in \mathbb{R}^+$ 代表正的控制增益。利用该紧急制动控制器（8.11），即可实现台车的快速制动，同时有效抑制负载摆动，且式（8.4）所示安全约束同样得到满足，有效避免碰撞的发生。接下来，将利用 Lyapunov 稳定性理论以及 LaSalle 不变性原理，对该控制器的有效性进行严格的数学分析。

8.3.2　稳定性分析

本节将对所设计紧急制动控制器作用下的闭环桥式吊车系统的稳定性，进行严格的数学分析。首先，给出如下定理。

定理 8.1　利用所设计的紧急制动控制器（8.11），可以实现桥式吊车系统的紧急制动控制目标。具体而言，该控制器可以实现台车的快速减速制动，同时有效抑制负载摆动，即

$$\dot{x}(t) \to 0, \quad \theta(t) \to 0, \quad \dot{\theta}(t) \to 0$$

此外，紧急制动过程中，可以保证台车不会达到相关安全限制，即

$$x(t) < \tau$$

证明　为证明该定理，对前面构造的标量函数（8.7）关于时间求导，同时，结合系统动力学模型（8.1）、（8.2）以及所设计紧急制动控制器（8.11），进行一定的数学计算与化简，具体结果如下：

$$\dot{V} = -k\dot{x}^2 \leqslant 0 \qquad (8.12)$$

由式（8.12）可知，标量函数（8.7）为非增函数，即如下关系成立：

$$V(t) \leqslant V(0) \qquad (8.13)$$

制动开始时刻，$x(t) = x_0 < \tau$ 成立，因此，函数 $V(t)$ 的初始值 $V(0) \geqslant 0$。假设从 0 时刻起，在 t_c 时刻台车位置 $x(t)$ 会达到给定的安全限制 τ，即 $x(t_c) = \tau$。此时，如下关系成立：

$$\lim_{t \to t_c^-} x(t) = \tau^- \qquad (8.14)$$

则根据式（8.14），可知当 $t \to t_c^-$，有

$$\lim_{t \to t_c^-} V(t) = +\infty \qquad (8.15)$$

式（8.15）所示结论与式（8.12）相矛盾，说明台车位置 $x(t)$ 会达到给定的安全限制 τ 的假设不成立。进一步说明对于 $t \geqslant 0$，有 $x(t) < \tau$，即可以满足安全限制，

台车不会与前方障碍物发生碰撞。此外，该结论同样说明

$$V(t) \geqslant 0, \quad \forall t \geqslant 0 \tag{8.16}$$

因此，函数（8.7）可作为 Lyapunov 候选函数。进一步，根据式（8.12）和式（8.16），可得如下关系：

$$V(t) \in \mathcal{L}_\infty \Rightarrow \dot{x}, \dot{\theta}, \frac{\dot{x}^2}{x_r^2 - x^2} \in \mathcal{L}_\infty \tag{8.17}$$

进一步，对于 $1/(x_r^2 - x^2)$ 的有界性，可进行如下分析：

（1）假设 $\dot{x} \neq 0$，根据 $\dot{x} \in \mathcal{L}_\infty$ 以及 $\dfrac{\dot{x}^2}{x_r^2 - x^2} \in \mathcal{L}_\infty$，可知 $\dfrac{1}{x_r^2 - x^2} \in \mathcal{L}_\infty$。

（2）假设 $\dot{x} = 0$，则此时 $x(t) = c$，其中，$c \in \mathbb{R}$ 为某一常数。此时，

$$\frac{1}{x_r^2 - x^2} = \frac{1}{x_r^2 - c^2} \in \mathcal{L}_\infty。$$

综上可知，$\dfrac{1}{x_r^2 - x^2} \in \mathcal{L}_\infty$，进一步可得，$x(t) \in \mathcal{L}_\infty$。因此，$F(t) \in \mathcal{L}_\infty$。进一步分析可得，$\ddot{x}, \ddot{\theta} \in \mathcal{L}_\infty$。

接下来，将利用 LaSalle 不变性原理[22]进行分析，证明闭环系统的收敛性。定义如下的集合：

$$S = \{(q, \dot{q}) \,|\, \dot{V} = 0\}$$

同时定义 S 上的最大不变集为 Ω。根据式（8.12），可知在 Ω 中有

$$\dot{x} = 0 \tag{8.18}$$

这说明，在 Ω 中，台车位置 $x(t)$ 保持恒定，且

$$\ddot{x} = 0 \tag{8.19}$$

接着，对于 $\dot{\theta}(t)$，将分如下两种情况讨论。

（1）假设 Ω 中，$\dot{\theta} \equiv 0$，则有 $\theta(t)$ 为常数，且

$$\ddot{\theta} = 0 \tag{8.20}$$

将式（8.18）～式（8.20）代入系统动力学方程，结合摆角 $\theta(t)$ 的范围可知

$$\theta = 0 \tag{8.21}$$

（2）假设 Ω 中，$\dot{\theta}(t)$ 不恒为 0，则至少存在一点 $\dot{\theta}(t_a) \neq 0$。由 $\ddot{\theta} \in \mathcal{L}_\infty$，可知 $\dot{\theta}$ 连续，则在 $\dot{\theta}(t_a)$ 的邻域 Ω_θ 内均有 $\dot{\theta} \neq 0$。接下来将在邻域 Ω_θ 进行分析。将式（8.18）、式（8.19）代入系统动力学模型，并进行相应的化简，可得

$$\sin\theta \dot{\theta}^2 + \frac{g}{l}\sin\theta\cos\theta = 0 \tag{8.22}$$

对式（8.22）关于时间求导两次并化简，可得

$$\sin\theta \dot{\theta}^2 + \frac{10g}{l}\sin\theta\cos\theta = 0 \tag{8.23}$$

由式（8.22）和式（8.23），计算得到

$$\sin(2\theta) = 0 \qquad (8.24)$$

进一步，结合假设 8.1 可得，$\theta = 0$，$\dot{\theta} \equiv 0$，这与 $\dot{\theta}(t)$ 不恒为 0 的假设相矛盾。

综上可知，在最大不变集 Ω 中，$\dot{x}(t),\theta(t),\dot{\theta}(t)$ 均为 0，利用 LaSalle 不变性原理可知，$\dot{x}(t),\theta(t),\dot{\theta}(t)$ 渐近收敛到零。同时，该控制器可以保证台车位移满足式（8.4）所示约束。至此，定理 8.1 的证明完成。

8.3.3　仿真结果及其分析

本节将给出所设计紧急制动控制器的仿真结果，并进行相关分析。

为验证所提方法的有效性，利用 MATLAB/Simulink 对所设计紧急制动控制器进行数值仿真测试。具体的系统参数设定如下：

$$M = 6.5\mathrm{kg}, \quad m = 1\mathrm{kg}, \quad l = 0.75\mathrm{m}, \quad g = 9.8\mathrm{m}^2/\mathrm{s} \qquad (8.25)$$

不失一般性，初始的台车位移及负载摆角均设为 0，即

$$x(0) = 0 \text{ m}, \quad \theta(0) = 0°$$

为测试紧急制动控制器的控制效果，需要首先设定吊车系统的初始控制方法。这里，选取两种工业上常用控制方法作为初始控制方法，分别为轨迹规划方法和PD 控制方法。同时，初始的台车目标位置设定为 $x_d = 0.8\mathrm{m}$。选取一种基于多项式的轨迹规划方法[23]，具体的台车参考轨迹为

$$x_r(t) = x_d\left(x_p + \frac{l}{g}\ddot{x}_p \right) \qquad (8.26)$$

式中，$x_r(t)$ 即为台车参考轨迹；x_d 为台车目标位置；l, g 分别为吊绳长度以及重力加速度；x_p 为辅助多项式函数（对应负载水平位移轨迹），具体如下：

$$x_p = 252\eta^{11} + 1386\eta^{10} - 3080\eta^9 + 3456\eta^8 - 1980\eta^7 + 462\eta^6$$

其中，$\eta \triangleq t/T$，T 表示预设的运送时间，这里设定为 $T = 6\mathrm{s}$。

对于 PD 控制方法，其具体表达式为

$$F = k_p(x_d - x) - k_d\dot{x} \qquad (8.27)$$

式中，$k_p, k_d \in \mathbb{R}^+$ 表示正的控制增益，这里选取为 $k_p = 20, k_d = 60$。

紧急制动在 $t = 3\mathrm{s}$ 时开始，设定台车安全限制为 $\tau = 0.6\mathrm{m}$，且对于所设计紧急制动控制器（8.11），相关控制增益选为

$$k = 20, \quad \alpha = 0.03 \qquad (8.28)$$

两种初始控制方法下的桥式吊车系统的紧急制动仿真结果如图 8.1～图 8.4 所示。从图中可以看出，所提方法可以实现桥式吊车系统的紧急制动控制目标，包括台车快速制动以及负载摆动的有效抑制与消除。此外，该方法可以确保过程中

的台车位移满足所设定的安全限制，避免与前方障碍物发生碰撞。同时，针对两种不同初始控制方法，无须调整所提方法的控制增益，也说明了所提方法对不同初始方法具有较好的适应性与鲁棒性。综上，所提控制器（8.11）可以完成桥式吊车系统的紧急制动控制目标，具有良好的控制效果。

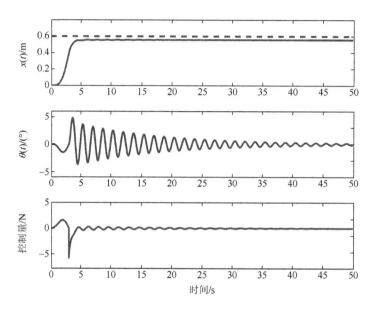

图 8.1　紧急制动控制器（8.11）仿真结果（台车位移、负载摆角和控制量，初始控制方法为轨迹规划方法）

实线：仿真结果；虚线：台车安全限制 $r = 0.6\text{m}$

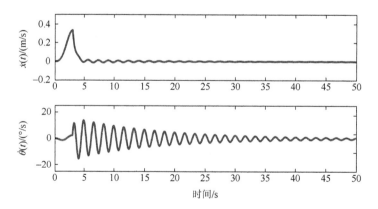

图 8.2　紧急制动控制器（8.11）仿真结果（台车速度和负载角速度，初始控制方法为轨迹规划方法）

实线：仿真结果

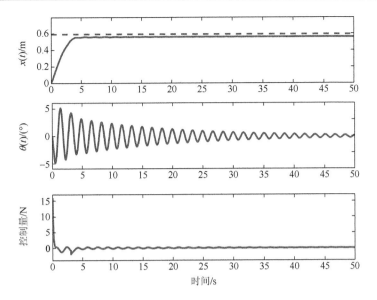

图 8.3　紧急制动控制器（8.11）仿真结果（台车位移、负载摆角和控制量，
初始控制方法为 PD 控制方法）

实线：仿真结果；虚线：台车安全限制 $\tau = 0.6\mathrm{m}$

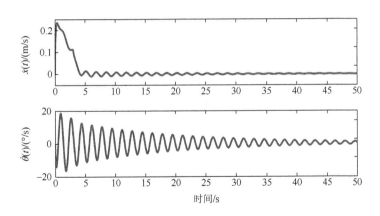

图 8.4　紧急制动控制器（8.11）仿真结果（台车速度和负载角速度，
初始控制方法为 PD 控制方法）

实线：仿真结果

8.4　改进的带摆角反馈的紧急制动控制方法设计及分析

8.3 节给出了一种桥式吊车系统紧急制动控制方法，可以在台车制动的同时，
实现负载摆动抑制。然而，从相关仿真结果可以看出，由于该控制器缺乏对负载

摆角信号的直接反馈，导致对负载摆动的抑制效果一般。为了更好地抑制紧急制动过程中负载摆动，避免发生碰撞，本节将提出一种带摆角反馈的改进紧急制动控制方法。

8.4.1　控制方法设计过程

本节将给出具体的改进后紧急制动控制方法设计过程。具体而言，桥式吊车系统的紧急制动控制目标可以分为两部分，即台车快速停车且台车位移满足安全限制，以及负载摆动的有效抑制与消除；针对这两部分目标，将分别设计合适的控制方法；进一步，将两种方法相结合，最终完成紧急制动控制方法的设计过程。

1. 台车制动控制方法设计

为了实现台车的快速制动，可以对台车速度信号进行负反馈，具体如下：

$$F_{1a} = -k_1 \dot{x} \tag{8.29}$$

式中，$k_1 \in \mathbb{R}^+$ 表示正的控制增益。尽管利用式（8.29），可以实现台车的快速制动停车，但该方法无法保证安全限制（8.4）成立，需要对其进行一定的修改。根据控制器（8.11）设计与分析过程中的相关经验，可以设计如下的类势函数项：

$$F_{1p} = -\frac{k_2 \dot{x}}{(\tau - x_b)^2 - (x - x_b)^2} \tag{8.30}$$

式中，τ 即为式（8.4）中的相关台车安全限制；x_b 表示制动开始时刻台车的位置；$k_2 \in \mathbb{R}^+$ 代表正的控制增益。从式（8.30）的具体表达式可以看出，当台车运动到安全限制 τ 附近时，此项可提供足够大的台车制动力，实现台车的快速减速停车。

根据上述分析，可以将台车制动控制器设计成如下的形式：

$$F_1 = F_{1a} + F_{1p} = -k_1 \dot{x} - \frac{k_2 \dot{x}}{(\tau - x_b)^2 - (x - x_b)^2} \tag{8.31}$$

利用该控制器，即可实现台车的快速制动停车，同时确保在过程中相关台车安全限制得以满足，避免碰撞的发生。

2. 负载摆动抑制控制方法设计

尽管式（8.31）所示控制器可以实现台车快速制动的控制目标，但与此同时，该方法也可能产生较大的负载摆动，最终可能引发安全事故。因此，负载摆动抑制的控制目标十分重要，不可忽视。这里，提出如下的控制律以实现负载摆动抑制：

$$F_2 = k_3\theta + k_4\dot\theta \qquad (8.32)$$

式中，$k_3, k_4 \in \mathbb{R}^+$ 代表正的控制增益。利用该控制器，可有效抑制负载摆角以及对应的角速度，使其最终收敛到零。

3. 带摆角反馈的紧急制动控制方法设计

利用式（8.31）与式（8.32），可以分别实现台车快速制动停车以及负载摆动抑制的控制目标。为同时实现这两方面的要求，通过将这两种控制方法相结合，构造出如下的紧急制动控制器：

$$
\begin{aligned}
F &= F_1 + F_2 \\
&= -k_1\dot x - \frac{k_2\dot x}{(\tau - x_b)^2 - (x - x_b)^2} + k_3\theta + k_4\dot\theta
\end{aligned}
\qquad (8.33)
$$

式中，控制增益 k_1 的具体值会影响台车制动停车的快慢，k_1 越大，则制动时间越短，反之则时间越长。此外，式（8.32）的具体形式与常见的 PD 控制器类似，同时，控制增益 k_3, k_4 的选取规律同样与 PD 控制增益相类似。进一步，为了更方便地选取合适的控制器（8.33）相关增益，接下来将引入模糊逻辑的思想来完成最终的增益选取。

分析可知，控制器 $F_1(t)$ 和 $F_2(t)$ 的控制效果相互矛盾，即较大的 $F_1(t)$ 会缩短台车制动所需时间，但同时会导致较大的负载摆动，同时，较大的 $F_2(t)$ 会有效抑制负载摆动，但也会增加台车的制动时间。为了更好地平衡这两部分之间的关系，得到较好的控制效果，这里利用模糊逻辑的思想实现合理的控制增益选取。相关控制流程如图 8.5 所示。具体而言，台车位移与安全限制的距离通过三个模糊集合来表示，即 FAR（远）、MEDIUM（中）和 NEAR（近），同时结合梯形隶属度函数完成相关表示。台车速度、负载摆角及对应角速度，均通过五个模糊集合表示，即 NL（负大）、NS（负小）、ZO（零）、PS（正小）和 PL（正大），同样选择梯形隶属度函数完成相关表示。此外，待确定控制增益 k_1, k_3, k_4 则采用三角隶属度函数和三个模糊集合表示，即 SMALL（小）、MIDDLE（中）和 LARGE（大）。鉴于控制增益 k_2 主要用来满足台车安全限制，可直接将其设定为较小的正实数。相关模糊规则描述如下：

$$R_n : \text{If } (x(t) \text{ is } A_n) \text{ and } (\dot x(t) \text{ is } B_n) \text{ and } (\theta(t) \text{ is } C_n)$$
$$\text{and } (\dot\theta(t) \text{ is } D_n), \text{ then } (k_1 \text{ is } \alpha_n)\ (k_3 \text{ is } \beta_n)\ (k_4 \text{ is } \gamma_n)$$

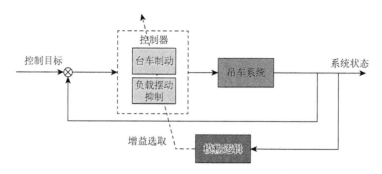

图 8.5　带摆角反馈紧急制动控制方法具体流程

式中，A_n, B_n, C_n, D_n 分别代表输入 $x(t), \dot{x}(t), \theta(t), \dot{\theta}(t)$ 对应的模糊集合；$\alpha_n, \beta_n, \gamma_n$ 则代表输出 k_1, k_3, k_4 的相应模糊集合。模糊规则是根据桥式吊车系统的实际动力学特性以及紧急制动的相关控制目标来确定。举例来说，当台车距离安全限制较近，台车速度较大，同时负载摆角及其角速度均较大时，需要台车快速停车以避免发生碰撞，这也就等价于如下的模糊规则：

If ($x(t)$ is NEAR) and ($\dot{x}(t)$ is PL) and ($\theta(t)$ is PL) and ($\dot{\theta}(t)$ is PL)

then (k_1 is LARGE) (k_3 is SMALL) (k_4 is SMALL)

在每条模糊规则中，均有 4 个输入，因此共有 $3 \times 5^3 = 375$ 条模糊规则。

　　通过接下来的相关数值仿真测试以及实验测试，可以看出，利用所设计的带负载摆角反馈的紧急制动控制器（8.33）以及相应的模糊逻辑规则，可以实现式（8.3）与式（8.4）中所示的紧急制动控制目标。

8.4.2　仿真与实验结果分析

　　为验证所提改进后紧急制动控制方法的效果，本节将给出该方法的仿真测试与实验测试结果。

　　1. 仿真结果及其分析

　　为验证本节方法的有效性，首先在 MATLAB/Simulink 环境下进行仿真测试，具体的仿真测试参数见式（8.25）。选择常用轨迹规划方法作为紧急制动前的初始方法，具体表达式与 8.3.3 节中一致。此外，初始的台车目标位置同样选取为 $x_d = 0.8\text{m}$。

　　在仿真测试中，紧急制动于 $t = 3\text{s}$ 时开始，即控制方法由轨迹规划切换为式（8.33）中紧急制动方法。为充分测试所提方法的效果，仿真测试过程中选取两种安全限制，分别为 $\tau = 0.6\text{m}$ 与 $\tau = 0.5\text{m}$。控制器中的相关控制增益由模糊规则选取，同时设定 $k_2 = 1$。

具体的仿真结果如图 8.6、图 8.7 所示。从图中可以看出，利用所提方法，台车可以快速制动停车，且安全限制得以满足。此外，将图 8.1、图 8.3 与图 8.6、图 8.7 对比，可以看出利用改进后紧急制动方法，可以得到更好的负载摆动抑制效果，提高了系统的安全性。综上可知，相关仿真结果验证了所提方法可以实现台车快速制动停车及负载摆动抑制的紧急制动控制目标。

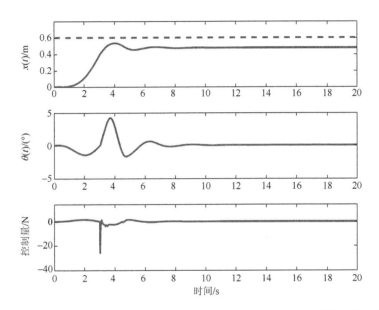

图 8.6　带摆角反馈紧急制动控制方法仿真结果（初始控制方法为轨迹规划方法）

实线：仿真结果；虚线：台车安全限制 $\tau = 0.6\text{m}$

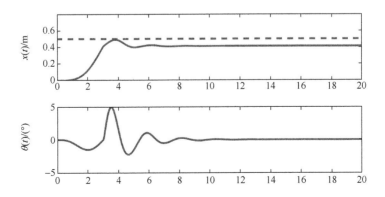

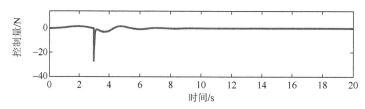

图 8.7 带摆角反馈紧急制动控制方法仿真结果（初始控制方法为 PD 控制方法）

实线：仿真结果；虚线：台车安全限制 $\tau = 0.5\text{m}$

2. 实验结果及其分析

为进一步测试所提改进后紧急制动控制方法的效果及有效性，在自主搭建桥式吊车实验平台上进行了一系列的实验测试，主要包括三组实验。具体而言，第一组实验测试了所提紧急制动方法对于不同种桥式吊车初始控制方法的制动效果；第二组实验中，通过改变相关参数，如不同的安全限制、不同的系统参数等，充分测试所提方法的实验效果；而在第三组实验中，给出了目前工业采用的桥式吊车紧急制动方法对应的实验结果，进一步验证了所提方法的有效性。需要指出的是，在实验测试中，台车的初始目标位置均设为 $x_d = 0.8\text{m}$。

1）第一组实验

为了体现所提紧急制动方法的有效性，针对如下两种桥式吊车初始控制方法，进行了相关实验测试。

（1）针对轨迹规划方法的紧急制动。桥式吊车初始控制方法设定为基于 11 阶多项式的轨迹规划方法，具体表达式见式（8.26）。

（2）针对 PD 控制方法的紧急制动。桥式吊车初始控制方法设定为工业最常用的 PD 控制方法，具体表达式见式（8.27）。

对于上述两种初始控制方法，对应的紧急制动开始时间均为 $t = 3\text{s}$，且安全限制均设定为 $\tau = 0.6\text{m}$。具体的实验平台相关参数为

$$m = 1\text{kg}, \quad M = 6.5\text{kg}, \quad l = 0.75\text{m}, \quad x_d = 0.8\text{m}$$

本组紧急制动控制的实验结果如图 8.8 和图 8.9 所示。从图中可以看出，在紧急制动开始后，台车会快速制动停车，同时负载摆动得到了有效抑制，整个过程中的最大负载摆角均小于 5°。尽管在制动开始时，负载摆角有一定的增大，但很快便得到了有效抑制。此外，从实验结果中可以看出，整个过程中台车位置始终满足安全限制，也就表明该控制器可以尽可能地避免台车与前方障碍物发生碰撞。综上可知，对于不同的桥式吊车初始控制方法，所提紧急制动控制方法均可获得较好的控制效果，也表明了本节方法对不同工作条件的适应性。

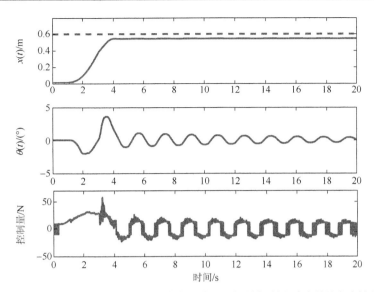

图 8.8　带摆角反馈紧急制动控制方法实验结果（初始控制方法为轨迹规划方法）

实线：实验结果；虚线：台车安全限制 $\tau = 0.6\mathrm{m}$

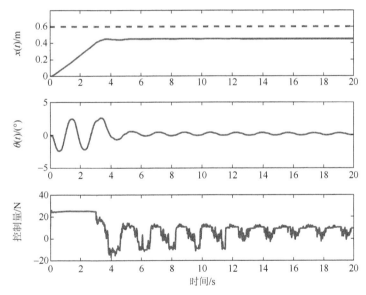

图 8.9　带摆角反馈紧急制动控制方法实验结果（初始控制方法为 PD 控制方法）

实线：实验结果；虚线：台车安全限制 $\tau = 0.6\mathrm{m}$

2）第二组实验

在本组实验中，对所提紧急制动控制方法在不同场景下进行测试。具体而言，在三种情况下进行实验测试，具体如下。

（1）第一种情况：改变台车安全限制。台车安全限制由0.6m改为0.5m。

（2）第二种情况：改变吊绳长度。为验证所提方法的有效性，将吊绳长度分别改为0.6m与0.8m。

（3）第三种情况：改变负载质量。更换质量为0.5kg的负载，以验证方法有效性。

在这三种情况中，桥式吊车系统的初始控制方法均设定为第一组实验中所采用的多项式轨迹规划方法，且紧急制动开始时间均为 $t = 3\text{s}$。

本组实验结果见图8.10～图8.13。从图中可以看出，尽管改变了系统参数和台车安全限制，包括台车制动停车与负载摆动抑制在内的控制目标均可以满足，验证了本节方法较好的鲁棒性。

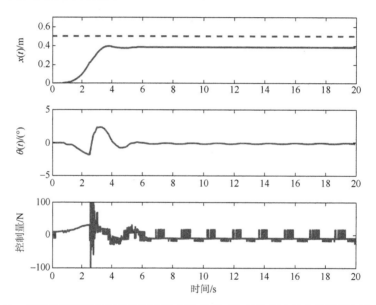

图 8.10 带摆角反馈紧急制动控制方法实验结果（初始控制方法为轨迹规划方法）

实线：实验结果；虚线：台车安全限制 $\tau = 0.5\text{m}$

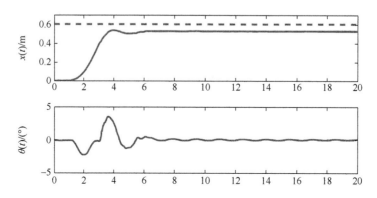

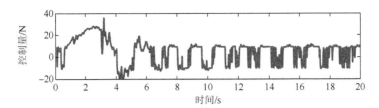

图 8.11　带摆角反馈紧急制动控制方法实验结果（初始控制方法为轨迹规划方法，吊绳长度为 0.6m）

实线：实验结果；虚线：台车安全限制 $\tau = 0.6$m

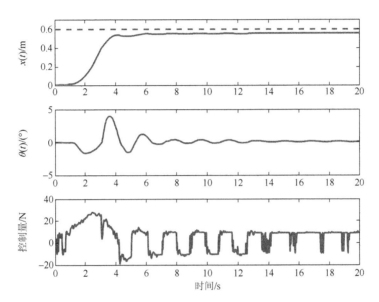

图 8.12　带摆角反馈紧急制动控制方法实验结果（初始控制方法为轨迹规划方法，吊绳长度为 0.8m）

实线：实验结果；虚线：台车安全限制 $\tau = 0.6$m

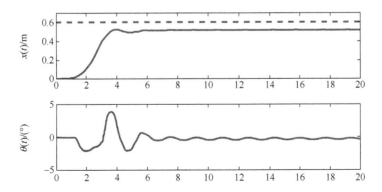

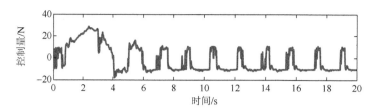

图 8.13　带摆角反馈紧急制动控制方法实验结果（初始控制方法为轨迹规划方法，负载质量为 0.5kg ）

实线：实验结果；虚线：台车安全限制 $\tau = 0.6m$

3）第三组实验

为验证所提紧急制动控制方法可以获得较好的控制效果，在本组实验中，利用实验测试，将所提方法与工业目前采用的桥式吊车系统紧急制动方法进行对比。工业紧急制动控制方法即直接将台车车轮抱死，使其快速停车。工业紧急制动控制方法的实验结果如图 8.14 和图 8.15 所示，其中紧急制动开始于 $t = 3s$ 。从图中可以看出，工业紧急制动控制方法可以保证台车快速停车，在制动开始时几乎就完成了台车停车的目标。但是，由于台车运动与负载摆动之间存在着高度的耦合关系，突然的台车停车会带来较大的负载摆动，这也与图 8.14 和图 8.15 所示一致，在台车停车后，负载摆动陡然增大，会带来严重的安全隐患。对比图 8.14 与图 8.8，以及图 8.15 与图 8.9，可以看出，所提紧急制动控制方法（8.33）可以带来较好的控制效果，同时能够尽可能地确保系统的安全。

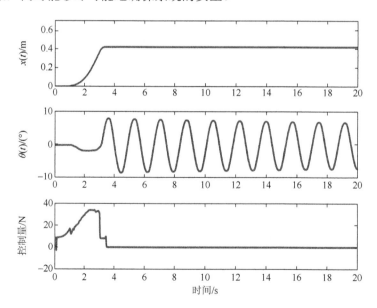

图 8.14　工业采用紧急制动控制方法实验结果（初始控制方法为轨迹规划方法）

实线：实验结果

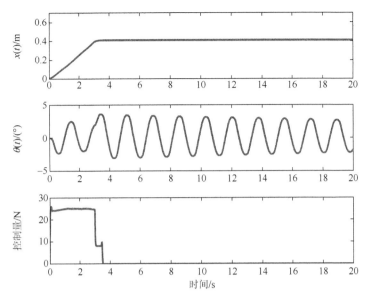

图 8.15　工业采用紧急制动控制方法实验结果（初始控制方法为 PD 控制方法）

实线：实验结果

8.5　本 章 小 结

本章考虑的问题为紧急情况下桥式吊车系统紧急制动问题。针对该问题，提出了两种紧急制动控制策略，均可实现桥式吊车系统紧急制动的控制目标，提高吊车在突发情况下的安全性。首先是通过分析吊车系统的机械能，验证了该系统为无源性系统；基于此，设计合适的 Lyapunov 候选函数，进一步设计合适的紧急制动控制器；利用 Lyapunov 稳定性理论与 LaSalle 不变性原理对闭环系统进行严格的数学分析，证明了该紧急制动控制器的有效性。进一步，为在台车制动过程中取得更好的负载摆动抑制效果，从摆动抑制的目标出发，对相关控制器进行改进，设计了一种改进后带摆角反馈的紧急制动控制策略。通过大量的仿真与实验测试，验证了改进后方法对于不同种初始条件以及在不同的工作环境下，均能取得良好的控制效果。

参 考 文 献

[1]　Singhose W，Seering W，Singer N. Residual vibration reduction using vector diagrams to generate shaped inputs. Journal of Mechanical Design，1994，116（2）：654-659.

[2]　Singhose W，Kim D，Kenison M. Input shaping control of double-pendulum bridge crane oscillations. Journal of Dynamic Systems，Measurement，and Control，2008，130（3）：034504.

[3]　Blackburn D，Singhose W，Kitchen J，et al. Command shaping for nonlinear crane dynamics. Journal of Vibration

and Control，2010，16（4）：477-501.

[4] Wu Z，Xia X. Optimal motion planning for overhead cranes. IET Control Theory & Applications，2014，8（17）：1833-1842.

[5] Lee H H. Motion planning for three-dimensional overhead cranes with highspeed load hoisting. International Journal of Control，2005，78（12）：875-886.

[6] Uchiyama N，Ouyang H，Sano S. Simple rotary crane dynamics modeling and open-loop control for residual load sway suppression by only horizontal boom motion. Mechatronics，2013，23（8）：1223-1236.

[7] Sakawa Y，Shindo Y. Optimal control of container cranes. Automatica，1982，18（3）：257-266.

[8] 刘熔洁，李世华. 桥式吊车系统的伪谱最优控制设计. 控制理论与应用，2013，30（8）：981-989.

[9] Wu X，He X. Nonlinear energy-based regulation control of three-dimensional overhead cranes. IEEE Transactions on Automation Science and Engineering，2017，14（2）：1297-1308.

[10] Fang Y，Dixon W E，Dawson D M，et al. Nonlinear coupling control laws for an underactuated overhead crane system. IEEE/ASME Transactions on Mechatronics，2003，8（3）：418-423.

[11] Sun N，Fang Y. New energy analytical results for the regulation of underactuated overhead cranes: An end-effector motion-based approach. IEEE Transactions on Industrial Electronics，2012，59（12）：4723-4734.

[12] Yang J H，Yang K S. Adaptive coupling control for overhead crane systems. Mechatronics，2007，17（2/3）：143-152.

[13] Yang J H，Shen S H. Novel approach for adaptive tracking control of a 3-D overhead crane system. Journal of Intelligent & Robotic Systems，2011，62（1）：59-80.

[14] 李众峰，徐为民，谭莹莹，等. 欠驱动桥式吊车自适应 PID 控制. 计算机测量与控制，2013，21（6）：1522-1540.

[15] Chwa D. Sliding-mode-control-based robust finite-time antisway tracking control of 3-D overhead cranes. IEEE Transactions on Industrial Electronics，2017，64（8）：6775-6784.

[16] 于涛，杨昆，赵伟. 基于解耦滑模控制的桥式吊车系统的抗摆控制. 中国测试，2017，43（8）：95-100.

[17] Lee L H，Huang P H，Shih Y C，et al. Parallel neural network combined with sliding mode control in overhead crane control system. Journal of Vibration and Control，2014，20（5）：749-760.

[18] Lee C C. Fuzzy logic in control systems: Fuzzy logic controller. I. IEEE Transactions on Systems，Man，and Cybernetics，1990，20（2）：404-418.

[19] Ma B，Fang Y，Zhang Y. Switching-based emergency braking control for an overhead crane system. IET Control Theory & Applications，2010，4（9）：1739-1747.

[20] Sun N，Fang Y，Zhang X. Energy coupling output feedback control of 4-DOF underactuated cranes with saturated inputs. Automatica，2013，49（5）：1318-1325.

[21] Sun N，Fang Y，Chen H，et al. Slew/translation positioning and swing suppression for 4-DOF tower cranes with parametric uncertainties: Design and hardware experimentation. IEEE Transactions on Industrial Electronics，2016，63（10）：6407-6418.

[22] 方勇纯，卢桂章. 非线性系统理论. 北京：清华大学出版社，2009.

[23] Lévine J. Analysis and Control of Nonlinear Systems: A Flatness-based Approach. Heidelberg: Springer-Verlag，2009.

第9章 船用吊车控制

9.1 引　言

在过去的几十年中，人类在海洋上的活动越来越频繁。相应地，许多作业如货物装卸、船只补给、海上设施建立等，都必须在海洋环境下完成，这就导致对船用吊车等强大的海上运输工具的需求不断增加。与陆地上的许多吊车不同，船用吊车固定在移动船舶上，这使得它们容易受到船体运动的影响。此外，由于工作环境的极端性，船用吊车受到多种严重的外部干扰，如大风、海浪等。由于上述问题，船用吊车的操作通常比陆地吊车需要更丰富的经验，船用吊车的运输效率和负载定位精度也通常较低。因此，开发高效的船用吊车自动控制算法代替人工操作已成为近年来的研究热点，受到世界各国学者的广泛关注。然而，要达成上述目标非常困难，需要大量极为烦琐的分析。此外，在应用过程中的一些实际问题，如执行机构输出限制等，也可能导致控制性能下降。

经过几十年的努力，陆地吊车的研究已经取得了丰硕的成果。研究人员提出了多种控制策略并进行了有效性验证，如输入整形、轨迹规划、自适应控制、基于能量的控制、滑模控制、反馈线性化方法以及智能控制方法。而船用吊车因为受到船体运动和外界干扰的多重影响，其控制一直是一个非常具有挑战性的问题。截至目前，针对船用吊车取得的研究结果要少得多[1, 2]。为了提高船用吊车性能，一个直观方法是改变其机械结构。例如，著名的马里兰索具系统被广泛用于衰减负载摆动[3]。虽然的确取得了一些改进，但这些机械改进结构复杂，且只能被动地克服干扰，其性能在理论上无法得到充分保证。在文献[4]、[5]中，作者将船用吊车视为受到随机扰动的陆地吊车。这样，许多已有结果就可以方便地移植。然而，这种做法无法消除系统无驱动动力学中的非匹配干扰。最近也有一些研究人员尝试在船用吊车上应用智能控制算法。例如，文献[6]将神经网络方法应用于船用吊车的控制。为了获得更好的控制效果，文献[7]提出了一种模糊比例积分（proportional integral，PI）控制器来自动调整参数。然而，由于船用吊车的极端工作条件，这些智能算法尚无法取得在陆地吊车上类似的效果。

综上，船用吊车的研究虽然受到了广泛的关注，但仍处于起步阶段，存在许多有待解决的问题。具体地说，对于不可避免的船舶运动干扰，当前主流做法是将其从吊车动力学中分离出来，并将其视为扰动。如前所述，这并不能解决非匹配扰动的影响。此外，除了船舶运动外，船用吊车还受到大风、摩擦、未建模动力学等额外干扰。这些问题如果处理不当，将严重影响整体控制性能，甚至造成系统不稳定。

为了解决上述问题，本章首先对船用吊车进行模型变换，将船体动力学与吊车动力学有机结合，以便于解决船舶运动引起的扰动问题。并以此为基础，根据实际需求，分别设计了输出反馈控制器，饱和控制器等对船用吊车进行了有效控制。对于所提出的方法，通过李雅普诺夫方法和拉塞尔不变性原理，从数学上严格证明闭环系统的稳定性，大量的实验结果也充分验证了所提出方法的可行性和有效性。

9.2 船用吊车控制

9.2.1 问题描述

为了便于描述，本节使用以下缩写：

$$S_\theta = \sin\theta, \quad C_\theta = \cos\theta, \quad C_\phi = \cos\phi$$
$$S_{1-3} = \sin(q_1 - q_3), \quad C_{1-3} = \cos(q_1 - q_3)$$
$$S_1 = \sin q_1, \quad S_3 = \sin q_3, \quad C_1 = \cos q_1, \quad C_3 = \cos q_3$$
$$S_{\theta-\phi} = \sin(\theta - \phi), \quad S_{\theta-\alpha} = \sin(\theta - \alpha), \quad S_{\phi-\alpha} = \sin(\phi - \alpha)$$
$$C_{\theta-\phi} = \cos(\theta - \phi), \quad C_{\theta-\alpha} = \cos(\theta - \alpha), \quad C_{\phi-\alpha} = \cos(\phi - \alpha)$$

图 9.1 是船用吊车系统示意图，其中 $\{O_E, x_E, y_E\}$ 和 $\{O_s, x_s, y_s\}$ 分别表示地球坐标系和船体坐标系（非惯性坐标系），α 为海浪引起的船体横摇角，h 为船体垂荡高度。ϕ 为悬臂俯仰角，θ 表示负载相对于坐标轴 y_s 的摆动角度，L 表示吊

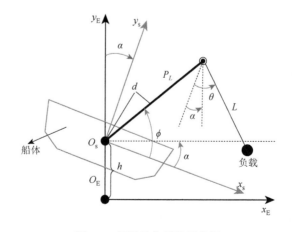

图 9.1　船用吊车系统示意图

绳长度。对于系统参数，悬臂的长度和质量分别用 P_L 和 m 表示，d 表示悬臂重心与旋转轴 O_s 之间的距离，m_p 表示负载质量。此外，J 表示悬臂转动惯量。

船用吊车的动力学方程一般可表示如下：

$$\begin{cases} (J+m_pP_L^2)\ddot{\phi}-m_pP_LC_{\theta-\phi}\ddot{L}+m_pP_LLS_{\theta-\phi}\ddot{\theta}+2m_pP_LS_{\theta-\phi}\dot{L}\dot{\theta} \\ +m_pP_LLC_{\theta-\phi}\dot{\theta}^2=M_c+d_1 \\ -m_pP_LC_{\theta-\phi}\ddot{\phi}+m_p\ddot{L}-m_pP_LS_{\theta-\phi}\dot{\phi}^2-m_pL\dot{\theta}^2=F_l+d_2 \\ m_pP_LLS_{\theta-\phi}\ddot{\phi}+m_pL^2\ddot{\theta}-m_pP_LLC_{\theta-\phi}\dot{\phi}^2+2m_pL\dot{\theta}\dot{L}=d_3 \end{cases} \quad (9.1)$$

式中，g 为重力加速度；M_c、F_l 分别表示悬臂俯仰力矩与吊绳驱动力；$d_i,i=1,2,3$ 为船体运动引入的外界干扰项，其具体表达式如下：

$$\begin{cases} d_1=(J+m_pP_L^2+m_pP_LLS_{\theta-\phi})\ddot{\alpha}+2m_pP_LS_{\theta-\phi}\dot{L}\dot{\alpha}+m_pP_LLC_{\theta-\phi}(2\dot{\theta}\dot{\alpha}-\dot{\alpha}^2) \\ \quad -(m_pP_L+md)(g+\ddot{h})C_{\phi-\alpha} \\ d_2=-m_pP_LC_{\theta-\phi}\ddot{\alpha}-m_pP_LS_{\theta-\phi}(2\dot{\phi}\dot{\alpha}-\dot{\alpha}^2)-m_pL(2\dot{\theta}\dot{\alpha}-\dot{\alpha}^2) \\ \quad +m_p(g+\ddot{h})C_{\theta-\alpha} \\ d_3=(m_pP_LLS_{\theta-\phi}+m_pL^2)\ddot{\alpha}-m_pP_LLC_{\theta-\phi}(2\dot{\phi}\dot{\alpha}-\dot{\alpha}^2) \\ \quad +2m_pL\dot{L}\dot{\alpha}-m_pL(g+\ddot{h})S_{\theta-\alpha} \end{cases} \quad (9.2)$$

将式（9.1）整合成矩阵形式可得

$$M_1(q)\ddot{q}+C_1(q,\dot{q})\dot{q}=u_1+d \quad (9.3)$$

式中，$q(t)=[\phi(t)\ L(t)\ \theta(t)]^T, M_1(q), C_1(q,\dot{q})\in R^{3\times3}, u_1\in R^3$ 与 d 分别表示惯性矩阵，向心-科氏力矩阵，控制输入向量和船体运动干扰向量，其具体形式给出如下：

$$M_1=\begin{bmatrix} J+m_pP_L^2 & -m_pP_LC_{\theta-\phi} & m_pP_LLS_{\theta-\phi} \\ -m_pP_LC_{\theta-\phi} & m_p & 0 \\ m_pP_LLS_{\theta-\phi} & 0 & m_pL^2 \end{bmatrix}$$

$$C_1=\begin{bmatrix} 0 & m_pP_LS_{\theta-\phi}\dot{\theta} & c_{13} \\ -m_pP_LS_{\theta-\phi}\dot{\phi} & 0 & -m_pL\dot{\theta} \\ -m_pP_LLC_{\theta-\phi}\dot{\phi} & m_pL\dot{\theta} & m_pL\dot{L} \end{bmatrix}$$

$$u_1=[M_c\ F_l\ 0]^T, \quad d=[d_1\ d_2\ d_3]^T$$

在很多相关研究中，都是直接对上面的动力学方程展开分析并构造相应的控制器。可以看出，这种处理方式是将 $\phi(t),L(t),\theta(t)$ 作为待控状态量，把船体动力学作为吊车操作过程中的外界干扰。其好处是更为直观，方便理解。但是这种思路的不足之处在于没有充分利用船体运动与吊车运动之间的动态关系。从式（9.2）中也可以看到，船体运动干扰的成分极为复杂，甚至包含一些二阶导数项，妥善处理这些干扰非常困难。另外，在系统的无驱动自由度中，同样包含很多干扰项，这使得控制器设计的难度进一步提升。

为了解决这些问题，拟通过构造复合变量，将船体动力学与吊车动力学有机融合，尽可能地"消除"干扰的影响。为此，首先仔细分析船用吊车的控制目标：消除负载摆动的同时，将货物运送到地球坐标系下的期望位置。从图 9.1 可以看出，负载在地球坐标系中的位置可以表示为

$$x = P_L C_{\phi-\alpha} + L S_{\theta-\alpha}, \quad y = P_L S_{\phi-\alpha} - L C_{\theta-\alpha} + h$$

上式进一步表明

$$x_d = P_L C_{\phi_d-\alpha} + L_d S_{\theta_d-\alpha}, \quad y_d = P_L S_{\phi_d-\alpha} - L_d C_{\theta_d-\alpha} + h \tag{9.4}$$

式中，(x_d, y_d) 表示负载在地球坐标系中的期望位置；ϕ_d, L_d, θ_d 分别表示平衡点处 $\phi(t), L(t), \theta(t)$ 的取值。由于摆动消除的目标应该得到保证，因此始终有 $\theta_d = \alpha(t)$。将上述结论代入式（9.4）可计算得出

$$1: \phi_d = \alpha + \arccos\left(\frac{x_d}{P_L}\right), \quad L_d = \sqrt{P_L^2 - x_d^2} + h - y_d, \quad \theta_d = \alpha$$

$$2: \phi_d = \alpha - \arccos\left(\frac{x_d}{P_L}\right), \quad L_d = -\sqrt{P_L^2 - x_d^2} + h - y_d, \quad \theta_d = \alpha \tag{9.5}$$

式（9.5）中的两组解都可以实现控制目标，然而在实际应用中，为了避免对周围环境和人员造成损害，悬臂相对于地球坐标系的俯仰角，即 $q_1 = \phi - \alpha$ 通常为正值。因此，只有情况 1 在实际应用中有效。可以看出，原系统状态需要跟踪与船体运动相关的时变曲线。基于上述启发，定义了如下状态变换：

$$\eta_1 = \phi - \alpha, \quad \eta_2 = L, \quad \eta_3 = \theta - \alpha$$

对应地，有

$$\eta_{1d} = \arccos\left(\frac{x_d}{P_L}\right), \quad \eta_{2d} = \sqrt{P_L^2 - x_d^2} + h - y_d, \quad \eta_{3d} = 0$$

基于新定义的状态变量，可得重新整合后的状态方程如下：

$$M(\eta)\ddot{\eta} + C(\dot{\eta}, \eta)\dot{\eta} + G(\eta) = u \tag{9.6}$$

式中，$\eta(t) = [\eta_1(t) \ \eta_2(t) \ \eta_3(t)]^{\mathrm{T}}, M(\eta), C(\eta, \dot{\eta}) \in R^{3\times3}$ 与 $u \in R^3$ 具有如下形式：

$$M = \begin{bmatrix} J + m_p P_L^2 & -m_p P_L C_{1-3} & -m_p P_L \eta_2 S_{1-3} \\ -m_p P_L C_{1-3} & m_p & 0 \\ -m_p P_L \eta_2 S_{1-3} & 0 & m_p \eta_2^2 \end{bmatrix}$$

$$C = \begin{bmatrix} 0 & -m_p P_L S_{1-3}\dot{\eta}_3 & C_{13} \\ m_p P_L S_{1-3}\dot{\eta}_1 & 0 & -m_p \eta_2 \dot{\eta}_3 \\ -m_p P_L \eta_2 C_{1-3}\dot{\eta}_1 & m_p \eta_2 \dot{\eta}_3 & m_p \eta_2 \dot{\eta}_2 \end{bmatrix}$$

$$G = \begin{bmatrix} G_1 & -m_p(g+\ddot{h})C_3 & m_p \eta_2(g+\ddot{h})S_3 \end{bmatrix}^{\mathrm{T}}, \quad u = \begin{bmatrix} M_c & F_l & 0 \end{bmatrix}^{\mathrm{T}}$$

式中，$C_{13} = -m_p P_L (S_{1-3} \dot{\eta}_2 - \eta_2 C_{1-3} \dot{\eta}_3), G_1 = (m_p P_L + md)(g + \ddot{h})C_1$。可以看出，通过状态变换，可以将原系统（9.1）转换为上述标准欧拉-拉格朗日形式。而船体运动引入的干扰项也通过与原系统动力学的融合而"消失"了，这显著方便了后续的控制器设计、分析等步骤。此外，可以推导得出 $M(\eta)$ 与 $C(\eta, \dot{\eta})$ 同样满足下述反对称性质：

$$x^{\mathrm{T}} \left(\frac{1}{2} \dot{M}(\eta) - C(\eta, \dot{\eta}) \right) x = 0, \quad \forall x \in R^3$$

实际的船用吊车系统动力学模型是极为复杂的。具体来说，船体运动实际上共有六个自由度，其所引入的干扰项将几何级增长。此外，吊车悬臂除了俯仰运动，还会产生回转运动，这使得系统模型的复杂度进一步增加。最后，相较图 9.1 中的简略示意图，船用吊车的构型往往更为繁复。对于这样的更为复杂的控制问题，采用状态变换很可能无法"消除掉"所有的干扰项，但是仍能显著简化模型结构，给相关问题的分析带来便利性。

9.2.2 控制器设计与稳定性分析

在本小节中，基于状态变换后的吊车模型分别提出了一个全状态反馈控制器和一个输出反馈控制器，并利用李雅普诺夫方法和拉塞尔不变性原理严格证明了期望平衡点的渐近稳定性。

1. 全状态反馈控制器

在进行后续分析之前，对 $\eta_3(t)$ 和吊绳长度进行了以下合理假设。

假设 9.1 负载相对于垂直方向的摆角，即 $\eta_3(t)$ 始终在以下范围内有界：

$$-\frac{\pi}{2} < \eta_3(t) = \theta(t) - \alpha(t) < \frac{\pi}{2}$$

假设 9.2 初始绳长和期望绳长始终为正，即

$$\eta_2(0) = L(0) > 0, \quad \eta_{2d} = L_d > 0$$

式中，$L(0)$ 和 L_d 分别表示初始绳长和期望绳长。

为了便于描述，定义了以下误差信号：

$$e = [e_1 \ e_2 \ e_3]^{\mathrm{T}} = \eta - \eta_d$$

基于此，控制输入被构造为

$$M_c = (m_p P_L + md) g C_1 - k_{p1} e_1 - k_{d1} \dot{e}_1 \tag{9.7}$$

$$F_l = -m_p g - k_{p2} e_2 - \frac{2\lambda e_2 (\eta_2 - e_2)}{\eta_2^3} - k_{d2} \dot{e}_2 \tag{9.8}$$

定理 9.1 对于式（9.6）所示的船用吊车系统，所提出的全状态反馈控制

器（9.7）和（9.8）可以保证系统期望平衡点是渐近稳定的。

证明 选择李雅普诺夫候选函数如下：

$$V = \frac{1}{2}\dot{e}^T M_t \dot{e} + m_p g \eta_2 (1-C_3) + \frac{1}{2}k_{p1}e_1^2 + \frac{1}{2}k_{p2}e_2^2 + \lambda \frac{e_2^2}{\eta_2^2}$$

式中，k_{p1}, k_{p2} 和 λ 表示正控制增益。将 V 关于时间求导可得

$$\dot{V} = \dot{e}_1\left(M_c - (m_p P_L + md)gC_1 + k_{p1}e_1\right) + \dot{e}_2\left(F_l + m_p g + k_{p2}e_2 + \frac{2\lambda e_2(\eta_2 - e_2)}{\eta_2^3}\right) \quad (9.9)$$

将控制输入式（9.7）和式（9.8）代入式（9.9）得到

$$\dot{V} = -k_{d1}\dot{e}_1^2 - k_{d2}\dot{e}_2^2 \leqslant 0 \quad (9.10)$$

由假设 9.2 可知，$\eta_2(0) > 0 \Rightarrow \frac{e_2^2}{\eta_2^2} \in \mathcal{L}_\infty \Rightarrow V(0) \in \mathcal{L}_\infty$，再结合（9.10）得到

$$V \leqslant V(0) \Rightarrow V \in \mathcal{L}_\infty \Rightarrow \dot{\eta}_1, \dot{\eta}_2, \dot{\eta}_3, \dot{e}_1, \dot{e}_2, \dot{e}_3, \eta_1, \eta_2, e_1, e_2 \in \mathcal{L}_\infty \quad (9.11)$$

接下来进一步证明绳长 $L(t)$，即 $\eta_2(t)$ 总是正的。根据假设 9.2，有 $\eta_2(0), \eta_{2d} > 0$。假设 $\eta_2(t)$ 趋于非正，则存在一个 $\eta_2(t) \to 0^+$ 的时间段。由于 $e_2 = \eta_2 - \eta_{2d} \to -\eta_{2d} < 0$，可以得出 $e_2^2 / \eta_2^2 \to +\infty \Rightarrow V \to +\infty$，这与式（9.11）中 $V \in \mathcal{L}_\infty$ 的事实相矛盾。因此，下列性质始终成立：

$$\eta_2(t) \nrightarrow 0^+ \Rightarrow \eta_2(t) > 0, \quad \forall t \in \mathbb{R}^+ \quad (9.12)$$

为了完成证明，定义以下集合：

$$\Omega = \{(\eta_1, \eta_2, \eta_3, \dot{\eta}_1, \dot{\eta}_2, \dot{\eta}_3) \mid \dot{V} = 0\}$$

在此基础上，进一步定义 ψ 为 Ω 中包含的最大不变集。然后从式（9.10）中得出

$$\dot{e}_1 = \dot{e}_2 = 0 \Rightarrow \ddot{e}_1, \ddot{e}_2, \dot{\eta}_1, \dot{\eta}_2, \ddot{\eta}_1, \ddot{\eta}_2 = 0, e_1 = \alpha_1, e_2 = \alpha_2 \Rightarrow \eta_1 = \alpha_3, \eta_2 = \alpha_4 \quad (9.13)$$

式中，$\alpha_1 \sim \alpha_4$ 是常数。将式（9.13）代入式（9.6）得到

$$-m_p P_L \alpha_4\left(S_{1-3}\ddot{\eta}_3 - C_{1-3}\dot{\eta}_3^2\right) + (m_p P_L + md)gC_1 = M_c \quad (9.14)$$

$$-m_p \alpha_4 \dot{\eta}_3^2 - m_p gC_3 = F_l \quad (9.15)$$

$$m_p \alpha_4^2 \ddot{\eta}_3 + m_p \alpha_4 g S_3 = 0 \quad (9.16)$$

同时，利用式（9.13）中的结论，将式（9.7）代入式（9.14）得到

$$-m_p P_L \alpha_4 S_{1-3}\ddot{\eta}_3 + m_p P_L \eta_2 C_{1-3}\dot{\eta}_3^2 = -k_{p1}\alpha_1 \quad (9.17)$$

进一步整理后，式（9.17）可以被重新整合为

$$-m_p P_L \alpha_4 S_{1-3}\ddot{\eta}_3 + m_p P_L \eta_2 C_{1-3}\dot{\eta}_3^2$$
$$= m_p P_L \alpha_4\left(S_{1-3}(\ddot{\eta}_1 - \ddot{\eta}_3 - \ddot{\eta}_1) + C_{1-3}(\dot{\eta}_1 - \dot{\eta}_3 - \dot{\eta}_1)^2\right) = -k_{p1}\alpha_1 \quad (9.18)$$

结合式（9.13）中 $\dot{\eta}_1 = \ddot{\eta}_1 = 0$ 的结论，式（9.18）可以被简化为

$$m_p P_L \alpha_4\left(S_{1-3}(\ddot{\eta}_1 - \ddot{\eta}_3) + C_{1-3}(\dot{\eta}_1 - \dot{\eta}_3)^2\right) = -k_{p1}\alpha_1 \quad (9.19)$$

对式（9.19）两边关于时间积分得到

$$m_p P_L \alpha_4 S_{1-3}(\dot{\eta}_1 - \dot{\eta}_3) = -k_{p1}\alpha_1 t + \beta_1 \tag{9.20}$$

式中，β_1 表示待确定的常数。如果 $\alpha_1 \neq 0$，则 $t \to \infty$ 时有 $m_p P_L \alpha_4 S_{1-3}(\dot{\eta}_1 - \dot{\eta}_3) \to \infty$。然而，由式（9.11）可知，$\dot{\eta}_1 - \dot{\eta}_3 \in \mathcal{L}_\infty \Rightarrow m_p P_L \alpha_4 S_{1-3}(\dot{\eta}_1 - \dot{\eta}_3) \in \mathcal{L}_\infty$，这就产生了明显的矛盾。因此，可以得出以下结论：

$$\alpha_1 = e_1 = 0 \Rightarrow m_p P_L \alpha_4 S_{1-3}(\dot{\eta}_1 - \dot{\eta}_3) = \beta_1 \tag{9.21}$$

同样，积分式（9.21）的两边会得到

$$-m_p P_L \alpha_4 C_{1-3} = \beta_1 t + \beta_2$$

式中，β_2 也是常数。类似式（9.20）和式（9.21）中的分析，可以得出

$$\beta_1 = 0 \Rightarrow m_p P_L \alpha_4 S_{1-3}(\dot{\eta}_1 - \dot{\eta}_3) = 0 \tag{9.22}$$

根据式（9.12）和式（9.13），可以得到 $\alpha_4 = \eta_2 > 0 \Rightarrow m_p P_L \alpha_4 > 0$。因此，式（9.22）表明

$$S_{1-3}(\dot{\eta}_1 - \dot{\eta}_3) = 0$$

这进一步意味着 $S_{1-3} = 0$ 或 $\dot{\eta}_1 - \dot{\eta}_3 = 0$。假设 $S_{1-3} = 0$，则有

$$\eta_1 - \eta_3 = 0 \Rightarrow \dot{\eta}_1 - \dot{\eta}_3 = 0$$

因此，无论哪种情况，以下结论始终成立：

$$\dot{\eta}_1 = \dot{\eta}_3$$

结合式（9-13）中 $\dot{\eta}_1 = 0$ 的结论，可得

$$\dot{\eta}_3 = 0 \Rightarrow \ddot{\eta}_3 = 0 \tag{9.23}$$

将式（9.23）代入式（9.17），得到

$$m_p g \alpha_4 S_3 = 0 \Rightarrow S_3 = 0 \Rightarrow \eta_3 = e_3 = 0 \tag{9.24}$$

结合式（9.13），式（9.23）和式（9.24）中的结论，将式（9.8）代入式（9.15）整理后得到

$$\left(k_{p2} + \frac{2\lambda(\eta_2 - e_2)}{\eta_2^3} \right) e_2 = 0 \tag{9.25}$$

根据式（9.12）中的结果，$\eta_2 > 0$ 始终成立。此外，假设 9.2 表明 $\eta_2 - e_2 = \eta_{2d} = L_d > 0$，这进一步表明 $k_{p2} + \frac{2\lambda(\eta_2 - e_2)}{\eta_2^3} > 0$。那么，结合式（9.25）可以得到

$$e_2 = 0 \tag{9.26}$$

将式（9.13）、式（9.21）、式（9.23）～式（9.26）中的结果汇总，得出最大不变集 Ψ 中仅包含期望平衡点。根据拉塞尔不变性原理，可以得出期望平衡点是渐近稳定的。从而完成了定理 9.1 的证明。

2. 输出反馈控制器

全状态反馈控制需要速度信号，但速度信号有些情况下难以直接获得。为了克服这一缺点，进一步提出了一种只需要位置信号的输出反馈控制器。为此，首先构造了辅助信号 ξ_1 和 ξ_2，它们被引入来代替控制律式（9.7）和式（9.8）中出现的速度信号。具体来说，ξ_1 和 ξ_2 是通过以下算法生成的：

$$\xi_1 = \omega_1 + k_{d1}\eta_1, \quad \dot{\omega}_1 = -k_{d1}(\omega_1 + k_{d1}\eta_1) = -k_{d1}\xi_1$$
$$\xi_2 = \omega_2 + k_{d2}\eta_2, \quad \dot{\omega}_2 = -k_{d2}(\omega_2 + k_{d2}\eta_2) = -k_{d2}\xi_2 \tag{9.27}$$

式中，ω_1, ω_2 为辅助变量。经过计算，从式（9.27）中可以得出以下关系：

$$\dot{\xi}_1 = -k_{d1}(\xi_1 - \dot{\eta}_1), \quad \dot{\xi}_2 = -k_{d2}(\xi_2 - \dot{\eta}_2) \tag{9.28}$$

相应地，修改控制器（9.7）和（9.8）来构造输出反馈控制器如下：

$$M_{c2} = (m_p P_L + md)gC_1 - k_{p1}e_1 - k_{d1}\xi_1 \tag{9.29}$$

$$F_{l2} = -m_p g - k_{p2}e_2 - \frac{2\lambda e_2(\eta_2 - e_2)}{\eta_2^3} - k_{d2}\xi_2 \tag{9.30}$$

另外，当将控制律（9.29）和（9.30）与全状态反馈控制器（9.7）和（9.8）进行比较时，可以看出，式（9.7）和式（9.8）中的速度相关信号 $\dot{e}_1(t)$ 和 $\dot{e}_2(t)$ 已被估计 $\xi_1(t)$ 和 $\xi_2(t)$ 取代。

定理9.2 对于（9.6）所示的船用吊车系统，所提出的输出反馈控制器（9.29）和（9.30）也能保证系统状态的期望平衡点是渐近稳定的。

证明 首先，选择以下非负李雅普诺夫候选函数：

$$V = \frac{1}{2}\dot{e}^T M_t \dot{e} + m_p g\eta_2(1 - C_3) + \frac{1}{2}k_{p1}e_1^2 + \frac{1}{2}k_{p2}e_2^2 + \lambda\frac{e_2^2}{\eta_2^2} + \frac{1}{2}(\xi_1^2 + \xi_2^2)$$

对 V 的两边关于时间求导，得到

$$\dot{V} = \dot{e}_1\left(M_c - (m_p P_L + md)gC_1 + k_{p1}e_1 + k_{d1}\xi_1\right) - k_{d1}\xi_1^2$$
$$+ \dot{e}_2\left(F_l + m_p g + k_{p2}e_2 + \frac{2\lambda e_2(\eta_2 - e_2)}{\eta_2^3} + k_{d2}\xi_2\right) - k_{d2}\xi_2^2 \tag{9.31}$$

将式（9.29）和式（9.30）代入式（9.31），得到如下结果：

$$\dot{V} = -k_{d1}\xi_1^2 - k_{d2}\xi_2^2 \leq 0$$

由于 V 是非负的，$\dot{V} \leq 0$ 意味着：

$$V \in \mathcal{L}_\infty \Rightarrow \dot{e}_1, \dot{e}_2, \dot{e}_3, e_1, e_2, \xi_1, \xi_2 \in \mathcal{L}_\infty$$

与定理9.1的证明类似，定义以下集合：

$$\Omega_2 = \{(\eta_1, \eta_2, \eta_3, \dot{\eta}_1, \dot{\eta}_2, \dot{\eta}_3) | \dot{V} = 0\}$$

进一步定义 Ψ_2 为 Ω_2 中包含的最大不变集。随后，可以得出在 Ψ_2 中有以下结论：

$$\xi_1 = \xi_2 = 0 \Rightarrow \dot{\xi}_1 = \dot{\xi}_2 = 0$$

结合式（9.28），得出以下结论：

$$\dot{\eta}_1 = \dot{\eta}_2 = 0 \Rightarrow \dot{e}_1 = \dot{e}_2 = 0$$

类似于式（9.13）～式（9.26）中的分析，最终可以得出定理 9.1 中的相同结论。从而完成了定理 9.2 的证明。

9.2.3　实验结果

本小节中，给出了硬件实验结果，以进一步验证所提出的方法的性能。硬件实验平台如图 9.2 所示。悬臂倾斜角和船舶横摇角由嵌入伺服电机的编码器检测。负载由一根钢丝绳悬挂在台车上，两个编码器固定在台车上，以实时捕捉负载的摆动运动。所提出控制算法运行在 Windows XP 下的 MATLAB/Simulink 2012b 实时环境下，控制周期设定为 5ms，采用 Googol GTS-800-PV-PCI 八轴运动控制卡完成信息采集和控制指令发送。

图 9.2　船吊硬件实验平台

对于所有实验，实验台的物理参数设定为

$$m = 18\text{kg}, \quad m_p = 0.5\text{kg}, \quad P_L = 0.7\text{m}, \quad J = 6.5\text{kg}\cdot\text{m}^2, \quad d = 0.35\text{m}$$

在不失一般性的前提下，所有实验的状态变量初始条件确定如下：

$$\phi(0) = 10°, \quad L(0) = 0.1\text{m}, \quad \theta(0) = 0°$$

对于输出反馈控制器，辅助变量初始化为

$$\omega_1(0) = \omega_2(0) = 0 \Rightarrow \xi_1(0) = k_{d1}\eta_1(0), \quad \xi_2(0) = k_{d2}\eta_2(0)$$

船舶扰动确定为 $\alpha(t) = 4\sin(t)°$。目标位置设为 $x_d = a = 0.42\text{m}$, $y_d = b = 0.21\text{m}$，由此可进一步推导出 $\eta_{1d} = 53.13°, \eta_{2d} = 0.35\text{m}, \eta_{3d} = 0°$。

1. 全状态反馈控制器的实验结果

经过仔细调整，选择全状态反馈控制器的控制增益为
$$k_{p1} = 10, \quad k_{d1} = 25, \quad k_{p2} = 20, \quad k_{d2} = 25, \quad \lambda = 0.1$$
在这种情况下的实验结果如图 9.3 和图 9.4 所示。从图 9.3 中可以看到，所有系统状态变量被成功地调节到期望值。此外，负载相对于垂直方向的摆角 $\theta - \alpha$ 在运输过程中被抑制在很小的范围内。从图 9.4 可以观察到负载被精确地运送到世界坐标系中的期望位置。

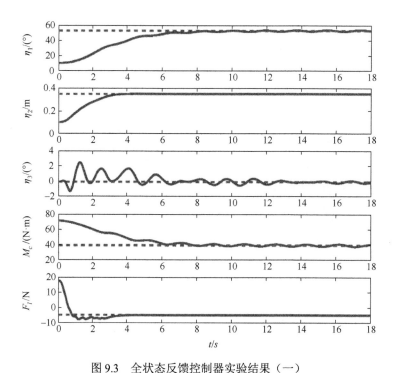

图9.3 全状态反馈控制器实验结果（一）

实线：系统状态和控制输入响应曲线；虚线：系统状态和控制输入期望值

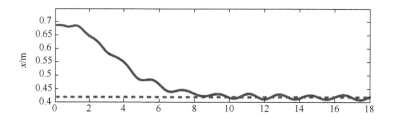

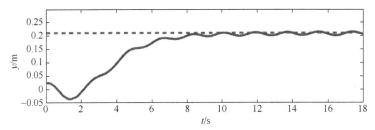

图 9.4　全状态反馈控制器实验结果（二）

实线：负载位置曲线；虚线：负载位置期望值

2. 输出反馈控制器的实验结果

选择输出反馈控制器的控制增益为

$$k_{p1} = 12, \quad k_{d1} = 20, \quad k_{p2} = 20, \quad k_{d2} = 25, \quad \lambda = 0.1$$

输出反馈控制器的实验结果如图 9.5 和图 9.6 所示。从这两幅图中可以看出，输出反馈控制器在没有速度信号的情况下，也能获得满意的控制性能。另外，由于输出反馈控制器不需要速度信号，引入的噪声相对较小，因此相应的实验结果比全状态反馈控制器要平滑一些。

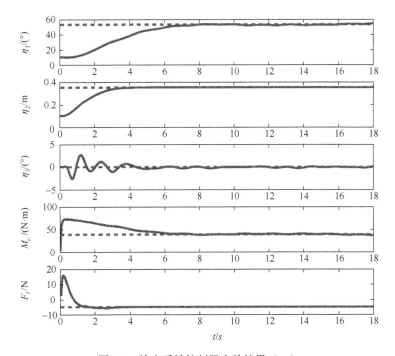

图 9.5　输出反馈控制器实验结果（一）

实线：系统状态和控制输入响应曲线；虚线：系统状态和控制输入期望值

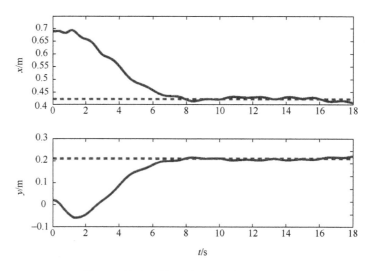

图 9.6　输出反馈控制器实验结果（二）

实线：负载位置曲线；虚线：负载位置期望值

9.3　考虑输入饱和的船用吊车非线性协调控制

9.3.1　问题描述

为便于说明，本节采用以下简写方式：

$$S_{\theta-\phi} = \sin(\theta-\phi), \quad S_{\theta-\alpha} = \sin(\theta-\alpha), \quad S_{\phi-\alpha} = \sin(\phi-\alpha)$$

$$C_{\theta-\phi} = \cos(\theta-\phi), \quad C_{\theta-\alpha} = \sin(\theta-\alpha), \quad C_{\phi-\alpha} = \sin(\phi-\alpha)$$

$$S_i = \sin(q_i), \quad C_i = \sin(q_i), \quad S_{i\pm j} = \sin(q_i \pm q_j), \quad C_{i\pm j} = \cos(q_i \pm q_j), \quad i,j=1,2,3$$

本节所研究的船用吊车系统如图 9.1 所示。从图中可以看出，$\{O_E, x_E, y_E\}$ 和 $\{O_s, x_s, y_s\}$ 分别表示地球坐标系和船体坐标系。m、P_L 和 J 分别表示悬臂的质量、长度和转动惯量。d 是悬臂重心和点 O 之间的距离，m_p 是负载质量。L 表示随时间变化的吊绳长度。$\phi(t)$、$\theta(t)$ 分别是船体坐标系下的悬臂俯仰角和负载摆角。$\alpha(t)$ 表示海浪引起的船体横摇角，$h(t)$ 表示船体的垂荡高度。

对于船用吊车的许多控制策略，都是以 $\phi(t), L(t), \theta(t)$ 为被控状态变量，将船体动力学（$\alpha(t)$ 相关项）作为扰动进行处理。相应地，船用吊车动力学通常表示如下：

$$\begin{cases} (J + m_p P_L^2)\ddot{\phi} - m_p P_L C_{\theta-\phi}\ddot{L} + m_p P_L L S_{\theta-\phi}\ddot{\theta} + 2m_p P_L S_{\theta-\phi}\dot{L}\dot{\theta} + m_p P_L L C_{\theta-\phi}\dot{\theta}^2 \\ = M_c + d_{s1} + d_1 \\ -m_p P_L C_{\theta-\phi}\ddot{\phi} + m_p\ddot{L} - m_p P_L S_{\theta-\phi}\dot{\phi}^2 - m_p L\dot{\theta}^2 = F_l + d_{s2} + d_2 \\ m_p P_L L S_{\theta-\phi}\ddot{\phi} + m_p L^2\ddot{\theta} - m_p P_L L C_{\theta-\phi}\dot{\phi}^2 + 2m_p L\dot{\theta}\dot{L} = d_{s3} \end{cases} \tag{9.32}$$

式中，M_c、F_l 分别表示悬臂起升力矩和吊绳拉力；$d_{si}(i=1,2,3)$ 是船舶运动引起的扰动项，可显式表示为

$$d_{s1} = (J + m_p P_L^2 + m_p P_L L S_{\theta-\phi})\ddot{\alpha} + 2m_p P_L S_{\theta-\phi}\dot{L}\dot{\alpha} + m_p P_L L C_{\theta-\phi}(2\dot{\theta}\dot{\alpha} - \dot{\alpha}^2)$$

$$- (m_p P_L + md)(g + \ddot{h})C_{\phi-\alpha}$$

$$d_{s2} = -m_p P_L C_{\theta-\phi}\ddot{\alpha} - m_p P_L S_{\theta-\phi}(2\dot{\phi}\dot{\alpha} - \dot{\alpha}^2) - m_p L(2\dot{\theta}\dot{\alpha} - \dot{\alpha}^2) + m_p(g + \ddot{h})C_{\theta-\alpha}$$

$$d_{s3} = (m_p P_L L S_{\theta-\phi} + m_p L^2)\ddot{\alpha} - m_p P_L L C_{\theta-\phi}(2\dot{\phi}\dot{\alpha} - \dot{\alpha}^2) + 2m_p L\dot{L}\dot{\alpha} - m_p L(g + \ddot{h})S_{\theta-\alpha}$$

除了船舶运动外，船用吊车系统还受到各种额外的干扰，包括摩擦、未建模动力学、负载重量变化等，这些干扰被统一归结为集总干扰 d_1，d_2。

将船体动力学与吊车动力学分离后，船用吊车系统（9.32）退化为一个受到各种干扰的陆地吊车。然而，这种策略无法克服非匹配干扰。为了解决这个问题，本节首先对船用吊车系统进行模型转换。具体来说，定义了以下新的状态变量：

$$q_1 = \phi - \alpha, \quad q_2 = L, \quad q_3 = \theta - \alpha$$

相应地，式（9.32）被重新整合成以下形式：

$$M(q)\ddot{q} + V_m(q,\dot{q})\dot{q} + G(q) = u + d \tag{9.33}$$

式中，$q(t) = [q_1(t) \ q_2(t) \ q_3(t)]^\mathrm{T}$ 表示新的状态向量；$M(q), V_m(q,\dot{q}), G(q), u$ 等表示如下矩阵或向量：

$$M = \begin{bmatrix} J + m_p P_L^2 & -m_p P_L C_{1-3} & -m_p P_L q_2 S_{1-3} \\ -m_p P_L C_{1-3} & m_p & 0 \\ -m_p P_L q_2 S_{1-3} & 0 & m_p q_2^2 \end{bmatrix}$$

$$V_m = \begin{bmatrix} 0 & -m_p P_L S_{1-3}\dot{q}_3 & v_{13} \\ m_p P_L S_{1-3}\dot{q}_1 & 0 & -m_p q_2\dot{q}_3 \\ -m_p P_L q_2 C_{1-3}\dot{q}_1 & m_p q_2\dot{q}_3 & m_p q_2\dot{q}_2 \end{bmatrix}$$

$$G = \begin{bmatrix} G_1 & -m_p(g + \ddot{h})C_3 & m_p q_2(g + \ddot{h})S_3 \end{bmatrix}^\mathrm{T}$$

$$u = \begin{bmatrix} M_c & F_l & 0 \end{bmatrix}^\mathrm{T}, \quad d = \begin{bmatrix} d_1 & d_2 & 0 \end{bmatrix}^\mathrm{T}$$

式中，$v_{13} = -m_p P_L(S_{1-3}\dot{q}_2 - q_2 C_{1-3}\dot{q}_3)$，$G_1 = (m_p P_L + md)(g + \ddot{h})C_1$。可见，通过这些变换，船体动力学不再以扰动的形式出现，而是作为吊车整体动力学的一部分，为后续的控制器设计带来了很大的方便。

对于船用吊车，首要任务是在地球坐标系下实现有负载的精确定位和快速摆动消除，即

$$x = P_L C_{\phi-\alpha} + L S_{\theta-\alpha} = x_d, \quad y = P_L S_{\phi-\alpha} - L C_{\theta-\alpha} + h = y_d, \quad \theta = \alpha$$

式中，(x, y) 是地球坐标系中的负载位置（见图 9.7）；(x_d, y_d) 是期望的负载位置。

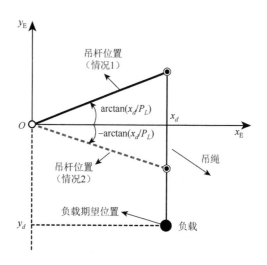

图 9.7　负载期望位置的两种情况

根据上述关系，可将状态变量的期望值计算如下：

情形1：$\phi_d = \alpha + \arccos\left(\dfrac{x_d}{P_L}\right), \quad \theta_d = \alpha, \quad L_d = \sqrt{P_L^2 - x_d^2} + h - y_d$

$$(9.34)$$

情形2：$\phi_d = \alpha - \arccos\left(\dfrac{x_d}{P_L}\right), \quad \theta_d = \alpha, \quad L_d = -\sqrt{P_L^2 - x_d^2} + h - y_d$

上述两种解均可以将负载运输到期望位置，然而根据实际情况，只有第一种解能够满足安全性要求。因此，可将新状态变量的值计算如下：

$$q_{1d} = \arccos\left(\dfrac{x_d}{P_L}\right), \quad q_{2d} = \sqrt{P_L^2 - x_d^2} + h - y_d, \quad q_{3d} = 0$$

为了便于后面的描述，进一步定义如下误差信号：

$$e_i = q_i - q_{id}, \quad i = 1,2,3, \quad e = [e_1\ e_2\ e_3]^T$$

$$(9.35)$$

在进行后续分析之前，做出以下合理假设。

假设 9.3　负载摆动角度有界，即

$$-\frac{\pi}{2} < q_3(t) < \frac{\pi}{2}$$

假设 9.4　集总扰动及其导数是有界的，即

$$|d_1| \leqslant \overline{d}_1, \quad |d_2| \leqslant \overline{d}_2, \quad |\dot{d}_1| \leqslant \varGamma_1, \quad |\dot{d}_2| \leqslant \varGamma_2$$

假设 9.5　船体运动干扰满足如下性质：

$$|h| \leqslant \overline{h}, \quad |\dot{h}| \leqslant \overline{h}_1, \quad |\ddot{h}| \leqslant \overline{h}_2, \quad \dot{h}, \ddot{h} \to 0$$

9.3.2　控制器设计与稳定性分析

在本小节中，首先设计干扰观测器来估计外部干扰并进行前馈补偿。在此基础上，提出了一种用于船用吊车系统的非线性协调控制器。利用李雅普诺夫方法和拉塞尔不变性原理，严格证明了期望平衡点的渐近稳定性。

除了船舶运动外，船用吊车还可能受到风、海浪、未建模动力学等各种干扰。许多现有方法没有充分考虑这些扰动，从而在实际应用中无法达到很好的控制效果。为了解决这一问题，设计了一个非线性扰动观测器来估计并进一步消除这些扰动，提高了该方法在实际应用中的可靠性。为此，首先构造以下辅助信号：

$$x_1 = (J + m_p P_L^2)\dot{q}_1 - m_p P_L C_{1-3}\dot{q}_2 - m_p P_L q_2 S_{1-3}\dot{q}_3$$
$$x_2 = -m_p P_L C_{1-3}\dot{q}_1 + m_p\dot{q}_2$$

对 x_1, x_2 关于时间求导可得

$$\dot{x}_1 = d_1 + f_1, \quad \dot{x}_2 = d_2 + f_2 \tag{9.36}$$

其中用到了式（9.32）中的结果。f_1, f_2 表示如下已知函数：

$$f_1 = M_c + m_p P_L S_{1-3}\dot{q}_1\dot{q}_2 - m_p P_L q_2 C_{1-3}\dot{q}_1\dot{q}_3 - (m_p P_L + md)(g + \ddot{h})C_1$$
$$f_2 = F_l + m_p q_2\dot{q}_3^2 - m_p P_L S_{1-3}\dot{q}_1\dot{q}_3 + m_p(g + \ddot{h})C_3$$

由于 d_1 和 d_2 存在于不同的通道中，因此设计了两个观测器来分别估计它们：

$$\dot{\hat{x}}_i = v_{i0} + f_i, \quad v_{i0} = -\varLambda_{i0}\varGamma_i^{\frac{1}{2}}|\hat{x}_i - x_i|^{\frac{1}{2}}\,\mathrm{sgn}(\hat{x}_i - x_1) + \hat{d}_i$$
$$\dot{\hat{d}}_i = v_{i1}, \quad v_{i1} = -\varLambda_{i1}\varGamma_i\,\mathrm{sgn}(\hat{d}_i - v_{i0}), \quad i = 1, 2$$

式中，$\varLambda_{i0}$, $\varLambda_{i1}(i = 1, 2)$ 为正的控制参数；$\varGamma_i$ 为 $\dot{d}_i(i = 1, 2)$ 的上界（见假设 9.4）。在观察器中，$\hat{x}_i(i = 1, 2)$ 是 $x_i(i = 1, 2)$ 的估计，而 $\hat{d}_i(i = 1, 2)$ 是 $d_i(i = 1, 2)$ 的近似。根据实际系统与模拟系统的不同，观测器利用符号项 $\mathrm{sgn}(\hat{x}_i - x_i)$, $\mathrm{sgn}(\hat{d}_i - v_{i0})(i = 1, 2)$ 来迫使模拟系统表现出与实际系统相似的行为。如此一来，$\hat{x}_i(i = 1, 2)$ 和 $\hat{d}_i(i = 1, 2)$ 都会不断更新，从而收敛到它们的真值。从文献[8]、[9]可以推断，上述观测器保证了扰动估计误差在有限时间内收敛，即

$$e_{di} = \hat{d}_i - d_i = 0, \quad i = 1, 2, \quad \forall t > t_1 \tag{9.37}$$

特别地，由于 $|\dot{\hat{d}}_i| = |v_{i1}| \leqslant \Lambda_{i1}\Gamma_i \in \mathcal{L}_\infty$，可以得出估计结果 $\hat{d}_i = \int_0^t v_{i1}\mathrm{d}t$ 是连续的结论。

1. 控制器设计

在实际应用中，悬臂的变幅运动和吊绳的升降运动大多是独立控制的。这种不协调可能会降低货物输送效率和瞬态控制性能。此外，实际应用中常见的执行器饱和约束问题也没有得到很好的考虑。为了解决这一问题，接下来将构造一个有界协调控制器。

在前面分析的基础上，将控制输入精心设计为

$$M_c = -\hat{d}_1 + (m_p P_L + md)(g + \ddot{h})C_1 - m_p P_L C_{1-3}\ddot{h} - k_{\alpha 1}\arctan(e_1) - k_{\beta 1}\arctan(\dot{e}_1) \tag{9.38}$$
$$- k \cdot \kappa_1 \cdot \arctan(\kappa_1\dot{e}_1 - \kappa_2\dot{e}_2) - k_{\gamma 1}\arctan\left((\dot{e}_3^2 + e_3^2)\dot{e}_1\right)$$

$$F_l = -\hat{d}_2 - m_p g - k_{\alpha 2}\arctan(e_2) - k_{\beta 2}\arctan(\dot{e}_2) + m_p \ddot{h}(1 - C_3) \tag{9.39}$$
$$- k \cdot \kappa_2 \arctan(\kappa_2\dot{e}_2 - \kappa_1\dot{e}_1) - k_{\gamma 2}\arctan\left((\dot{e}_3^2 + e_3^2)\dot{e}_2\right)$$

式中，k，$k_{\beta i}$，$k_{\gamma i}(i = 1,2)$ 均为正的控制增益；$\kappa_i(i = 1,2)$ 为常数，其具体定义如下：

$$\kappa_1 = q_{2d} - q_{20}, \quad \kappa_2 = q_{1d} - q_{10}$$

其中，$q_{i0}(i = 1,2)$ 和 $q_{id}(i = 1,2)$ 分别是 $q_i(i = 1,2)$ 的初始值和期望值。

2. 稳定性分析

对于船用吊车系统（9.33），所提出的有界协调控制器（9.38）和（9.39）保证闭环系统的期望平衡点渐近稳定，其数学描述为

$$\lim_{t \to \infty}[q_1 \ q_2 \ q_3 \ \dot{q}_1 \ \dot{q}_2 \ \dot{q}_3]^\mathrm{T} = [q_{1d} \ q_{2d} \ 0 \ 0 \ \dot{q}_{2d} \ 0]^\mathrm{T}$$

首先，选择如下李雅普诺夫候选函数（$V \geqslant 0$ 的证明请参阅附录）：

$$V = \frac{1}{2}\dot{e}^\mathrm{T}M\dot{e} + m_p g q_2(1 - C_3) + \sum_{i=1}^{2} k_{\alpha i}\left(e_i\arctan(e_i) - \frac{1}{2}\log(1 + e_i^2)\right) + \frac{1}{2}e_{d1}^2 + \frac{1}{2}e_{d2}^2$$

式中，$k_{\alpha 1}$，$k_{\alpha 2}$ 表示正控制增益。对 $V(t)$ 关于时间求导可得

$$\dot{V} = \dot{e}_1\left(M_c + d_1 - (m_p P_L + md)(g + \ddot{h})C_1 + k_{\alpha 1}\arctan(e_1) + m_p P_L C_{1-3}\ddot{h}\right)$$
$$+ \dot{e}_2\left(F_l + d_2 + m_p g - m_p\ddot{h}(1 - C_3) + k_{\alpha 2}\arctan(e_2)\right)$$
$$- m_p q_2\ddot{h}S_3\dot{e}_3 - m_p q_2\dot{e}_3^2\ddot{h} + e_{d1}\dot{e}_{d1} + m_p g\dot{h}(1 - c_3) + m_p P_L S_{1-3}\dot{e}_1\dot{e}_3\dot{h} + e_{d2}\dot{e}_{d2}$$

将式（9.38）和式（9.39）代入 $\dot{V}(t)$ 可得

$$\dot{V} = -k_{\beta 1}\dot{e}_1\arctan(\dot{e}_1) - k_{\beta 2}\dot{e}_2\arctan(\dot{e}_2) - e_{d1}\dot{e}_1 - k(\kappa_1\dot{e}_1 - \kappa_2\dot{e}_2)\cdot\arctan(\kappa_1\dot{e}_1 - \kappa_2\dot{e}_2)$$
$$- e_{d2}\dot{e}_2 - k_{\gamma 1}\arctan(\dot{e}_3^2 + e_3^2)\dot{e}_1\arctan(\dot{e}_1) + e_{d1}\dot{e}_{d1}$$
$$- k_{\gamma 2}\arctan(\dot{e}_3^2 + e_3^2)\dot{e}_2\arctan(\dot{e}_2) + e_{d2}\dot{e}_{d2} + f$$

式中

$$f = -m_p q_2 \ddot{h} S_3 \dot{e}_3 - m_p q_2 \dot{e}_3^2 \dot{h} + m_p g \dot{h}(1-c_3) + m_p P_L S_{1-3} \dot{e}_1 \dot{e}_3 \dot{h}$$

关于 $\dot{V}(t)$，有如下结论成立：$e_{di} \in \mathcal{L}_\infty$，$\dot{e}_{di} \leqslant |\dot{d}_i| + |\dot{\hat{d}}_i| \leqslant \Gamma_i + \Lambda_{i1}\Gamma_i \in \mathcal{L}_\infty$，$i=1,2$（请参阅假设 9.4，以及式（9.36）和式（9.37））。因此，不难推导得出 $V(t)$ 在有限时间内不会发散。然后，根据假设 9.5，可以得出 $f \to 0$。另外，可以从式（9.37）得到，对任意 $t > t_1$ 时刻有 $e_{di} = 0$ $(i=1,2)$ 成立。因此，对于 $t > t_1$ 可以得出以下结论：

$$\begin{aligned}\dot{V} = &-k_{\beta 1}\dot{e}_1 \arctan(\dot{e}_1) - k_{\beta 2}\dot{e}_2 \arctan(\dot{e}_2) - k(\kappa_1\dot{e}_1 - \kappa_2\dot{e}_2)\cdot\arctan(\kappa_1\dot{e}_1 - \kappa_2\dot{e}_2) \\ &-k_{\gamma 1}\arctan(\dot{e}_3^2 + e_3^2)\dot{e}_1 \arctan(\dot{e}_1) - k_{\gamma 2}\arctan(\dot{e}_3^2 + e_3^2)\dot{e}_2 \arctan(\dot{e}_2) \leqslant 0\end{aligned} \tag{9.40}$$

这进一步说明

$$V(t) \in \mathcal{L}_\infty \Rightarrow e_{d1}, e_{d2}, e_1, e_2, \dot{e}_1, \dot{e}_2, \dot{e}_3, \dot{q}_1, \dot{q}_2, \dot{q}_3 \in \mathcal{L}_\infty \tag{9.41}$$

因此，观测器和船用吊车系统都是在李雅普诺夫意义下稳定的。接下来，利用拉塞尔不变性原理来证明期望平衡点的渐近稳定性。首先，定义以下集合：

$$\Omega = \{(q_1, q_2, q_3, \dot{q}_1, \dot{q}_2, \dot{q}_3) \mid \dot{V} = 0\}$$

进一步定义 Ψ 为 Ω 中的最大的不变集。

从式（9.40）中可以推断出，集合 Ψ 中有如下结论成立：

$$\dot{e}_1 = \dot{e}_2 = 0 \Rightarrow \dot{q}_1, \dot{q}_2, \ddot{e}_1, \ddot{e}_2, \ddot{q}_1, \ddot{q}_2 = 0, e_1 = \lambda_1, e_2 = \lambda_2, q_1 = \lambda_3, q_2 = \lambda_4 \tag{9.42}$$

式中，λ_i $(i=1,2,3,4)$ 表示待定常数。将式（9.38）和式（9.39），以及式（9.42）代入式（9.33）可得

$$-m_p P_L \lambda_4 S_{1-3}\ddot{q}_3 + m_p P_L \lambda_4 C_{1-3}\dot{q}_3^2 = -k_{\alpha 1}\arctan(\lambda_1) - m_p P_L C_{1-3}\ddot{h} - e_{d1} \tag{9.43}$$

$$-m_p \lambda_4 \dot{q}_3^2 + m_p g(1 - C_3) = -k_{\alpha 2}\arctan(\lambda_2) - e_{d2} + m_p \ddot{h} \tag{9.44}$$

$$m_p \lambda_4^2 \ddot{q}_3 + m_p \lambda_4(g + \ddot{h})S_3 = 0 \tag{9.45}$$

因为 $\ddot{h} \to 0$，$\dot{q}_1 = \ddot{q}_1 = 0$（见式（9.42））以及 $e_{d1} = 0$，$\forall t > t_1$，可以将式（9.43）重新整合如下：

$$m_p P_L \lambda_4\left(S_{1-3}(\ddot{q}_1 - \ddot{q}_3) + C_{1-3}(\dot{q}_1 - \dot{q}_3)^2\right) = -k_{\alpha 1}\arctan(\lambda_1)$$

式中，$m_p P_L \lambda_4$ 为常数，并且 $\left(S_{1-3}(\ddot{q}_1 - \ddot{q}_3) + C_{1-3}(\dot{q}_1 - \dot{q}_3)^2\right)$ 可积分如下：

$$\begin{aligned}&\int\left(S_{1-3}(\ddot{q}_1 - \ddot{q}_3) + C_{1-3}(\dot{q}_1 - \dot{q}_3)^2\right)\mathrm{d}t \\ =&\int S_{1-3}\,\mathrm{d}(\dot{q}_1 - \dot{q}_3) + \int C_{1-3}(\dot{q}_1 - \dot{q}_3)^2\,\mathrm{d}t \\ =&\, S_{1-3}(\dot{q}_1 - \dot{q}_3) - \int C_{1-3}(\dot{q}_1 - \dot{q}_3)^2\,\mathrm{d}t + \int C_{1-3}(\dot{q}_1 - \dot{q}_3)^2\,\mathrm{d}t \\ =&\, S_{1-3}(\dot{q}_1 - \dot{q}_3)\end{aligned}$$

因此，最终可以获得式（9.43）的积分如下：

$$m_p P_L \lambda_4 S_{1-3}(\dot{q}_1 - \dot{q}_3) = -k_{\alpha 1}\arctan(\lambda_1)t + \lambda_5$$

式中，λ_5 为待定常数。若 $\lambda_1 \neq 0$，则可得 $k_{a1}\arctan(\lambda_1)t \to \infty$，$t \to \infty$。然而，从式（9.41）中可以得到 $\dot{q}_1, \dot{q}_3 \in \mathcal{L}_\infty \Rightarrow m_p P_L \lambda_4 S_{1-3}(\dot{q}_1 - \dot{q}_3) \in \mathcal{L}_\infty$。这显然是矛盾的。因此，最终可以推断出

$$\lambda_1 = e_1 = 0 \Rightarrow m_p P_L \lambda_4 S_{1-3}(\dot{q}_1 - \dot{q}_3) = \lambda_5 \tag{9.46}$$

此外，对式（9.46）两侧进行积分，可得

$$-m_p P_L \lambda_4 C_{1-3} = \lambda_5 t + \lambda_6$$

其中，λ_6 也是一个待定常数。类似地，$\lambda_5 \neq 0$ 意味着 $-m_p P_L \lambda_4 C_{1-3} \to \infty$，显然也是不成立的。因此可得

$$\lambda_5 = 0 \Rightarrow m_p P_L \lambda_4 S_{1-3}(\dot{q}_1 - \dot{q}_3) = 0 \tag{9.47}$$

由于吊绳长度始终为正数，因此可得 $q_2 = L = \lambda_4 \neq 0$。那么式（9.47）中的结果表明 $S_{1-3}(\dot{q}_1 - \dot{q}_3) = 0$，这进一步推导出 $S_{1-3} = 0$ 或者 $\dot{q}_1 - \dot{q}_3 = 0$。假设 $S_{1-3} = 0$，那么可得 $q_1 - q_3 = 0 \Rightarrow \dot{q}_1 - \dot{q}_3 = 0$。因此，如下结论始终成立：

$$\dot{q}_1 - \dot{q}_3 = 0 \Rightarrow \dot{q}_3 = \dot{q}_1 = 0 \Rightarrow \ddot{q}_3 = 0 \tag{9.48}$$

其中用到了式（9.42）中 $\dot{q}_1 = 0$ 的结论。将式（9.48）代入式（9.45）可得

$$m_p(g + \ddot{h})\lambda_4 S_3 = 0 \Rightarrow S_3 = 0 \Rightarrow q_3 = e_3 = 0 \tag{9.49}$$

此外，将式（9.48）和式（9.49）和 $\ddot{h} \to 0$ 代入式（9.44），将推出如下结论：

$$-k_{a2}\arctan(\lambda_2) - e_{d2} = 0$$

根据式（9.37），可以推断出 $e_{d2} = 0, t > t_1$。那么有如下结论成立：

$$-k_{a2}\arctan(\lambda_2) = 0 \Rightarrow \lambda_2 = e_2 = 0 \tag{9.50}$$

综合式（9.42）、式（9.46）、式（9.48）～式（9.50）中的结论可最终得到，最大不变集 Ψ 仅包含期望的平衡点。根据拉塞尔不变性原理，可以得出期望的平衡点 $[q_1\ q_2\ q_3\ \dot{q}_1\ \dot{q}_2\ \dot{q}_3]^T = [q_{1d}\ q_{2d}\ 0\ 0\ \dot{q}_{2d}\ 0]^T$ 是渐近稳定的。

9.3.3 实验结果及分析

自建的船用吊车实验平台如图 9.8 所示。从图中可以看到，悬臂吊车安装在一个船舶模拟装置上，该模拟装置可以根据需要方便地产生升沉/滚动运动。悬臂和吊绳由相应的伺服电机驱动，其中嵌入编码器以实时读取其运动状态。为了检测负载的摆动，在悬臂的末端进一步安装了两个编码器。控制系统运行在 Windows XP 环境中的 MATLAB/Simulink 2012b RTWT 上，控制周期设置为 5ms，以保证良好的实时能力。本平台使用了 Googol GTS-800-PV-PCI 八轴运动控制卡从传感器收集信息，并将上位机生成的控制命令传送到伺服电机。

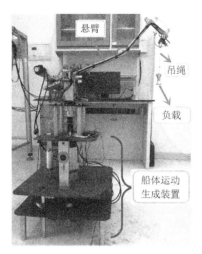

图 9.8　船用吊车实验平台

实验平台的系统参数配置为

$$m = 5.60\text{kg}, \quad m_p = 0.23\text{kg}, \quad P_L = 0.70\text{m}, \quad J = 0.184\text{kg} \cdot \text{m}^2, \quad d = 0.05\text{m}$$

状态变量的初始值设置为

$$\phi(0) = 5°, \quad L(0) = 0.05\text{m}, \quad \theta(0) = 0°$$

设置船舶的滚转和升沉运动为

$$\alpha(t) = 4\sin(0.5t)°, \quad h(t) = 0.04\sin(0.5t)\text{m}$$

此外，将地球坐标系下的负载期望位置设置如下：

$$x_d = 0.42\text{m}, \quad y_d = 0.16\text{m}$$

相应地，可进一步得出

$$q_{1d} = 53.13°, \quad q_{2d} = (0.4 + h)\text{m}, \quad q_{3d} = 0°$$

所提出方法的控制增益最终调整如下：

$$k_{p1} = 15, \quad k_{d1} = 5, \quad k_{p2} = 50, \quad k_{d2} = 20, \quad k = 10$$
$$\Gamma_1 = \Gamma_2 = 20, \quad \Lambda_{i0} = \Lambda_{i1} = 8, \quad i = 1, 2$$

为了更加全面地验证本节方法的优越控制性能，精心设计了两组实验测试。更具体地说，在第一组实验中，将所提出方法的性能与一些现有方法进行比较。之后，在第二组实验中进一步测试了本节方法针对各种干扰的鲁棒性。

首先将所提出方法的性能与经典的 PID 控制器和文献[5]中学习控制策略进行比较。文献[5]中方法的控制增益调整为 $\alpha_1 = 5$, $\alpha_2 = 8$, $k_1 = 8$, $k_2 = 25$, $k_3 = 0.05$。PID 控制器的具体形式如下：

$$M_c = -25e_1 - 0.6\int_0^t e_1 dt - 12\dot{e}_1, \quad F_l = -100e_2 - 0.6\int_0^t e_2 dt - 120\dot{e}_2$$

为了便于比较，定义如下性能指标：

$q_{3\max}$：世界坐标系下最大负载摆角，即 $q_{3\max} = \max\limits_{t\in\mathbb{R}^+}\{|q_3(t)|\}$。

$q_{3\mathrm{res}}$：世界坐标系下最大残余摆角，即 $q_{3\mathrm{res}} = \max\limits_{\dot{e}_1=\dot{e}_2=0}\{|q_3(t)|\}$。

t_{s1}：悬臂运动的稳定时间。

t_{s2}：吊绳运动的稳定时间。

第一组实验结果见图 9.9～图 9.11，而所提出方法和对比方法的性能指标记录在表 9.1 中。从图 9.9 中可以看出，所提出的方法成功地使所有状态变量收敛于期望值，且悬臂运动和吊绳运动彼此协调良好。更具体地说，它们的稳定时间都大约为 4s。此外，负载摆动角度始终在 3.5°左右，到达目标位置后几乎没有残余摆动。而对比方法虽然也可以大致定位悬臂和吊绳，但负载摆动角度较大，且存在明显的残余摆动。最后，悬臂与吊绳之间的协调也未能达到预期，t_{s1} 和 t_{s2} 之间相差较大，造成了较大的时间浪费。在图 9.10 中，可以看到所提出方法可以精确地将负载定位在世界坐标系下的期望位置，干扰观测器在扰动估计方面也表现良好。而对比方法在抑制船舶运动引起的干扰方面效率不高。因此，负载仅仅被运送到期望位置的附近。

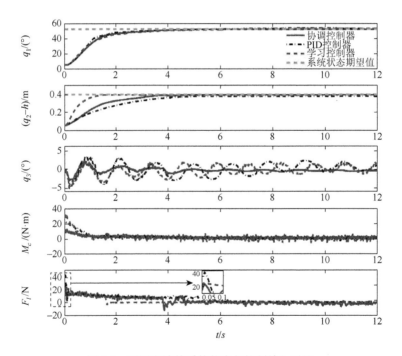

图 9.9 不同方法的系统状态与控制输入对比

实线：协调控制器实验结果；点划线：PID 控制器实验结果；虚线：学习控制器实验结果；
水平虚线：系统状态期望值

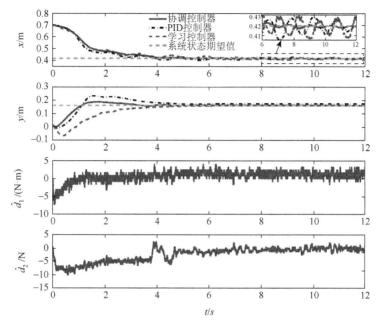

图 9.10　不同方法的负载位置与干扰估计对比

实线：协调控制器实验结果；点划线：PID 控制器实验结果；虚线：学习控制器实验结果；
水平虚线：系统状态期望值

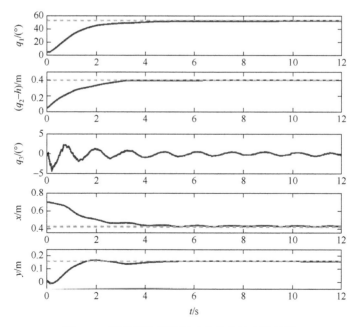

图 9.11　不使用协调控制时本节方法实验结果

实线：系统状态和负载位置曲线；水平虚线：系统状态和负载位置期望值

表 9.1　不同方法的对比效果

控制方法	q_{3max} / (°)	q_{3res} / (°)	t_{s1} / s	t_{s2} / s
本节方法	3.40	0.21	4.18	3.85
PID 控制器	5.18	2.05	4.10	5.12
学习控制器	4.73	2.00	4.90	1.60

为了更清晰地说明协调的重要性，还提供了本节方法在去掉协调项之后的实验结果（见图 9.11）。在具有相同控制增益的情况下，悬臂的运动速度变慢，而吊绳运动速度加快。这同时也造成了更大的负载摆动幅度。

为了验证所提出方法的鲁棒性，进一步开展了以下三种情形实验。

情形 1：参数不确定性。系统参数的标称值更改为 $m = 6.0\text{kg}$, $m_p = 0.3\text{kg}$, $d = 0.08\text{m}$，而它们的实际值仍然是 $m = 5.6\text{kg}$, $m_p = 0.23\text{kg}$, $d = 0.05\text{m}$。

情形 2：初始扰动。将负载的初始摆动设置为非零状态干扰船用吊车系统。

情形 3：外界扰动。在 7s 时刻左右对悬臂施加外界干扰。

从图 9.12 和图 9.13 中可以看出，即使在存在参数不确定或初始扰动的情况下，所提出方法仍然可以完成精确的负载定位和摆动抑制任务，表现出对各种扰动的满意鲁棒性。在图 9.14 中可以看出，悬臂在施加外部扰动后反应迅速，只花费了大约 2s 就回归到期望位置。此外，由于算法中的协调项，吊绳同时通过缩短长度以防止负载在 y 轴上产生较大偏离。而负载摆动也在扰动施加后快速衰减。因此，可以得出结论，所提出方法对外部干扰是有较强抵抗能力的。为了进行比较，图 9.15 中还提供了 PID 方法对外部扰动的响应结果。从图中可以得出，PID方法需要较长时间（约 6s）来重新稳定系统，并且它几乎无法衰减干扰引起的负载摆动。此外，吊绳也未能对扰动做出反应，从而在导致负载在 y 轴上产生了较大偏离（约 0.05m）。

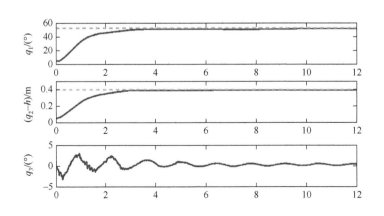

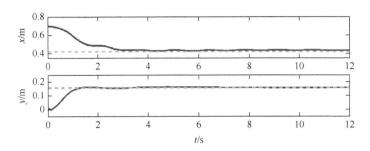

图 9.12　存在参数不确定性时的实验结果

实线：系统状态和负载位置曲线；水平虚线：系统状态和负载位置期望值

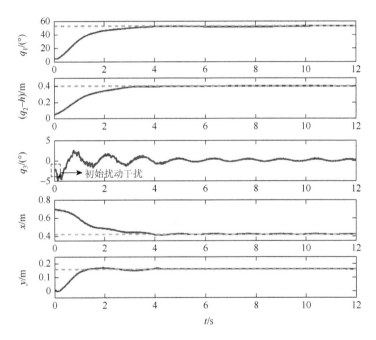

图 9.13　存在初始摆动角度时的实验结果

实线：系统状态和负载位置曲线；水平虚线：系统状态和负载位置期望值

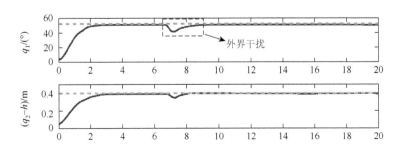

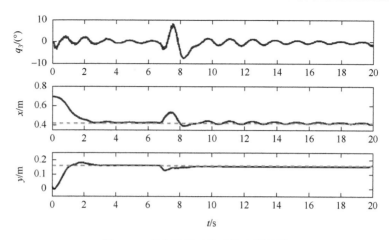

图 9.14 存在外界干扰时的实验结果

实线：系统状态和负载位置曲线；水平虚线：系统状态和负载位置期望值

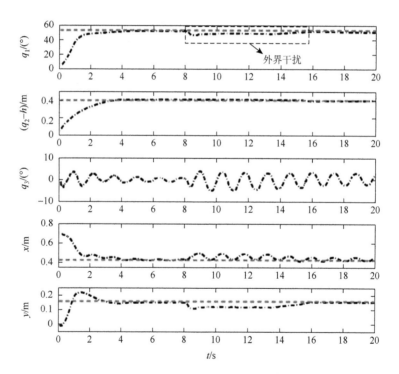

图 9.15 存在外界干扰时 PID 控制器的效果

实线：系统状态和负载位置曲线；水平虚线：系统状态和负载位置期望值

9.4 本 章 小 结

本章通过模型变换和新状态变量的引入，成功地处理了船用吊车动力学中存在的不可预测的船舶运动干扰。在此基础上，根据不同的实际需求，分别提出了输出反馈控制器、饱和控制器等，并通过严格的理论分析证明了期望平衡点的渐近稳定性。大量的实验结果验证了所提出控制器的可行性和有效性。在今后的工作中，将进一步研究受多自由度船舶运动干扰的船用吊车系统，并将所提出的控制策略推广到更一般的情况。

参 考 文 献

[1] Hannan M A，Bai W. Analysis of nonlinear dynamics of fully submerged payload hanging from offshore crane vessel. Ocean Engineering，2016，128：132-146.

[2] Richter M，Arnold E，Schneider K，et al. Model predictive trajectory planning with fallback-strategy for an active heave compensation system. Proceedings of the American Control Conference，2014：1919-1924.

[3] Kimiaghalam B，Homaifar A，Bikdash M，et al. Feedforward control law for a shipboard crane with maryland rigging system. Journal of Vibration and Control，2002，8（2）：159-188.

[4] Fang Y，Wang P，Sun N，et al. Dynamics analysis and nonlinear control of an offshore boom crane. IEEE Transactions on Industrial Electronics，2014，61（1）：414-427.

[5] Qian Y，Fang Y. A learning strategy based partial feedback linearization control method for an offshore boom crane. Proceedings of the IEEE 54th Annual Conference on Decision and Control，Osaka，2015：6737-6742.

[6] Falat P，Brzozowska L，Brzozowski K. Application of neural network to control the load motion of an offshore crane. Intelligent Data Acquisition and Advanced Computing Systems：Technology and Applications，2005：129-132.

[7] Liu S，Guo Q，Zhao W. Research on active heave compensation for offshore crane. The 26th Chinese Control and Decision Conference，Changsha，2014：1768-1772.

[8] Yang J，Su J，Li S，et al. High-order mismatched disturbance compensation for motion control systems via a continuous dynamic sliding-mode approach. IEEE Transactions on Industrial Informatics，2014，10（1）：604-614.

[9] Levant A. Higher-order sliding modes，differentiation and output-feedback control. International Journal of Control，2003，76（9/10）：924-941.

附 录

由于 M 正定对称，可以得出 $\frac{1}{2}\dot{e}^{\mathrm{T}}M\dot{e} \geqslant 0$。此外，不难推断出 $m_p g q_2 (1 - C_3)$，$\frac{1}{2}e_{d1}^2$，$\frac{1}{2}e_{d2}^2$ 均为非负项。因此，要证明 $V \geqslant 0$，只需证明

$$k_{\alpha 1}\left(e_1 \arctan(e_1) - \frac{1}{2} \cdot \log\left(1 + e_1^2\right)\right) + k_{\alpha 2}\left(e_2 \arctan(e_2) - \frac{1}{2}\log\left(1 + e_2^2\right)\right) \geqslant 0$$

为了便于后续分析，定义如下偶函数：

$$\varXi(x) = x \arctan(x) - \frac{1}{2} \cdot \log(1 + x^2)$$

不失一般性，仅分析 $\varXi(x)$ 在区间 $x \in [0, +\infty)$ 的性质。对 $\varXi(x)$ 关于 x 求导可得

$$\varXi'(x) = \arctan(x) \geqslant 0$$

由于 $\varXi(0) = 0$ 且 $\varXi'(x) \geqslant 0$，那么可得 $\varXi(x) \geqslant 0, \ \forall x \geqslant 0$。又因为 $\varXi(x)$ 是偶函数，可以得到 $\varXi(x) \geqslant 0$ 恒成立，进一步说明上述公式中的结果以及 $V(t) \geqslant 0$ 始终成立。

第10章 空中无人机吊运控制

10.1 引　言

　　四旋翼无人机与单旋翼直升机类似,具有灵活的机动性能和垂直起降的特点,但与单旋翼直升机相比,四旋翼无人机的机械结构更为简单,制造成本更为低廉,且拥有更高的能源利用率和更好的安全性,因此具有更广阔的应用范围。近年来,关于四旋翼无人机的悬停[1]、轨迹跟踪[2]、姿态控制[3, 4]、编队控制[5, 6]等问题均得到了深入的研究[7, 8],其身影也越来越多地出现在搜查监视、抗震救援、森林灭火等任务中,无论在军用还是民用领域都有极广泛的应用前景。

　　本章节主要研究空中四旋翼无人机吊运系统的规划与控制相关问题,该系统在运输有毒物质或大体积货物方面有重要作用。传统的运输方法是在四旋翼无人机下安装特定形状的夹持器来装载货物[9-11],这种方法增加了系统的惯性,导致无人机的姿态响应缓慢。而使用吊绳运送负载的方式不仅节省了空间,而且系统更具安全性,同时保留了无人机灵活的机动性能,因此更受到人们的青睐。对于使用吊运方式的四旋翼无人机运输系统,当无人机到达指定位置后,在没有人力干预的情况下,负载因惯性而产生的振荡往往需要较长时间才能消除,这严重影响了系统的运送效率,并且在复杂环境中,负载极易与周围的物体发生碰撞,对负载附近的人员来说也是一种安全隐患。因此,如何使四旋翼无人机能够自主运动至指定地点,并消除负载的残余摆动是一个重要的研究问题,也是一项具有挑战性的工作。

　　目前,针对上述问题,许多具有开创性的研究工作已经开展。为使负载具有较小的残余摆动,Faust等基于强化学习的方法设计了无人机的特定运动轨迹[12],该方法使系统对噪声具有良好的鲁棒性,并通过实验进行了验证。文献[13]在完成系统建模后,利用动态规划方法完成了消摆轨迹的设计。Sreenath等[14]首先证明了四旋翼无人机-负载系统是一个以负载位置和无人机偏航角为平坦输出的混合微分平坦系统,随后设计了一种非线性几何控制器,该控制器可以使系统的跟踪误差全局指数收敛。在负载通过柔性绳索与无人机相连时,文献[15]将绳索建模为串行连接的刚性构件,并设计控制器使无人机的位置渐近稳定,同时保证所有构件在竖直方向上对齐。在负载质量未知的情况下,Dai等[16]通过自适应方法对系统的不确定性进行补偿，使负载到达期望位置的同时各构件在竖直方向上仍然保持对齐。Bernard 等将研究重点集中在控制吊绳的运动上[17]，所提出的控制方法不仅能够完成单个无人机的运送任务，同时还可以使多个无人机协作，实现对该负载的运送。面向多个无人机共同运送单个负载的任务[18]，Lee 等首先确保无人机渐近收敛到期望轨迹上，同时保证所有无人机维持预定的编队形状。此外，Cruz 等针对运送之前的起吊过程[19]，在负载质量未知情况下设计了自适应几何控制器，实现了无人机自主吊起地面负载的目标。

与桥式吊车等欠驱动运送系统[20-22]的目的相同，空中四旋翼无人机吊运系统旨在将所悬挂的负载平稳、安全、高效地运送至指定位置。欠驱动系统由于独立控制量的数目少于系统的自由度，从而给控制带来了很大的困难。空中四旋翼无人机吊运系统具有典型的欠驱动特性，负载不能直接通过驱动器控制，只能通过对无人机的运动进行设计来间接控制负载的运动。现有方法往往未针对无人机姿态控制进行分析，且忽略了运送过程中四旋翼无人机的速度、加速度等物理约束，不利于实际应用。本章节主要介绍空中四旋翼无人机吊运系统的规划问题与控制问题。10.2 节提出一种基于相平面几何分析的轨迹规划方法，考虑无人机与负载之间的非线性耦合关系，为无人机构造了分段式加速度轨迹；该方法不仅消除了残摆，还可以使前述的各个物理约束得以满足，并尽可能地提高系统的运送效率。10.3 节提出一种针对四旋翼定位与负载消摆的控制方法，首先将系统模型改写为内外环级联形式，随后设计了一种分层控制方案；具体而言，基于能量分析的方法构造了外环子系统的虚拟控制输入，并且可以解算出四旋翼无人机的实际推力和期望滚转角，随后将期望滚转角作为内环的参考输入，采用反步法解决姿态跟踪问题；最后利用李雅普诺夫方法和拉塞尔不变性原理证明了系统的稳定性。数值仿真结果表明，所提出的控制方案具有优越的性能，并且对外界干扰和不确定绳长具有良好的鲁棒性。

10.2　空中四旋翼无人机吊运系统的轨迹规划

10.2.1　问题描述

平面四旋翼无人机运送系统的示意图如图 10.1 所示。通过牛顿力学分析，得到如下系统动力学方程[14]：

$$M\ddot{y} = -f\sin\phi + T_y, \quad m\ddot{y}_p = -T_y \tag{10.1}$$

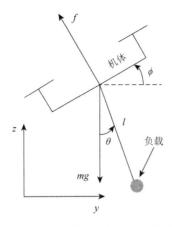

图 10.1　平面四旋翼无人机运送系统示意图

$$M\ddot{z} = -Mg + f\cos\phi - T_z, \quad m\ddot{z}_p = -mg + T_z \qquad (10.2)$$

$$J\ddot{\phi} = \tau \qquad (10.3)$$

$$Ml\ddot{\theta} = f\sin(\phi - \theta) \qquad (10.4)$$

式中，y,z 和 y_p, z_p 分别表示机体与负载质心相对于图示惯性坐标系在两个轴向上的位移；ϕ 表示机体质心相对于 y 轴绕逆时针方向旋转的角度；M, m 表示四旋翼无人机与负载的质量；J 为转动惯量；f 表示垂直于机体表面的升力；τ 表示机体的力矩；T_y, T_z 为吊绳拉力在水平及竖直方向分量；θ 表示吊绳相对于竖直方向的摆角；l 为吊绳长度。

考虑到四旋翼无人机的实际工作情况，可对运送系统作如下合理假设[14, 23]。

假设 10.1　对于平面四旋翼无人机，其姿态角 $\phi(t)$ 满足 $-\pi/2 < \phi(t) < \pi/2$。

假设 10.2　在实际飞行过程中，出于安全因素考虑，应避免四旋翼无人机自由落体式下落，因此其竖直方向加速度满足 $\ddot{z}(t) > -g$。

假设 10.3　运送过程中吊绳始终处于拉紧的状态，即

$$y_p = y + l\sin\theta, \quad z_p = z - l\cos\theta \qquad (10.5)$$

为得到无人机两个轴向加速度 $\ddot{y}(t), \ddot{z}(t)$ 与负载摆角 $\theta(t)$ 之间的数学关系，利用三角函数相关性质，并将式（10.1），式（10.2）及式（10.5）代入式（10.4）可得

$$l\ddot{\theta} + (\ddot{z} + g)\sin\theta = -\ddot{y}\cos\theta \qquad (10.6)$$

在实际运送过程中，为安全起见，一般要求负载摆角保持在较小范围之内，

此时满足 $\sin\theta \approx \theta, \cos\theta \approx 1$（该轨迹规划方法也能保证该近似关系始终成立），式（10.6）可进一步写为

$$\ddot\theta + \left(\frac{\omega_n^2}{g}\ddot z + \omega_n^2\right)\theta = -\frac{\omega_n^2}{g}\ddot y \qquad (10.7)$$

式中，$\omega_n = \sqrt{g/l}$。由此可见，负载摆角直接受到无人机两个轴向上运动状态的影响，因此，本节从规划无人机的运动轨迹着手，并致力于达成以下目标。

目标 10.1　四旋翼无人机在有限时间 t_f 内到达水平方向与竖直方向目标位置 $[p_{dy}\ p_{dz}]^T \in R^2$，即 $y(t)=p_{dy}, z(t)=p_{dz}, \forall t\geq t_f$。特别地，若已知负载的目标位置，可以根据吊绳长度进行计算，进而得到无人机的目标位置 $[p_{dy}\ p_{dz}]^T$。

目标 10.2　因受到四旋翼无人机驱动性能等固有约束，运送过程中两轴向的速度，以及加速度应满足

$$|\dot y(t)| \leqslant v_{yub}, \quad |\ddot y(t)| \leqslant a_{ub} \qquad (10.8)$$

$$|\dot z(t)| \leqslant v_{zub}, \quad |\ddot z(t)| \leqslant b_{ub} \qquad (10.9)$$

式中，$v_{yub}, v_{zub}, a_{ub}, b_{ub} \in \mathbb{R}^+$ 分别表示两个轴向上四旋翼无人机速度与加速度的上限。

目标 10.3　运送过程中，出于安全起见负载摆角应维持在一定范围内，即

$$|\theta(t)| \leqslant \theta_{ub} \qquad (10.10)$$

式中，$\theta_{ub} \in \mathbb{R}^+$ 表示所允许的负载最大摆幅。

目标 10.4　在四旋翼无人机到达水平方向目标位置后，负载应无残余摆动，即满足当 $y(t)=p_{dy}$ 时，$\theta(t)=0, \forall t\geq t_f$。

当无人机沿两轴的加速度均为常数时，不妨分别记为 $\ddot y(t)=a, \ddot z(t)=b$，此时，式（10.7）可写为

$$\ddot\theta + \left(\frac{\omega_n^2}{g}b + \omega_n^2\right)\theta = -\frac{\omega_n^2}{g}a \qquad (10.11)$$

由假设 10.2 可知 $b > -g$，对式（10.11）求解，可以得到

$$\theta(t) = \left(\theta(0)+\frac{a}{b+g}\right)\cos(\omega t) + \frac{\dot\theta(0)}{\omega}\sin(\omega t) - \frac{a}{b+g} \qquad (10.12)$$

式中，$\omega = \omega_n\sqrt{b/g+1}$，且 $\theta(0)$、$\dot\theta(0)$ 分别表示负载的初始摆角和初始角速度。对以上公式两边关于时间求导有

$$\dot\theta(t) = -\left(\theta(0)+\frac{a}{b+g}\right)\omega\sin(\omega t) + \dot\theta(0)\cos(\omega t) \qquad (10.13)$$

在此，引入尺度化的角速度信号 $\dot\Theta(t)=\dot\theta(t)/\omega$，结合式（10.12）和式（10.13），可以得到

$$\left(\theta(t)+\frac{a}{b+g}\right)^2+\dot{\Theta}^2(t)=\left(\theta(0)+\frac{a}{b+g}\right)^2+\Theta^2(0) \qquad （10.14）$$

不失一般性，考虑摆角初始状态为 $\theta(0)=0,\dot{\theta}(0)=0$，则式（10.14）可进一步写为

$$\left(\theta(t)+\frac{a}{b+g}\right)^2+\dot{\Theta}^2(t)=\left(\frac{a}{b+g}\right)^2 \qquad （10.15）$$

该方程描述了以 $\theta(t)$ 为横坐标，$\dot{\Theta}(t)$ 为纵坐标的相平面内一系列以 $(-a/(b+g),0)$ 为圆心，半径为

$$R=\frac{a}{b+g}$$

的圆（由假设 10.2 有 $b>-g$，保证了系列圆的存在）。

由分析可知，$a\neq0$ 时根据其是正或负，系统状态 $[\theta(t)\ \dot{\Theta}(t)]$ 分别在纵轴左侧或右侧的圆上以角速度 ω 顺时针转动。特别地，当 $a=0$ 时，系统状态 $[\theta(t)\ \dot{\Theta}(t)]$ 停留于相平面坐标原点，即负载与无人机之间相对静止。

10.2.2　轨迹规划

本节基于相平面分析方法[24]，分别针对两个轴向各自构造分段式加速度轨迹，由于两个轴向同时运动增加了设计的复杂度，而按照分段式轨迹规划方法，水平方向和竖直方向各自运动至目标位置的时间是一定的，其先后顺序并不会对运送效率产生影响，为方便后续分析，首先使四旋翼无人机竖直方向保持静止，针对水平方向运动构造分段式加速度轨迹。此时，系统自然频率为

$$\omega=\omega_n \qquad （10.16）$$

当无人机到达水平方向目标位置后，由于此时水平方向加速度为零，根据相平面分析可知，无人机竖直方向的运动不会影响负载摆角，随后可基于其运动特性构造竖直方向分段式加速度轨迹。

1. 水平方向轨迹规划

首先规划水平方向分段式加速度轨迹为

$$\ddot{y}(t)=\begin{cases} a_{\max}, & 0\leqslant t\leqslant t_{a1} \\ 0, & t_{a1}<t\leqslant t_{a1}+t_{a2} \\ -a_{\max}, & t_{a1}+t_{a2}<t\leqslant 2t_{a1}+t_{a2} \\ 0, & t>2t_{a1}+t_{a2} \end{cases} \qquad （10.17）$$

式中，t_{a1}, t_{a2} 分别表示加（减）速阶段与匀速运动阶段的持续时间；a_{max} 为水平方向加（减）速阶段的加速度幅值。因此，水平方向的轨迹规划问题转换为，在给定目标位置 p_{dy} 的情况下，如何选取 t_{a1}, t_{a2} 及 a_{max}，使轨迹满足前述目标。

由式（10.16）及式（10.17），在水平方向加速阶段，系统 $[\theta(t)\ \dot{\Theta}(t)]$ 从原点出发，以角速度 ω_n 在相平面左侧圆上顺时针转动，在经历一个周期 $T = 2\pi / \omega_n$ 后，返回相平面坐标原点，加速阶段用时 $t_{a1} = T$。此后，在时段 $(t_{a1}, t_{a1}+t_{a2}]$ 内，系统 $[\theta(t)\ \dot{\Theta}(t)]$ 停留于原点，此时，四旋翼无人机在水平方向匀速运动，负载与无人机之间无相对运动。对于减速阶段做类似分析可知，经过时间 T 后系统返回原点，负载无残余摆动。

通过对相平面内几何特性进行分析，不难得知过程中摆角最大幅值为 $\theta_{max} = 2a_{max} / g$，根据式（10.10）有

$$\theta_{max} = \frac{2a_{max}}{g} \leqslant \theta_{ub}$$

结合式（10.8），则无人机水平方向最大加速度应满足

$$a_{max} \leqslant a_{mub} = \min\left\{ a_{ub}, \frac{g\theta_{ub}}{2} \right\}$$

式中，$a_{mub} \in \mathbb{R}^+$ 表示约束之后的加速度上限。由于过程中水平方向最大速度为 $v_{ymax} = a_{max}T$，故有 $v_{ymax} \leqslant a_{mub}T$。对水平方向的运动过程进行分析可以得到 $p_{dy} = v_{ymax}(T + t_{a2})$，因此

$$t_{a2} = \frac{p_{dy}}{v_{ymax}} - T \tag{10.18}$$

因为 $t_{a2} \geqslant 0$，因此有 $v_{ymax} \leqslant p_{dy} / T$，由式（10.8）与前述分析可知 $v_{ymax} \leqslant \min\{v_{yub}, p_{dy} / T, a_{mub}T\}$。为提升运送效率，使四旋翼无人机更快到达水平方向期望位置，不妨取

$$v_{ymax} = \min\left\{ v_{yub}, \frac{p_{dy}}{T}, a_{mub}T \right\}$$

根据式（10.18）计算即可求出 t_{a2}，且在 $T_1 = 2t_{a1} + t_{a2}$ 时，四旋翼无人机到达水平方向目标位置 p_{dy}。

2. 竖直方向轨迹规划

在完成第一阶段水平方向运动后，四旋翼无人机开始第二阶段竖直方向运动。由于此时 $a = 0$，负载相对无人机始终保持静止。构造与水平方向类似的分段式加速度轨迹，表达式为

$$\ddot{z}(t) = \begin{cases} 0, & 0 \leqslant t \leqslant T_1 \\ b_{\max}, & T_1 < t \leqslant T_1 + t_{b1} \\ 0, & T_1 + t_{b1} < t \leqslant T_1 + t_{b1} + t_{b2} \\ -b_{\max}, & T_1 + t_{b1} + t_{b2} < t \leqslant T_1 + T_2 \\ 0, & t > T_1 + T_2 \end{cases} \qquad (10.19)$$

式中，t_{b1}, t_{b2} 分别表示加（减）速阶段与匀速运动阶段的持续时间；$b_{\max}$ 为竖直方向加（减）速阶段的加速度幅值，$T_2 = 2t_{b1} + t_{b2}$。为达到目标 10.1～目标 10.4，并提升效率，取 $b_{\max} = b_{ub}$，结合式（10.9），有

$$v_{z\max} = \min\{v_{zub}, \sqrt{b_{\max} p_{dz}}\}$$

经过和水平方向类似分析可得

$$t_{b1} = \frac{v_{z\max}}{b_{\max}}, \qquad t_{b2} = \frac{p_{dz} - b_{\max} t_{b1}^2}{v_{z\max}}$$

在时刻 T_2 时，无人机到达竖直方向目标位置 p_{dz}。

至此，得到了四旋翼无人机在两个轴向上的分段式加速度轨迹，上述过程不仅给出了加速度的解析表达式，保证无人机满足速度与加速度约束，并且在有限时间 $t_f = T_1 + T_2$ 内完成上述目标，其中 T_1, T_2 形式如前面所述，只与无人机自身参数相关。

10.2.3　轨迹规划仿真结果与分析

本节将所规划的加速度轨迹作为运动学模型（10.6）的输入，得到期望轨迹。在进行仿真时，系统参数与四旋翼无人机初始状态选取如下：

$$m = 2\text{kg}, \quad J = 0.02\text{kg}\cdot\text{m}^2, \quad l = 2\text{m}, \quad \theta_{ub} = 5°, \quad p_{dy} = p_{dz} = 4\text{m}, \quad v_{yub} = 0.6\text{m/s}$$

$$v_{zub} = 0.4\text{m/s}, \quad a_{ub} = b_{ub} = 0.2\text{m/s}^2, \quad y(0) = 0\text{m}, \quad z(0) = 3\text{m}, \quad g = 9.8\text{kg}\cdot\text{m/s}^2$$

通过计算可得如下参数：

$$\omega_n = 2.2136\text{rad/s}, \quad T = 2.8385\text{s}, \quad t_{a1} = 2.8385\text{s}, \quad t_{a2} = 4.2076\text{s}, \quad t_{b1} = 2.000\text{s},$$

$$t_{b2} = 0.5000\text{s}, \quad a_{\max} = b_{\max} = 0.2000\text{m/s}^2$$

仿真结果如图 10.2 所示。由图可见，在 $t = 9.8845\text{s}$ 时，无人机到达水平方向目标位置，此后负载无残余摆动；在 $t = 14.3845\text{s}$ 时，无人机运动至竖直方向目标位置，综上，这一方法能快速准确地使四旋翼无人机运动至目标位置。

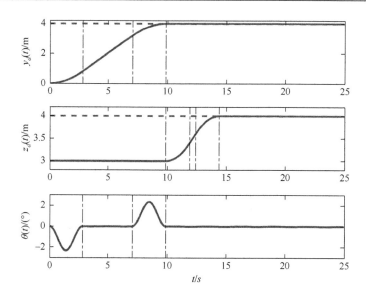

图 10.2 四旋翼无人机规划轨迹与负载摆角

虚线：四旋翼无人机的目标位置；实线：规划出的无人机轨迹与由式（10.6）所得负载摆角；点划线：将无人机
加速、匀速、减速和静止的几个运动阶段划分开来

10.3 空中四旋翼无人机吊运系统的分层控制

10.3.1 问题描述

利用拉格朗日建模方法，得到空中四旋翼无人机吊运系统的动力学模型：

$$(M+m)\ddot{y}+ml(\ddot{\theta}\cos\theta-\dot{\theta}^2\sin\theta)=-f\sin\phi \tag{10.20}$$

$$(M+m)(\ddot{z}+g)+ml(\ddot{\theta}\sin\theta+\dot{\theta}^2\cos\theta)=f\cos\phi \tag{10.21}$$

$$ml\ddot{y}\cos\theta+ml\ddot{z}\sin\theta+ml^2\ddot{\theta}+mgl\sin\theta=0 \tag{10.22}$$

$$J\ddot{\phi}=\tau \tag{10.23}$$

式中，$x_q(t)=\begin{bmatrix}y(t)\ z(t)\end{bmatrix}^T\in R^2$ 表示无人机的位置向量；M 和 J 分别表示无人机的质量和转动惯量；m 表示负载的质量；l 表示绳长；ϕ 和 θ 分别表示无人机的滚转角和负载的摆角；g 是重力加速度；f 和 τ 分别表示施加的推力和力矩。

将式（10.20）~式（10.22）写成矩阵形式，系统的动力学模型可以表示成内外环级联的形式，如下：

$$\begin{cases} M_c(q)\ddot{q}+C(q,\dot{q})\dot{q}+G(q)=u \\ J\ddot{\phi}=\tau \end{cases} \tag{10.24}$$

式中，$q(t) = [y(t)\ z(t)\ \theta(t)]^{\mathrm{T}} \in R^3$ 表示系统的状态向量；$M_c(q), C(q, \dot{q}) \in R^{3 \times 3}, G(q)$，$u \in R^3$ 分别表示外环的惯量矩阵、向心-科氏力矩阵、重力向量以及输入向量，具体表达形式如下：

$$M_c = \begin{bmatrix} M+m & 0 & ml\cos\theta \\ 0 & M+m & ml\sin\theta \\ ml\cos\theta & ml\sin\theta & ml^2 \end{bmatrix} \quad (10.25)$$

$$C = \begin{bmatrix} 0 & 0 & -ml\dot{\theta}\sin\theta \\ 0 & 0 & ml\dot{\theta}\cos\theta \\ 0 & 0 & 0 \end{bmatrix} \quad (10.26)$$

$$G = \begin{bmatrix} 0 & (M+m)g & mgl\sin\theta \end{bmatrix}^{\mathrm{T}} \quad (10.27)$$

$$u = \begin{bmatrix} -f\sin\phi & f\cos\phi & 0 \end{bmatrix}^{\mathrm{T}} \quad (10.28)$$

接下来，定义辅助状态：

$$\phi = [\phi_1\ \phi_2]^{\mathrm{T}} = [\phi\ \dot{\phi}]^{\mathrm{T}} \quad (10.29)$$

利用三角函数关系，外环控制输入向量可以写为

$$u = u_d + \Delta_u \quad (10.30)$$

式中，u_d 和 Δ_u 具体表达如下：

$$u_d = [u_{yd}\ u_{zd}\ 0]^{\mathrm{T}} = [-f\sin\phi_{1d}\ f\cos\phi_{1d}\ 0]^{\mathrm{T}} \quad (10.31)$$

$$\Delta_u = -2f\sin\frac{e_{\phi_1}}{2} \cdot \begin{bmatrix} \cos\phi_e & \sin\phi_e & 0 \end{bmatrix}^{\mathrm{T}} \quad (10.32)$$

式中

$$e_{\phi_1} = \phi_1 - \phi_{1d} \quad (10.33)$$

$$\phi_e = \phi_{1d} + \frac{e_{\phi_1}}{2} \quad (10.34)$$

因此，施加的推力 $f(t)$ 和期望滚转角 $\phi_{1d}(t)$ 可以由下面公式计算得到：

$$f = \sqrt{u_{yd}^2 + u_{zd}^2} \quad (10.35)$$

$$\phi_{1d} = \arctan\left(-\frac{u_{yd}}{u_{zd}}\right) \quad (10.36)$$

式中，所得 $\phi_{1d}(t)$ 也是内环的参考输入。

本节的目标是提出一种可以使无人机到达目标位置 $x_d = [y_d\ z_d]^{\mathrm{T}} \in R^2$ 的控制律 $\{f(t), \tau(t)\}$，并且可以实现对负载的消摆抑制：

$$\begin{bmatrix} e_x(t)^{\mathrm{T}} & \theta(t) \end{bmatrix}^{\mathrm{T}} \to [0\ 0\ 0]^{\mathrm{T}} \quad (10.37)$$

式中，定位误差 $e_x(t) \triangleq x_q(t) - x_d = \left[e_y(t) \; e_z(t) \right]^T$。

考虑到空中四旋翼无人机吊运系统的实际情况，可做如下合理假设[25, 26]。

假设 10.4　对于四旋翼无人机来说，内环动态响应要比外环动态响应快，因此可认为 $\phi = \phi_d$。

假设 10.5　负载摆角满足

$$-\pi / 2 < \theta(t) < \pi / 2 \tag{10.38}$$

这意味着负载不会位于四旋翼无人机上方。

10.3.2　控制器设计

本节将分别介绍内环和外环控制器设计过程，并基于李雅普诺夫方法对系统稳定性和收敛性进行分析。

1. 内环控制器设计

由式（10.33）可得 $e_{\phi_1}(t)$ 对时间求导结果：

$$\dot{e}_{\phi_1} = e_{\phi_2} + \phi_{2d} - \dot{\phi}_{1d} \tag{10.39}$$

式中，$e_{\phi_2}(t)$ 定义为

$$e_{\phi_2} = \phi_2 - \phi_{2d} \tag{10.40}$$

接下来，构造如下虚拟控制输入：

$$\phi_{2d} = \dot{\phi}_{1d} - k_1 e_{\phi_1} \tag{10.41}$$

式中，$k_1 \in \mathbb{R}^+$ 为正控制增益，将式（10.41）代入式（10.39）可得

$$\dot{e}_{\phi_1} = e_{\phi_2} - k_1 e_{\phi_1} \tag{10.42}$$

随后，将式（10.40）对时间求导并将式（10.23）代入可得

$$\dot{e}_{\phi_2} = \frac{\tau}{J} - \dot{\phi}_{2d} \tag{10.43}$$

因此，选择内环控制输入为

$$\tau = J \left(\lambda - e_{\phi_1} - k_2 e_{\phi_2} \right) \tag{10.44}$$

式中，$k_2 \in \mathbb{R}^+$ 是正控制增益，$\lambda(q, \dot{q}, \phi, \dot{\phi}, x_d)$ 为引入的中间量，且满足

$$\lambda(q, \dot{q}, \phi, \dot{\phi}, x_d) = \dot{\phi}_{2d}(\cdot) \tag{10.45}$$

λ 可以通过式（10.24）、式（10.35）、式（10.36)以及式（10.41）计算得到，其显式表达在这里省略。将式（10.44）代入式（10.43），可以得到

$$\dot{e}_{\phi_2} = -e_{\phi_1} - k_2 e_{\phi_2} \tag{10.46}$$

为方便后续稳定性分析，定义姿态误差量 $e_\phi = [e_{\phi_1}\ e_{\phi_2}]^T$。

定理 10.1　设计的力矩输入 $\tau(t)$ 可以保证四旋翼无人机滚转角 $\phi(t)$ 指数收敛到目标值 $\phi_d(t)$。

证明　为了证明该定理，选取李雅普诺夫候选函数为

$$V_\phi = \frac{1}{2} e_\phi^T e_\phi \qquad (10.47)$$

将其关于时间求导，代入式（10.42）和式（10.46）后可以得到

$$\dot{V}_\phi = -k_1 e_{\phi_1}^2 - k_2 e_{\phi_2}^2 \leqslant -\min\{k_1, k_2\} e_\phi^T e_\phi \qquad (10.48)$$

因此，$e_\phi(t)$ 指数收敛于 $[0\ 0]^T$。

2. 外环控制器设计

考虑假设 10.4，因而可以在时标分离原则的条件下进行控制律设计，也就是施加的力矩能够使回旋翼无人机滚转角很快地到达期望姿态 ϕ_d。因此，可以得到

$$\varDelta_u = [0\ 0\ 0]^T \Rightarrow u = u_d \qquad (10.49)$$

对外环子系统，其储能函数包括动能和势能，可表示为

$$E = \frac{1}{2} \dot{q}^T M_c \dot{q} + mgl(1 - \cos\theta) \qquad (10.50)$$

储能函数对时间的导数经计算可得

$$\dot{E} = \dot{q}^T u_d - \dot{q}^T G + mgl\dot{\theta}\sin\theta = u_{yd}\dot{y} + \left(u_{zd} - (M+m)g\right)\dot{z} \qquad (10.51)$$

在此基础上，定义如下形式的正定标量函数 V_{yz}：

$$V_{yz} = E(t) + \frac{1}{2} k_{py}(e_y)^2 + \frac{1}{2} k_{pz}(e_z)^2 \qquad (10.52)$$

式中，$k_{py}, k_{pz} \in \mathbb{R}^+$ 表示控制增益。将式（10.52）对时间求导数，再将式（10.51）代入，可以得到

$$\dot{V}_{yz} = \left(u_{yd} + k_{py}e_y\right)\dot{e}_y + \left(u_{zd} + k_{pz}e_z - (M+m)g\right)\dot{e}_z \qquad (10.53)$$

基于此，构建如下形式的虚拟控制输入量：

$$u_{yd} = -k_{py}e_y - k_{dy}\dot{e}_y \qquad (10.54)$$

$$u_{zd} = -k_{pz}e_z - k_{dz}\dot{e}_z + (M+m)g \qquad (10.55)$$

定理 10.2　设计的虚拟控制输入 $u_d(t)$ 可以保证四旋翼无人机到达指定位置，并且消除负载摆动，即

$$\lim_{t \to \infty}[y\ z\ \dot{e}_y\ \dot{e}_z\ \theta\ \dot{\theta}]^T = [y_d\ z_d\ 0\ 0\ 0\ 0]^T \qquad (10.56)$$

证明　将式（10.54）和式（10.55）代入式（10.53），可以得到

$$\dot{V}_{yz} = -k_{dy}(\dot{e}_y)^2 - k_{dz}(\dot{e}_z)^2 \leqslant 0 \tag{10.57}$$

因此，外环子系统在平衡点处是李雅普诺夫稳定的，并且 $V_{yz}(t)$ 是非增函数，即

$$V_{yz}(t) \leqslant V_{yz}(0), \quad \forall t \geqslant 0 \tag{10.58}$$

进一步地，可以得到如下结论：

$$V_{yz}(t) \in \mathcal{L}_\infty \tag{10.59}$$

根据式（10.50）和式（10.52）的形式，能够得出如下结论：

$$e_y, e_z, \dot{e}_y, \dot{e}_z, \dot{\theta} \in \mathcal{L}_\infty \tag{10.60}$$

为了进一步地分析这些信号的收敛性，定义集合 $\varPhi$，其形式为

$$\varPhi = \{(y, z, e_y, e_z, \dot{e}_y, \dot{e}_z, \theta, \dot{\theta}) \mid \dot{V}_{yz}(t) = 0\} \tag{10.61}$$

在此基础上，定义 $\varGamma$ 为 $\varPhi$ 的最大不变集，进而得出如下结论：

$$\dot{e}_y = 0, \quad \dot{e}_z = 0 \Rightarrow \ddot{e}_y = 0, \quad \ddot{e}_z = 0, \quad e_y = \beta_y, \quad e_z = \beta_z \tag{10.62}$$

式中，β_y 和 β_z 是待定的常数。

结合式（10.20）～式（10.22），式（10.49）和式（10.62），可以得到

$$ml(\ddot{\theta}\cos\theta - \dot{\theta}^2\sin\theta) = -k_{py}\beta_y \tag{10.63}$$

$$ml(\ddot{\theta}\sin\theta + \dot{\theta}^2\cos\theta) = -k_{pz}\beta_z \tag{10.64}$$

$$\ddot{\theta} = -\frac{g\sin\theta}{l} \tag{10.65}$$

接下来，分两种情况进行讨论，来完成证明。

情况 10.1 在集合 $\varGamma$ 中 $\dot{\theta}(t) \equiv 0$。

在这一条件下，可以得到 $\ddot{\theta}(t) = 0$，根据式（10.65）以及假设 10.5 有

$$\theta(t) = 0 \tag{10.66}$$

进一步地，根据式（10.63）和式（10.64）的结果，可知

$$\beta_y = 0, \quad \beta_z = 0 \tag{10.67}$$

从而可以得到 $e_y = 0, e_z = 0, y = y_d, z = z_d$。

情况 10.2 在集合 $\varGamma$ 中存在一个时刻点 t_1 满足 $\dot{\theta}(t_1) \neq 0$。

在这一条件下，存在一个 t_1 的小邻域 $U(t_1, \varepsilon) \subseteq \varGamma$，满足

$$\dot{\theta}(t) \neq 0, \quad \forall t \in U(t_1, \varepsilon) \tag{10.68}$$

将式（10.65）代入式（10.63），随后对等式两边关于时间求导数，可以得到

$$g\dot{\theta}\cos^2\theta - g\dot{\theta}\sin^2\theta + 2l\dot{\theta}\ddot{\theta}\sin\theta + l\dot{\theta}^3\cos\theta = 0 \tag{10.69}$$

接下来，将式（10.65）代入式（10.69）再除以 $\dot{\theta}(t)$，可以得到

$$g - 4g\sin^2\theta + l\dot{\theta}^2\cos\theta = 0 \tag{10.70}$$

重复这一过程，通过三次迭代，即可得到以下结论：

$$\sin(2\theta) = 0 \tag{10.71}$$

因此在集合 $U(t_1,\varepsilon)$ 中，$\theta(t)$ 为常数，$\dot{\theta}(t) = 0$，这一结论与该情况的条件相矛盾。

综上，最大不变集 $\varGamma$ 仅包含一个平衡点。根据拉塞尔不变性原理[27]，即可完成闭环系统稳定性证明，得到定理 10.2 中的结论。

10.3.3　数值仿真和分析

为验证所提控制方法的性能，本节进行了三组仿真，包括对抗外部扰动以及绳长变化的鲁棒性测试。

在后续仿真中，系统参数设定为

$$m = 5\text{kg}, \quad M = 10\text{kg}, \quad J = 0.5\text{kg}\cdot\text{m}^2, \quad l = 2\text{m}, \quad g = 9.8\text{kg}\cdot\text{m/s}^2$$

无人机的目标位置和初始位置分别设定为

$$y_d = 30\text{m}, \quad z_d = 20\text{m}, \quad y(0) = 0\text{m}, \quad z(0) = 5\text{m}$$

控制器增益设定为

$$k_{py} = 1, \quad k_{dy} = 7.2, \quad k_{pz} = 2, \quad k_{dz} = 10, \quad k_1 = 1, \quad k_2 = 1$$

1. 第 1 组：系统参数精确已知

仿真结果如图 10.3 和图 10.4 所示，可以看出在负载摆动被有效抑制的同时，无人机能够快速地到达目标位置，这组仿真验证了控制器的有效性。值得一提的是，滚转角误差 e_{ϕ} 收敛速度快于位置误差 e_x 的收敛速度。

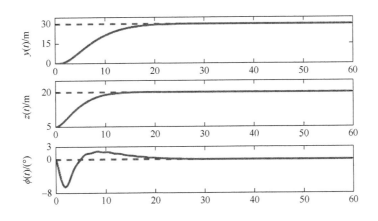

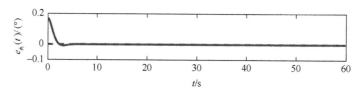

图 10.3　第 1 组仿真结果，包括 $y(t), z(t), \phi(t), e_{\phi}(t)$

虚线：期望状态值；实线：实际状态值

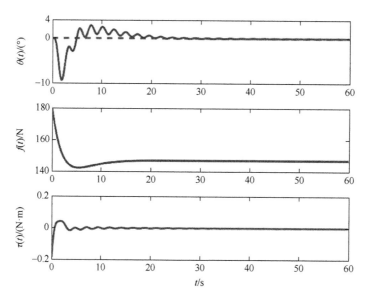

图 10.4　第 1 组仿真结果，包括 $\theta(t), f(t), \tau(t)$

虚线：期望状态值；实线：实际状态值及输入

2. 第 2 组：在 45～45.5s 为负载施加幅度为 7°的干扰

仿真结果如图 10.5 和图 10.6 所示，所施加的干扰被抑制并进一步得到有效消减，这表明外部扰动存在时，所提控制律依然具有较好的鲁棒性。

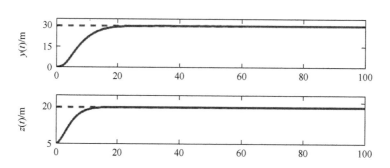

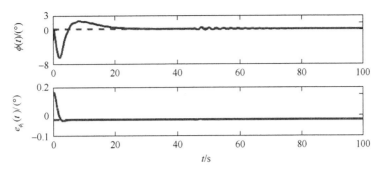

图 10.5　第 2 组仿真结果，包括 $y(t), z(t), \phi(t), e_{\phi}(t)$

虚线：期望状态值；实线：实际状态值

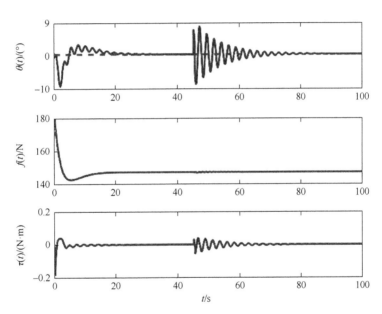

图 10.6　第 2 组仿真结果，包括 $\theta(t), f(t), \tau(t)$

虚线：期望状态值；实线：实际状态值及输入

3. 第 3 组：吊绳长度改为 $l = 3\mathrm{m}$

仿真结果如图 10.7 和图 10.8 所示，可以看出尽管吊绳长度不确定，控制增益无须调节，所提控制器仍有较好的表现。这一点在实际应用过程中具有重要意义。

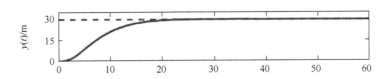

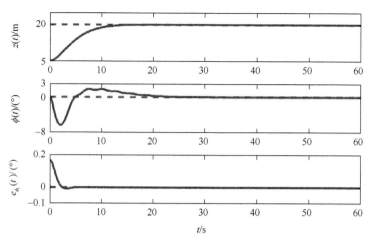

图 10.7　第 3 组仿真结果，包括 $y(t), z(t), \phi(t), e_{\phi_t}(t)$

虚线：期望状态值；实线：实际状态值

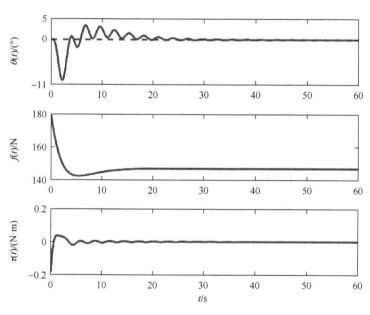

图 10.8　第 3 组仿真结果，包括 $\theta(t), f(t), \tau(t)$

虚线：期望状态值；实线：实际状态值及输入

10.4　本　章　小　结

本章针对空中四旋翼无人机吊运系统的运送任务进行了轨迹规划和控制器设

计两方面的工作。对于该系统而言，需要保证精确的四旋翼定位和有效的负载摆动抑制。

10.2 节对于空中四旋翼无人机吊运系统提出了一种新颖的轨迹规划方法。具体而言，首先得到平面四旋翼无人机的运动特性与负载摆角之间的非线性耦合关系，通过相平面内的几何分析，分别设计了两个轴向上的分段式加速度轨迹，这种轨迹具有简洁的解析表达式并可获得较高的运送效率，同时满足无人机的速度、加速度等物理约束。

10.3 节主要设计了一种分层控制的方法来实现无人机定位和负载消摆的既定目标。具体而言，首先建立了系统外环的储能函数，以获得系统推力和无人机期望姿态角，所计算出的期望角即内环的参考输入，进而得到所需的力矩输入。仿真结果表明该控制方案具有良好的控制性能以及较强的鲁棒性。

参 考 文 献

[1] Carrillo L R G，Dzul A，Lozano R. Hovering quadrotor control: A comparison of nonlinear controllers using visual feedback. IEEE Transactions on Aerospace and Electronic Systems，2012，48（4）：3159-3170.

[2] Lee T，Leok M，Mcclamroch N H. Nonlinear robust tracking control of a quadrotor UAV on SE（3）. Asian Journal of Control，2013，15（2）：391-408.

[3] 方勇纯，申辉，孙秀云，等. 无人直升机航向自抗扰控制. 控制理论与应用，2014，31（2）：238-243.

[4] 鲜斌，古训，刘祥，等. 小型无人直升机姿态非线性鲁棒控制设计. 控制理论与应用，2014，31（4）：409-416.

[5] Rinaldi F，Chiesa S，Quagliotti F. Linear quadratic control for quadrotors UAVs dynamics and formation flight. Journal of Intelligent and Robotic Systems，2013，70（1/2/3/4）：203-220.

[6] Turpin M，Michael N，Kumar V. Trajectory design and control for aggressive formation flight with quadrotors. Autonomous Robots，2012，33（1/2）：143-156.

[7] 杨荟憭，姜斌，张柯. 四旋翼直升机姿态系统的直接自修复控制. 控制理论与应用，2014，31（8）：1053-1060.

[8] 汪绍华，杨莹. 基于卡尔曼滤波的四旋翼飞行器姿态估计和控制算法研究. 控制理论与应用，2013，30（9）：1109-1115.

[9] Pounds P E I，Dollar A M. Stability of helicopters in compliant contact under PD-PID control. IEEE Transactions on Robotics，2014，30（6）：1472-1486.

[10] Pounds P E I，Bersak D R，Dollar A M. Practical aerial grasping of unstructured objects. Proceedings of the 2011 IEEE Conference on Technologies for Practical Robot Applications，Woburn，2011：99-104.

[11] Pounds P E I，Bersak D R，Dollar A M. Grasping from the air: Hovering capture and load stability. Proceedings of the 2011 IEEE International Conference on Robotics and Automation，Shanghai，2011：2491-2498.

[12] Faust A，Palunko I，Cruz P，et al. Learning swing-free trajectories for UAVs with a suspended load. Proceedings of the 2013 IEEE International Conference on Robotics and Automation，Karlsruhe，2013：4902-4909.

[13] Palunko I，Fierro R，Cruz P. Trajectory generation for swing free maneuvers of a quadrotor with suspended payload: A dynamic programming approach. Proceedings of the 2012 IEEE International Conference on Robotics and Automation，Minnesota，2012：2691-2697.

[14] Sreenath K，Michael N，Kumar V. Trajectory generation and control of a quadrotor with a cable-suspended load a

differentially-flat hybrid system. Proceedings of the 2013 IEEE International Conference on Robotics and Automation, Karlsruhe, 2013: 4888-4895.

[15]　Goodarzi F A, Lee D, Lee T. Geometric stabilization of a quadrotor UAV with a payload connected by flexible cable. Proceedings of American Control Conference, Portland, 2014: 4925-4930.

[16]　Dai S C, Lee T, Bernstein D S. Adaptive control of a quadrotor UAV transporting a cable-suspended load with unknown mass. Proceedings of the 53rd IEEE Conference on Decision and Control, Los Angeles, 2014: 6149-6154.

[17]　Bernard M, Kondak K. Generic slung load transportation system using small size helicopters. Proceedings of the 2009 IEEE International Conference on Robotics and Automation, Kobe, 2009: 3258-3264.

[18]　Lee T, Sreenath K, Kumar V. Geometric control of cooperating multiple quadrotor UAVs with a suspended payload. Proceedings of the 52nd Annual Conference on Decision and Control, Firenze, 2013: 5510-5515.

[19]　Cruz P, Fierro R. Autonomous lift of a cable-suspended load by an unmanned aerial robot. Proceedings of the 2014 IEEE International Conference on Control Applications, Antibes, 2014: 802-807.

[20]　Sun N, Fang Y C, Zhang Y D, et al. A novel kinematic coupling-based trajectory planning method for overhead cranes. IEEE/ASME Transactions on Mechatronics, 2012, 17 (1): 166-173.

[21]　Schultz J, Murphey T. Trajectory generation for underactuated control of a suspended mass. Proceedings of the 2012 IEEE International Conference on Robotics and Automation, Minnesota, 2012: 123-129.

[22]　Sun N, Fang Y. An effifficient online trajectory generating method for underactuated crane systems. International Journal of Robust and Nonlinear Control, 2014, 24 (11): 1653-1663.

[23]　Sreenath K, Lee T, Kumar V. Geometric control and differential flatness of a quadrotor UAV with a cable-suspended load. Proceedings of the 52nd IEEE Conference on Decision and Control, Florence, 2013: 2269-2274.

[24]　Sun N, Fang Y, Zhang X, et al. Transportation task-oriented trajectory planning for underactuated overhead cranes using geometric analysis. IET Control Theory and Applications, 2012, 6 (10): 1410-1423.

[25]　Nicotra M M, Garone E, Naldi R, et al. Nested saturation control of an UAV carrying a suspended load. Proceedings of the 2014 American Control Conference, Portland, 2014: 3585-3590.

[26]　Bertrand S, Guénard N, Hamel T, et al. A hierarchical controller for miniature VTOL UAVs: Design and stability analysis using singular perturbation theory. Control Engineering Practice, 2011, 19 (10): 1099-1108.

[27]　Khalil H K. Nonlinear Systems. 3rd ed. Englewood Cliffs: Prentice-Hall, 2002.

第 11 章 工 业 应 用

11.1 天津港集装箱吊车应用实例

对于所提出的各类算法，通过与天津港的合作项目，在轮胎式集装箱门式吊车（rubber tyre gantry，RTG）上进行了大量实际测试。RTG 是一种进行集装箱堆码作业的常用装卸设备，在集装箱货场上也有广泛应用。它的主要运行机构包括三个部分，即大车机构、起升机构和小车机构。其中，大车机构底部配有轮胎，在操作过程中，可利用底部的橡胶轮胎在集装箱堆场的专用轨道上行走，并可通过大车运动灵活地进行不同堆场之间的转场作业。起升机构和小车机构则可相互配合，将集装箱从堆栈地提起并运输到集装箱卡车上方准确落吊（或者相反过程）。然而，随着国家经济的快速发展，人工成本大幅上升，而 RTG 等专业设备操作人员的培养都需要较长的周期，造成近期 RTG 司机资源不足的情况。在生产繁忙时期，司机在高强度、超负荷作业状态下，装卸效率低下，同时也带来安全性隐患。因此，全国集装箱码头公司亟须提高集装箱作业的自动化水平。其中，天津港 RTG 在集装箱堆场设备占比超过 80%，因此 RTG 的自动化改造势在必行。近几年，全国主要集装箱港口均积极开展了 RTG 的自动化研究，但是由于 RTG 本身的特性，一些关键技术还需进一步突破。

本节旨在通过前期的技术积累，解决 RTG 设备自动控制过程中的一些关键难点问题，切实提升港口的整体工作效率。

11.1.1 轮胎式集装箱吊车特性分析

设备改造后的集装箱运送效率和安全性问题已经成为 RTG 自动化大面积推广应用的最大阻碍。目前主要有以下几点问题亟待解决。

如图 11.1 所示，RTG 起升机构大部分均为 4 绳结构。这种悬挂方式较为灵活，但是也容易在运送过程中造成集装箱的大幅摆动，严重影响装卸效率和安全性。

如图 11.2 所示，RTG 为轮胎支撑。相对于轨道支撑方式，轮胎由于胎压问题，在场桥作业时会发生桥架的起伏运动，从而增加集装箱摆动因素。

图 11.1 RTG 起升机构示意图

图 11.2 RTG 行走机构示意图

RTG 所带负载质量不定，可能从数吨到数十吨变化，对自动控制算法的适应能力要求较高。

RTG 在五级甚至六级风力下经常仍需作业，对于自动控制算法的抗干扰能力要求较高。

此外，鉴于作业的安全性和稳定性考虑，应用于 RTG 的自动控制算法还必须有着简单易用的特点。

实际测试用的 RTG 在作业过程中还具有以下约束：

（1）小车最大速度为 1.17m/s；最大加速度为 0.234m/s^2。

（2）起升最大速度为 0.87m/s；最大加速度为 0.174m/s^2。

（3）小车运行范围是[0, 18]m；起升范围是[0.6, 15.5]m。

（4）货物重量限制为 40.5t。

如图 11.3（a）所示，可编程逻辑控制器（programmable logic controller，PLC）因为具有工作稳定的特质，被广泛应用于场桥控制设备。RTG 自动控制系统结构图如图 11.4 所示。上位机（见图 11.3（b））从 PLC 中读取所需的传感信息并合成控制指令实时下发，二者之间的通信频率约为 20Hz，这保证了较为良好的实时性。通过外接手柄控制器，还可在上位机中实现控制模式的自由选择。为了防止意外情况的发生，还配置有紧急制动按钮，该指令优先级最高，可以保证任何情况下都能够及时地停止设备运行并制动。

(a) 天津港RTG使用PLC设备　　　　(b) 自动化改造上位机

图 11.3　天津港 RTG 使用 PLC 设备，以及自动化改造上位机

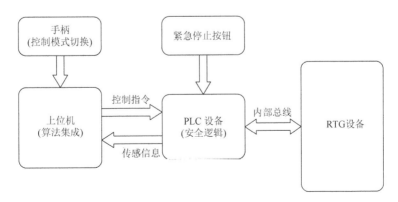

图 11.4　RTG 自动控制系统结构图

11.1.2 防摇控制算法测试

防摇自动运输是 RTG 设备自动化的重要一环。传统的 RTG 设备完全由人来操作，极其依赖工人经验。因为集装箱摆动特性较为复杂（四绳悬挂），其运输过程往往需要往复调整多次，效率和精度都较为低下。根据在天津港的实地调查了解，一般工人需要培训一年半才可独立上岗。为了解决上述问题，首先对 RTG 设备的防摇控制算法展开了研究。

算法的开发分为两个部分。首先，针对无人化智能港口的终极发展目标，设计了一类全自动控制算法，即根据给定的起始和目标位置，规划出货物的运输路径和轨迹，吊车根据规划结果自动执行整个运输流程（不需要人的参与）。其次，结合港口当前的实际需求，开发出一种辅助防摇的半自动控制算法，作为向全面自动化的过渡。具体来说，仍然以人为主体进行集装箱的搬运操作，利用算法对人的控制指令进行实时的优化，以此实现货物的防摆功能。对于上述两类防摇控制算法，均在天津港的 RTG 设备商进行了实际测试。

全自动控制流程中，其运输路径如下：台车从 2m 的位置运动到 16m 的位置，行程 14m。而吊具则从 10m 首先下降到 6m，然后下降到 5.5m，最后上升到 8.5m。由图 11.5 中可以看出，自动控制流程中集装箱的定位精度极高，在 1cm 以内（传感器的精度就是 1cm）。负载的摆角始终保持在 3° 以内，而当到达目标位置附近之后，残余摆动幅度小于 0.5°，满足实际使用需求。特别地，在水平运输阶段（总长 14m），采用自动运输耗时约 23s。而人工操作一般需要约 25s 以上的时间（在天津港由熟练司机实际测试），且不够稳定。综上，结合效率与防摆效果来看，自动运输的效果明显优于工人手动操作。

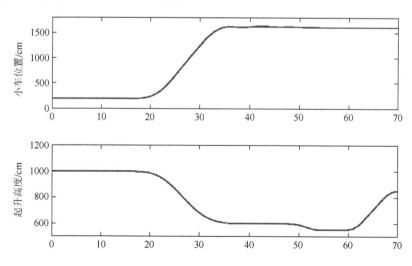

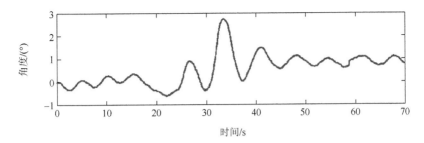

图 11.5　RTG 自动控制实验结果

　　半自动的辅助防摇测试结果如图 11.6 所示。具体来说，司机通过手柄控制台车运动，自动算法则对其进行实时的优化与补偿，这样既达到了快速运送货物的目的，保持了操作的灵活性，又能使货物的摆动尽可能小。从图 11.6 也可以看出，货物的摆动幅度始终保持在 2.5°以内。而当司机停止操作之后，负载也在算法的调节下快速稳定。将全自动与半自动控制模式的优缺点进行对比，其详细结果记录在表 11.1 中。

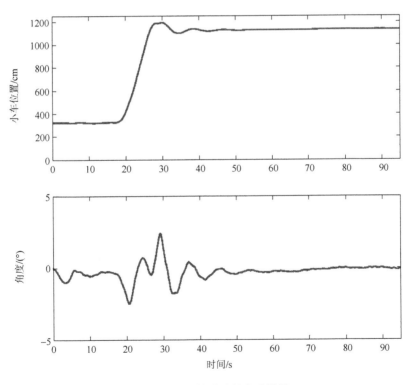

图 11.6　RTG 辅助防摇实验结果

表 11.1 全自动与半自动控制模式对比

方法类型	操作方式	稳定性	效率	灵活性	改造成本	实现难度	精度	防摆效果
自动控制	无人化	稳定	高	较低	高	较难	高（1cm）	好（3°）
半自动控制	人工参与	依赖经验	依赖经验	高	较高	较易	依赖经验	好（2.5°）

可以看出，全自动控制模式工作稳定高效，对人员依赖较小。但是改造成本和难度也相对较高，更适合标准化的工作场景，对一些特殊情况的适应性目前还不如人工操作。半自动控制模式仍然依赖于工人的经验，但是相对于纯人工操作已经有了很大提升。其改造成本和难度相对较低，灵活性较好，可以作为向全自动化迈进的探索方向之一。

11.1.3 安全制动策略

为了应对一些突发状况，同时开发了一套安全制动策略：保证小车尽快停止（非紧急制动），并同时使负载的摆动迅速衰减。图 11.7 所示为防摇制动算法的效果图。在约 15s 时按下制动按钮之后，台车以最大减速度进行减速，同时兼顾了负载的摆动情况。从图 11.7 中可以看出，所提出的算法达到了非常好的控制效果。具体来说，负载的摆动幅度迅速衰减到了 1° 以内，并且在小车停止的同时，负载也基本停止了摇晃。这极大地方便了司机的下一步作业，并且减少了因货物摆动造成的各类安全隐患。作为对比，同时做了没有防摇算法的制动情况，实验结果如图 11.8 所示。从图中可以看出，若直接制动，台车停止后货物的摆动非常大（约 4°），并且在 60s 以后仍然没有明显减小。这对于作业效率的损害是非常大的。

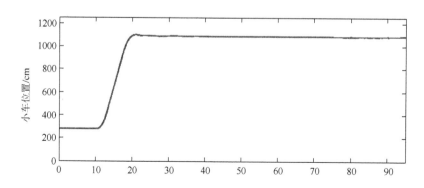

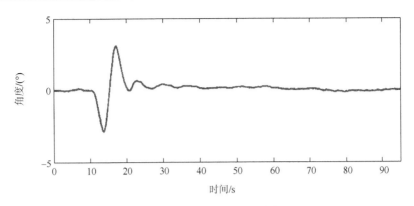

图 11.7　RTG 防摇制动实验结果

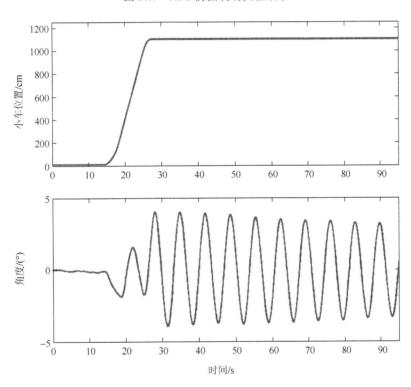

图 11.8　RTG 紧急制动实验结果

　　和直接制动相比，所提出的安全制动控制策略的优点是防摇效果优秀、便于下一步操作，平滑停止、不损伤机械结构。其缺点在于停止时间长（约 6s），制动距离远（约 3m，这是由电机的加速度决定的）。综合来看，在条件允许的情况下，使用所提出的安全制动策略更为合适。但是也存在一些特殊情况，例如，前方近距离出现障碍物，使用安全制动策略可能会造成碰撞（实际上，直接制动也无法保证规避）。在之后的工作中，将结合视觉等检测手段，智能判断当前的停车条件。这样一来，即可根据需求选择最优的停车方式，所提出的安全制动策略将会发挥出更大的优势。

综上，所提出的多种算法在天津港的轮胎式集装箱门式吊车上进行了应用。具体来说，在设备本身的种种约束下（速度、加速度等），所设计算法分别在全自动控制过程、半自动辅助防摇过程、安全制动过程中都取得了良好的实际控制效果。这也从侧面验证了所设计算法的实用性。在接下来的工作中，还将对相关算法进一步封装和完善，以实现算法模块将来在港口的大范围落地应用，切实提升其效率和安全性。

11.2 天津起重设备有限公司应用实例

11.2.1 自动桥式吊车系统简介

考虑实际吊车工业场景的特性，研制了一套自动桥式吊车系统，成功应用于天津起重设备有限公司。本套系统主要分为机械部分、电气部分、控制电路部分以及上位机操作界面部分，整个系统各部分组成单元如图 11.9 所示。

(a) 机械部分

(b) 电气部分

(c) 控制电路部分

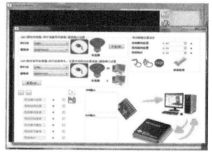
(d) 上位机操作界面部分

图 11.9 自动桥式吊车主要组成部分

机械部分包括大车、小车以及吊钩、吊绳等起升元件。

电气部分即为工业吊车的核心控制系统,分为手动操作与自动操作两部分,整体的组成结构如图 11.10 所示。其中,遥控器及其相关电路用于实现手动操作、发送手自动切换信号、挡位设定信号、正反转信号等;变频器(大车、小车、起升)用来驱动对应的变频电机实现大车、小车的平移运动,以及货物的起升运动,同时也负责传递变频电机的工作状态信息以及故障信息到 PLC;PLC用于接收来自遥控器的手动操作指令,并接收来自包括限位开关、大车及小车起升变频器等的状态信息,根据所接收信息控制继电器的开闭,确保自动模式下采用 DSP 的控制指令,手动模式下采用单片机的控制指令,此外,PLC 还负责系统的安全保护措施的触发;DSP 及相关电路负责接收工业相机、激光测距仪、码盘等多种传感器信息,与上位机进行通信,根据控制算法计算控制指令,发送变频器;上位机负责与 DSP 进行实时通信,传递自动控制指令,同时根据工业相机、激光测距仪、码盘等传感器的信息,实时显示吊车工作场景信息,上位机中还安装有人机交互界面,便于操作人员进行信息读取或下达操作指令;传感单元则包括工业相机、限位开关、激光测距仪、码盘、重量检测装置、惯性测量元件等,用来实时测量与监测工业吊车系统的工作状态,完成数据采集工作与安全监测工作。

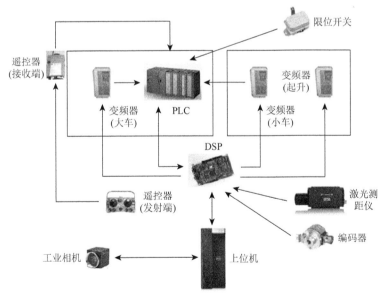

图 11.10　32t 工业吊车电气系统组成结构图

DSP,数字信号处理器(digital signal processing)

控制电路部分主要由一块 DSP 控制板以及相关电路组成，负责接收工业相机/激光测距仪/编码器等多种传感器信息，通过与上位机进行通信，接收上位机指令，控制系统运行。具体地，DSP 控制板通过串口接收激光测距仪的距离数据，同时接收编码器信号以获取精确的位置信息，随后，根据这些信息，运行 DSP 内部所固化的控制算法，发送变频器指令控制吊车系统运行；同时，将系统状态信息通过低频无线模块，传送至上位机进行实时显示，接收上位机控制信号，以控制系统完成既定任务。

11.2.2 货物自动识别与运送

为了实现自动控制功能，设计了如图 11.11 所示的货物自动识别与运送流程。

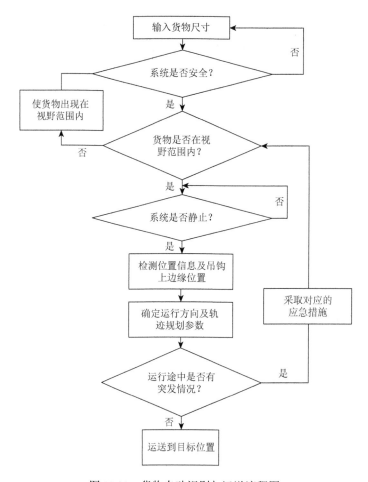

图 11.11 货物自动识别与运送流程图

具体而言，各传感器首先向 DSP 以及 PLC 反馈系统状态，在系统不存在安全问题的前提下，开始执行自动控制程序，此时控制界面可以输入货物尺寸信息，本章要求货物形状为长方体。为了得到货物与吊钩之间的距离，在确认小车、大车以及吊钩均静止的情况下，摄像机首先采集静态图像。根据事先建立的摄像机成像模型算出在货物对应高度下的长和宽的长度以及夹角的阈值，在图像中寻找货物，若找不到货物，则需操作人员根据上位机反馈回来的现场图像确认货物是否在视野范围内，当货物不在视野范围内时需操作人员将台车通过手动或自动的方式运送到货物附近。

无论在自动识别货物并将吊钩运送到货物上方的过程中，还是在运送货物时，在吊车运行前，均需要采集现场信息并进行相关计算，主要包括以下几个方面。

（1）计算货物中心与吊钩中心的距离，计算轨迹规划各个阶段的参数。

通过摄像机对货物实现定位后，计算货物中点的坐标 (x_1, y_1, z_1)。随后检测到当前吊钩中点水平方向上的坐标 (x_0, y_0)，在线轨迹规划算法需要提取水平方向上的两个坐标值，分别进行初步规划。经过以上检测，可以计算出吊钩中心到货物中心在水平方向上的距离 $(\Delta x, \Delta y)$ 可以表示为

$$\Delta x = x_1 - x_0$$
$$\Delta y = y_1 - y_0$$

（2）通过绳长计算得到固有周期，确定轨迹规划中的加减速时间。

工业相机找到吊钩所在位置，并通过插值对绳长进行测量，设测量得到的绳长为 l_0，则可以得到此时系统的固有周期：

$$T_{\text{crane}} = 2\pi \sqrt{\frac{l_0}{g}}$$

（3）确定吊车的运行方向。

DSP 除了给定控制命令以确定电机转速外，在控制命令执行之前，需要确定电机的运转方向，而工业相机得到的距离其方向未必与 DSP 确定的正方向一致，故在运行中需统一其正方向。规定桥式吊车大车主梁与运行轨道交点横坐标为 0，主梁作为 x 轴，小车在 x 轴上运行，由于机械结构自身具有一定的长度，小车运行范围为 4.64～21.48m。规定厂房壁与运行轨道的交点作为纵坐标的原点，运行轨道作为 y 轴。

基于以上分析，可以得到如表 11.2 所示对应关系，在程序运行时，首先判断 Δx、Δy 的正负，进一步确定电机正转或反转。

表 11.2　数据正负与正反转之间的关系

数据	数据的正负	电机驱动单元	正转或反转
Δx	正	小车	正转
	负	小车	反转
Δy	正	大车	正转
	负	大车	反转

完成以上工作后，吊车开始运行，并根据传感器测量到的数据完成货物的运送。同时，工业相机对场景的行人进行识别，若运送途中没有检测到突发情况，最终吊车将货物运送到目标位置。若发生突发情况，则在紧急制动后，重新开始自动运行流程。

11.2.3　自动控制过程与人工操作的对比

将自动操作与人工操作的运送效率进行对比，在常见的工业场景中，人工操作主要分为以下三种类型。

（1）完全依靠操作室中的操作人员根据经验将货物运送到指定位置，并兼顾消除摆动及定位等。

（2）依靠操作室中的操作人员与地面附近的人员相配合完成货物的运输，且地面附近的人员不直接接触吊钩或货物，仅依靠对讲机等与吊车操作者联系。

（3）依靠操作室中的操作人员与地面附近的人员相配合完成货物的运输，且地面附近的人员可直接接触吊钩或货物，通过拖拽等方式拉动货物到目标位置并消除摆动。

针对相同的运送过程，即包括采用三种类型的人工操作以及采用自动控制所消耗的时间如表 11.3 所示，其中每种方式均令吊车运行 10m，且运送途中吊钩处于绳长 4m 的位置。

表 11.3　三种类型的人工操作与自动控制所用时间对比

操作方式	实验组别	平动消耗时间/s	起升消耗时间/s	消摆等待时间/s
在司机室中的操作人员人工操作	1	30	65	244
	2	26	64	212
	3	33	61	186
司机室中操作人员与地面观测人员配合（地面人员不接触吊钩或货物）	1	26	55	191
	2	28	54	233
	3	18	57	227

续表

操作方式	实验组别	平动消耗时间/s	起升消耗时间/s	消摆等待时间/s
司机室中操作人员与地面观测人员配合（地面人员接触吊钩或货物）	1	26	50	11
	2	17	46	14
	3	21	53	8
设计的自动控制系统	1	12	44	20
	2	12	45	21
	3	12	44	20

当仅有司机室中的操作人员进行操作时，由于司机室位于台车下方，距地面较远，难以一次性运输到目标位置，一般的操作流程为：首先将台车平动到目标位置附近，接着将吊钩降低，根据吊钩与货物之间的位置关系再次使台车平动，直至吊钩到达货物正上方，最后将吊钩下降到合适位置，整个过程耗时较长。

司机室中操作人员与地面观测人员配合的方式是工业现场最常见的方式，对于大型货物，地面观测人员难以直接接触货物，不能直接推动吊钩以消除摆动，等待摆动消除会消耗较多时间。而运送货物较小时，地面人员会用人工的方式消除货物的摆动。与地面无观测人员的情况相比，地面人员的配合使货物更易达到目标位置，减少了反复调整吊车位置的时间。

实验结果表明，由于无须反复调整，且能保证台车在中间时刻的运行速度最大，自动控制系统的平动时间以及起升时间均明显小于人工操作，且仅仅比由人工手推吊钩消摆的方式长一些。

11.2.4 系统性能指标性测试

对于研制的 32t 自动桥式吊车系统，由国家起重运输机械质量监督检验中心对系统的整体性能进行了评估。为了综合评估系统的安全性、灵活性、运送效率等性能，技术人员对系统进行了多方面的检验，主要包括以下几个方面。

1. 手自动切换以及紧急制动

考虑到系统的安全性，需要对紧急制动性能进行评估。针对操作的灵活性，需对远程遥操作以及手动自动平滑切换功能进行评估。为了测试此项性能，我们定义一个工作循环为：整机起吊 2t 载荷，使吊钩保持在绳长 4m 位置，同时大车运行 10m，小车运行 5m。在工作循环中，按下紧急制动按钮可使台车停止，切换为手动操作运行一段时间后，再次切换为自动操作，吊车可继续完成运行过程，将货物运送到目标位置。多次运行表明，系统能很好地完成工作循环，满足实际生产的需求。

2. 最大运行速度、最大运行加速度、运行过程中的最大摆角

在远程自动操作方式下，整机起吊 2t 载荷，使吊钩保持在绳长 4m 位置，用基于激光测距原理的专业测量仪器记录大车运行 8m 所用时间，通过时间与距离曲线图，计算此过程中最大速度，测量 3 次，取其平均值 v_{max}。同时，采用时间距离曲线计算此过程中最大加速度，测量 3 次，取 3 次测量值的最大值 a_{max}。

在吊运过程中，吊钩的摆角不能过大，否则会造成在运输不成形的物体时，单次运送量减小，降低整体的运送效率。我们对运输过程中最大摆角进行测量，具体方式为在最大运行速度下，吊绳长度 4m，负载质量 2t，在台车下加装一个可被吊绳拨动的类似指针的机械结构。运行开始前，保证吊钩及吊绳静止，将指针拨动到与吊绳刚好接触的位置，随着吊车的运行，指针被拨动，并停留于摆角最大的位置，最终根据几何关系计算可得整个运动过程中的最大摆角。

对运行过程中的吊钩偏摆情况做了多组实验，测试结果如图 11.12 所示。由实验结果可知，自动控制算法可使吊钩偏离平衡位置的最大距离为 0.05m，对应的摆角为 0.7°。与此同时，对人工操作时吊钩的偏摆情况进行了测量，其最大摆幅达到了 0.8m，对应的摆角为 11.3°。因此，采用自动控制的防摇摆算法可大幅提高运行的稳定性，提高运送效率。测试结果表明，本套系统的最大速度、最大加速度、抑制摆角的能力都达到了领先水平。

(a) 人工操作   (b) 使用防摇摆算法

图 11.12 人工操作以及防摇摆算法摆动情况对比

3. 与经典 PID 控制方法的运送效率进行对比

在完成上述测试之后，将本章所设计在线轨迹规划方法与经典 PID 控制方法的运送效率进行对比。对于运送效率的评价标准为：两种控制方法下按照程序设

定的一个工作循环，各进行 3 次，测量每次工作循环所用时间。大车启动开始计时，直至目测吊钩无明显摆动，停止计时，取在线轨迹规划方法下的 3 次运行时间的平均值 t_1 以及 PID 控制方法下的 3 次运行时间平均值 t_2，则运送效率 η_1、η_2 可以表示为

$$\eta_1 = \frac{1}{t_1}, \quad \eta_2 = \frac{1}{t_2}$$

根据 η_1、η_2 可以计算效率提高值：

$$\Delta\eta = \frac{\eta_1 - \eta_2}{\eta_2}$$

经三次实验，得到实验结果如表 11.4 所示。由表可知，本章提出的控制方法其运送效率比经典 PID 控制方法高出 100% 以上，且经观察发现，造成 PID 控制方法的运送效率低的主要原因是在运行过程中负载的摆幅较大，导致到达目标位置后残余摆动消除时间较长。

表 11.4　在线轨迹规划方法与 PID 控制方法运行效率对比

实验组别	在线轨迹规划方法效率 η_1	PID 控制方法效率 η_2	效率提高 $\Delta\eta$
1	0.0417	0.0156	167.3%
2	0.0357	0.0172	107.6%
3	0.04	0.0143	179.7%

4. 定位误差

定位误差也是衡量运送效率的一项重要指标，若定位误差较大，台车需要反复调整以达到目标位置，造成运送效率低下。为了对系统定位性能进行评价，在远程自动操作方式下，大车按程序设定运行 6m，采用全站仪测量预设光标在水平方向的位移 S，并计算误差：

$$\sigma = |S - 6|$$

经多次测试，定位误差 σ 均小于 5mm。

5. 典型运送货物过程

在此基础上，针对典型的生产流程，我们采用自动运行的方式将指定的货物运送到指定的位置。开始时刻，四个钢卷筒放置于指定位置，吊钩上悬挂电磁吸盘用于吸取货物。接下来，工业相机辨别四个钢卷筒（在此处，将货物识别算法进行了一定的更改，适用于辨别圆柱形货物），并令吊钩运送到钢卷筒上方，由操作人员控制电磁吸盘电路导通，吸取第一个钢卷筒，并输入目标位置的坐标，吊

车自动运行到目标位置，电磁吸盘断电，卸下钢卷筒。最终，钢卷筒被依次放置于指定位置，如图 11.13 所示。

图 11.13　钢卷筒自动运送效果

综上，可以看出，在实际生产过程中，可根据常见的生产流程自动记忆初始位置以及目标位置，极大地简化桥式吊车的操作，避免安全事故的发生。以上测试均经国家起重运输机械质量监督检验中心的专业人员检测。结果表明，本套系统的安全性、运送效率等均达到了很高的水平，得到了吊车领域行业专家的认可。